# 錆《さび》と人間

## ビール缶から戦艦まで

RUST
The Longest War

ジョナサン・ウォルドマン著
三木直子訳

築地書館

Published by arrangement with the original publisher, Simon & Schuster, Inc.
through Japan UNI Agency, Inc., Tokyo

Japanese Translation by Naoko Miki
Published in Japan by Tsukiji-Shokan Publishing Co., Ltd., Tokyo

目次

# 古いオンボロ船

船について、人はいろんなことを言う。船は水の中に口を開けて金を飲み込むだの、「船（boat）」という言葉は「bring out another thousand〔訳注：あと一〇〇〇ドル持ってこい、の意〕」の略であるだの、船を所有したり走らせたりすることの喜びは、服を着たまま冷たいシャワーの下に立ち、二〇ドル札を破く喜びと似ている、だの。だから、船乗りの人生で最良の日は、船を買った日を除けば、船を売る日だ、なんて言われる。

こうした賢い言葉の数々を無視して、僕は四〇フィートのヨットを買った。二〇〇七年の終わりのことだ。その船はメキシコのサン・カルロスにあって、カリフォルニア湾に面した美しいマリーナに係留されていた。あたりには椰子《やし》の木や大農場があり、西には輝く紺碧の海、東にはゴツゴツした火山、頭上には一点の陰りもないソノラ地方の空。僕は二人の友人と一緒にその船を共同購入した。そのときはお買い得だと思ったのだが、美しかったのは実は船よりもマリーナのほうだったのだ。

そのスループ型帆船は造られてから三〇年経っていて、確かにその歳月が表れていた。甲板では、あらゆるビスの周りに小さな錆《さび》の輪ができていたし、支柱にも、船首と船尾の手すりにも錆の染みがあり、船体の側面にも上から下へ、筋状の錆の線があった。マストのリベットの周りには白い粉状のものがあり、ジブトラックは腐食がひどいために、下にドロっとしたものが溜まっていた。真鍮《しんちゅう》製のスルーハルの中には、不気味な緑色に変色したものもあったし、海水弁のいくつかは腐食が進んで微動だにしなかった。ステンレス製のウォータータンクも錆《さ》びて水が漏れるようになっていた。それは一見、あまりにもみすぼらしい船で、僕はそれをUnshineと名付ければよかった、と思った。元の名前であるSunshineをUnshineに変更するのは簡単だっただろう。でも僕たちはその船の名前に、誰も発音できないし定義することもできないようなわかりにくいギリシャ語の言葉を選んだ。「スィズィジー（Syzygy）」号の見てくれに問題があったとしても僕たちは気にしなかった。だがそれから海に出ると、ディーゼルエンジンはマリーナを出港する前にオーバーヒートした。熱交換器に錆が詰まっていたのだ。リーフフックは錆がひどくて、初めてメインセールを上げたとたんに折れてしまった。ブロックは動かないし、ウインチはあまりにも固くて機械効率が悪すぎる。風見はほとんど落ちそうだった。機器類も働かなかった――ビルジの配線に使われた真鍮のワイヤーが完全に腐食して、電流が流れなくなっていたからだ。シャックル、ターンバックル、クレビスピン、チェーンプレート、バッキングプレート、ファーラーのベアリング、エンジンのパーツ、揚錨機の軸――錆びる可能性があるものは何もかも錆びていた。水、塩、風、そして時間がお決まりのダメージを与え、ついでに僕の貯金も食い尽くした。

こうして僕の生活は錆に蝕まれていったのだ……。

序章

# 蔓延する脅威——錆という敵

錆《さび》はこれまで、橋を崩壊させ、何十人もの死者を出してきた。錆のおかげで、原子力発電所では少なくとも数人が死亡し、あわや原子炉のメルトダウンを起こしそうになり、核廃棄物の保管も困難である。東西冷戦の最中に、最強の核兵器を役立たずにしたこともあった。錆の処置のために、アメリカ最大の原油のパイプラインが閉鎖され、石油輸出国機構と交渉する羽目にもなった。錆は軍用機や軍艦を使い物にならなくし、F-16やヒューイの墜落事故の原因となり、飛行中の旅客機の機体をバラバラにした。一九七〇年代に銅の値段が跳ね上がり、電気技師がやむなくアルミニウムのワイヤーを使うようになると、何件もの住宅火災を引き起こした。

もっと近年では、「腸チフスのメアリー」〔訳注：腸チフスの保菌者だった米国人の料理人メアリー・マローンが、仕事を転々としながら多数の人間に腸チフスを感染させた事件を指す〕の腐食版とも言える事件で、硫化ストロンチウムを含む中国製の乾式壁材が使われたバージニア州の住宅の暖房炉を故障させた。築後二年で炉が錆《さ》びてしまったのである。厚さ二五センチある鋳鉄製の大砲がサムター要塞を攻撃してから一五〇年〔訳注：サムター要塞を南軍が攻撃したことが南北戦争の端緒となった〕、これは錆の逆襲だ。それに対してアメリカ軍は、耐腐食性の高いエポキシ樹脂と湿度センサーを動員した。錆はコンテナ船の速度を落とし、最終的にはプロペラの寿命を縮めて完全に動けなくしてしまう。マンホールの中で数百件の爆発を起こし、洗濯機を破壊し、給湯器を、屋根を突き破って高々と空中に放り上げる。そして火災用スプリンクラーのノズルを詰まらせる——水と炎による酸化のダブルパンチだ。錆は車の燃料タンクを傷め、それからエンジンを傷める。武器を故障させ、マフラーに損傷を負わせ、高速道路のガードレールを破壊し、コンクリートの内部でガンのように広がっていく。地下にある納骨堂を開いてしまったこともある。

サンフランシスコから北東に四〇キロほど離れたサスーン湾には、アメリカでも最大級の「錆にまつわる悩みの種」が、錨《いかり》を降ろして波間に浮かんでいる。スィズィジー号など足元にも及ばない。国防予備船隊を管轄するのはアメリカ合衆国運輸省、人間と機械の欲求を意のままに操ろうと、神であるがごとく振る舞うお役所で、まさに適役だ。法の整備がされていなかった昔なら沖合で沈没させられていただろうたくさんの古い商船を、同じくたくさんの役人が毎日のように点検する。今ではこれらの船はもろすぎて、引き上げて塗装し直すこともできず、テキサスまで曳航《えいこう》して解体するほどの価値もない。だが他にはどうしようもないので、船はテキサスに運ばれていく。

状況が複雑になったのは、二〇〇六年に沿岸警備隊が、船を動かす前に船体にこびりついたイガイを除去するよう求めた一方で、その過程でサスーン湾を汚染しないことをカリフォルニア州の水質管理局が要求し、連邦海事局に対して、作業計画を提示するまで一日二万五〇〇〇ドルの罰金を科すと脅かしたときだ。環境保護団体は、調査を求めて訴訟を起こした。生物学者、生態学者、毒物学者、統計学者、模型や地図作成の専門家たち一〇名がハマグリやイガイを収集し、何百という堆積物のサンプルを採取する間、船は錆び続けた。調査の結果、当たり前だが、船はサスーン湾を汚染していた――少なくとも、二一トンにのぼる鉛、亜鉛、バリウム、銅、その他の有毒金属が船から剝がれ落ちていたのだ。予備船隊をどうするかという難問はあまりにも厄介で、カリフォルニア州におけるありとあらゆる環境問題に対して見解を持っているダイアン・ファインスタイン上院議員さえ、この問題については見解を持たない、というのが公式見解なのである。

反対側の沿岸、キーウェストの海軍航空基地では、椰《や》子《し》の木の下、ビーチサンダルを履いた海軍研究試験所の研究員二十数名が、耐蝕性塗料の研究で暇をつぶしている。ここが航空基地になるはるか以前の一八八三年、海軍諮問委員会がここで錆止め薬の実験をした。錆は当時から海軍を悩ませていたのだ。今日の塗料には、自己修復型のものや水中で塗布できるもの、錆に触れると変色するものなどがあるが、それでも依然として、錆は海軍を悩ませ続けている。事実、世界最強の海軍にとっての最大の脅威が錆なのだ。そして、いろいろな判断基準に照らし、また数々の大将の証言に基づけば（彼らはまるで運輸省に雇われたような物言いなのだが）、世界最強の海軍は錆との戦いに敗北しつつある。運輸省が毎年開催する、保守管理に関するカンファレンスの一つには、「メガ・ラスト〔訳注：巨大な錆の意〕」という名前がついている。そしてフロリダの試験所のモットーは、「我らは錆を信じる〔訳注：原文"In rust we trust"。アメリカ合衆国の公式なモットーである"In God We Trust"をもじっている〕」というものだ。

船と同様、車についても人はいろいろなことを言う。アメリカ車のあるブランドはかつてこんなことを言われていた——「静かな夜には、フォードが錆びていく音が聞こえる」。オハイオ州では、昔は車が毎年約四・五キログラムずつ軽くなると言われていたから、毎晩約一二グラム分の金属が妙なる音楽を奏でていたことになる。[*1] だがこういう現象が見られるのはラストベルト〔訳注：アメリカの中西部地域と大西洋岸中部地域の一部にわたる、鉄鋼や繊維などの斜陽産業が集中している地域を指す〕だけではないし、フォードの車だけでもないのである。一九七二年以降、国家道路交通安全局（ＮＨＴＳＡ）はフォルクスワーゲン社に、シロッコ、ダッシャー（パサート）、ラビット（ゴルフ）、ジェッタの合計七五万台を燃料ポンプの腐食で、またそれと同数近くをブレーキラインの腐食が原因でリコールさせている。同じくＮＨＴＳＡの要求によって、マツダは、アイドラアームの腐食を原因として一〇〇万台を超える車をリコールしているし、ホンダはフレームの腐食によって一〇〇万台近くをリコールしている。またクライスラーはフロントサスペンションの錆で五〇万台、スバルはほぼ同数をリアサスペンションの錆が原因でリコールした。フォードは一〇〇万台近いエクスプローラーをフードラッチの錆でリコールしたし、スプリングが錆びやすいという理由でリコールしたマーキュリーとトーラスも一〇〇万台近い。また、ほとんど四〇〇万台におよぶＳＵＶとピックアップトラックが対象となった史上五番目に大規模なリコールは、クルーズコントロールのスイッチが錆びて、駐車中の車が発火する危険があるのが原因だった。

日常茶飯事なのだ。ロッカーパネル、ドアヒンジ、フロアパン、フレーム、燃料ライン、エアバッグセンサー、ブレーキ、ベアリング、ボールジョイント、シフトケーブル、エンジンコンピュータ、高圧ホースなどが錆に襲われて、ハンドルが制御不能になったり、タイヤが外れたり、ギアチェンジができなくなったり、燃料タンクが外れたり、ブレーキやエアバッグが作動しなくなったり、ワイパーが動かなかったり、アクセルが利かなかったり、エンジンが故障したり、走行中にボンネットが勢いよく開く、といった結果を招く。デロリアンは車体をステンレス鋼で作ったし、昔のランドローバーはシャーシを亜鉛めっきし、一九六五年型のロールスロイスの一部は車体の底面に亜鉛めっきが施されていたが、腐食問題を完全に避けて通れた自動車メーカーはほとんどない。現代《ヒュンダイ》、日産、ジープ、トヨタ、ＧＭ、いすゞ、スズキ、メルセデス・ベンツ、フィアット、プジョー、レクサス、そしてキャデラックはみな、錆が原因で車をリコールしている。ファイアストン社が錆を理由として数百万本におよぶラジアルタイヤをリコールしたのは一度ではない。消費者の権利を擁護する活動団体であるパブリック・シチズンのジョアン・クレイブルックは、ＮＨＴＳＡについて、二〇〇三年にこう述べている――「ＮＨＴＳＡがリコールにつけた名前は、カーター大統領の肝臓病の薬の数より多い」。だがＮＨＴＳＡが錆に名前をつけたことはない。腐食はただの腐食だ。アメリカにおける腐食研究の父である冶金《やきん》技術者マーズ・フォンタナは、自分が定義した八種類の腐食現象のほかにもう一つ、「自動車の腐食」という形がある、と冗談を言ったことがある。

　運輸省が「ソルトベルト（塩の帯）」と呼ぶアメリカの二一州、つまり、ミズーリ州カンザスシティより北あるいは東に位置する、合衆国の地図で右上にあたる部分では、錆の害に遭うのはたやすいことだ。戦後、大都市郊外の人口の増加に伴い、各州の運輸局はまるで依存症にでもかかったように塩（塩化ナトリウムまたは塩化カルシウム）を使い、一九七〇年まで、高速道路に撒く量を五年ごとに倍増した。一九七〇年には、アメリカの塩の使用量は年間一〇〇〇万トンになり、それ以降は穏やかに上下している。

　塩は厄介である――なぜなら塩素というのは酸素と同じくらい反応性が高く、酸素よりも消えにくいからだ。一九九〇年までには、アメリカ全国で道路に塩を撒くのにかかる費用は五億ドルに達した。公的機関や民間に対するコンサルティング経験が豊富な、歯に衣を着せない防食技術者、ロバート・バボイアンは、この問題に関する輸送調査委員会の調査に協力した。彼は報告書に、今さら使う塩を減らしても無駄だと書いている。塩はとっくに鉄鋼製の橋との反応を始めており、塩素イオンが数兆匹のダニみたいに入り込んでしまっているからだ。塩を撒いたことが、アメリカ各地の橋が万全の状態と言えない大きな原因ではあるが、少なくともそのおかげで、雪の日でもラジアルタイヤで濡れた舗装道路を走ることができるわけだ。橋の維持にかかる費用の莫大さはまた、二〇〇一年、運輸省が出資して、全国規模で腐食コスト

〔訳注：腐食による経済的損失。腐食による損失額と、修繕・予防などの腐食対策費の合計額〕の調査が行われる原因になった。その結果、腐食コストは塩の値段よりとてつもなく大きいことがわかった。

デザインの改良（泥や湿気が溜まる部分をなくす）、パーツを亜鉛めっきする、下塗剤や塗料の進歩、塩水噴霧試験器――いわば車のための巨大なスチームオーブン――でのテストなどのおかげで、二〇〇〇年前後には自動車の腐食問題はほぼ解決した。だが橋はまだそこまで追いついていない。その結果、運輸省ほど力のある組織に逆らった行動をとる機関はほとんどない。だが運輸省のやり方にも限界はある。彼らは、車を新しく買い換えるのは可能だが飛行機を買い換えるのは無理だと考え、その結果アメリカ連邦航空局〔訳注：運輸省の一部〕は、高速道路で使われる、塩化物を含んだ標準的な塩を空港に撒くことを禁止している。空港では、塩に代わる凍結防止剤として、酢酸塩、ギ塩酸、尿素などに頼るのだ。それらの中で最も一般的なカルシウム・マグネシウム・アセテートは、鉄鋼に対しては塩と比べて腐食性が五分の一、アルミニウムに対しては一〇分の一である。そして値段は塩の一二倍だ。飛行機の凍結を防止するためには、空港ではグリコールに頼っている。だから、もしどうしても車を長持ちさせたければ、滑走路だけを走っていればいい。

アメリカ連邦航空局の管轄外では、ほとんどどこへ行っても僕たちは錆に悩まされている。石油掘削装置の設計者は、海上石油プラットフォームの底の鉄鋼を約二・五センチ分余分に厚くし、それを「腐食代《ふしょくしろ》」と呼ぶ。技術者の中には、トイレの金属部品に飛び散る尿の害を抑えようとする者もいれば、橋を設計する際に、腐食性のある鳩の糞を考慮する者もいる。あなたが蓋を開ける前に炭酸飲料の缶が腐食によってダメにならないのはたくさんの技術者のおかげだ。

アメリカ造幣局は、（バボイアンによって開発された）腐食試験の結果に基づいて新しい一セント硬貨と一ドル硬貨をデザインした。政府は、文字通り金《かね》を失うのが嫌なのだ。シカゴには、「クラウドゲート」と呼ばれる、全長一八メートル、重さ一〇〇トンの、豆のような形をした彫刻作品があるが、これは低硫黄ステンレス鋼でできている。いつまでも輝きを失わず、シカゴ市長に次いで「神のごとく振る舞う」ことで知られる州の運輸局が撒き散らした道路の塩に、この先一〇〇〇年耐えられるようにだ。エンジンオイル、ガソリン、冷却水にはどれも腐食防止剤が入っており、濃度は数ＰＰＭからその一〇〇〇倍までさまざまだ。ガソリンの場合、腐食防止剤はあなたの車の燃料タンクを錆から守っているだけでなく、ガソリンスタンドの地下にある貯蔵タンクや、ガソリンが運ばれてきたパイプラインも保護している。給水本管を守るために、水道水にも腐食防止剤が含まれている。僕はコロラド州の、ロッキー山脈分水界から四〇キロ東に住んでいるが、そこで腐食防止剤として水道水に含まれるのは石灰（水酸化カルシウム）だ。地方自治体によって、水酸化ナトリウムまたはリン酸塩を使う場合もある。僕の町の技術者は腐食防止剤を、二二トン入りのタンクから、小麦粉をふるうみたいに水道水に加えて浄水処理された水の酸性度を中和させる。最も汚れが少なく、安全できれいな水というのは、実はわずかに酸性だ。したがって腐食性がある。そこで石灰を加えてわずかにアルカリ性にするのである。ロッキー山脈からミシシッピ川へと流れる水は、いくつもの自治体によって次々に浄水処理が施され、カルシウムやマグネシウムをたっぷり含む、いわゆる「硬水」になる。水道局は、硬水を作りたくてこれをしているわけではない。水を陽イオン満載にして、腐食性を弱めようとしているのだ。地方自治体にとって給水本管は、運輸省にとっての飛行機と同じである――どちらも、耐用年数をできる限り引き延ばすことが肝心なのだ。ミネラルがシャワーヘッドや蛇口を詰まらせても、それらは修理したり買い換えたりできる。フォード車と同じだ。

フォーチュン５００〔訳注：フォーチュン誌が年に一度発表するアメリカ上位五〇〇社のリスト〕に選ばれるような、金融、保険、銀行といった分野の企業の中でも、あからさまな腐食の害に遭わずに済む幸運な企業はごくわずかだ。彼らのサーバーが保管されているところでも、腐食はもちろん大問題なのだ。サーバールーム内の腐食を防ぐために、除湿機や、オゾン、フッ化水素、硫化水素、塩素、二酸化硫黄、アンモニア等を極微レベル（数ＰＰＭ未満）まで除去する有毒ガス吸着フィルターが使われる。北海に浮かぶ小さなプラットフォーム、シーランド公国では、サーバールームに窒素が充満していて、部屋に入るにはスキューバダイビング用具を装着しなければならない。この無酸素環境はある種の安全性を提供し、腐食は決して起こらない。

錆というのはあまりにもどこにでもあって、聖書は錆に対して敗北主義的な感がある。マタイによる福音書六章一九節は、「あなたがたは地上に富を積んではならない。そこでは、虫が食ったり、錆ついたりするし、また、盗人が忍び込んで盗み出したりする」と言っている。あなたがたの生活を進化させても、自然はその努力を元の木阿弥にし、人はそれを奪おうと企んでいるのだから、無駄なことではないか？「鉄に錆がつきものであるように、人間にトラブルはつきもの」というイディッシュ語のことわざが示唆するのもまたこれと同じ必然の結果だ。錆問題は非常に大きかったため、一八一〇年には英国海軍が、木材ではなく鉄で船を造ってはどうかという提案を断固拒否している。英国海軍によれば、「鉄は泳ぐことができない」のだった。ロイズ（訳注：ロンドンにある世界的な保険市場）においても、外洋を航行する金属製の船については、就航後二〇年間しか保険契約を結べない。

工業化時代のアメリカでは、ある作家は錆のことを「偉大なる破壊者」と呼び、また別の作家は単に「悪」と呼んだ。錆の脅威があまりにも大きく思われたため、都市部では、鉄鋼で高層ビルを建造するのは愚行だと批判する者もいた。一九〇二年にシカゴで腐食速度について議論していた技術者たちは、シカゴ初の鉄鋼製の建物は三年で倒壊するだろうと予測した。同じ年、ニューヨークで最も初期に建てられた高層ビルの一つである八階建てのパブスト・ビルが（アドルフ・オックス所有の二五階建てタイムズ・タワーを建てる場所を作るために）撤去されたときには、湿度の高い気候が鉄鋼に与える影響を技術者たちが調べるために、梁の一本一本、ボルトの一個一個が丁寧に解体された。海岸からこれほど近いところにこんな建物を建てるなどとんでもない、と多くの人が言っていたのだ。

二〇世紀の終わりまでには、司法の場でも、錆は避けることができない危険なもの、というのが共通認識になっていた。インディアナ州控訴裁判所のリンダ・チェゼム裁判官は、インディアナポリスとシカゴの中間、ラストベルトのど真ん中に位置するガソリンスタンドの地下貯蔵タンクからのガソリン漏洩に関する裁判の中で、腐食に関して次のように言った。

シェル社とユニオン社は、鉄鋼製の地下貯蔵タンクには腐食が起きる可能性があり、いずれは漏洩が起き、それを防ぐのは（一九八〇年以前の技術では）不可能であること、ゆっくりと起きる漏洩に地上のガソリンスタンドの従業員が気づくのは事実上不可能であること、この問題を解決するためには多大な技術的知識と、ほとんどのガソリンスタンド所有者には手の届かない資金が必要であること、また、少量のガソリンが長い期間地下水に漏れ出し続ければ、地域全体の飲料水を発ガン性物質であるベンゼンによって汚染させるということを理解していた、という証拠が提出されています。

言い換えれば裁判官は、「ああ、鉄鋼ね。あれって頼りにならないわよね。誰でも知ってるわそんなこと。不具合が出るのは避けられないし、修理しなければ私たちみんなそのせいでガンになってしまう」と言ったのだ。

宇宙にすら錆はあり（分子酸素ではなく原子状酸素があるからだ）、ＮＡＳＡにとっては大問題である。錆はあらゆるところにあるのだ。錆があるから鉄製のフライパンは使用しないときには油を塗っておくし、銅線はシースで覆われているし、電球には酸素が含まれていないし、点火プラグの電極はイットリウム、イリジウム、プラチナ、パラジウムといった金属でできているし、本格的な歯科治療には大金がかかるのである。錆に関してアメリカで一番高い地位にいる政府高官は、錆のことを「蔓延する脅威」と呼ぶ。

ほとんどあらゆる金属が腐食の餌食になる。錆は目に見える形でその傷痕を残し、カルシウムは白く、銅は緑色に、スカンジウムはピンク色、ストロンチウムは黄色、テルビウムはえび茶色、タリウムは青、トリウムはグレー、それから黒に変色させる。火星が赤いのも錆のせいだ。地球上では、グランドキャニオン、レンガ、メキシコのタイル、それに血の赤さが錆から来ている。錆は冷酷で、決して眠らない――そして、人間と同じく金属も、その生命が永遠には続かないことを常に思い知らせる。『マッドメン』のドン・ドレイパー〔訳注：一九六〇年代ニューヨークの広告代理店を舞台にしたアメリカのテレビドラマ。ドンは主人公で、敏腕クリエイティブ・ディレクター〕が金属を売り込むとしたら彼はきっとそれをうら若き乙女になぞらえてこう言うだろう――「希少で、その美しさでは右に出る者がなく、どうしようもないほど魅力的だが、同時に常時注目されることを要求し、慎重に見張っていなければならず、すぐに歳を取り、本質的に浮気者である」。現代社会で最も重要な物質を捕まえてこう言っているのである[*2]！

だが僕たちは錆の存在になかなか気づかない。ハリケーンや竜巻、山火事や吹雪や洪水と違って動きがなく、ドラマチックさではビリッケツだ。錆の専門テレビチャンネルもない。ところが、錆による被害の総額は、錆以外のあらゆる自然災害による被害を足し合わせたよりももっと大きく、その年額はアメリカの国内総生産の三％にあたる四三七〇億ドルにのぼる。スウェーデンの国内総生産を上回る金額だ。アメリカ国民の一人あたりに直せば、年間約一五〇〇ドルの被害である。住んでいるのがオハイオ州だったり、スィズィジー号みたいな船を持っている人ならそれ以上だし、航空母艦の指揮官なら金額はもっとずっと大きい。

それなのに、錆に関する教育は軽んじられている。なぜなら工学を学ぶ学生も、その教授たちも、錆には魅力を感じないからだ。セクシーさに欠けるのだ。専門誌『Corrosion（腐食）』の編集者であるジョン・スカリーは、腐食の研究は誰にも尊敬されないと言う。「カビか何かの研究をしてると思われるのさ」。テキサスＡ＆Ｍ大学にある学際的な集団で、実際より立派に聞こえる「国立腐食研究センター」の責任者、レイ・テイラーはもっとはっきりこう言った。「俺たちはいわば、豚のケツのイボなのさ」。防食業界の元幹部の一人は、彼や彼の同僚はいつも、技術者の仲間内ではロドニー・デンジャーフィールド〔訳注：アメリカのコメディアン。『No Respect（誰からも尊敬されない）』というコメディ・アルバムでグラミー賞を受賞〕みたいな気がしていた、と言った。

それが何となくわかるから、僕たちは錆という言葉を避けようとする。カリフォルニア州のRust（錆）という町の住民は、今から一世紀前に町をEl Cerritoと改名した。政治家たちも、錆という言葉を口にしないほうがいいことは知っている。一般教書演説で都市のインフラやメンテナンスについて言及した大統領は数人いるが、腐食や錆のことを言った大統領は一人もいない。オバマ大統領は、二〇一一年から二〇一三年の間に、アメリカのインフラを、衰弱、崩れかけ、老朽化、劣化、不完全等という言葉で形容しているが、錆びているという言い方をしたことはない。それでも、これまでで大統領の口から出た、錆に最も近い表現なのだ。高コレステロール血症や痔《じ》と並び、錆というのは避けて通りたい厄介事であり、公の場で話すなどもっての外なのである。

だがその裏では密かに、各業界の代表者たちが、ＮＡＳＡのケネディ宇宙センターにある「防食技術研究所」の所長であるルース・マリナ・カレに、錆の悩みを相談する。一般のアメリカ人なら、ラスト・ストアという店を経営するジョン・カルモナにこっそり電話してアドバイスを求める。ニューヨーク・タイムズ紙の政治コラムニスト、デイヴィッド・ブルックスのおかげで、物理的な腐食よりもむしろ腐った道徳観の脅威に、人々はより恐怖を感じるのだ。だが、錆について話すのを恥ずかしいと思わない人たちは、傷痕や骨折を自慢し合うみたいに、錆の話をする。井戸の底やバーベキューグリルや自転車のチェーンの錆の自慢だ。ニール・ヤングのアルバムタイトル〔訳注："Rust Never Sleeps"というアルバムを指している〕を持ち出す者もいる。彼らの話はこんなふうに始まることが多い――「いやぁ、昔持ってた車がさ……」。それはおそらくフォード車だったかもしれない。

自分たちが錆のことを話したがらなかったり、錆に対して明らかに無力であることを隠そうとするかのように、僕たち一般人は、口の悪いヨット乗りみたいに錆に戦いを挑む――言葉による攻撃だ。僕たちは、ラスト・ファイター、ラスト・デストロイヤー、ラスト・キラー、ラスト・バンディット〔訳注：どれも錆落としの製品名〕で錆びついた金属を攻撃する。守備は、ラスト・ディフェンダー、ラスト・シールド、ラスト・ガードで。ラスト・ボム、ラスト・ブラスト、コロージョン・グレネード、それにラスト・ブレットが武器だ。ラスト・ブレットには、「速射モデル」や「六連射コンボパック」も用意されている。こういう製品を見ると、僕たちは錆に対して立派に立ち向かっているように見える。だが逃げるのもまた手だ。一九六〇年代の、ユナイテッド航空の新聞広告を見てみるといい。そこには「錆びつかせないで――ユナイテッド航空のサンバード機を定期的に使って、あなたのゴルフ、ゴルフクラブ、そしてあなた自身が錆びつくのを防ぎましょう。直行便で、一日中青空のサンディエゴまでひと飛びです」とある。

もっとも、サンディエゴでもゴルフのクラブは錆びるし、サンディエゴの海軍基地の軍艦も錆びる。アリゾナ州ツーソンの飛行機だって、シベリアのオイミャコンにあるハマー〔訳注：軍用車を民生仕様にしたSUV車〕だって錆びはする。ただし、パナマのプンタ・ガレタに比べれば、そのスピードは五〇〇分の一である。[*3] これは、非凡な腐食コンサルタント、ロバート・バボイアンが『NACE Corrosion Engineer's Reference Book（防食技術者のための参考書）』の中にまとめた計測結果に基づく数字だ。この本を参考にする理由のある、防食業界で働くアメリカ人は一万五〇〇〇人ほどいる。堅物で生真面目で内向的な者から、落ち着きがなくて反抗的で、注意散漫なほど外交的な者までいろいろだ。そのうち、自分が錆を相手に仕事をしていると思っている者はほとんどいない。彼らは「完全性管理」の仕事をしていたり、塗装の専門家であったり、技術者、または化学者なのだ。人前に出たがらない人も、そうでない人も、彼らは自分の仕事については謙虚だ。僕が知っている人の多くは、社会における自分の役割についてよくわかっており、自分のことを「三錆士《さんせいし》〔訳注：三銃士をもじっている〕」――

錆の三人組の一人だと言ったりする。防食業界は狭いので、ほとんど全員が知り合いだ。たとえば、塩素が満載されたタンク車が漏洩すれば、三人組は協力し合うのだ。

防食技術者のほとんどは男性だ。僕がざっと見積もったところでは、これら防食技術者の三分の二には口ひげがある。その理由について、僕には二つの仮説がある。①こういう男たちは、自分の鼻の下に生える毛と戦うのは無駄であり、トリミングしたり、櫛でとかしたり、手入れをするほうがよほど合理的だとわかっている、ということ。②彼らの多くは、厳しい規定の中で働く技術肌の男たちで、他には芸術的な才能の発揮のしようがほとんどない、ということだ。一九七〇年代にはバボイアンでさえ口ひげを生やしていた。彼らが話題にするのは、磨滅、剝離、肉やせ、ジャッキングのことから、ホリデー検出器、錆こぶ、油井管のこと、ピグや超伝導量子干渉計や完璧な缶底のことまでいろいろだ。錆についてまずまずの詩を書いた男は一人いるが、面白い冗談を思いついた者は一人もいない。また彼らの多くが、それぞれに独自の考え方を持っている。アラスカでは技術者の一人に、「防食の世界では、間違うことはしょっちゅうだよ」と言われたことがある。「ばっちりやっつけたつもりになっても、ギャフンと言わされる。ちょっとした冒険だね」

錆との戦いは、冒険どころではない。それがスキャンダルを巻き起こすことも多い。錆について理解したり、予防・検知・除去したり、錆に屈服したり、錆に美を見出したり、錆から利益を得たり、錆に対する認知を高めようとしたり、錆について教えたり、そういうことをしようとしている人たちにとって、仕事には詐欺や訴訟や縄張り争いや不愉快な過失などが満載だ。爆発、衝突、逮捕、脅迫、そして侮辱などが引きも切らない。戦争と同じだ――錆と戦争の間には、長い、複雑な歴史があって、この二つが一緒になって現代社会につきものである物の多くを生んだのだ。

大手自動車メーカーに加え、この本には、大手石油会社も登場する。その製品は大手プラスチック製品会社に、そこから大手塗料会社に動く。防食という仕事の多くは、塗料がどれくらい――たとえば自由の女神像、缶の内側、パイプの外側、船体、フォード車のボンネットに――しっかりとくっつくかの研究が関係している。この本にはまた、ハリウッドや大手煙草会社も登場する。一九六七年の暖かな三月のある日、連邦政府によるパイプラインの監督を認める法案を議会に提出した、今は亡き、ワシントン州選出のウォーレン・マグナスン上院議員ならこう言ったに違いないが、「ビッグ・ボーイズ（大物企業）」は全部登場するのだ〔訳注：マグナスン上院議員は一九六八年、「ビッグ・ボーイズに嘘はつかせない」というスローガンで四度目の再選を果たした〕。

本書は主に、保守整備に対する僕たちの態度について検証するが、その中で、僕たちがいかに謙虚か（あるいはその逆か）、いかに妥協を厭わないかが、そして僕たちが根本的にどの程度物事を理解しているかが明らかになる。錆は現代的なものが無秩序化するさまを象徴しており、人間のさまざまな欠点――強欲、うぬぼれ、傲慢、不寛容、怠惰――を露わにする。錆は人間の洞察に秘められた力を、思い上がりという弱点を、リスクをどれだけ把握しているかを、そして、人間がこの世界で果たすべき役割をどう捉えているかを見せつけるのだ。何と厳しいことではないか！　今のところ、人間と金属の関係において人間がしてきたことは、どうしようもないほど哀れなものから巧妙なもの、政治的なものから内緒のものまでさまざまだ。錆について僕はたくさんの人と話をしたが、防食を好機として捉えているのは、政府の科学機関の数々でアドバイザーを務めるアラン・モギッシただ一人だった。防食は、一九七〇年代に起こった環境保護運動と同じくらい大きな動きになるだろう、と彼は考えている。

錆に気づかないふりをするのは簡単だが、錆は僕たちの健康や安全、治安、環境、そして未来を脅かし、あわやこの国の自由の象徴さえ破壊するところだった。ハサミ、流し台、スプーン、ガスコンロ、エスカレーターの踏段など、僕たちの身の回りにはステンレス鋼製のものが溢れていて、僕たちはこの錆びない鉄鋼を当然のもののように受け止めているが、ステンレス鋼ができてからまだたったの一世紀だ。これで解決したと思って、僕たちはほとんどの金属が必要とする管理を怠る。では錆の存在しない世界は創造できないのか？

錆の存在しない世界とはすなわち、金属が存在しない世界のことだ。アラン・ワイズマンは『人類が消えた世界』（早川書房、二〇〇八年）という本の中で、金属製品の短命さを巧みに描いている。人類がいなくなってたった二〇年で、野放しになった腐食は、マンハッタンのイーストサイドに架かる列車用の橋の多くを破壊するだろう、と彼は言う。数百年後にはニューヨークの橋はすべて壊れ、今から数千年後には、残っている建造物と言えば地下深いところにあるものだけだろう。そして七〇〇万年後には、かつて人類が存在したことを示すものは、ラシュモア山の巨大彫刻の痕跡だけになる。マーク・ライスナーは、著書『砂漠のキャデラック――アメリカの水資源開発』（築地書館、一九九九年）の中で、悲しいことに我々は、何百万立方ヤードものコンクリートを使った巨大なダムで未来の考古学者の頭を捻らせることになるかもしれない、と言っている。彼らがこれらのダムについて、僕たちがギザやチョルラの大ピラミッドや中国の万里の長城、それにパルテノン神殿についてあれこれ考察するのと同じように、じっくり考えてくれると思いたい。いやそれよりも、上に立っていた彫像はとっくになくなってしまったリバティー島の花崗岩製の土台を彼らが見つけて、かつて人間はハドソン川にダムを造ろうとしたことがあったのではないか、と考えるところを想像するのはもっと楽しい。

放射性元素と同様に、金属のほとんど――中でも僕たちが頼りにしているもの――には半減期がある。だが僕たちはそのことを認めようとしない。ヘンリー・ペトロスキーは、名著『人はだれでもエンジニア』（鹿島出版会、一九八八年）の中でこう言っている――「われわれは、エンジニアが作る大きな構造物も、人間と同じ程度にうつろいやすいものだという考えに甘んじきってはいないようだ。大人になると子供の頃のことを忘れるように、われわれはどういうわけか、われわれの構造物が失敗作にはならず、成功作になることを期待している。エンジニアもエンジニアでない人も同じように、人間として、自分たちの創造するものが人間の限界を越えたものになることを望んでいる。そしてその望みはどうやら、非現実的な願望ではないらしいのだ。鋼や石でできた肉や骨は、人間の肉や骨と比べれば、不死身のようにも思えるのであるから」。

アメリカにある橋、船、車、パイプライン等々のほとんどは死というものを想起させないとしても、ピッツバーグのダウンタウンにある一棟のビルが死を連想させるのは間違いない。それはＵＳスチール社の社屋で、薄気味の悪い、ほとんど威嚇的な様相で街を見下ろしている。一九七〇年に、当時のＵＳスチール社の新製品を使って建てられた。それはコールテン鋼と呼ばれる「耐候性鋼材」で、性質はステンレス鋼に似ているが、表面が茶色く変化する。鋼材を守る錆の層である。だが、風雨にさらされるとともに茶色くなったのは建物だけではなかった。ＵＳスチールにとってはとんだ大恥だが、この建物は足元の歩道も染め、赤っぽい染みが建物の四方に一街区分広がってしまったのである。その後歩道の染みは清掃され、建物は、ダース・ベイダー・ライトとでも呼ぶのがぴったりな色に塗られた。それはまるで死んだ建物のように見えるのだ。コーネル大学心理学部の建物にも同じ素材が使われている。学生たちはそれを「オールド・ラスティ」と呼ぶ。

＊1――腐食というのは発熱反応なので、腐食していくフォード車の外板はその下の金属より高温になり、その温度勾配が、電歪《でんわい》と呼ばれる局部応力を引き起こす。技術的に言えば、適切な道具があればその音は実際に聞くことができる。

＊2――妙なことだが、鉄は喩えの中で信頼できるものとして使われる――「鉄の意志」「鉄の拳」「鉄製の罠のように飲み込みが早い」という具合だ。「鉄の男」に関して言えば、塩水さえあれば錆びてしまうのだからクリプトナイトなど不要である〔訳注：「鉄の男」はスーパーマンのこと。クリプトナイトはスーパーマンの故郷クリプトン星にある鉱物で、スーパーマンを無力に変えるとされる〕。

＊3――パナマ運河のカリブ海側入り口という好位置にあるプンタ・ガレタは、一週間のうち六日雨が降り、鋼鉄、亜鉛、銅の腐食率が世界で最も高い。ただしアルミニウムに関しては、世界で一番腐食の危険度が高いのはフランスのオービーである。

# 第1章 手のかかる貴婦人——自由の女神と錆

## 侵入者

一九八〇年五月一〇日、貴婦人の世話係は寝坊した。デイヴィッド・モフィットは、八時頃目を覚ますと私服に着替え、コーヒーを飲んでから、リバティー島に建つレンガ造りの自宅の、南側にある庭に出て雑草を抜き始めた。彼は熟練した花卉《かき》栽培者で、ワシントンDCではレディ・バード・ジョンソン〔訳注：アメリカ合衆国第三六代大統領リンドン・ジョンソンの妻〕の首都美化プロジェクトの仕事をしたことがあり、見事な菜園を持っていた。自由の女神像の管理人である彼には、リバティー島という見事な裏庭もあった。彼は、休日には大概そうするように、少しばかり庭仕事をしてから妻と三人の子どもと一緒にマンハッタンへ出て、買い物をしたりセントラルパークで自転車に乗ったりするつもりだった。晴れた日で、気温は約一〇℃、南西からそよ風が途切れなく吹いていた。二時間ほど後、モフィットが膝をついてバラの花を剪定していると、警備員の主任であるマイク・テネントが走ってきて、男が二人、女神像を外側から登っていると告げた。そんなことは初めてだった。モフィットは顔を上げ、ハシバミ色の瞳で女神像を見つめると、テネントが言ったことが本当であることを確認した。休日だというのに。

モフィットの家から女神像までは約一四〇メートルほどで、女神像に向かって歩いていくと、観光客が像の台座の下から、登っている二人に向かって叫んでいる声が聞こえた。「ばか野郎！」「うすらボケ！」と彼らは叫んだ。見物に邪魔が入って、文句を言いたいのだ——この状況が自分たちに都合の良い結末を迎えそうもないことがわかっていたからである。モフィットはすでに、観光客たちと同じくらい腹を立てていたが、その理由は違っていた。彼は二人が、神聖な女神像を汚している、そしておそらくは傷つけていると思ったのだ。モフィットは、濃い茶色のふさふさした髪とヒューストン訛りのある四一歳で、世間と隔離されたつらい職務とされるこの仕事に就いたのは、過去に保守整備で実績を挙げていたからだった。リバティー島と自由の女神像は損傷が進んでいた。そして国立公園局には、保守整備制度がまったくなっていないということがわかっていた。そこで二十数年ぶりに、フルタイムの管理人としてモフィットが雇われたのである。

　女神像まで半分ほど近づいたところでモフィットは立ち止まり、像に登っている二人が横断幕を広げるのを眺めた。そこには赤い太文字で「自由な人間《Liberty》がはめ《Was》られた《Framed》」、その下には「ジェロニモ・プラットを釈放せよ」と書かれていた。それまでモフィットは、これを単なるいたずらだと思っていた。だが横断幕を見て、ジェロニモ・プラットというのが誰なのかは知らなかったが、これは抗議行動なのだということがわかった。そして解決方法もわかった。ニューヨーク市警には、高所から人を下ろすことに熟練したチームがあるから――彼はそれをテレビで観たことがあったのだ――そこに電話すればいい。そこで彼はくるりと踵《きびす》を返すと自分のオフィスに行き、リバティー島から観光客を退避させるよう命じた。自由の女神像の内側では、拡声装置を通した大音響で、運営上の問題のため観光客は桟橋に戻るように、という放送が流れた。それからモフィットは、オフィスから、ボストンにある国立公園局地域担当責任者のオフィスに電話した。彼は以前にも数回こういう電話をかけたことがあり、その後もまた、何度も電話する定めにあった。

　彼が管理人になってからこれまで、プエルトリコ人が自由の女神像をほぼ丸一日占拠したこともあったし、数名のイラン人学生が、アメリカ政府によるシャー〔訳注：イラン国王の尊称〕の扱いに抗議して自分たちの体を女神像に鎖で縛り付けたこともあった。爆弾を仕掛けたという脅迫は年に一〇回ほどある。彼が赴任する以前には、自由の女神像は、ニクソン大統領に対する大学生たちの抗議や帰還兵たちによるベトナム戦争への抗議行動、アメリカの「革命的学生団」によるイラン政府への抗議行動、そして、ニューヨーク市長によるソビエト連邦在住ユダヤ人たちの扱いに対する抗議の舞台にもなった。何であれ、「悪」と思われることに抗議するのに自由の女神像が理想的な場所であることはモフィットにもよくわかっていた。だから彼は、国立公園局の公園警察ではなく、ニューヨーク市警に電話をしたのである。そしてこの決断が、像に登っている二人の、そして更に重大な

ニューヨーク市リバティー島、自由の女神像

ことには、女神像そのものの運命を変えることとなったのだ。

ニューヨーク市警の緊急出動部隊が到着すると、島から退去中の観光客らが隊員を歓声で迎えた。部隊は状況を速やかに把握し、「強制排除」は危険すぎる、と判断した。安全網が必要だ、と彼らは考えた。ヘリコプターも要る。こうした諸々を考えると、解決には時間がかかるだろう、と察したモフィットは、マンハッタンには自分抜きで行くようにと妻に伝えた。ジェロニモ・プラットというのが、サンタモニカで教師を殺したとして有罪判決を受けたブラック・パンサー党員で、一〇年近く服役しているということをニューヨーク市警から聞いても、彼の怒りは収まらなかった。理由が何であろうと、神聖な自由の女神像を汚すことに称賛すべき点などない。「私は、アメリカの象徴であるこの像を守るという仕事に真剣だったんだよ」と当時を思い出してモフィットは言った。

その日モフィットは一日オフィスで過ごし、政府に支給された双眼鏡で女神像に登る二人を監視した。午後、『ニューヨーク・デイリー・ニュース』紙の記者から電話があった。取材の最中、女神像から何かを叩くような音が聞こえた。と同時に、像の足元にいる誰かが「あいつら！」と叫んだ。「俺の女神を壊す気か！」。警備員がオフィスに入ってきて、登っている二人のうちの一人が、銅製の女神の肌にくさびを打ち込んでいる、と言った。ガン、ガンと打ちつける音を何度聞いたかモフィットは覚えていないが、自分がものすごく動転したことは覚えている。二人が女神像を傷つけていることはもはや間違いない。彼は新聞記者に大声でどなると電話を切った。

自由の女神像の上では、サンフランシスコに住む三四歳のイギリス人で、詩人であり、ビルに登って横断幕を掲げた廉《かど》で逮捕歴があるエド・ドラモンドが四苦八苦していた。自由の女神の左足をぐるりと回り、そこから上に、そして左に進んだ頃から、像に登るのは予想よりも、あるいは覚悟していたよりも難しくなっていった。二時間かかって曲がった右膝の後ろまで登った彼は今、小さな岩棚状になっているところから動けずに、女神像の背中の、まとった衣のひだ部分にある短い縦長の空間を見上げていた。銅製の肌の表面が特に問題で、彼が持っている直径二〇センチの吸着カップがまるで役に立たなかった。無数の小さなブツブツが、まるでニキビのように肌を覆っていたのである――一〇〇年前、銅を叩いて成形したフランスの職人たちの仕事の跡だ。おかげで彼の吸着カップは、力の限り押し付けても一〇秒くらいしか吸着していないのだった。「吸着カップは使えないとわかったんだ」――彼はそのときのことを回想し、だんだん腕が疲れていった様子を説明した。彼は足を踏み外してズルズルと数十センチ滑り、あわやというところで、もう一つの吸着カップでなんとか体を止めた。落下すればどうなるかはわかっていた。「ぽーんと空中に放り出されて、六〇メートル下の遊歩道に真っ逆さまさ」。それにそんなことになれば、一緒に登っていたパートナー、カリフォルニア州バークレーからやってきた三一歳の見習い教師ステファン・ラザフォードが道連れになるのはほぼ間違いなかった。

さらに登りながら彼には、銅板と銅板の間に若干の隙間が空いていることが多いのがわかった。何らかの理由で銅板が浮き始めていたのだが、その結果できたギザギザは、それを使って登れるほど大きくはなかった。また彼は、女神像に、地上からは見えなかった小さな穴がたくさん開いていることにも気づいた。自由の女神オタクの間では、それは弾痕だという噂だった。登るのがますます大変になってくると、彼は縦長の空間の片側の壁に背中を押し付け、反対側の壁に両脚を突っ張って、ここへ来る直前に買った小型のS字フックを穴の一つに差し込んで体を支えようとした。吊り紐を使ってそれに重量

ヨセミテのロッククライミングで有名なある登山家が、エド・ドラモンド（写真は1970年、スコットランドで撮影）は登山をする詩人なのか、詩を書く登山家なのかわからない、と言ったことがある。1980年にドラモンドが抗議行動として自由の女神に登ったことが、アメリカ史上最もドラマチックな腐食との戦いの火蓋を切って落とした。（写真提供：エド・ドラモンド）

をかけてみると、彼の全体重をかけるまでもなく、Ｓ字フックが恐ろしいほど折れ曲がった。

ドラモンドの計画では、女神像の背中を伝って左肩に登り、左耳にかかった髪の毛の塊の下にある小さな開口部に陣取るつもりだった。風や雨から守られ、髪の毛の塊が支えてくれるそこで、一週間立て籠もるつもりだったのだ（彼は寝袋と、チーズ、デーツ、リンゴ、鮭の缶詰、ボトル入りの水を持ってきていた）。横断幕は、女神像の胸にブラジャーのように吊り下げるつもりだった。だが彼は縦長の空間より上には登れなかった。当初の計画の代わりに、彼は今いる岩棚状のところで一晩過ごし、朝になったら降りることにした。彼はそのことをニューヨーク市警に伝え、ニューヨーク市警からモフィットにそれが伝わった。その夜、モフィットはあまり眠れず、ベッドから、窓越しにドラモンドとラザフォードを見つめた。子どもたちは、騒音と飛び回るヘリコプターについて文句を言った。

翌朝、母の日に、ドラモンドとラザフォードは投降した。登り始めてからほぼ二四時間後のことだった。自由の女神の足元まで二人が降りてきた頃には、台座の下には報道陣が集まっていた。記者の一人が、「くさびを打ち込んだんですか？」と叫ぶと、ドラモンドはすぐさま「いいえ、僕たちは女神像に傷をつけてはいません！」と叫び返した。そして、女神の左足の小指がちょっと張り出した部分の下で、「こうやって登ったんです！」と叫んで吸着カップの一つを金属に押し付け、彼とラザフォードはそれにぶら下がってみせた。手錠を持って待ち構える警官の一団の方へと降りていきながら、ドラモンドは再度、女神像には傷はつけていない、と主張した。だがモフィットは後で、ＡＰ通信の記者に向かって、二人が「小さな釘を女神像に打ち込んだ」と話した。彼が記者と話していると、誰かが米国司法長官の事務所からのメモをモフィットに手渡した。メモには「恩赦はするな」とあった。モフィットにはそんな気はなかった。カンカンだったのだ。

拘置所で一晩明かした後、ドラモンドとラザフォードは、不法侵入、そして、公共物に八万ドルにおよぶ損害を与えた廉で起訴された。モフィットはすでに、双眼鏡で自由の女神像をつぶさに調べ、ドラモンドが見つけたのと同じ穴を発見していた。また、整備員の一人を女神像に登らせ、内側から被害を調べさせてもいた。わかったのは、穴はそこらじゅうに開いているということ、そしてそれは、くさびや釘を銅板に打ち込んだことが原因でできたのではないということだった。それらの穴は、自由の女神像の銅製の表皮を鉄製の骨組みに固定していたリベットが外れたところに開いていたのである。女神の像の穴はドラモンドが開けたものではなく、腐食によってできたのだ。

エド・ドラモンドの主張は正しかった。自由の女神《Liberty》には骨組みがある《was framed》。そしてその骨組みは錆《さ》びていたのである。

## 錆びた女神

公共物破壊事件と思われたこの顚末は、モフィットにとってはもっとずっと困った問題であることがわかった。たしかに女神像の内部に落書きされたことはこれまでもあったが、外側から傷つけられたことは一度もなかったのだ。少なくともモフィットはそう思っていた。当惑した彼は、女神像の保存状態に関する報告書を探して書類キャビネットを漁ったが、何も見つからなかった。そこで像のごく一部に足場を組ませ、女神像の損傷の具合を調べさせたところ、擦り傷や、ドラモンドのロープで緑青が小さく擦り取られた箇所がいくつか見つかった。また彼は、デンバーにある、国立公園局のデザインと建築を担当する業者にも電話をして、彼らの技術者による女神像の状態の検査・報告を依頼した。数週間後、二人の技術者が検査に来た。そして報告書を書き、モフィットに渡した。そこには、腐食は見られるものの、自由の女神像は基本的には良好な状態にある、という結論があり、修理は特に勧めていなかった。損傷が見つからなかったと聞いてモフィットはほっとしたが、検査が目視のみであることには失望した。何かもっとそれ以上のものを期待していたのだ。彼自身、損傷を目にしていたのであり、その原因が知りたかったのである。そこで、五月二〇日、モフィットは、二名のスタッフに命じて、自由の鐘〔訳注：一七七六年にアメリカが独立した際に鳴らされた鐘で、自由の象徴とされる〕を検査したウインタートゥル博物館に、「激しい腐食の原因を特定し、壊滅的な破壊を防ぐために像全体に施すべき処置を提示」するよう依頼させた。二人は自由の女神の松明から取った銅板のサンプル二片を博物館に送り、博物館はそれを、デュポン社の冶金《やきん》学者、ノーマン・ニールセンに調べさせた。

ニールセンからの報告書も、デンバーからのそれと比べて大して役に立つものではなかった。そこには、「このような調査によって、銅板を驚くべき速度で劣化させている腐食のプロセスを特定することができ、腐食のプロセスを食い止めるために講ずべき手段が示唆されることを期待していたのだが」とあった。ところが期待に反し、X線蛍光分析を用いた彼の調査の結果は単に、銅板と緑青、そしてそれらの内部に含まれる、アンチモン、鉛、銀、亜鉛、水銀など一部の不純物の化学組成を特定したにすぎなかったのである。

　ニールセンが報告書を書き終える二日前に、ドラモンドの公判が開かれた。そのときまでには、ドラモンドが女神像に穴を開けたのではないことが明らかになっていたので、器物損壊の罪は棄却されていた。何しろドラモンドは、逮捕時にバックパックの中身も調べられたが、報告書にある通り、くさびもハンマーも持っていなかったのである。物を打ちつけるような音は、実は警察官が女神像の内側を自分の銃の銃把で叩いた音だったことがわかった。だがドラモンドは不法侵入罪で有罪となり、軽罪ではあったが、執行猶予六か月と二四時間の社会奉仕活動を命じられた。

　数か月後、モフィットのところに、二人のフランス人技術者の弁護士から電話があった。二人は、自由の女神像と同じく銅と鉄で造られた、ウェルキンゲトリクスと呼ばれる彫像を修理したばかりで、自由の女神像をもっと詳細に調査しようと申し出たのである。そもそも自由の女神像はフランスから贈られたものだ（金属の構造物を造ることにかけてはアメリカよりフランスのほうがずっと歴史があるのだから、フランスに敵わなくても驚くにはあたらない）。モフィットは乗り気だった。彼の疑問にはいまだ答えが見つかっていなかったし、国立公園局は予算が厳しく、これ以上の調査が望めないことがわかっていたからだ。控えめに言っても、これは幸運な偶然だった――モフィットはすでに二度、間もなく迎えようとしている自由の女神建立一〇〇周年の行事を計画する委員会を組織しようと提案していたが、カーター大統領政権下で予算が削られ、進展が見られなかったのだ。彼には、女神像には化粧直しが必要であることがわかっていたが、誰一人として彼の話に耳を傾けようとする者はいないようだった。ましてその費用を払うなどもっての外だ。そういうわけでモフィットは、リバティー島でフランス人技術者に会い、国立公園局の局長にも二人を会わせた。ドラモンドが女神像に登ろうとしてから一年、国立公園局とフランスの技術者は、自由の女神像修復のためにパートナーシップを組むことに合意した。一九六〇年代と七〇年代を、国立公園局は「管理の放棄と劣化」の時代と呼んだが、それが間もなく終焉を迎えようとしていた。驚いたことに、二人の活動家による、漠然とした目立ちたがりな行為が発端となって、アメリカ史上最も象徴的な錆《さび》との戦いが始まったのである。

かつては世界で一番背の高い鉄製の構造物だったこともある、錆びかけたこの女神像は、謎だらけだった。フランスとアメリカから集まった七人の建築家と技術者は、その歴史を調べ、詳細をつなぎ合わせていった。明らかなのは、この像が、さまざまな機関によって、さまざまなやり方で管理されてきた（あるいは管理され損なってきた）ということだった。女神像は、一八八六年、ベドロー島〔訳注：リバティー島の旧称〕にあったかつての要塞、フォート・ウッドの上に建造されたが、管理する者のいない期間が二週間あった後、まずは、財務省の一部だった米国灯台管理委員会の管轄下に置かれた。女神はこの委員会のもとで一五年間過ごした後、陸軍省の管理下に移って二三年、それから国定史跡に指定された。その九年後、女神像の管理は国立公園局に移った。つまり、文化財の保存という概念を持つ者が女神像の面倒を見るようになるまでに、半世紀を要したのである。国立公園局がまず最初に行ったことの一つは、一九三七年、雇用促進局と共同で、鉄製の骨組みの腐食した部分を取り替えることだった。保存に熱心な彼らは、鉄の棒を同様の鉄の棒に交換した。ところが、作業はすべて像の内側から行われたため、彼らはリベットではなくセルフタップねじを使うという大ヘマをしでかしたのである。その後も女神像は大してマシな待遇を受けることがなかった。一九六四年八月以降は正式な監督者もおらず、管理助手という肩書きの人が一人、管理補佐が三人、管理補佐代理が一人、部門マネージャーが一人置かれた（そのうち、二年半以上勤続した者はいなかった）後、ようやく一九七七年一月にモフィットが就任した。

修復チームのアメリカ側――リチャード・ヘイデン、ティエリー・デスポン、エドワード・コーエンの三人――は、女神像の過去についてもっと詳しく知りたかったので、この像を設計したフレデリク＝オーギュスト・バルトルディと技術者アレキサンダー＝グスタフ・エッフェルが造った他の像を見に行った。またフランスのコルマールにあるバルトルディ美術館を訪ねて、一八八五年に書かれたメモや論文、模型、日記などを調べた。設計図はなかったが、バルトルディは、像の内部を観光客に見せるつもりはなかったことがわかった。おかげで面倒なことになった――アメリカ人は女神像の中に入るのが大好きだったからだ。三人は他の場所でも、エッフェルが描いたスケッチと、女神像の骨組みのための計算が書かれた、一八八一年一一月一二日付けの手書きノート九ページ分を発見した。そこには、どうすれば一二二トンの鉄が七二トンの銅を支えられるのかが説明されていた。

鉄製の骨格を銅製の外板にリベットで留め付ける、という構造設計は、独創的ではあるがリスクも伴っており、バルトルディはそのことを承知していた。実際、彼は当初、ウジェーヌ・エマニュエル・ヴィオレ・ル・デュクによる別の設計案を選んでいた。その案では、女神像は腰まで砂が詰まっていた。だがヴィオレ・ル・デュクは一八七九年に死去し、それでバルトルディはエッフェルの案を採用したのである。エッフェルの案にリスクがあったのは、二種類の金属が互いに触れてはいけなかったからだ。ルイージ・ガルバーニが一世紀前に発見した通り、異種の金属同士が触れると腐食が起こるのである。この腐食現象には「ガルバニック腐食」という名前がついている。実はこれこそが、電池が機能する仕組みだ。電子は、より弱い、負の電荷を有する金属から、より強い金属へと移動する。そしてその過程で弱い金属は破壊される。それが、電池がいつかは切れる理由だ。自由の女神像の場合、電位差はほんの四分の一ボルトで、一番小さい電球を点灯させるにも足りない微々たるものだが、その電流はどんな電池よりも持続的だった。エッフェルはこの危険性を知っていて、セラック〔訳注：動物性の天然樹脂。電気絶縁性がある〕を染み込ませたアスベストで鉄と銅を分離させることで対処しようとした。当時はそれが最新技術であり、彼には自信があった。「作品の維持についてだが、建造に使われた素材はすべて、内部のあらゆる部分で細部まで見ることができるので、良い状態に保つのは容易である」と彼は書いている。だが『サイエンティフィック・アメリカン』誌の見解は彼とは異なり、女神像が完成して一か月と経たないうちに、「この世には恐れるべき危険が五つある——地震、強風、落雷、ガルバニック作用、そして人である」と警告した。それに対してバルトルディは、「きちんと手入れをし、面倒を見れば、この記念碑は間違いなく、エジプト人が建てた記念碑と同じだけ長く残るだろう」と、女神像の完成後に書いている。だが事の展開は彼の予想とは違っていた——彼の計画には塗料が含まれていなかったことがその理由の一つである。

女神像の内側に塗料を塗ろうと最初に決めたのが誰だったかは明らかではないが、一九一一年には像全体に黒いコールタールが塗られた。一九三二年には誰かが真似をしてその上からアルミニウムペイントを、一九四七年には別の誰かがさらに、落書きが消しやすいように特別に調合されたエナメル塗料を塗った。モフィットが就任するまでには少なくともあと六人が、次々と塗料を塗り重ねていったのである。女神像の保存に熱心なモフィットもまた先人に倣った。管理人に就任して最初に彼がしたことの一つが、像の内側を、黄緑色の、鉛ベースの塗料で塗ることだったのである。本当なら「注意：腐食の危険性高し」という注意書きがあって然るべきところには、何層にも重なって塗料が塗られているだけだった。重なった塗料は銅板と同じくらいの厚さがあり、あいにく、鉄製の骨組みと銅製の外板の間に水分を閉じ込めてしまった――まさにエッフェルとバルトルディが避けようとしていたことである。銅と鉄の間に水分があるというのは、二つの金属が接触しているのと同じくらい問題である。そんなわけで、アメリカ側の修復チームはまず、女神像が巨大な電池と化しているということを発見した。その結果、腐食による金属の多大な減耗が起こり、場所によっては塗料だけが像を支えていたのである。

一方、修復チームのフランス側は、歴史的なデータではなく科学的なデータを収集するため、女神像の外側に風速計を設置し、内部に一四二個のひずみゲージと加速度ゲージを取り付けた。また内側には二酸化炭素計測器と湿度計も設置して、夏は四八℃にもなる閉じられた空間を訪れる、何百万人もの観光客の吐く息から凝結する水分を計測した。彼らは骨組みのX線写真を撮って亀裂の有無を調べ、フランスのサンリスにあるCetim（機械工業技術センター）では、塗料を塗りたくられた鉄の骨組みのサンプルを使って疲労試験と衝撃試験を行い、亀裂のでき方と広がり方、さらに、風による動的応力に鉄がどのように反応するかを調べた。銅の外板の厚さを測るには超音波厚さ計を使い、三〇〇枚ある銅板すべての写真を撮った。

一九八一年の一二月には、「自由の女神像修復のための米仏共同委員会」によって予備的な診断報告書がまとめられ、女神像はデンバーからの報告書が言うところの「基本的には良好な状態」にはないのではないかというモフィットの懸念が裏付けられた。一九八三年七月一四日、米仏共同委員会は、三六ページにおよぶ雑誌のような報告書を公表し、四つの修復案を提示した。四つの案は単に、階段、エレベーター、休憩用のデッキなど、観光客のための登りやすさと居心地をどこまで改善するか、その程度が違うだけだった。それを除けば四案には、「構造の完全性を確保し、電気分解が将来これ以上進行するのを防ぐ」ための、同内容の構造修理が含まれていた。電気分解とはつまり腐食のことである。

技術者たちは、女神像のあらゆる部位の、検査したすべての箇所に腐食を、あるいはその誘因となっているものを見つけた。銅製の外板だけが、リベット穴やその他の損傷はあったものの、腐食に耐えて「正常」な状態であると判断された。いったん鉄の骨組みが錆び始めると、劣化は手に負えなくなっていった。骨組みのある一点が錆びるとそこが膨張し、銅板と鉄の骨組みの間にある（銅のわずかな膨張や収縮に対応するための）可動接合部が動かなくなる。すると銅板がゆがみ、最終的にはリベットが抜け落ちて、銅板にさらにひずみがかかる。これは「ジャッキング」と呼ばれる一種の連鎖反応だ。抜け落ちたリベットが多ければ、特に像の内側と外側の圧力の差が原因で、そこから入り込む水も多くなる。まるで自由の女神が水を吸い込んでいるかのようだったのである。像全体にある一万二〇〇〇個の骨組み用リベットの三分の一は、緩んでいるか、損傷しているか、あるいはなくなっており、骨組みのおよそ半数は腐食していた。

アスベスト断熱材——実はこれが水の通り道となって損傷を悪化させるのだが——はとうの昔に粉々になっていた。その結果、骨組みの助材の一部は厚さが三分の一になっていたほか、女神像の衣と足の下の格子梁は「中でも特に腐食がひどい」と報告された。写真で見ると、まるで金属製のビーバーに齧られでもしたようだった。女神が左手に持った本の骨組みは「腐食が進み」、冠の下も同様だった。階段もひどく錆びていた。右腕の骨組みの腐食も激しく、松明の腐食被害も「甚大」だった。骨組み全体の腐食が非常に「悪化」しているため、この構造はすでに機能しなくなっている、とされた。報告書によれば、松明は「崩壊する危険性が明白」であり、そんなことになれば恥ずかしいでは済まなかった。

水は、リベットの穴や、設計がまずかった水抜き穴から女神像に流れ込み、数百万人の観光客の肺から吐き出された呼気が像の内部で凝結し、高く掲げた像の上腕の、冠から広がる七本の突起の一本が貫通しているかなり大きな穴からも流れ込んだ。女神像が水密性に欠けていることは冬になると最も明らかで、像の内部に積雪が見られることもよくあった。また水は、最初から問題だらけの松明からも流れ込んでいた。

一八八六年、女神像がアメリカで建造された——組み立て直された、と言うべきかもしれないが——とき、バルトルディは、銅に金めっきを施した松明の炎を照らすため、八個の照明を取り付けようとした。落成式が一週間後に迫った一〇月二八日、米国陸軍工兵隊は彼に、照明は港内の船の航行を妨害するので、彼の設計は変更が

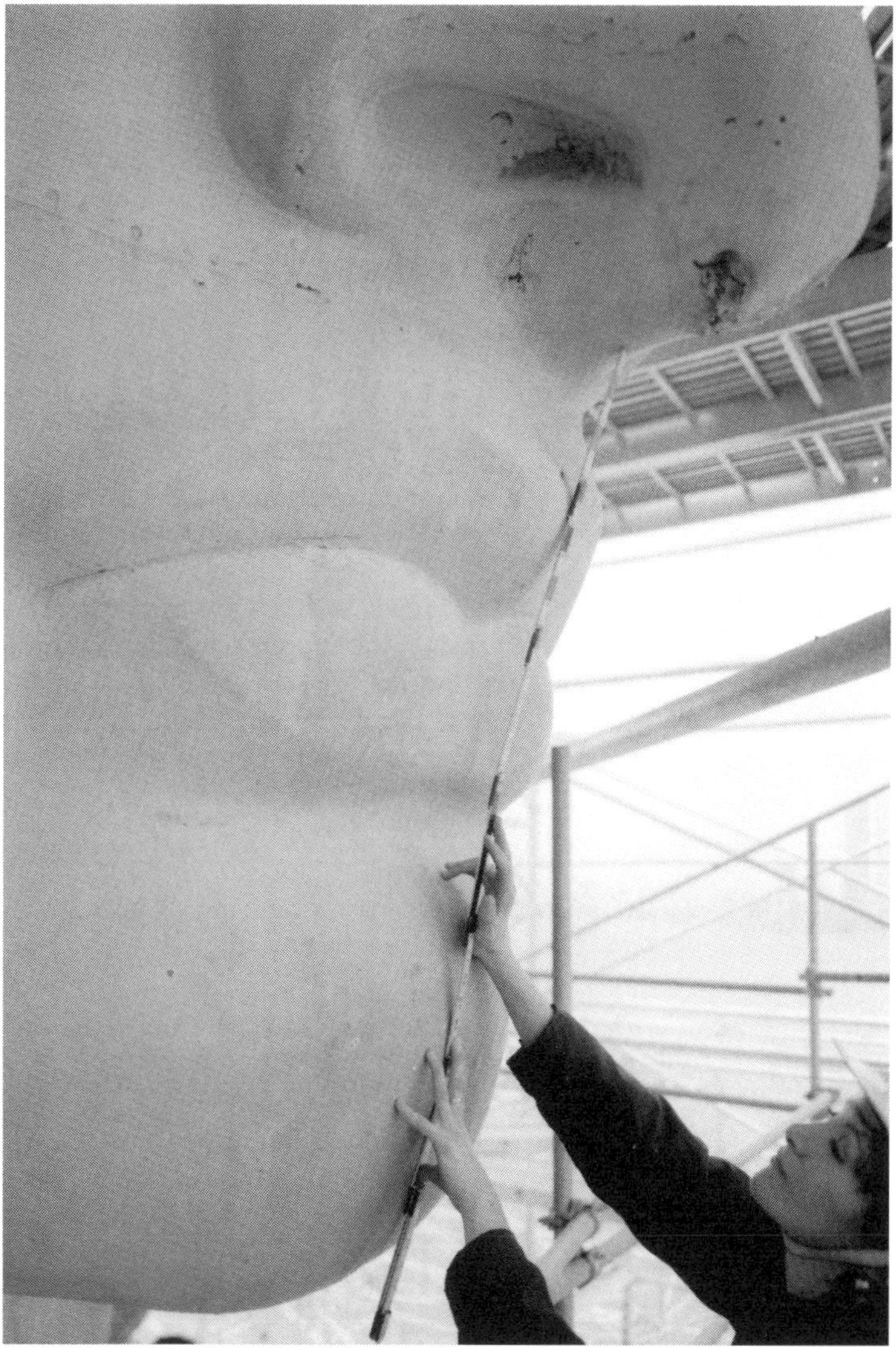

1世紀にわたって腐食し放題だった自由の女神には、亀裂、かさぶた状のもの、染み、穴ができ、鼻の穴も錆でいっぱいだった。写真は1985年3月28日、建築史学者イザベル・ヒルが検査をしているところ。（撮影：ジェット・ロウ、写真提供：米国議会図書館印刷写真部 歴史的アメリカ工学記録より。HAER NY, 31-NEYO, 89-180）

必要であると告げた。米国灯台管理委員会のジョン・ミリス大尉は、松明に二列の丸窓を開け、内側に照明を仕込むことにした。その光はみすぼらしく、マンハッタンからはほとんど見えなかった。バルトルディに言わせればこの炎はまるで「蛍の光」のようだったのだ。一八九二年には窓の上列が幅四五センチの帯状のガラス窓に拡大され、その上に天窓も増設されたが、それでもバルトルディは満足しなかった。二四年後、彼の死後十数年を経て、ジョン・ガットスン・ボーグラムという名の彫刻家が松明の改善に取り組み、その大半を削り取った。彼はそこに二五〇個の長方形の穴を開けて琥珀色のガラスをはめ込んだ。その後ボーグラムはラシュモア山を彫刻している。金属加工職人の一人は後日、松明は「崩れたランタン」のようだと言ったが、それはまた、内側から見ても外側から見ても、まるで巨大な鳥かごだった。窓からは水が漏れ入り、その下にある換気口は鳥が出たり入ったりするのにぴったりだった。こうして錆が蔓延した。

一番高いところにあり、最も風雨にさらされ、人が検査に入ることが一番少ない松明部分はまた、像の中で最も繊細な部分でもあった。女神が握る柄の上にある張り出し部分と下に伸びる部分に複雑な細工を施すため、より薄い金属板が使われていたのである。ハドソン川を見下ろす松明はまた、鳥の止まり木としても最適だった。その結果松明は、女神像で最も傷みが激しい部分でもあった。修復作業の初期、アメリカ側修復チームのヘイデンとデスポンは、数名の公園管理員とともに松明部分に登ってその状態を調べた。松明の柄の一番底の部分には、水と鳥の糞の混じったよどんだ水たまりがあり、彼らはそれを「原始スープ」と呼んだ。その液体は金属を蝕んでいた。大きなボルトで締めたねじ棒がなければ、柄は崩れ落ちていたことだろう。彼らはそこで自分たちの写真を撮り、次のミーティングでそれを皆に見せた。たちまち他の技師たちは彼らに、二度とこんな「無鉄砲な行動」は取らないように、と忠告した。なぜなら松明部分の骨組みは著しく弱くなっていたからだ。それどころか枠組み自体がなくなっていたのだ。それがかつてあったところに、その気配が残っているだけだったのである。

## 修復基金の設立

修復作業の規模の大きさが明らかになるにつれて、米仏共同委員会は、アメリカが組織した自由の女神修復のための委員会および基金に取って代わられた。この委員会と基金が資金を集め、調査と準備を行い、ついに自由の女神像は修復されたのである。調査と計画だけですでに三年が費やされていたため、次の三年間にわたる修復作業は非常に目まぐるしかった。分科委員会、調整委員会、さまざまなサブグループや顧問団などが作られ、それから州が管轄するさまざまな委員会や基金がそれに便乗した。彼らはウォルドルフ・アストリアでミーティングを行い、パリに飛び、ヴェルサイユ宮殿を散歩した。修復作業は、三〇社以上の建築会社に勤める、コンサルタント、コンパニオン、あらゆる種類の専門家など三〇〇名を超える人々によって行われた。技術的な調査には著名企業も手を貸し、あまりに多くの企業が作業用機器や資材の寄贈を申し出たため、何百という企業にはその申し出を断らなければならなかった。ＮＡＳＡさえ協力した。基金はかつてない大々的なダイレクトメールによるキャンペーンを展開し、最終的には、それはアメリカ史上で最も成功した募金運動となった。資材をリバティー島に運ぶために、彼らは埠頭を修理し、その後、ニュージャージー州から島まで四〇〇メートルにおよぶ橋を架けた――はしけで荷物を運ぶよりもそのほうが安上がりだったのだ。女神像の周りには、世界一高い独立型の足場が組まれた。そして最終的に女神像はきちんと修復されて、像の推定寿命は劇的に延びたのである。このすべてを監督したのが、クライスラー社を救った男、リー・アイアコッカだった。彼は一九八二年五月一七日に、ロナルド・レーガン大統領によってこの取り組みの責任者に任命されたのである。

アイアコッカは、二億三〇〇〇万ドルでも、三億ドルでも、五億ドルでも、いや、必要とあらば一〇億ドルでも集める、と言った。募金運動はニューヨークで始まり、すぐにロサンゼルス、シカゴ、アトランタ、そしてダラスに広がって、募金事務所が開設された。ニューヨークのリンカーンセンターで、ルチアーノ・パヴァロッティとボブ・ホープを迎えて催された募金パーティでは七五万ドルが集まった。テネシー州で行われたイベントにはジェラルド・フォードが姿を見せたが、集まった金はそれより少なかった。フリーダイヤル番号が設置されて、電話での寄付も行われた。連邦議会は三五〇〇万枚の記念コインの発行を認可した。アメリカン・エキスプレス社はすべてのトラベラーズチェックの売上げの一部を寄付した。

アメリカ中の子どもたちが、資金作りのために一セント硬貨を集め、マフィンを売り、花を育てた。一九八六年の七月四日までに、二万校を超える学校の生徒たちが、五〇〇万ドル以上を集めたのである。インディアナポリスに住む障害を持つ六歳の子どもは三〇〇〇ドル集めた。イタリア人、チェコ人とスロバキア人のグループ、ギリシャ人、ポーランド人、セルビア人、ベラルーシ人など、各民族が組織する団体も寄付をした。米国愛国婦人会は五〇万ドル、退役傷痍軍人の組織は一〇〇万ドルを集めた。ベル電話会社の元従業員たちは三〇〇万ドル、ステートファーム保険の社員たちは一〇〇万ドル、クライスラー社の社員たちも同額を集めた。ロサンゼルス市は五万ドルの寄付をした。

郵便局は記念の二二セント切手を発行し、それをニューヨークのフェデラルホールで披露した。ジョージ・ワシントンがアメリカの初代大統領に就任した場所だ。その日を記念して、アメリカ合衆国郵便公社は、自由の女神像から一八キログラム分の銅を削り取り、それを溶かして高さ約四〇センチの女神像の複製を二つ作らせた。それらはケープカナベラルに送られ、スペースシャトル、ディスカバリー号に積み込まれて、自由の国、そして重力の世界を離脱し、それからニューヨークに送り返された。一つは再び溶かされて公式な一〇〇周年記念メダルとなり、もう一つは現在、女神像の台座の中にある博物館にある。

アイアコッカによる募金運動は最終的に二億七七〇〇万ドル（今日の通貨価値に置き換えれば一四億ドル）を集め、それだけの金が、風が強くて雨の多い、塩を含んだ空気に湿った大西洋沿岸の島に建つ、高さ九一メートルの金属製の像につぎ込まれたのである。

## 一〇〇年目の化粧直し

自由の女神像の周りに足場を組むのには、三か月と二〇〇万ドルを要した。技術者たちはアジア風に竹で足場を組むことも、三角錐状に足場を組むことも検討した。格子造りの板を吊橋のようにケーブルで固定する方法も考えた。結局選んだのは、新品のアルミニウムのポールに、銅に染みがつかないよう亜鉛めっきしたものを碁盤の目のように組むという方法だった。足場の重さは三〇〇トン、長さにして三キロを超える鉄鋼製ケーブルが使われており、女神像の右腕を支えるだけの強度があり、最大風速四四メートルの風に耐えることができた。一九八四年の四月、足場に登れば、そこから身を乗り出して女神像にキスすることができたのである。

七月四日、古い松明が外され、地上に降ろされた。七か月後、松明はミス・アメリカとともに、ローズ・パレード〔訳注：カリフォルニア州パサデナで新年祝賀行事の一つとして元日に行なわれるカレッジフットボール、ローズボウルの試合前のパレード〕の先頭を切る山車の上にあった。空港までニューヨーク市警の先導で運ばれ、特別仕様のコンテナでカリフォルニアに送られ、そこからは国立公園局の警備員が警護したのである。これほど手厚い待遇を受けたことのある錆びた鳥かごは他にはないだろう。

足場に登った作業員たちは、女神像の外側を近くから見ることになり、あまり話題にのぼらない数々の意外な事実を発見した。たとえば落書きだ――バルトルディのB、一九三七年の建立時に作業した男たちの名前、そして足の親指には、「神様と女神像と僕だけのクリスマスイブ」と刻まれていた。ドラモンドの名前の落書きはなかった。女神像の衣のひだには一九世紀から積もって硬くなった糞でいっぱいの鳥の巣がいくつもかかっていた。それらは取り除かれた。作業員はまた、リベットがなくなってエクボみたいに見えるくぼみや、銅板の裂けているところや、継ぎ目からコールタールとペンキがにじみ出て染みになったところも見つけた。女神像の腕の裏側にはペンキをかけられた跡があったし、背中には黒い染みがあった――リバティー島のゴミ焼却炉の煤《すす》か酸性雨がつけたのだろう。女神の巻き毛の一番下は腐食によって大きく欠けていたし、冠から射す光線には、「ブロンズ病」の症状であるかさぶた状の錆があった。左目、唇、鼻、そして顎にはひび割れができていた。首の前面には大きな染みがあって、まるでよだれのようだったし、鼻の中には錆で鼻くそができていた。女神像の表面はあまりにも状態が悪かったので、米仏共同委員会は全面的に透明の樹脂を塗ることを提案した。その九四年前にバルトルディが提言した通りだ。だが樹脂を塗る代わりに彼らは、女神像の表面の二%近くにおよぶ傷んだ部分を新しい銅板に取り替えた。上腕に開いた穴は塞がれ、冠の突起は角度が若干調整された。

像の内側の修理はさらに難しかった。銅に手を加える前にまず、亜鉛塗料、コールタール、バラバラになったアスベストを取り除かなければならなかった。白い作業衣を着た男たちが、二週間かけて、液体窒素で塗料を凍らせて取り除いた。凍ると薄板状に剝がれ落ちるのである。ユニオンカーバイド社が魔法の杖を振って、そのやり方を指導したのだ。作業には、一万三〇〇〇リットルの液体窒素が使われた。鉄の骨組みの塗料を剝がすには、ブラスト&ヴァックという会社が雇われた。巨大な電動歯ブラシみたいに見える機械を発明した会社である。その会社の説明によれば、それは基本的に、「掃除機のへッドの内側に普通のブラストノズルを組み込んだもの」だ。それでもコールタールは取れなかった。腐食でできた汚物と反応して、もっと頑固にへばりついていたのだ。サンドブラストを使えば取り除けただろうが、それをすれば、厚さがわずか二・三八ミリしかない銅板も傷めてしまう。他の研磨剤や溶剤もいろいろ試したがだめだった。技術者たちは、銅板のサンプルに、サクランボの種、トウモロコシの穂芯、クルミの殻を粉砕したもの、プラスチック、ガラスパウダー、塩、米、砂糖を研削材として使ってみたが効果はなかったのだ。最終的に国立公園局は、腐食コンサルタントであるロバート・バボイアンその人に相談することなく、重炭酸ナトリウム、つまり重曹を使うことに決めた。アーム&ハンマー社〔訳注：アメリカの家庭用消費財の会社。重曹で有名〕は、重曹は銅を傷めることはないと請け合い、四〇トンの重曹を寄付した。

一九八三年の後半以来、バボイアンは何十回も女神像を訪れ、隅から隅まで登っていた。一九八五年一月に彼が女神像に行ってみると、像の内側には数センチの厚さで重曹がこびりつき、あちこちの穴から漏れ出していた。作業員は、コールタールの上から、六〇PSI〔訳注：約四気圧〕という圧力で重曹を吹き付けたのである。像の内側では重曹が銅と反応を起こして銅が青くなっていた。外側では重曹が表面の緑青を破壊し、ひどく黒ずんでいる部分もあった。コールタールは取り除けたとしても、それは大失敗だった。「とんでもないミスだったね」とバボイアンは僕に言った。「女神像の外側はこれでやられちまった」。アーム&ハンマー社は、重曹は「銅を傷めることはない」と言い張ったが、「予想外の結果になった」ことは認めた。直ちに、像の内側は薄めた酢で洗浄され、外側は、重曹がなくなるまで連日水が浴びせられた。青く変化したところは数週間で元に戻ったが、退色した部分はそのままだった――緑青が完全に形成されるには約三〇年かかるのである。

バボイアンは緑青について詳しかった。賢明にも彼は、剝き出しの銅板と、染み出したコールタールに覆われて両面が守られる形になった部分の厚さを比較し、銅の腐食の速度を計算した。銅は年に〇・〇〇一三ミリの割合で消失していた。このペースなら、女神像は一〇〇〇年もつ、と彼は判断した。黒っぽい部分にできた緑青は、ブロシャン銅鉱ではなく、アントレライトという鉱物であり、厚さは他の部分の緑青の二分の一から一〇分の一であることがわかった。AT&T社がニュージャージー州に所有するベル研究所に勤務するトーマス・グランデ

自由の女神の修復にあたり、国立公園局は、マサチューセッツ州アトルボロにあるテキサス・インスツルメンツ社で防食研究所長だったロバート・バボイアンの助言を求めた。バボイアンは1983年の末に、自由の女神像の銅についた緑青の厚さの計測を始めた。その結果に基づいて彼は、自由の女神の肌は1000年もつ、と判断した。(写真提供：ロバート・バボイアン)

ルとジョン・フレイニーはバボイアンの研究をさらに進め、女神像の九か所と、類似した銅でできている自分たちのオフィスの屋根の七か所から銅のサンプルを採り、緑青の生成、深さ、構造、接合、腐食について調べた。質量分析とX線回析を行ったところ、緑青の中に塩素が閉じ込められていることがわかった。これは厄介だった――塩素は金属が大好きなのだ。だが同時に彼らは、雨や霧のpHが二・五を超えないかぎり緑青は腐食しないということも突き止めた。それどころか緑青は、一〇〇年前に比べて二倍の速度で生成されていることがわかった。彼らはまた、女神像から採った銅のサンプルと、ノルウェーのカルム島にあるビジネス銅鉱から採った銅のサンプルを比較し、女神像の材料がどこから来たかという議論に終止符を打った。

バボイアン（彼はテキサス・インスツルメンツ社の防食研究所の責任者だった）は、鉄の骨組みと銅がどのように反応し合うかについても研究した。そして、女神像は「電解腐食が起きるのに理想的な構造」であることがわかった。銅があるせいで、鉄は、通常の一〇〇倍の速さで腐食していたのである。さらに困ったことに、鉄の表面積に比べて銅板の表面積が非常に大きいことが、その速度をさらに一〇倍速めていた。同時に、二つの金属が反応し合った結果、銅に緑青を発生させる腐食は遅くなっていた。スミソニアン博物館の歴史研究家マーサ・グッドウェイは後に、「自由の女神の構造設計は非常に革新的なものだったが、その設計を実現するために選ばれた素材はそうではなかった」と書いている。自由の女神像が建てられたのがあと一〇年遅ければ、錬鉄ではなく鉄鋼が使われ、その後の展開はまったく違っていたことだろう。

そこでバボイアンをはじめとする人々は、骨組みを差し替えるのに使う金属は何が良いかを調べ始めた。一九八四年三月、バボイアンはノースカロライナ州の海沿いに建つラキュー・センター・フォー・コロージョン・テクノロジーで、五種類の合金の試験を開始した。鉄を置き換える金属は、鉄に似た性質を持ち、銅との相性が良くなければならなかったので、現実的には選択肢はごく限られていた。彼は、普通の鉄鋼、アルミ青銅、同ニッケル合金、フェラリウムと呼ばれる新種の合金〔訳注：フェライト／オーステナイト二相ステンレス鋼〕、そして、バルトルディが女神像に鉄を使うことを決めてから数十年経って発明された耐蝕性の高いステンレス鋼をテストした。試験場は海から二五メートルのところにあったため、腐食は女神像の内部に比べて二二倍の速さで進んだ。六か月後、バボイアンは、一一年かかって起きるのと同じ程度に腐食したサンプルを検証し、フェラリウムとステンレス鋼以外の選択肢を排除し、この二つを国立公園局に薦めた。技術者たちは、フェラリウムを曲げるためには加熱が必要で、加熱すれば素材の耐蝕性が失われてしまうので使用できないことを突き止めた。ステンレス鋼に決まりである。

自由の女神の骨組みを修復するというのは、かつてないほどの難題だった。骨組みはあまりにもひどい状態だったため、それをそのまま使うのは断念し、骨組みのすべてを一つひとつ交換したのである。つまり、長さ約一・八メートル、重さ約一一キロですべて形の異なる鉄製の助材一八二五個と、それを銅板に留め付けるのに必要な締め金具——U字型クランプ二〇〇〇個、四〇〇〇個近いボルト、銅のリベット一万二〇〇〇個——を取り替えたのだ。自由の女神が水ぼうそうにかかっているように見えては困るので、リベットにはあらかじめ緑青付けが済ませてあった。骨組みはすでに弱くなっていたので、構造に過度の負担がかからないよう、作業は分散して行う必要があった。そのため女神像は四つの部分に分割され、そのそれぞれから、一度に一つずつ助材が取り外された。助材を取り外したところは銅板に支えが施され、取り外した助材は、女神像の土台の近くにある金属加工所に運ばれた。そこでは松明を作り直す作業も進行中だった。金属加工職人たちはそこで、古い助材とまったく同じ形の助材を製造した。そのためにはまずステンレス鋼に三万アンプの電流を五分間流す。すると、温度が一〇三八℃に達したところでステンレス鋼は曲げることが可能になる。正しい形に曲げたら、水で焼きを入れ、サンドブラスト処理し、ラベルを付け、梱包してマンハッタンに送る。そこでステンレス鋼の表面に、耐蝕性のある皮膜層を作るため、硝酸液に漬ける処理をする。助材を取り外してから新しいものに取り替えるまでの工程は、新しい助材を狭い女神像の内部に人力で運び上げるのにかかる一時間を含めて三六時間かかった。金属加工職人たちは六か月間休みなしに働き、週に七〇個の助材を造った。

外板が骨組みに触れないようにアスベストが使用されていたところには、今度はテフロンテープが使われた。ドラモンドが見つけた銅板と銅板の間の隙間は、台所と同じようにシリコンで密閉された。結露を防ぐため、湿度管理装置も設置された。骨組みのうちの主要な桁には、NASAが開発し、ハワイとオレゴン州のアストリア、そしてサンフランシスコのゴールデンゲートブリッジでテストされた無機ジンク（亜鉛）塗料が三層に塗られた（亜鉛は鉄よりも活性が低いので、こうすれば、骨組みではなく塗料が腐食するのである。銅と鉄が組み合わされたときに鉄が腐食したのと同じことだ）。塗料会社はこの塗料の、溶媒型ではなく水溶性の製品を開発した。塗料から出るガスが女神像に充満するのを防ぐためである。塗料の上にはさらに、落書きを消しやすいようにエポキシ樹脂が塗られた。ここまでは、女神像を保護するというよりも改良しているに近かったが、作業が女神像の肩に差し掛かったときには、保護主義者たちの主張が通った。女神像の肩は四五センチ、頭は六〇センチずれており――組立誤差である――その部分の骨組みには過剰な負担がかかって曲がりすぎていたが、技師たちはそれを作り直さず、補強することにしたのである。

一九八六年七月四日、ついに新しい松明が女神像に取り付けられた。松明は、外側から照明を当てる、窓のない炎、というバルトルディによる当初の計画に忠実に設計されていた。ただし、炎の部分は単なる銅製ではなく、金箔が施された。金箔の下の銅板は、はんだを詰めて平らに研磨された二六〇〇個のリベットで接合され、脱脂され、ケミカルエッチング処理が施され、下塗りされた後、一八世紀からバイオリンに使われている調合のニスが三層に重ねられた。金箔は、最後のニスがまだベトベトしているうちに貼られた。松明の下の柄の部分にある排気口には鳥避けの網を張った。

錆め、ざまあみろ。

## 修復を巡る思惑

レーガン大統領は、自由の女神像の修復を、大統領としての自分の最大の功績の一つであり、官民パートナーシップによる取り組みの手本である、と称賛した。発電機、クレーン、塗料、銅、そして延べ何万時間にもおよぶ技師の労働時間が民間企業から提供された。ブラック&デッカー社は工具類を寄贈し、必要な工具は新品に交換した。ジョン・ディア社はトラクターを寄付した。コカ・コーラ社は無利子で五〇万ドルを貸与した。シーランド社は輸送用コンテナを資材保管用に提供した。キャボット・コーポレーションはフェラリウムを、北米特殊鋼協会はステンレス鋼を寄贈したし、AT&T社は自社の、すでに緑青ができている屋根の銅板を提供した。アーム&ハンマー社は、マフィンを数百万個焼いて供したほうが賢かったかもしれない。広告協議会は五〇〇〇万ドル分の放送時間を寄贈した――これは、一つのキャンペーンに使われた最大時間数である。だが中には、人々を怒らせた企業もあった。たとえば資材の提供を要請された企業の役員の中には、彼らの働きに感謝する旨を記した、レーガン大統領の署名入りの銘板を要求する者がいたのである。あるマーケティング担当者は、単に宣伝効果を狙って女神像の腕を取り外すことを提案し、この修復で儲けようとしたことを認めた。彼はモフィットに、今の仕事を辞めて彼の会社の役員になり、金持ちになりたくないか、と尋ねた。また、実際に雇われたあるマーケティンググループは、修復委員会を騙し、たとえばケロッグの朝食シリアルを二五〇〇万箱配るといった広告宣伝のためのキャンペーンを委員会の許可なく実施した。そして癪に障ることにこのグループの代表は、シャトー・サン・ミッシェル・ワイナリー、US煙草、『タイム』誌などを含む女神像修復の出資者たちと、この修復とは別の契約を獲得したのである。米内務省はこの男の良心を疑った。また別の会社は、安物の土産品に作り変えるため、女神像から取り除かれた素材を一二〇〇万ドルで買い取ると申し出たが、国立公園局の目から見てもこれはさすがにみっともない行為だった。

修復の商業化は多くの人を怒らせた。『ニュー・リパブリック』誌のマイケル・キンズレーは、自由の女神が「高級娼婦」に成り下がるのではと心配した。『ニューヨーク・タイムズ』紙の社説は、「国定史跡を売り物にしてまで行う価値のある修復などない」と警告した。『ワシントン・ポスト』紙のリチャード・コーエンは、女神像の生き残りの代償が「彼女の美徳であるべきではない」と書いた。だが同紙のジョージ・ウィルは何の問題も感じなかった。こうした商業化について、新聞は「エマ・ラザラスの詩に描かれた、『疲れ果て、貧しさにあえぎ、自由の息吹を求める群衆』〔訳注：自由の女神像の台座にある銅板に刻まれたエマ・ラザラスの詩『新しい巨像』からの一節〕に対する侮辱」であり、「文化に対する冒瀆」であると言った。一〇〇周年が近づくにつれて、マスコミによる報道の権利も問題になった。国民の祝日を公有地で祝うのを報道する権利を、ABCテレビが一〇〇〇万ドルで独占するというのはおかしいではないか？

だがそんなのは些細な問題だったのだ。施工管理を請け負うレーラー・マクガヴァン社のフィリップ・クライナーはこの修復工事を、「全体像が見えないまま行う施工の最たる例」であると言った。なぜなら作業には二つと同じものがなかったからだ。ほとんどの請負業者は仕事を受けたがらず、自分たちならできると思った業者にはその能力がないことが多かった。修復の一部始終を記録したロス・ホランドは、「マーフィーの法則が当てはまるものが何か一つあるとしたら、それが自由の女神像の修復プロジェクトであったことは間違いない」と書いている。

のんびり構えたフランス側チームのせいでプロジェクトは大きく遅延し、一九八四年八月、アメリカ側はフランスチームを見限った。その後、プロジェクトはすごい勢いで進んだ――施工管理者は、研究と開発を同時に行わなければならないことに苦情を言ったが、最終的な設計図が彼らに届けられたのは、松明を取り付け直す前日の七月三日だった。

ほとんど何の進展もなかった一年半の間に何百万ドルもの金が、さらにテレビの特集番組で二〇〇万ドルほどの金が無駄に使われた後になって、人々は施工の値段にケチをつけた。資金不足を補うため、修復作業に関わっていたある企業の上級副社長が、陶製のタイルの代わりにプラスチックのタイルを、ステンレス鋼の代わりに普通の鉄鋼を使ってコストを削減してはどうかと提言した。アメリカの企業は、海外企業に発注された仕事の契約を詳細に検分して、自分たちなら同じ仕事を三割安く請け負えるし、ニューヨークの労働者を雇うこともできる、と主張した。

だが、たとえ仕事がニューヨークの住民に与えられても、今度は複数の組合が縄張り争いを繰り広げた。リバティー島はニューヨーク州が所有していたが、桟橋と埠頭はニュージャージー州のものであり、連邦議会の下院議員フランク・グアリーニは、ジャージーシティの市長とともに、少なくとも作業員の半数はニュージャージー州の組合員を雇うよう要求した。大工の組合のメンバーが船で足場を届けようとすると、船舶機関士の組合が苦情を言い、海事検査事務所に座り込んで沿岸警備隊の仕事を滞らせると脅かした。チームスター・ユニオン〔訳注：輸送トラックの運転手や倉庫管理者などが加盟する全米最大の労働者組合〕と国際電気労働者友愛会は電気工事の契約をめぐって争った。ニューヨーク州の鉄工員組合である「580」は、松明の建造がフランスの会社に発注されたことに抗議して、そのことを発表する記者会見の場で座り込みを行った。ドラモンドとやり方はちょっと違ったが、彼らは横断幕を広げ、580と書いてあるTシャツをフランス人労働者に贈ったのである。

政治的な争いはさらに醜かった。一九八四年の春、アイアコッカがレーガン大統領の経済政策をけなすと、アイアコッカは大統領選に民主党候補として出馬を考えているのだという噂が広がった。その年の独立記念日、古い松明が地上に降ろされた際には、レーガン大統領はその式典に出席しないことでアイアコッカに肘鉄砲を食らわせた。式典の代わりに彼は、デイトナで行われたNASCAR〔訳注：全米自動車競争協会〕のレースを観戦したのである。一年半後、アイアコッカが、二億三〇〇〇万ドルの寄付を集めるという目標を達成した、と発表してから一週間も経たないうちに、彼は修復委員会をクビになった。

その頃までには、修復基金は問題に直面していた。一九八五年の夏、下院の、国立公園とレクリエーションに関する小委員会の委員長であるブルース・ヴェント議員が、修復基金と国立公園局の関係について公聴会を開いた。ヴェントは修復基金の権限が気に食わなかったのである。彼は報道番組『20／20』に出演して「権力の乱用」について意見を述べ、女神像を商業化するのは「路上でポン引きが売春婦を売っているようなもの」だと言った。『フィラデルフィア・インクワイアラー』紙には、修復基金は「政府まがいの組織」で、「いったい誰が委員を選んだんだ？」と語った。脅迫行為の申し立てもあったし、修復プロジェクトが「混乱しきっている」という報告書もあった。彼は、修復基金が史上最大のメーリングリストを構築しており、それが政治的目的に使われる可能性があると指摘し、下院の財政支出を調査する会計監査院に、修復プロジェクトの監査を求めた。

挙げ句の果てに、足場が取り外され、二年半ぶりに自由の女神像がその美しい全貌を現すと、女神の顔にある黒々とした線状の傷跡が衆目を集めた。それは重曹が使われた跡で、それが緑色に戻るには時が過ぎるのを待つしかなかったのだが、人々はそれを、作業員が足場を降りてトイレに行く代わりに、女神の顔に放尿した跡だ、と噂した。

## 国定腐食修復地

アメリカで起こった錆との戦いが、これほどまでにあからさまで、かつ物議をかもすものであったことはないが、同時にこれほど盛大に祝賀された例も他にはない。一九八六年七月四日、建立一〇〇周年の祝賀式典には何百万人もの人々が集まった。同時に四万隻の船も姿を見せたが、その中には航空母艦クイーン・エリザベスⅡが含まれていた他、かつてないほどの数の大型帆船が一堂に会したのである。湾内にあまりにもたくさんの船が停泊していたため、スタテン島フェリーはそれらの間を縫って航行しなければならず、通常の二倍の時間を要した。

クイーンズ区とスタテン島区は、一万人がキャンプできるだけの場所を確保した。観覧席が設置され、ガバナーズ島はVIP用に確保されて海軍長官の席が設けられた。リバティー島では、ウォルター・クロンカイトが式典の司会を務め、ナンシー・レーガンがテープカットを執り行った。モフィットもそこにいた。バボイアンは妻とともに出席した。長髪のエド・ドラモンドは招待されなかった――モフィットが双眼鏡で女神像を観察し、詩的な解釈を必要としない大きな赤文字で「自由の女神には骨組みがある」と書かれているのを目にせざるを得なかったのは彼のおかげだったにもかかわらずだ。彼に礼を言う者は一人もいなかった。

一大式典の前夜、ジョン・オコナー枢機卿は聖パトリック大聖堂でミサを執り行った。その日、最高裁判所長官ウォーレン・バーガーは、エリス島で、二五〇人の新たなアメリカ市民の宣誓式を行った。ボストン・ポップス・オーケストラはニュージャージー州で、ニューヨーク・フィルハーモニック・オーケストラはセントラルパークで演奏を披露した。メドウランズ〔訳注：メットライフ・スタジアムがある一帯〕でもさまざまなイベントが開催されたが、フランク・シナトラは出演をすっぽかした。その週末だけで、四〇〇〇万ドル近い費用がかかった。多数の観光客が女神像に群がり、あまりにも長い列に並ぶことを余儀なくされたため、危うく暴動が勃発するところだった。この式典をテレビで観た人は、世界中の人口のほぼ三分の一にのぼった。

その一〇〇年前にグロバー・クリーブランド大統領が船で落成式にやってきたように、レーガン大統領もまた船で登場するつもりだった。空母艦ジョン・F・ケネディから上陸し、レーザー光線で松明に「再び点火」したかったのだ。だが実際には、彼はこの儀式をガバナーズ島から行った。いずれにせよ、修復という偉業は、一〇〇年前のそれに引けをとらなかった――どちらの場合も自由の女神像は、その時代の技術と芸術が最高の形で融合した姿を示していたのだ。式典の後には、史上最大の花火ショーが続いた。二〇トンの花火が、オール・アメリカン・ファイアーワークス・チームと呼ばれる花火製造の共同チームによって、四〇艘《そう》のはしけから打ち上げられたのである。

これこそ何よりも象徴的な行為かもしれない――人間が酸化現象を克服したことを、計画的に起こされた酸化現象で祝ったのだ。だがあなたはきっとこう思うだろう――人々が、女神像をめぐって繰り広げられた錆との戦いを知っていたら、祝典はもっと盛大なものになっていたのではないか？　自由と工学、哲学と能力、信条と意志、歴史と科学、より素晴らしいのはどちらだろう？　金属から見れば、このとき起こったことは民主主義でも何でもない。金属は全体主義政治に組み込まれ、計画され、管理され、観察され、一番したいことをする機会を奪われたのだ。そんな金属の運命を祝うというのは奇妙なことである。だから、考えるのは花火のことだけにしよう。

今日、自由の女神像には、全国防食技術協会が設置した銘板がある。円の中に三角形があって、その周りに無花果《いちじく》の葉が二枚配されている防食技術者協会のロゴの下には、こんな言葉が刻まれている。

自由の女神像は、
全国防食技術者協会によって選ばれた
国定腐食修復地であり、
腐食を抑制するという人間の技術による偉業を
歴史的建造物に応用することによって
未来の世代が
人間の自由への探求における
世界で最も著名なこの記念碑に宿る
象徴的な歴史から
利するところのあるよう
願うものである。

国立公園局に贈る
一九八六年一〇月二八日
女神像建立一〇〇周年を記念して

こうした銘板はこれ一つしかなく、国定腐食修復地はアメリカにここ一つしかない――今はまだ。

# 第2章 腐った鉄——錆と人間の歴史

## 腐食の発見

歴史上、錆《さび》に関して記録に残っている最初の言葉は、想像通りのものだ——憤激である。それを言ったのは古代ローマ陸軍の指揮官だった。今から二〇〇〇年前、ナイルの戦いのさなかに、彼らの巨大な投石器が腐食していることを嘆いているのである。「投石器のピントルフックが腐食して非常に弱くなってしまっているため、石弓は敵よりも我が軍に多くの死者を出している」と彼は書いた。数十年後、錆ができる仕組みを説明することができなかった大プリニウスは、これを形而上学的に解釈し、慈悲深き自然が、鉄の力に限界を設けるために錆という罰を与え、死すべき運命に最も激しく抗うものこそを、世界の何よりも死する定めとしたのだと考えた。彼は錆を「ferrum corrumpitur」、つまり「腐った鉄」と呼んだ。ただし神話の中では、錆は厄介者ではない。イーピクレースは錆に助けられて息子を作ったし、テーレポスが腿に負ったなかなか癒えない傷を治したのも錆だった。だが彼らを除く僕たちは、錆に頭を悩ませてきたのだ。

「化学の父」と呼ばれる、長身で裕福なイギリス人、ロバート・ボイルは、一七世紀のチャールズ二世の治世中に錆の研究を始めた。彼はまず、大プリニウスを侮辱することから始めた——「アリストテレスの信奉者の言うことには、知性的な説明のかけらも見つからない」と彼は書いている。フランシス・ベーコンの死の一年後に生まれたボイルは、アイザック・ニュートンと形而上学について語り合い、王立学会として知られる化学者のグループの創設者たちと交友があり、ガリレオが死んだときはイタリアのフィレンツェにいた。原典が読めるよう、独学でヘブライ語、ギリシャ語、アラビア語を学んだ。自分の体を使って医学の実験を行い、自分の尿を舐めて

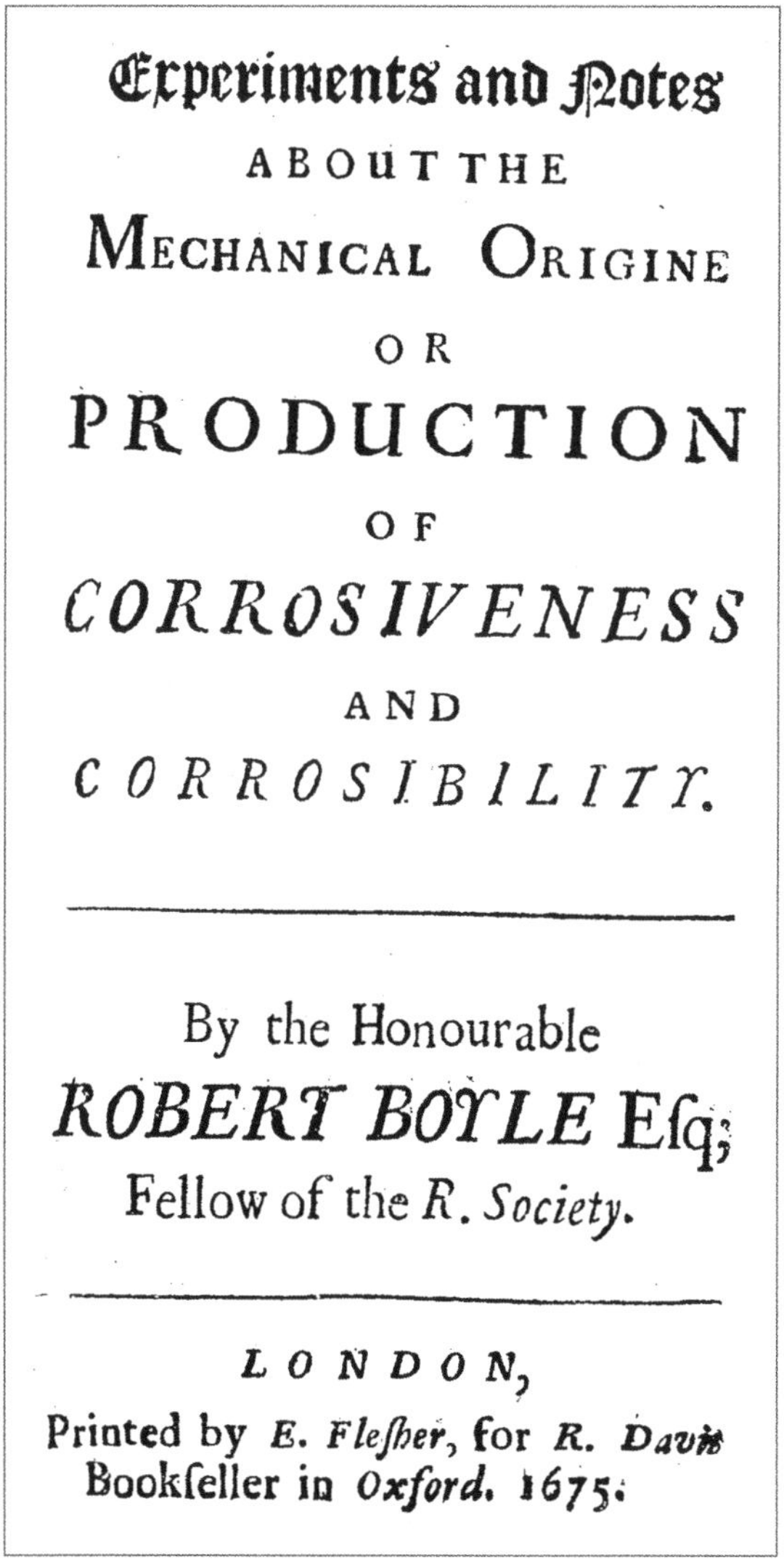

Experiments and Notes
ABOUT THE
MECHANICAL ORIGINE
OR
PRODUCTION
OF
*CORROSIVENESS*
AND
*CORROSIBILITY.*

By the Honourable
*ROBERT BOYLE* Esq;
Fellow of the *R. Society*.

*LONDON*,
Printed by *E. Flesher*, for *R. Davis*
Bookseller in *Oxford*. 1675.

「化学の父」と呼ばれる裕福なイギリス人、ロバート・ボイルは、チャールズ２世の治世中に初めて本格的に錆の研究を始めた。塩水、レモン果汁、酢、尿、それにさまざまな酸を使って彼が行った実験は、金属はみな——金さえも——錆びるということを示してみせた。(写真提供：ケンブリッジ大学附属図書館と初期英語書籍集成データベース／ProQuest 社)

もみた。彼がその生涯に書いたものは二五〇万語を超えた。一六七五年に書いた論文『Experiments and Notes About the Mechanical Origine or Production of Corrosiveness and Corrosibility（腐食性と可腐食性の力学的起源あるいは発生に関する実験および記録）』の中でボイルは、錆とは「作用を与えるものと与えられるものが適合したことによって起きる力学的現象」であると要約した。金属が腐食するためには、そこに「溶媒の微粒子が入り込める大きさと形を持った細孔がなければならない」とし、こうした細孔はまた、ガラスが光を通す理由でもあると言っている（同年、ボイルは水銀を金に「変質」させる方法についても論文を書いている）。彼自身の「知性的」な基準から言って、彼のこの説明もまた間違っていたことに変わりはなく、大プリニウスと比べ、それはもっと散漫で冗長だった。

　ただし、彼が行った二〇の実験は無駄ではなかった。たとえば彼は、塩が単独で鉛を腐食させる速度は、塩水よりもずっとゆっくりであることを発見している。そして、塩水、レモン果汁、酢（彼はそれを「剣の刃のように鋭い」と形容した）、尿、テレピン油、苛性アルカリ溶液、その他さまざまな酸を、鉛、鉄、水銀、銅、アンチモン、錫《すず》の上に注ぐことで、彼は、金属はみな錆《さ》びるということを示してみせた。たとえば銀は硝酸をかけると錆びた。金でさえ、王水と呼ばれる硝酸と塩酸の混合液と触れれば腐食した。

　現在では、腐食しない金属はほんの数種類であることがわかっている。タンタル、ニオブ、イリジウム、そしてオスミウムだ。それ以外の金属はすべて、程度の差こそあれ酸素に反応を起こす。大気や水に触れるだけで自動的に反応するものもあるし、アルミニウム、クロム、ニッケル、チタンなど、薄い酸化皮膜を外側に形成して酸素に抵抗するものもある。腐食しにくい金属の多くは、ギリシャの神々や王たちの名前を戴いている——そんな素晴らしいものを作れるのはおよそそういった存在だけだからだ。とは言え、ほとんどの金属はとうの昔に酸素の餌食になっている——そしてそのことが、地球上に、裸で存在する金属がごくわずかである理由でもある（地表に岩石が十分にできるまで、何十億年もの間地球上に酸素が蓄積しなかったのも同じ理由だ）。宇宙に存在する物質の四分の三は金属であり、自然は明らかに、そのほとんどを忌み嫌っているのだ。

　太古に地上をさまよっていた人間のうち、ほんの一摑みの幸運な者たちは、希少な、だが素晴らしく弾力に富んだ金属の塊を発見した。ピカピカで頑丈なその金属は、イヌイットの槍やシュメール人の盾、あるいはチベット人の装飾品にぴったりだった。鉄ニッケル系合金である。それはステンレス鋼にも似ており、隕石《いんせき》という形で空から降ってきた。実際、ナミビアにある世界一大きな隕石は鉄ニッケル合金だ。現在ではこれは「隕鉄《いんてつ》」と呼ばれるが、ステンレス鋼が発明されるずっと以前に、ある人はこの「天の金属」を、「神の摂理によって我々の目の前に置かれた恵み」と呼んだ。そしてそれ以外の人々の目の前に、神の摂理によって置かれた不都合こそが錆なのである。

もちろん、正確に言えば錆というのは鉄が腐食することだし、腐食というのは酸素が金属を齧り取るということで、どんな金属にも起こる。技術者の方々には迷惑だろうが、僕は錆という言葉を緩い意味で使っている。

## 酸素と金属

錆のおかげで、酸素は愛されも憎まれもする。酸素は海ができるのに貢献し、生命を緑色のネバネバ以上のものにし、男性と女性の進化を助け、ある現代生化学者はそれを「世界を作った分子」と呼んだ。だがそのわずか二世紀前には、酸素に秘められた力と偏在性に感銘を受けなかった化学者がそれを「あらゆるものをゆっくりと燃やし尽くす炎」と呼んでいる。酸素は金属と仲が悪いのだ――いやそれとも、ボイルが示してみせたように、酸素と金属の付き合い方と僕たち人間とがうまくいっていないのかもしれない。

だが、酸素というものが発見されたのは、アメリカがイギリスからの独立を宣言した、そのほんの二年ほど前だし、それから五〇年間、酸素が錆の犯人だということはわからなかった。それがわかるまで、錆に関連した実験は、同じくらいの割合で混乱と理解の両方をもたらしたのだ。

イタリアのボローニャでは、ルイージ・ガルバーニが、性質の異なる金属を使うと、電流――カエルの脚がビクッと動く程度だが――と錆を生成できるということを発見した。そこから二五〇キロほど北西のコモでは、アレッサンドロ・ボルタという物理学の教授が、六〇種類の異なる金属を積み上げて電池を作る方法を考え出したが、金属とそのことにどんな関係があるのか、また、なぜ最終的には電流が流れなくなってしまうのかはわからなかった。狂気じみたイギリス人化学者、サー・ハンフリー・デービーは、この電池――「ボルタの電堆」――を使って、ガルバーニの名をとって名付けられたテクニックを実演してみせた。鉄鋼に亜鉛めっきを施すことで、錆を防いでみせたのである。

一九世紀初頭にはしかし、化学はいまだ錬金術や哲学とごっちゃになっていた。知られていた元素は十数種、そして、燃焼、呼吸、酸化の三つの現象が認識されていた。燃焼と酸化は、燃素という謎の媒介によるものと考えられていたし、熱は、重量を持たない液体、カロリーのことと理解されていた。実験主義者のデービーは、このどちらの理論も気に入らなかった。さらに電池の実験を行った後、一八〇六年、彼は「電気化学」という言葉を造った。翌年には、ナトリウムとカリウムという、反応性の高い金属を新たに発見した。彼の仲間は彼をボイルと同格と見なし、政府は彼を社会の救世主扱いした。彼は鉱山で起きる爆発に関する調査を依頼され、メタンガスの燃焼について研究した後、鉱山用の安全ランプを設計した。これは鉄製の網で囲まれており、熱を消散させるため爆発が起きなかった。彼はこれで有名になった。

一八二三年には、英国海軍がデービーに軍艦の錆の問題を解決するよう依頼した。船を覆う銅板は木製の船体をフナクイムシや腐敗から守り、フジツボや海藻その他、船を減速させる海中生物が付着するのを防いでいた。このときにはデービーは騎士の称号を与えられていて、王立学会の会長選に勝利していた。彼はまず、海水を入れたビーカーに銅板を入れて、緑がかった沈殿物を調べることから始めた。それは酸素に反応して生成されたという推測のもと、その酸素は水か、あるいは大気から来ているのだと彼は考えたが、水素が生成されていなかったので、水からのものではあり得なかった。原因は大気だったのだ。そのことを証明するため、非常に濃い塩水は通常の海水と比べて銅を溶かす速度がゆっくりであることと——塩水中に溶けている酸素が少ないためである——を実演してみせた（彼はすでにこの何年も前に、酸素を除去した水の中では魚は死んでしまうことを示していた）。

次に彼は、亜鉛めっきの原理を念頭に置いて、亜鉛と鉄という「酸化しやすい金属」の釘を銅板に接触させて海中に沈めた。デービーは何か月もかけて、チャタムとポーツマスで金属の割合を研究し、一八二四年一月、ついにその結果を発表した。「エンドウマメ、あるいは小さな鉄製の釘のヘッドほどの大きさの亜鉛片があれば、四〇～五〇平方メートルの銅板を腐食から守るのに十分である」と彼は書いている。亜鉛と銅の比率が一：四〇から一：一五〇のどこかであれば腐食を防げるのだ。一：二〇〇から一：四〇〇になると、腐食は遅くなるが

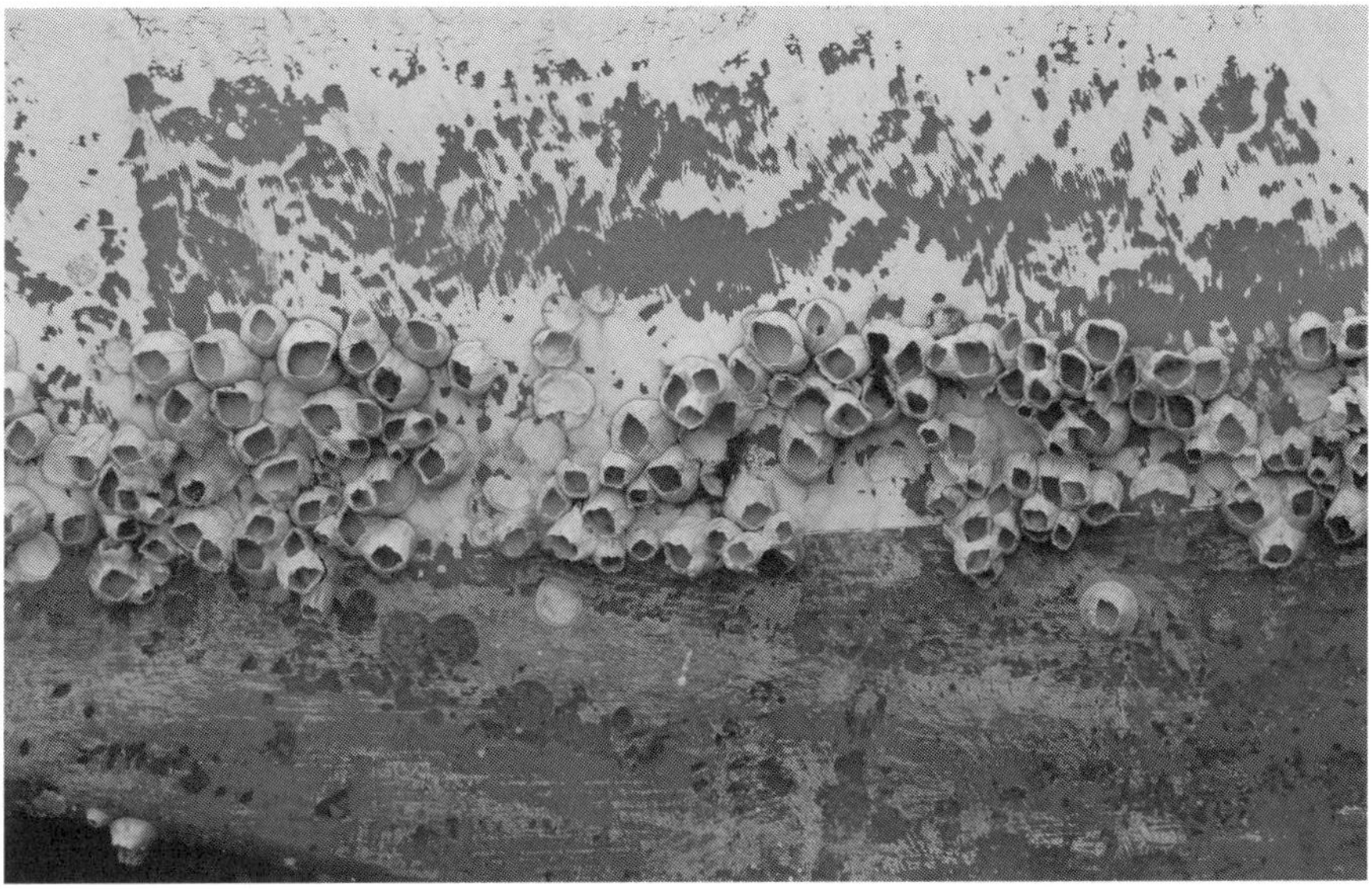
塗装の剝げた船底とフジツボ

防ぐことはできない。比率がそれ以下になると効果はほとんどない。接触している限り、銅板のどこに亜鉛が触れていても構わない。彼は自分の実験結果を「美しく、明確である」と言った。

英国海軍は彼の手法を駆逐艦コメットで試した。実験が始まって数か月経っても軍艦に腐食は見られなかったが、フジツボの付着は以前よりずっとひどくなった。海軍は腹を立て、王立学会は恥をかいた。新聞には非難の手紙が寄せられてデービーの評判を落とした。だが、デービーは間違っていなかったのだ――彼が考案した犠牲陽極は腐食を防止し、今日も船舶に広く使われている。

著名な実験主義者であり、電磁気学の父とされるマイケル・ファラデーは、一八一三年にデービーにアシスタントとして雇われたが、デービーの研究をさらに推し進め、一八四〇年代になって、電流が腐食防止に利用できることを突き止めた。「あらゆる化学的現象は、電気的引力の表出にすぎない」と彼は書いている。

しかし、一九世紀のほぼ全体を通じて、化学者たちは別のこと――分子構造の解明や、分光法を用いて新たな元素を識別し、単離させ、最終的には描写すること――に力を注いでいた。一九世紀が終わる頃には、ほとんどの化学者が、酸――中でも炭酸――が腐食の原因だと信じていた（だが事実はそれほど単純ではない）。あるいは、過酸化水素が腐食に何らかの形で関係していると考える者もいた。中には、金属に欠陥があるから腐食するのであり、完全に純粋な金属は腐食しない、と言う者もいた。

腐食に関する理論が形になったのは、ようやく二〇世紀前半のことである。それは、立派な顎ひげを生やした不眠症のスイス人化学者、ジュリアス・ターフェルが、一九〇五年に、電流と電圧を化学反応の速度と関連付けたことから始まった。ターフェルは、ヨハンス・ブレンステッド、マーティン・ロウリー、ギルバート・ルイスという三人の化学者が、一九二三年、それぞれ独自に、化学結合とは酸や塩基が組み合わさった結果であり、それらは陽子または電子を授受する、という考え方を発表する前に自殺した。三年後、ライナス・ポーリングとロバート・マリケン――ともに後年ノーベル賞を受賞した――が、電気陰性度と呼ばれる、元素が電子を引き寄せる性質の定量化に着手した。すべての元素は、中性子の周りを電子が周回する構造が異なっているため、電気陰性度も、多くは類似しているものの、それぞれに異なっている。周期表の左下にあって、ほとんど知っている人がいないフランシウムは電気陰性度が最も小さく、その対局にあるフッ素は電気陰性度が最も大きい。ポーリングの電気陰性度の数値は〇・七から四までである。フッ素はあらゆるものと反応し、激しく電子を奪う。地球上にフッ素の五〇〇倍存在する気体である酸素は、フッ素に次いで二番目に電気陰性度が大きい元素である。そしてこのことが、生命体にはなぜ酸素が必要なのかを説明している。エネルギーを運ぶには、それが最も適しているのだ（酸素に依存する好気的代謝は、嫌気的代謝に比べて一五倍効率が良い）。そして三番目に電気陰性度が大きいのが塩素である。地球の表面の三分の二は、大量に塩素が溶け込んだ液体に覆われている、という事実を考えると、まるで神が、軍艦に金属を使いたくてたまらない海軍の将官たちに都合が悪いようにわざわざ手を打ったかのようだ。神が作った大気も海も、穏やかではないのである。

電気陰性度とまったく同じように、金属はその「貴さ」に従って順位付けをすることもできる。「貴金属」は、対する元素がどんなに電気陰性度が大きくても電子を渡さない。順位が最も高い、金、プラチナ、イリジウム、パラジウム、オスミウム、銀、ロジウム、ルテニウムという八種類の金属はまた最も高価だが、これは偶然ではない。安定しているから高価なのだ。腐食しないのでである。金属の「貴さ」は電位を示すボルトという単位で表され、プラチナは一・一八、マグネシウムはマイナス一・六という値である〔訳注：数字が大きいほどイオン化傾向が小さく、つまり腐食しにくい〕。

つまりこれが、金属を積み上げたボルタの電堆に流れる電流の発生源なのだ――「卑しい」金属がより「貴い」金属に電子を渡していたのである。電位が〇・二五ボルト違えば電子を移動させるに十分だ。鉛とチタンでは電位は〇・二五ボルトの差があるし、錫と銀の電位も〇・二五ボルト以上違う。駆逐艦コメットの船底に使われた銅板が腐食しなかったのも、自由の女神像の外板が骨組みの犠牲の上に残ったのも、鉄と銅の間にある〇・二五ボルト以上の電位差のおかげである。そして、自転車のシートポストが錆びて固まってしまったり、スィズィジー号のマストに使われたリベットの周囲に白い粉状のものができたりしたのは、アルミニウムと鉄鋼の間にある〇・二五ボルト以上の電位差が原因なのだ。

別の言い方をすると、貴金属以外の金属は陽極である。陰極の、より「貴い」金属と接触すると、それらは物理学の祭壇に我が身を犠牲として捧げるのだ。このことは、ポーリングの時代に、ウィンブルドンのエヴァンス〔訳注：ユーリック・リチャードソン・エヴァンス。「腐食に関する近代科学の父」と呼ばれる〕が図式化している。亜鉛めっきが機能するのもこれが原因だ――自然に、しばしの間の餌を与えているわけである。

酸素は電子を奪い、還元する。卑金属は電子を渡して酸化する――相手がより「貴い」金属であればなおさらだ。水は、素粒子や元素が出入りするのに便利な通り道である。一九三八年には、カール・ワーグナーとウィルヘルム・トラウトがターフェルの観察をまとめてこの現象を説明した。それによれば、腐食反応において、失われた電荷と得られた電荷の総和はゼロであり、金属はそれぞれ、それまでとは違った速度で腐食する。これは、電解腐食の混合電位理論として知られるようになった。

このときまでには、化学者たちはまた、一ボルトに近い電位があれば電子を固定できることを知っていた。つまり、パイプラインのオペレーターが、地中のパイプラインに〇・八五ボルトの電流を流せば、その鉄鋼の電子がどこかに奪われないようにすることができるのだ。

これがカソード防食法とアノード防食法で、この二つで、腐食と戦うためのテクニックの半数を占める。三つ目はもっとずっと直截で、一番先に使われるようになった防食手段だ。つまり塗料である。酸素（および酸素を含有する水）が金属に触れるのを防げれば、腐食を防げるのだ。そして四つ目の方法は、いわば塗料をより現代的にしたもので、腐食防止剤である。酸素が金属に触れる前に金属と結合して、茶色い錆を防止するのに塗料と同様の効果がある。その多くは合成されたものだが、中にはマンゴーや、エジプトのはちみつ、ケンタッキー州の煙草から作られたものもある。アルミニウムの表面を意図的に酸に漬けてから通電して酸化させる陽極酸化処理が効果を発揮するのは、厚い酸化アルミニウム皮膜が腐食防止剤によって封じ込められるためだ。カドミウム、クロム、ニッケル、あるいは金など、亜鉛より耐久性のある金属で電気めっきを施すのは、いわば亜鉛めっきの高級版だ。

もちろん、腐食に関する理論には微妙な点がたくさんある。合金を作る際の混合の仕方が悪ければ、同じ一つの金属片の反対側の角が陽極と陰極になってしまうこともある。いったん電子が流れ始めると、その電位差は広がり続け、腐食のスピードが速まる。このことは、今から一〇〇年近く前に、X線結晶構造解析を使っていた冶《や》金《きん》家たちが発見している。

ワーグナーとトラウトが電解腐食を説明したのと同じ年、ベルギーのブリュッセルでは、マルセル・プールベが、腐食反応を熱力学的に図解した。金属における酸化反応と還元反応を、強酸性から強アルカリ性までのあらゆる電気化学的条件に従って分類したのである。そうしてできた図は、腐食域、不動態域、安定域を示す。これを見れば、ある金属が腐食する心配がない領域と、その危険がある領域がわかる——ボイルが実験したさまざまな酸が、なぜ金属にとって危険なのかがこれでわかったのだ。プールベはこの図をそれぞれの元素について作成し、その結果を著書『Atlas of Electrochemical Equilibria in Aqueous Solutions（水溶液における電気化学平衡図解）』にまとめ、一九六三年にフランス語で、その三年後には英語で出版した。この分野の先駆者である彼はその後、世界各地で、錆に関する新しい科学について講演した。

それでも、腐食については多くが謎に包まれたままだった。同じく腐食学の先駆者であったフランシス・ラクエは、一九八八年に亡くなる前に、「防食技術者は、経済学者と同様に、何が起きたのか、ということについてのもっともらしい説明をすることはできるが、将来的に何が起きるかを予想することは不得意である」と言っている。まるで大プリニウスの言葉である。

# 第3章

# 錆びない鉄――ステンレス鋼の発明

## ハリー・ブレアリーという男

一八八二年のある日、ハリー・ブレアリーという名の、痩せっぽちで黒い髪をした一一歳の少年が生まれて初めて製鋼所に足を踏み入れた。恥ずかしがり屋で、暗闇を怖がり、食べ物の好き嫌いの多いその子は、同時にまた好奇心が強く、産業革命のただ中にあったイギリスのシェフィールドは、彼の好奇心をそそるものだらけだった。彼は街をぶらついて――後になって彼は自分を「シェフィールドの宿無しアラブ人」と呼んだ――、道路工事をする人、レンガ職人、左官、石炭配達、肉屋、研磨職人などの仕事を眺めるのが好きだった。特に小さな町工場に惹かれ、窓から中を見ることができなければ入り口をノックして、雑用をするから中でしている仕事を見せてくれと頼んだ。大きな工場はもっと魅力的で、昼や夜の弁当を作業員たちに配達する、あるいは配達するふりをしては中に入り込んだ。中に入った彼は楽しくて仕方なかったのだろう――彼の青い目以外は体中油にまみれ、真っ黒になって彼が工場から出てくるのはその日の仕事が終わってからだったのだから。製鋼所で起きていることは彼を強烈に惹きつけ、彼は巨大な石炭の山の上に、目立たないように何時間も座り、口で息をしながら、筋骨隆々とした男たちが燃料を炉の中にシャベルで投げ入れたり、白熱した鉄の鋳塊をハンマーで打つのを眺めた。彼はすっかり心を奪われ、来る日も来る日も、男たちが金属を鍛造し、成型し、研磨し、ピカピカに光るまで磨き上げるのを見守った。そこらじゅうで火花が散った――おそらくはハリーの頭の中も火花が飛び交っていたことだろう。

ハリー少年が中でもことのほかにお気に入りの作業があった。鍛冶工が行う靱性試験である。混ぜた金属片をるつぼで溶かし、型に流し込んだ後、鍛冶工はその合金で延べ棒を一〜二本成型し、冷めたら棒状の金属の端に切り込みを入れる。それからそれを万力に挟み、ハンマーで思いきり叩くのだ。鍛冶工の筋肉が判断する、金属棒を折るのに必要な力は、その時々で桁違いの差があったが、試験の結果はいつも質的に言い表された。その場で、「ダメ」か「上出来」かの審判が下されるのだ。後者は「DGS（Darn Good Stuff）」と呼ばれ、どんな製鋼所でも、男たちは常に「上出来」を目指していた。ハリーはそのことを心に刻んだ。

こうしてハリー少年は、製鋼に関して学べるだけのことを正式に学ぶはるか以前に、製鋼というものに慣れ親しんだのだ。そしてそれを皮切りに彼の、鉄鋼に捧げた人生が始まった。そこには、趣味だの、休暇だの、教会などといった邪魔者は一切入らなかった。八冊の本を著し――うち五冊は書名に「鉄鋼」という言葉が入っていた――、政治ではなく製鋼について夜を徹して議論し、生命を宿さない金属に捧げる彼の愛情と献身が、彼の両親や妻、息子に与えたそれよりも大きい、そんな職業人生を、彼はこうして歩み始めたのだった。鉄鋼こそ、ハリーが真に愛したものだったのである。

定年を迎える頃には、ハリー・ブレアリーは製鋼のありとあらゆる側面を熟知していた。名声を得た彼は、フランク・シナトラがビートルズの人気を妬んだように、保身的になり、そして技術が進化するにつれて製鋼に反発するようになっていった。そして感情的になった。晩年には、ゼネラリストとして一生を送りたかった、と切望し、初めからやり直せるものなら自分は医者になりたい、それも専門医ではなく一般開業医として、生命のあらゆる側面を目にしたい、と書いた。また、「化学元素の一覧よりも生気のないものはない。その活性化された舞踏は生命を生み出すはずなのに」とも書いている。

ステンレス鋼を発見したこの男はまた、反逆者でもあった。そしてそれももっともなことなのだ――何しろ彼が発見したものは自然とは相反するものだったのだから。大家族の末っ子として生まれ、おおかた無視され、家族の負担にならないようにと雑用をいいつけられて育ったハリー・ブレアリーだったが、その家族の中で、成功し、歴史に名を残したのは彼だった。彼はただの一度も化学の授業を受けずに化学者となったが、肩書きを嫌った。そして自分のことを、化学者、分析者、あるいは研究部長などと呼ぶよりも、「優れた観察者」、「プロの観察者」、そして「実験主義者」と考えるのを好んだ。独学で学んだ彼は、自分の息子に、彼の言うところの「マッシュポテトのような教育」を受けさせることを拒んだ。教会にも背を向けた――ただし、将来妻となる女性を教会で口説くことだけはやめなかったが。貧民街育ちの彼は、工場から重役室へと出世の階段を昇り、いったん昇りつめると、再びその階段を降りて工場の現場に戻った。

科学者としての長いキャリアを積んだ後、彼は、自分は芸術家であると言い張った――なぜならば、彼は鉄鋼のことを、頭ではなく心で考えるのであるから、というわけだった。化学者による試験の結果を疑って、彼はそうした研究論文を「こけおどしとナンセンス」だらけの「大ほら」と決めつけた。彼は近代化に抵抗した。そして自分のことを、「幻想を打ち壊し、後生大事にされる規則を嘲笑う者」と呼んだ。白か黒かで物事を考える男で、グレーなものは一切認めなかった。好奇心は強かったが意固地で、柔軟ではあったが寛容さはなく、革新的ではあったが細かいことにこだわりすぎ、知識は豊富だが自信過剰で、確固たる信念を持っていたが頑固でもあった。金属に対しては忍耐強かったが、雇い主に対しては我慢しなかった。彼はまた、階層間の闘いの戦士となり――自分と同じく弱い立場にある者を彼は愛した――そしてある意味偏執的になっていった。すべては鉄鋼が原因だった。

ハリー・ブレアリーの反骨精神は、彼を破滅寸前に追いやった。業界での出世にもかかわらず、彼は、論理に基づかない古い思い込みを嫌うのと同様に、現代的な鉄鋼の大量生産技術にも眉をひそめた。そのどちらもが間違いであることを彼は知っていた――直感的にそれを感じたのである。彼の魂は機械よりも人間の味方であり、厳格な製造工程や作業よりも柔軟で創意工夫に富んだやり方を好み、精密さよりも人間の技の熟練と判断力を重視して、それ以外のやり方には強い不快感を覚えた。彼は、「教授だの教科書だのが教える」ものである金属組織学が、「実際の作業に使われる」冶金学《やきん》よりも重要視されるようになっていくことに腹を立てた。誰よりも優れた製鋼工が化学について何一つ知らなかったり、またその逆の場合もあることを彼は知っていたし、分析を行う者だけが尊敬され、製鉄作業を行う者が過小評価されているのが嫌でたまらなかった。他の何よりも、製鉄こそ称賛されるべき仕事であると彼は思っていたのである。彼の知識は尊敬を集めたが、ビジネス面では彼はうぶだった。勤め先では時代遅れの人間とされ、上司たちにとって彼は、ビジネスを邪魔するものと言ってもよかった。それでも彼は、自分が「古くさい決まり事を無視する勇気を持ち、本来ならまっしぐらに失敗につながるべき道を進んで成功に辿り着いた」ことを誇らしく思っていたのである。

実際、その道は、彼を危うく失敗に導くところだった。ステンレス鋼の発見は一見してそれとわかるものではなかったからだ。それまで多くの人がそれを見逃し、ハリーもうちょっとでそれを見落とすところだった。そしてステンレス鋼の発見後も、それが成功に結びつくまでには時間がかかり、その間、尊敬とまでは行かなくとも尊重されていたハリー・ブレアリーの評判も傷ついた。ステンレス鋼が商業的に成功する前のハリー・ブレアリーは、ちょっとの間、「切れないナイフを発明した男」と呼ばれた。ステンレス鋼の商業的な成功を求める彼の執拗な粘りは、彼を失職に追いやり、三〇年間におよぶビジネス関係を壊し、彼に帰せられて当然の功績を自分のものにしようとする者もいた。彼は危うく出し抜かれるところだったのだ。

彼の発見の特許権を取るのは思ったよりも大変で、それを商業化するのにはさらに苦労した。後に彼は、その過程で起きた「不愉快な出来事」は、「私の人生の、もっと楽しく過ごせたはずの時間を無駄にした」と書いている。だがその一方で、ステンレス鋼の発見――あるいはその普及――は彼を裕福にし、冶金学における最高の賞の一つを彼に与え、そして彼の名を歴史に刻んだのである。職人としての彼は、献身的かつ熱心で注意深かった。最初にステンレス鋼を発見し、製造し、特許権を取り、商業化したのが彼でなかったとしても、彼はそのために表彰されるに値した――なぜなら彼の粘り強さが、そうした行為によって彼が味わった苦労に勝っていたのだから。

## 貧しい生い立ち

ハリー・ブレアリーは一八七一年二月一八日に生まれ、シェフィールドの町の丘の上、マーカス・ストリート沿いのラムスデンズ・ヤードに建つ狭い家で貧しい子ども時代を過ごした。シェフィールドは製鋼の世界的な中心地で、一八五〇年には、ヨーロッパで生産される鉄鋼の半分、イギリス国内の鉄鋼の九〇%を生産していた。一八六〇年には、少なくとも一七八人の刃物とノコギリの職人がシェフィールドで登記されていた。一九世紀前半、シェフィールドの発展とともにその人口は五倍に増え、それに比例して汚物も増えた。当時人々は、「汚れたところには金がある」と言い、工業の町シェフィールドの煤《すす》や臭気、粉塵を正当化しようとしたが、ハリーは後に、シェフィールドの出身であるのは不幸なことであったと回想している。シェフィールドの人々は誰も、大した野心を持っていなかったからだ。

シェフィールドの男たちはみな、指物師、車輪修理工、鍛冶工などの労働者で、より高い賃金に釣られてこの町にやってきた者ばかりだった。女たちも家族を支えるため懸命に働いた。誰もが疲弊した様子で、肉体労働から来る体の痛みと、砂岩や鉄鋼の粉塵を一日中吸い込み続けた結果起きる「研磨工病」のような呼吸器系の病気に苦しんでいた。ハリーの母、ジェーンは、垢抜けしないが、率直で利口そうな茶色い目に口元がキリッとした女性で、鍛冶工の末娘だった。学校に通ったのは六か月のみで算術はついぞ学んだことがなかったが、読み書きもできたし、計算もできた。ジェーンは何一つ無駄にしなかった。そして彼の父、ジョンは、背が高くて力があり、がっしりとした大男で、茶色の巻き毛と青い目をした製鋼工だった。時として空想にふけっているような様子を見せることがあり、性格はどことなく詩人を思わせたが、決して知的というのではなかった。酒も飲んだし、十分な仕事はなかった。

袋小路であるラムスデンズ・ヤードの地面は堅く踏み固められ、煤で真っ黒で、両側に四軒ずつ、全部で八軒の家が建っていた。ほとんどの家の戸口はいつも開け放しで、落ち着きのない子どもたちでいっぱいだった。みな子沢山だった――アンドリュー家には四人の子どもがいたし、ホワイトヘッズ家には三人、リンレイ家は五人、ブレイショー家も五人、そしてブレアリー家には、一番下のハリーを含め、九人の子どもがいた。年老いた女性、若い女性もいたが、彼らはちっとも姿を見せなかった。男の子の多くは、父親と同様にがに股で猫背だった――工場で一日中座ってやすりに目立てをしていたせいだ。

お母さん子のハリーが兄弟のうちで一番仲の良かったアーサーが、明るく、強く、そして頑固だったのに比べ、ハリーは弱々しく、気まぐれで、体格も見すぼらしかった。体が弱かったので学校を休むことが多く、縫い物、掃除、洗濯、それに市場での買い物など、いろいろな家事を母親から教わった。

ハリーが育った家は狭く、わずかな調度品しかなかった。居間は三メートル四方で、その上に寝室が二つ。十分な数の椅子がなかったので、子どもたちは立って食事をした。本もなければ、絵もかかっていなかったし、玩具もなかった。机を置く場所さえなかったのだ。ブレアリー一家は実に貧乏だった――飢えることはなかったものの、配給の食べ物の列に並ばなければならない家族と大差はなかった。ハリーは父親のズボンを仕立て直した上着を着て、お菓子欲しさに石炭の配達を手伝った。放課後には小枝の束を作り、束一ダースを一ペニーで売った。彼はよく、近くの線路を歩いては、通過する列車からこぼれ落ちた石炭を拾い集めて家に持ち帰り、母親に渡した。あるときは、図書館から借りた本を一冊丸々手書きで書き写した――本を買う金がなかったからである。

一八八二年、彼の両親は、線路脇のカーライル通りに引っ越した。それは地獄と紙一重と言われるところで、これまで以上に汚く、埃と煙にまみれていた。だがハリーはそこが大好きだった――賑やかで変化に富んでいたからだ。覗いて回れる豚小屋や馬小屋があったし、盗み聞きできる大人たちの会話も豊富だった。その好奇心のせいで彼はしょっちゅう学校に遅刻した――登校途中に興味を惹かれるものが多すぎたのだ。遅刻の罰として、彼は杖で打たれたり、手首に濡れた鞄を結わえ付けられたり、木靴で蹴られたり、教室から出してもらえなかったりした。学校で受けた教育も最小限で、十代半ばになっても彼はシェークスピアが誰かを知らなかった。仕事の仲間に、「シェークスピアっていうのはイギリス人かい？」と訊いたこともある。だが一一歳になると彼は、「脳みその枷《かせ》を解かれ、好奇心を失わないうちに」学校をやめた。そして、法律によれば、工場以外の場所で働くことが許されたのである。

彼は最初のいくつかの仕事は気に入らなかった。マースランド靴店では、朝八時から夜の一一時まで、ブーツに靴墨を塗ったり物を運んだりしたが、それが嫌でたまらず三日でやめた。ムーアウッド製鉄所では、台所用レンジに黒いニスを塗る仕事を一週間したが、労働法規に触れたために解雇された。それから医師の手伝いを六週間したが、その医師があまりにも絶対服従を求めるのでくじけてしまった。そしてとうとう彼の父親が彼を、トーマス・ファース&サンズ製鋼工場に連れて行った。彼はそこで、ニッパーまたはセラー・ボーイと呼ばれる仕事をしていた――クレイでできたるつぼを置く台と蓋を、暗くて暑い地下室の灰の中で必要なところに運んだり、鉄鋼から鉱滓《こうさい》〔訳注：金属を精錬するとき、溶けた鉱石の上層に浮かぶ非金属性のかす。かなくそ〕を剝ぎ落としたりする役目だ。ハリーの父親を含む誰もが、彼はこの仕事には体が小さすぎるし力がなさすぎると言ったが、彼は、またも労働法規抵触が理由で解雇されるまで、この工場で三か月間、汗をかいて長時間働いたのである。

それから彼は、同じ製鋼会社の研究所で主席化学者を務めるジェームス・テイラーに、瓶を洗う仕事のために雇われた。織工である両親の自慢の息子テイラーは、生まれは貧しかったが、奨学金を得て王立鉱山学校に通い、オーウェンズ・カレッジの教授のもとで働き、ハイデルベルクのドイツ人化学者ロベルト・ブンゼンに師事し、またボリビアとセルビアで働いたこともあった。三五歳、色白で、不揃いな顎ひげを生やしていた。ハリーはそれまで、「研究所」という言葉を聞いたことがなく、初めて研究所に行ったときには、そこにあったガラスの器の数に圧倒され、それは人々が酒を飲みに来るところなのだろうと考えた。初めのうち、彼は与えられた仕事をつまらないと感じたが、母親は仕事を続けるよう彼を励ました。製鋼所の溶鉱炉で働くよりは間違いなくずっとマシだったからである。このときわずか一二歳だったハリーは、やがてテイラーの愛弟子となった。

テイラーは、まずハリーに計算を教えることから始めた（ハリーは自分で教科書を買わなければならなかった）。一年ほどすると、今度は代数学を教えた（このときはテイラーが教科書を買い与えた。この贈り物をハリーは家に持ち帰って自慢し、決して忘れることがなかった）。テイラーはまたハリーに、スケッチ用具一式を買ってやった。テイラーは社交的でもなければ酒も飲まず、煙草も吸わず、汚い言葉も使わないどころか、シェフィールドの方言で話すことすらしなかった。だが、倹約家で手先が器用なテイラーが見せるさまざまな技能は、ハリーに大きな影響を与えた。テイラーのもとで、ハリーは木材の接合、塗装、はんだ付け、配管、吹きガラス、製本、そして金属細工などを覚えた。友だちが外で遊んでいる間にハリーは新しい技術を身につけたのである（一四歳のとき、サッカーをしていて膝の関節を脱臼してからは、ほとんどの運動から遠ざかったし、釣りも得意でなければ射撃も下手だった。どんな趣味もまるで素人だったのである。とは言え、不器用だったわけではなかった――ただし、研究所で扱うフラスコやビーカーの半数は割ってしまったが）。こうした知識のおかげで後に彼は、自分で家具を作ったり、サンダルを縫ったり、著述業を試みたりするようになる。彼が初めて記事を書いたのは『ウィンザー』誌だったが、それは、自分が作った数百のインクの染みをもとに、さまざまなインクが作る染みの特徴について解説したものだった。次に書いた記事は「肉体運動としてのシャボン玉吹き」というタイトルだった。妙な趣味だ。また彼はテイラーに勧められて週に何日か夜間学校にも通い、数学と物理学を学んだ。

二〇歳になる頃には、肩書きは瓶の洗浄係のままだったが、彼は数々の技術に熟達していた。研究所は彼の性に合っていた――仕事中、アシスタントの一人がオペラを歌ったり詩を口ずさんだりすることもあったし、テイラーはしょっちゅう、食べ物のこと、経済、教育、政治、福祉などのことについて話した。そうした中でハリーは、教養のある人たちといることに慣れていった。狂信的とも言える崇敬の念を自分の雇用主に対して持っていたにもかかわらず、いや、おそらくはそれだからこそ、ハリーの母親はその頃になると、工場での別の仕事を探すようにハリーに促すようになっていた――もっと給料の良い、そして将来性のある仕事を。

## 鋼鉄に恋して

母親は翌年亡くなった。ハリーは兄アーサーと同居するようになった。同じ年、テイラーはオーストラリアで仕事に就き、イギリスを去ったため、ハリーは研究所のアシスタントに昇格になった。自分の将来について考えるうち、突如として彼は、自分はこれ以上の教育は不要だと考えた。嫌なことを我慢してするだけの辛抱強さが自分にはないことに気づいたのだ。彼は剛健になっていった――あたかも鉄鋼のように。

そして恋に落ちた。後に妻になるヘレンに求愛し、教会の日曜学校で彼女を口説いたのだ（ただし、当時の思い出話の中で彼は、自分の初恋の相手は分析化学だったと言っているが）。二人は二四歳で結婚した。彼はすでに研究所で分析化学者に昇格し、週に二ポンドもらっていた。二人合わせて貯金は五ポンドあった。二人はシェフィールドの南にある質素な小屋で、パンと玉ねぎとアップルパイを食べて暮らしていたが、彼はそのことも、妻のことも、自伝の中では一言も触れていない。二年後に生まれた一人息子、レオ・テイラー・ブレアリー（ジェームス・テイラーからとった名である）のことすらほとんど触れていないのである。けれども愛という言葉が出てこないわけではない――「私は私の仕事を愛し、生きてそれを続けていく特権を与えられたこと以上に素晴らしいことは思いつかなかった」。彼にとって仕事はあまりにも楽しく、まるで酒に酔ったようだった、と言っている。

そう、彼は陶酔したのだ。続く六年間、彼は冶金学について手に入る物を片っ端から読み漁った。まずは化学に関する雑誌やジャーナルから始め、デーツ入りパンの昼食を摂る暇さえ惜しんだ。次にはマンガンについて、そして鉄鋼中のマンガンを検出するあらゆる処理過程について読んだ。それから、製鋼に関連するすべての要素について読みふけった――そしてその間ずっと、自分が学んだことをインデックスカードに詳細に記録していったのである。彼は、慎重に、きちんと順を踏んで、できる限りの知識を蓄積していった。研究所の決まりでは、仕事の時間を節約した者は、余った時間を好きに使っていいことになっていた。ハリーは一日分の仕事を二時間で終え、残りの時間を読書や実験に費やしたのである。

二〇代後半になるとハリーは、『Chemical News（化学報）』といった雑誌に、分析化学に関する技術的な論文を書くようになった。オーストラリアのテイラーからは、金と銀を化学的に分析する仕事をしないかという手紙が来たが、彼はそれを断った。彼には、鉄鋼に関する問題を解決できる男、という評判ができつつあり、それが嬉しかったのだ。

土曜日は、単なる楽しみのために、化学冶金学の教授であるフレッド・イボットソンと過ごした。イボットソンは彼に金属のサンプルを渡し、一〇分、二〇分、あるいは三〇分以内に、特定の元素がどれだけ含まれているかを調べよと挑んだ。シャボン玉吹きはどうなったのだろう。日曜日は、研究所で兄のアーサーと過ごし（アーサーは五キロの道のりをそこまで歩いてやってくるのだった）、一緒にさんざん鉄鋼の分析をして腕を上げた。

このときから、生涯にわたって続く二人の協働関係が始まったのだ。二〇年後、二人は『Ingots and Ingot Moulds（鋳塊と鋳型）』という共著を著した。ハリーは、自分の著書の中でこれが最高の出来だと考えていた。その二年後、米国鉄鋼協会から、鉄鋼業界への多大な貢献に対してベッセマー・ゴールドメダルを贈られたとき、彼は兄のおかげであると盛大に兄を称えた。彼の六冊目の著作『Steel-Makers and Knotted String（製鋼と結び目）』〔訳注：彼の自伝〕の献辞は、「遊び友だちであり、学友であり、仕事の同僚である」アーサーへのものだった。献辞の中で彼は兄のことを、「私より勤勉で、観察力があり、実験者として秀でている」と書いている。

一九〇一年、三〇歳のとき、ハリーはカイザー・エリソン＆カンパニーに、高速度工具鋼の研究をする化学者として雇われた。高速度工具鋼は、ベスレヘム・スチール社のコンサルタントだったフレデリック・ウィンスロー・テイラーによって三年前に発見されたものだった。テイラーは、製鋼に関する問題から逸れて、船体用鋼板や大砲を削ったり穿《うが》ったりするのに使われる鉄鋼に注目していたのである。当時はまだ、鍛造の理想的な温度は炎の色で判断されており、テイラーは、くすんだチェリーレッドよりちょっと低い温度で鍛造された鉄鋼は強いが、それより高い温度で鍛造されたものは弱いということを発見した。驚いたことに、さらに高い温度――サーモンピンクや黄色の炎――で鍛造すると、鉄鋼はものすごく硬くなった。あまりに硬いので、機械工は、それまでの二倍から三倍の速度で切削工具の刃を回転させることができ、刃は一〇〇〇℃にも達して赤く光った。その様子があまりにも劇的だったため、一九〇〇年にパリで行われた万国博覧会で、テイラーは暗室の中に巨大な旋盤を設置し、真っ赤に光る刃と青い削りくずの流れが見える仕掛けを作った。

一九〇二年、ハリーはイボットソン教授と共同で、初めての著書『The Analysis of Steel-Works Materials（鉄鋼製材の分析）』を書いた。同年、彼はかつて研究所でオペラを歌っていた同僚のコリン・ムーアウッドとチームを組み、アマルガムス社を作った。彼は独特の、粘土のような素材を開発しており、それを地元の製鋼所に売って儲けた。ハリーとムーアウッドは、夜な夜な、また週末も、さまざまな新素材をいじくり回して過ごし、彼の家の一室をさんざん散らかした。そして一年経たないうちに彼は二冊目の著書『The Analytical Chemistry of Uranium（ウラニウムの分析化学）』を書き上げたのである。

鉄鋼業界は好況だった。一九〇三年九月、ハリーのかつての雇用主であるトーマス・ファース&サンズが、ロシアで二番目に大きい港町、バルト海に面したリガにある製鉄工場を買った。巨大なロシア市場に向け、輸出税のかからない鉄鋼を製造するためである。ムーアウッドの推薦で、ハリーが化学者として雇われた。後にアーサー・ブレアリーも入社するが、これはおそらく弟の推薦によるものだったのだろう。ムーアウッドは総支配人になった。ハリーとムーアウッドは、一九〇四年一月、真冬にリガへと旅立った。

サラマンダー・ワークスと呼ばれたその工場は、明るく広々としており、ジュルガ川の南岸、二つの湖に挟まれて、五万坪近い敷地を持っていた。リガの街から北東に一〇キロほどのところで、設備はあまり整っていなかった。ガスも水道もなく、水はバケツで外から運ばなければならなかった。あまりの寒さに、ハリーは一日中コートを着てゴム長靴を履いたままで、作業の現場には常に灯油ストーブを持ち込んだ。

もっと困ったのは、熟練した作業員がいないということだった。少なくとも、鉄鋼の鍛造、焼きなまし、機械加工、硬化を適切に行える者はいなかったのだ。日露戦争のさなかであったため、サラマンダー・ワークスはロシア海軍から徹甲弾の発注を受けていた。ファース社はボウネスという英国人を監督のために送り込んだが、その能力がないことがわかった。サンクトペテルブルクで行われた実射テストで、ボウネスが製造した徹甲弾は見事に落第したのである。ハリーによれば、この「鉄鋼硬化の達人」は、自分のやり方をこんなふうに説明した――つまりボウネスは、硬化の秘密は「そいつを熱すること」だと言ったのである。そこでハリーが熱処理の責任者に昇格した。

ハリーとアーサーは、徹甲弾を作る鉄鋼を傷めることなく硬化できる温度の範囲を特定しようとした。最適な温度は、硬化させた鉄鋼を調べ、細かく滑らかな割れ目があるかどうかで判断できる。だが問題があった――工場には高温計がなく、容易に手に入れることもできなかったのだ。ハリーは、自分と兄ならば目で見て判断ができると考えた。だが、この先ずっと、すべての作業に二人が立ち会うことなど不可能であることにも気づいた。

そこで二人は考えた。ハリーは、多様な化学薬品と、硬貨を含むいろいろな金属をさまざまに組み合わせて、特定の温度で溶ける三種類の合金を作った。そしてそれらを溶かして、足の小指ほどの大きさの円柱型や円錐形に鋳造し、茶色、緑、青のロウで色付けした。彼はこれを「監視用」高温計と読んだ――これらを溶鉱炉の中にある陶器の皿の上に置いておけば、作業員はそれが溶けているかどうかが簡単に識別できるからだ。一つ目の、茶色い高温計が溶ければ、溶鉱炉は鉄鋼を硬化するのに最低限必要な温度に達している。緑色の高温計も溶けていれば温度は最適である。もしも青い高温計が溶ければ、溶鉱炉は高温になり過ぎ、鉄鋼はダメになってしまう。この監視用高温計を頼りに、ハリーは二度目の徹甲弾を作り、実射テストに合格した。そしてその後作られた銃弾は、彼の部下である新米工員が作ったものも含め、すべてテストに合格したのである。

ハリーは形式張らない仕事の仕方をした。従業員は役割を交代し合い、チームとして仕事をし、自由に自分の意見を口にした。組織的な序列もなかったし、機械的な精度も必要なければ紙に書いた設計図もなかった。ムーアウッドはそういうやり方を許可し、口を出さないと約束した。こうした運営方針のもとで、ハリーは新入りの製鋼工を好んだ。新米は過去の経験から来る偏見がないし、先入観に縛られることもなかったからだ。やがて彼は、ラトビアの農夫の製鋼技術を、シェフィールドの友人たちの腕に引けをとらないと評価するようになった。

彼は監視用高温計の作り方を故郷に送り、アマルガムス社はそれを何千個も売った。一年経たないうちに彼は技術部長に昇進し、るつぼ形炉の建造を任された。彼は設計図をいくつか発注した。設計図は間違っていたが、彼の炉の考え方は正しかった。また彼は、高速度工具鋼の販売も任された。彼は製品を顧客に見せるため、ビジネススーツを脱いで他の作業員たちと同じように自ら炉で作業をし、多くの顧客を驚かせた。このハリー・ブレアリーという男は一体何者なんだ――技術部長なのか、それとも技師なのか？

若く見える細面で、大きくて瞳の色の濃い、賢そうな目をしたハリーは、まるでまだ十代の若者のように見えた。ひげはきれいにそり、黒い短髪は真ん中で分け、ワイヤーフレームの眼鏡をかけていた。耳が目立った。彼には大人びた一面もあった――悠然とし、仕事熱心で、自信はあったが高圧的ではなく、そして、決して貪欲ではなかった。高給を取ってはいたが倹約家であることは変わらず、大きな家や高級車やご馳走を欲しがることもなかった。人前で話すのは得意でなく、政治にも興味がなかった。見た目の優雅さに欠け、文化にも通じていなかったので、営業が得意なわけでもなかった。と言うより、人付き合いが苦手だったのだ。仮面舞踏会の招待を受けたときには、箍《たが》を緩めて楽しめと言われたが、彼にはどうしたらそれができるのか皆目わからなかった。またある別のパーティーでは、ぽつんと壁の染みだった。社交辞令を言うということができなかったのだ。だが仕事はできた。

一九〇五年、革命が起こった。政治的、文化的な反乱を彼は特に気にしなかった――実際、彼は社会主義を特に嫌ってはいなかったのだ（彼はイギリスでは独立労働党に入党していた）。だがストライキが起きれば鉄鋼の生産ができなくなる。彼はそれが気に食わなかった。溶鉱炉は継続して運転するかまったく運転しないかのどちらかでなければならなかった。気まぐれな政治が求めるままに炉を運転したり止めたりするわけにはいかなかったのだ。

使われていない工場の一角で、即興の市民集会が開かれたことがあった。二〇〇〇人の男たちが集まった。集会が始まる前にはリボルバーのカートリッジが配られた。集会があってから間もなく、鍛冶工の主任が自分のアパートの外で殺された。工場の作業員数名が逮捕され、投獄された。こうした状況に多くの者が恐れをなし、三人の技師が国外に逃走した。ムーアウッドもだ。ハリーは彼に代わって総支配人になり、三年間働いた。蹄鉄の形をした大きなムーアウッドのデスクで、ムーアウッドの椅子に座り、ムーアウッドの服を着て、ムーアウッドの葉巻を吸ったのである。それまで彼は、そんな浪費はしたことがなかった。

ハリーが総支配人になれば、新しい器機を揃えねばならなかった。ハリーは、顕微鏡、検流計、熱電温度計を購入し、何週間も地下室で熱電温度計をいじって過ごした。その地下室は、革命のことよりも鉄鋼について語り合いたい人々が金曜の夜に集まる溜まり場になった。集会は時として一晩中続き、翌朝、仕事が始まる時間にようやく解散になることもあった。ストライキ中、他にすることがない地下室の面々は、古い時計とビスケットの缶を使って温度記録計を作り、異なった温度で硬化させた鉄鋼片を集め、砕いて比較した。正体がわからない標本を見つけては喜び、議論したさに困惑の種を求め、そして夜遅くまで論争に興じた。

その長い冬の間、イギリスからの資材の供給は途切れ、彼らはその状況に対応して新しいやり方を考え、あるいは代替物資を使わざるを得なかった。こうした経験を積む中で、ハリーの中にまだ残っていた製鋼に関する古い考え方は、徐々に消えていったのである。

一九〇七年にイギリスに戻ったハリーに、ブラウン・ファース研究所の責任者にならないかという誘いがあった。戦艦を造船するジョン・ブラウン&カンパニーと、装甲板を製造するファース社の新たな合弁事業である。研究責任者としてハリーには十分な権限が与えられていた。ハリーは仕事を引き受ける前に、雇用主から、自分が興味のないプロジェクトは断ることができるという合意をとりつけた。さらに重要だったのは、彼とアマルガムス社の関係を鑑み、すべての発明に関する所有権を両者で折半する、と同意したことである。

研究は興奮するようなことばかりではなく、単調な作業も山ほどあった。だが彼は、他の人たちは解決不可能と考えていたことを解決してみせた。不良品としてはねられ、くず鉄として廃棄された列車の車輪の山を見つけると、リガで覚えた方法でそれを硬化したのだ。そうやってできた、もとは不合格品だった車輪は、鉄道会社に承認されたどんな車輪よりも優れていた。

だがハリーは、製鋼業界に起きた新しい変化に困惑していた。科学が芸術に取って代わろうとしていたのである。取るに足らない硫黄とリンの組成にばかり注目する近代的な金属組織学は、宣伝過剰だし誤解を招く、と彼は思った。「化学的な組成さえ正しければ最終的な製品の品質が良いとは限らないのは、材料さえ揃えば美味しい料理ができあがるとは限らないのと同じである」と後に彼は書いている。さらに彼は続けた――「人間は顕微鏡を通して、より少ないものをより詳細に見ているだけだ。視界はそれによって非常に狭められ、探しているものが目に入らない――だがそれは、経験によってものを見る者の目には、一見して明らかなのである」。経験よりも理論が幅を利かせるようになりつつあり、ハリーは昔を懐かしむようになっていった――鋳塊を砕いただけで、その組成が〇・〇三％の誤差でわかる男たちがいた時代を。予測など無意味なのに、素人が下手な予測を立てるのも見た。「冶金学のソロモン王になろうとする者もいるが、そんなことができる可能性は低い」と彼は書いた。何よりも彼が気に食わなかったのは、新しい製鋼技術の台頭だった。ハリーは昔気質の、そしておそらくは最も優れた製鋼工だった。だが彼の勤め先はもはや、昔ながらの製鋼会社ではなくなっていたのである。

## 時代の変遷

ベンジャミン・ハンツマンがるつぼの使用を考え出した一七四二年以降、シェフィールドの製鋼工たちはずっと、この方法で慎重に鉄鋼を造り続けてきた。陶製のるつぼの中に棒状の鉄を入れ、コークスが燃える炉で溶かして、それを型に流し込むのである。

それ以前には、鉄鋼を作る工程と言えば、原始的で時間がかかり、また高価なものだった。それは浸炭法と言って、棒状のスウェーデン錬鉄を、石炭を詰めた石窯の中で、十分な炭素を吸収するまで熱する、というものだった（鉄鋼とは、炭素含有量が〇・一～二％の鉄のことである）。これには長い時間がかかった――温度が十分上昇するまでに数日、それから一週間熱し続け、冷めるのにさらに数日かかる。一トンの鉄鋼を造るのに三トンのコークスが必要だった。こうやって造られた鉄鋼は浸炭鋼と呼ばれた。一度に何層も重ねて製造したものは鍛鉄（shear steel あるいは double shear steel）となり、質は多少良くなったが、それにはさらに多くの時間と労力を要した。

浸炭法に比べ、るつぼ法は画期的だった。効率的で正確、品質が均一な鉄鋼ができたのだ。だがこれは非常に時間がかかり、規模が小さく、高価で労力のかかる作業だったため、長くは続かなかった。鉄を溶かす人、るつぼを取り出す人、燃料を燃やす人、るつぼを作る人、炉を回転させる人、そしてニッパーなど、すべては消える運命にある職業だった。

彼らが姿を消し始めたのは、一八五五年、ベッセマー法が発明されたときだった。この方法は、溶けた鉄の入った炉――それはまるで大きな黒い卵、あるいは巨大な手榴弾のように見えた――に冷たい空気を送り込むことで熱烈な反応を起こし、炭素その他、ほとんどの不純物を焼き切ることができた。それからそこに炭素を加える――と、どうだろう。それまで一週間かかっていた作業が二〇分で終わり、燃料も六分の一しか必要なかったのだ。しかも一度に造れる量は、それまでの三五キロから一五トンに増えたのである。製鋼会社にしてみればそれはまるで、ビールをグラスではなく樽ごと販売できるようになったようなものだった。

ベッセマー法の唯一の問題は、リンの含有量が多い鉄鉱石――そしてほとんどのものがそうだったのだが――から作った鉄鋼は、もろくて粒子が粗く、使いものにならない、ということだった。鍛冶工たちはそれを、腐った鉄鋼と呼んだ。ウェールズ出身の若き化学者、シドニー・ギルクリスト・トーマスが、酸化リンを沈殿させる塩基性製鋼法と呼ばれる工程を発明するまでには二〇年かかった。一八八三年にイギリス北東部沿岸で生産された鉄鋼の四分の三は、ベッセマー法で製造されたが、一九〇七年までには、塩基性製鋼法がほぼそれに取って代わっていた。その頃までには、カール・ヴィルヘルム・ジーメンスとピエール・エミール・マルタンが、平炉内で排気ガスを再利用して鉄を過熱させる方法を開発していた。ベッセマー法よりも多少時間はかかったが、ゆっくりと冷めるため、きめが細かくてずっと耐久性に優れた鉄鋼ができた。

石炭もまた姿を消しつつあった。その存在をまず脅かしたのは一八八〇年代に発明されたガス炉だったが、石炭の運命にとどめをさしたのは一九〇〇年頃に開発された電気炉である。この新型の炉は、アメリカではすぐに人気が出たが、シェフィールドではそうはならなかった。新型の電気炉は、不純物の燃焼を減少させ、温度の調整をずっと容易にし、製鋼所は好きなときに炉を運転したり停止したりすることができたのだが、シェフィールド市は近代化には消極的だったのである（だがリガの革命家たちは電気炉を気に入ったことだろう）。

一九一六年には、アメリカで製造された鉄鋼のうち、半分以上が電気炉を使ったものだった。翌年にはそれが六六％になり、一九三〇年には九九・五％以上が電気炉で造られていた。一方イギリスはそれとは対照的だった――最初の電気炉が使われたのは一九一〇年のことで、その技術はなかなか広まらず、そのまま衰退した。イギリスで一九三〇年に電気炉を使って製造された鉄鋼は、一九一七年よりも少なかったのである。

一九世紀の終わりには、アメリカとイギリスで製造された鉄鋼のうち、るつぼ法が使われたものはわずか一、二%だったが、とは言えそれはかなりの量で、イギリスは毎月一〇万ポンド分にあたるるつぼ鋼を輸出していた。それは大方が工具や機械であり、その品質の高さはアメリカでも高く評価されていた。イギリスの製鋼会社は概して変化を嫌ったものの、ファース社は違った。一九〇八年にはガス炉を使い始め、一九一一年には電気炉を購入、さらに一九一六年にはあと七台の電気炉を設置した——第一次世界大戦による武器弾薬や装甲の需要を満たすためである。

ハリーは間もなく時代遅れになるのだったが、ファース社で一種の自由契約アナリストとして働く彼の知識は、他のアナリストたちの多くのそれを上回っていた。製鋼職人たちは、質の良い鉄鋼には「ボディがある」と言い、その理由に、るつぼに使われるクレイの種類、水源、あるいは鉱石がどこの鉱山で採取されたものであるかなどを挙げた。つまり良質な鉄鋼とは謎めいたものであり、誰かが正しく解釈する必要があったのである（たとえばシェフィールドのとあるるつぼ鋼の製造法は、タマネギ四個分の絞り汁を必要とした）。あるとき、ヘンリー・シーボームという製鋼職人が、鉄鋼に含まれる炭素の量を示すために色別のラベルを付けることを提案すると、シェフィールドの製鋼職人たちはそれに反対した。科学的すぎる、というのである——謎を解釈する者、という彼らの役割が不要になってしまうではないか。

『Metallurgy: The Art of Extracting Metals from Their Ores, and Adapting Them to Various Purposes of Manufacture（冶金学：鉱石から金属を抽出し、さまざまな製造目的に応用する方法）』という、九三四ページにのぼる論文を書いたジョン・パーシーは、この状況を次のように要約した——つまり、「鉄鋼の製造技術がいかに進んだものであっても、製鋼に関する科学はいまだ大変に不完全な状態」だったのである。これは一八六四年のことだ。同じ年、ヘンリー・クリフトン・ソルビーが、研磨された金属片を、四〇〇倍という高倍率の顕微鏡で精査し、金属組織学を初めて世に知らしめた。二〇年後、シェフィールド・テクニカル・スクールは冶金学を正式に教え始めた。それから五〇年、状況に大きな変化はなく、変わったのはただ、ハリーの勤め先だけだった。

ハリーは、鉄鋼の品質を描写するのはいんちきで、誤解を招くものであり、科学というものがほとんど役に立たなかった時代の無知の名残であることを知っていた。彼は技術と科学を拠り所として――だが経験をおざなりにはせず――自分の立場を主張した。彼は最も初期のアイゾット衝撃試験機を二台注文した。その目盛り付きの振り子が、鍛冶工の上腕二頭筋の力を数値化したというわけである（この機械は現在でも使われている）。彼はボディの話はしなかった。代わりに彼は「焼戻し脆性《ぜいせい》」について論じた――ニッケルクロム合金をゆっくり冷却しすぎた結果、粒界で脆性破壊を起こしやすくなる現象である。

ハリーは自分を、鉄鋼の救世主であり祭司であると考えていた。彼は知識の幅広さよりも深さを重んじた。詳細を精査し、品質が彼の関心事だった。だが彼には全体像が見えていなかったのだ。そしてファース社での彼は優先事項を間違えていた。ファース社にとって重要だったのは、生産量であり、規模、利益率、市場だったのだ。

鉄鋼の物理的特性という意味で言えば、心棒の鉄鋼に含まれる硫黄が〇・〇三五％でも〇・〇五％でも、そこに違いはないということをハリーは知っていた。だが彼は肝心なことがわかっていなかったのだ――ファース社の責任者は彼に、そこには一トンにつき二ポンドの違いがあるのだと言った。それは商売についてと同時に政治についての教訓でもあった。品質に差がなくてもかまわないのだ。人々が、そちらのほうが品質が良いと思い、より高い金額を払う気がある――そのことだけに意味があったのである。

だがこの教訓を彼は学ばなかった。むしろ、現代的な製鋼業界の商売のあり方は、そんなものはくだらない、という彼の信念を一層頑なにしただけだった。後に彼は嘆いている――「昔は、鉄鋼を造った人間が、それが何に向いているかを決めて顧客にその一番有効な使い方を教えたものだった。だが時とともに物事が急がれるようになり、製鋼工は鉄鋼を造るだけになり、製鋼については何も知らない人間が雇われて鉄鋼を分析し、何に向いているかを決めるようになった。それから、鉄鋼の硬化と調質について詳しい別の人間が雇われた。さらに、製鋼も分析も硬化も調質もできない人間が雇われた――この男が、鉄鋼をテストし、合格の印をつけて出荷に回すのだ」。屈辱的な状況だった。

ハリーには、進化は逆に後退であるように思えた。もはや誰も「ＤＧＳ」を求めようとはしなかった。彼は、頭がどうかしていない製鋼工は自分一人になってしまったように感じた。彼の専門知識は慎重かつ熟考されたものだった。彼がインデックスカードに書き溜めた情報に偽りはなかったのだ。一九一一年、彼は三冊目の著作『The Heat Treatment of Tool Steel（工具鋼の熱処理）』を著し、それを彼の雇用主に捧げた。献辞には、「尊敬を込めて、本書をトーマス・ファース＆サンズ社に捧ぐ。一八八三年から今日までの勤務においては、労働と学習が快く組み合わされていた」とあった。だが版を重ねた後にこの献辞は削除されている——この後起こる仲違いの印である。

## 錆びない鉄鋼

一九一二年五月、ハリーは、ライフル銃の銃身の腐食について調査するため、二〇〇キロ余り南のエンフィールドにあるロイヤル・スモール・アームズ・ファクトリーに出向いた。問題を精査した彼は、六月四日、「低炭素、高クロムで、含有比率が異なる鉄鋼を用いて、すぐにも腐食試験を開始するべきではないか」と書いている。翌年のほとんどを彼は、クロムの含有量が六％から一五％のるつぼ鋼を造ることに費やしたが、どれもうまくいかなかった。だが、一九一三年八月一三日、おそらくは不承不承に、彼は電気炉を試してみた。一度目はダメだった。二度目は八月二〇日で、こちらのほうがマシだった。それにはクロムが一二・八％、炭素が〇・二四％、マンガンが〇・四四％、そしてケイ素が〇・二％含まれていた。彼は七・五センチ四方の鋳塊を作り、それを丸めて直径三・八センチの棒にした。それは丸めやすいし、加工もしやすかった。この棒から彼は銃身を一二個作り、ロイヤル・スモール・アームズ・ファクトリーに送った。だが彼らはそれを気に入らなかった。

ハリーは、送ったのと同じ鉄鋼から切り取ったサンプル片に、おかしな性質があるのに気づいた。後になって思い返すと、そのとき彼は、妻と劇場に行く約束になっていたのを突然思い出したため、サンプルの一部を一晩水に漬けたままにしたのだったが、翌朝、それらは錆《さ》びていなかったのだ。彼はその金属片を調べるため、研磨し、アルコールに硝酸を溶かした溶液でエッチングを施して、それを顕微鏡で見てみた。その金属片は腐食しなかった——と言うより、腐食の仕方が非常にゆっくりだったのである。酢やレモン果汁でも同じだった。彼は研磨した炭素鋼とクロム鋼のサンプルを比較して仰天した。一二日経っても、炭素鋼が錆びたのに対し、クロム鋼はピカピカのままだったのである。

ハリーはこのことを報告書にしたためて雇用主に渡した。だがこの新しい金属について、兵器を製造する者は誰も関心を持たなかった。ハリーは諦め切れず、ブラウン社宛てに、この金属の非腐食性を強調した別の報告書を書いた。ファース社に対しても同様にした。報告書の中で彼は、この金属はナイフやフォークなどのカトラリーに使うとよいのではないかと示唆した。当時それらは、炭素鋼または銀で作られていたのである（炭素鋼製のものは周知のごとく錆びたし、銀製のものは高価で、しかも変色した――これはつまり、八％の割合で含まれる銅が腐食したということを意味していた）。今度も反応は冷たかった。

だが彼は諦めなかった。一九一三年が終わる頃には、この新しい金属がカトラリーにいかに有用かをひっきりなしに話すようになっていた。彼がまずカトラリーへの利用を思いついたのは驚くに当たらない。子どもの頃、母親の家事の手伝いをさんざんして、フォークやナイフやスプーンをきれいにして乾かすのがどれほど大変かを知っていたからだ。シェフィールドはまた、一六世紀からカトラリー産業の中心地でもあった。彼は、シェフィールドの二人のカトラリー職人、ジョージ・イバーソンとジェームス・ディクソンにサンプルを送った。数か月後、返答があった――送った鉄鋼は鍛造もできないし、研ぐことも、硬化することも、磨くこともできない。そしてすぐに切れなくなる。カトラリーには使えない。イバーソンは、「この鉄鋼はカトラリー用の鉄鋼には向いていないというのが我々の意見だ」と書いた。カトラリー職人たちはハリーのことを、「切れないナイフの発明者」と呼んだ。

ハリーはそれでもまだ諦めようとしなかった。彼は、間違っているのは職人たちのほうである、と無遠慮に言い切った。彼は自分の雇用主に、熱処理をしたナイフブランク〔訳注：鋼材からナイフの外形を削り出した状態のもののこと〕を販売するよう提案したが、彼らはそれを却下した。特許を取るよう勧めもしたがそれも無視された。それでも彼は諦めずに、人々に嫌がられ続けた。

今では想像しにくいが、そのときは、「錆びない鉄鋼」という言葉自体、まるで「割れないガラス」とか「腐らない木」とか「沈まない船」「死なない人間」などと言うのと同様、この上なく矛盾しているように聞こえたに違いない。鉄や鉄鋼は錆びる。そういうものなのだ。そう決まっているのである。誰だって、子どもの頃からそれくらい知っている。後になってハリーは、「鉄や鉄鋼が錆びるのは、重力と同じように当然のことと思われていて、誰も疑問を持たなかった。鉄の性質として誰もが認めるのがこの一点だったのだ。鉄の抗張力や原子量を知らない人でも、鉄が錆びることは知っていた」と書いている。

一九一四年六月、ハリーはカトラリー職人ロバート・F・モズリーのもとで働く、粘り強いことにかけてはハリーに引けをとらないアーネスト・スチュアートと知り合った。二人はかつて、同じ校長のもとで学校に通っていた。スチュアートは、錆びない鉄鋼というものの存在を疑ったが、もしもそういうものがあれば真剣に取り組むに値する、と考えた。そして、その一片を酢に入れてテストし、その後、「この鉄鋼はより変色しにくい〔訳注：英語で stains less、つまりステンレス〕」と言った、と記録にはある。「ステンレス」という言葉を最初に使ったのがステュアートなのである。彼はこの金属を少量持ち帰り、一週間後、チーズナイフを持って戻ってきた。それは錆びないし、変色もしない、と彼は言ったが、硬すぎて、研ぐのに使った道具がみな鈍くなってしまった。彼は悔しがり、もう一度試したが、今度はナイフは非常に硬いが折れやすかった。三度目に試した際にはハリーが現場に呼ばれた。ハリーはナイフの作り方については何も知らなかったが、鉄鋼が硬くなる温度を知っていたので、ステュアートは彼の助けを借りて十数本のナイフを作った。

一九一四年一〇月二日、ハリーは雇用主に再び報告書を書いた――この新しいステンレス鋼が、カトラリー以外にも、心棒、ピストン、プランジャー、バルブなどに有用であることに気づいたからだ。彼と彼以前の発見者との違いは、彼のこの、狂気にも似た執拗さだった。

同じ年、ジェームス・テイラーがオーストラリアから帰国し、一年間、ハリー夫妻と同居した。このことはハリーの怒りを鎮めるのに大いに役立ったことだろう。

この頃までにはファース社が、ハリーが作った鉄鋼をエンジンの排気弁に使うという産業価値に気づき、Firth's Aeroplane Steel（ファースの航空機用鉄鋼）の頭文字をとってFASという名前で販売し始めていた。ファース社は、一九一四年にこれを五〇トン生産し、次の二年間でさらに一〇〇〇トンを生産した。ハリーはこの棒状のもの一八本、合計五六キロ分を、六ポンド一五シリング五ペンスでアマルガムス社を通して購入した（二年後にはこれは禁じられていた――第一次世界大戦

ステンレスのカトラリー

の勃発で、英国政府はすべてのクロム鋼は防衛目的にのみ使用するよう命じたのである)。彼はそれでナイフを作って友人たちに贈った。ステュアートの友人たちにも贈った。そして、食べ物に触れた結果変色したり錆びたりしたら返却するように指示したのである。返却されたナイフは一本もなかった。ステュアートは、自分が未来を目にしているのを知った——そしてそれから数週間の間に、さらに七トンを注文したのである。

成功はたちまち対立を生んだ。なぜならハリーが構想したこととファース社のそれが違っていたからだ。ファース社はハリーの名前を抹殺し、広告、ポスター、鋼材のラベルなどで、自分たちこそがステンレス鋼を発見し、開発した張本人である、と宣伝した。一九一五年に作られた広告の一つは次のようにうたっている——。

ファース社の
「ステンレス鋼」は
カトラリーその他にぴったり。
錆びず、汚れず、変色もしません。

この鉄鋼で作ったカトラリーは、
食べ物の酸、酢の影響をまったく受けず、

あらゆるご家庭で重宝します。
一流ブランドすべての製品が揃っています。
この鉄鋼製のナイフには
「ファース社のステンレス」マークが
付いています。
ナイフ研ぎ台や清掃機で
毎日苦労する必要はもうありません。

元祖・唯一の製造元
トーマス・ファース&サンズ社
シェフィールド

ハリーが苦情を言うと、ファース社からは手厳しい返答があった。だが彼は引き下がらなかった。上司であるエセルバート・ウォルステンホルムに、ファース社に商機を与えたのは自分であり、ファース社はすべての発明から上がる利益を折半することに同意している、と訴えたのだ。だが彼はまたこれによって、ファース社の過ちを証明したわけであり、そのために報いを受ける結果になった。会社は彼を無視し、見放して、職権の低い者に相手をさせた。腹を立て、疑心暗鬼になったハリーは、軽はずみな書簡を上司に送りつけた。その結果、ハリーはファース社の取締役三人と面談することとなり、三人ははっきりと、ハリーにはこの件に関して何の権利もないと告げた。不当な扱いを受け、怒るというよりも悲しく、「労働者は往々にして雇用主よりも賢明である」と思い知ったハリーは、その数日後の一九一四年一二月二七日に辞職した。

そのときはハリー・ブレアリーは知る由もなかったのだが、一九一三年八月二〇日にファース社の電気炉で彼が鋳造したのは、何ら新しいものではなかった。それと同じか似たようなものは、少なくとも一〇人の手によってそれ以前に製造されていたし、それを描写した者も数人おり、中にはそれをきちんと説明した者さえいた。特許を取り、商品化した者もいた。ハリーよりも先に、イギリス、フランス、ドイツ、ポーランド、スウェーデン、そしてアメリカで、少なくとも二十数名の科学者たちが、クロム、ニッケル、炭素の含有量をさまざまに変えながら、鉄鋼の合金を研究していたのだ。マイケル・ファラデーがそれをしたのは一〇〇年近くも前のことだった。つまりハリーは、前人未到の地を探検していたわけではないのである。ステンレス鋼の発見が彼の功績とされているのは主に彼が幸運だったためだし、彼がステンレス鋼の父とされているのは、彼の意志が固かったからなのだ。

　ステンレス鋼には、ウィスキーと同様、さまざまな混合比率のものがあり、レオン・ギエという名のフランス人は一九〇四年に五種類のものを作ったが、それらが腐食に強いということに気づかなかった。一九〇六年にはあと二種類を作ったが、やはりそれに気づかなかった。だが一九〇八年に合金を作ったドイツ人フィリップ・モンナルツには、もっとずっと観察力があった。三年後、自分が作った合金に関する論文の中で、彼はクロミニウムを混ぜることによって腐食が激減することを説明してこの状態を不動態と呼んだ。一年後、ドイツの製鋼会社クルップは、密かに「高い腐食耐性を必要とする物体の製造」の特許を申請した。クルップ社では一九〇八年から、二人の冶金家がニッケル・クロム鋼の研究をしていたのである。二人が作った合金の一つは、今日、世界中で最も人気がある。最初は合金Ｖ２Ａと呼ばれていたが、ナイロスタという名称で商品化され、一九一四年にはトン単位で生産された。ただしそれさえも、クルップ社が最初に作ったステンレス鋼ではなかったかもしれないのである。

　一九〇八年、クルップ製鋼所オーナーのお嬢様であるバーサ・クルップが、結婚したばかりの夫、ボーレン・ウント・ハルバッハ伯爵のために、長さ一五四フィートの鉄鋼製のスクーナー船を注文した。甲板にはホワイトパイン、マストにはオレゴンパインを使い、八メートルあるバウスプリット、手に入る最高級の帆、堂々としたダイニングルームなど、バーサは、一九一トンあるこのゲルマニア号の装備のため、今日の金額にして四五〇万ドルという巨額を投じた。白く塗られた優雅な船体はニッケル・クロム鋼製だった。

　バーサと夫がこの船でハネムーンを過ごした後、イギリス人の乗組員たちは、一九〇八年、カウズで行われたカイザーズカップでゲルマニア号を、二位に一五分差をつけ、ワイト島を平均速度一三・一ノットで航海するという新記録での勝利に導いた。皇帝もさぞや誇らしかったことだろう〔訳注：カイザーズカップの名前の由来は元ドイツ皇帝のヴィルヘルム二世〕。ゲルマニア号はその後再びこのレースに勝ち、他のレースでも勝ったが、一九一五年一〇月二八日、サザンプトンで拿捕《だほ》され、第一次世界大戦における最初の捕虜の一つとなった。イギリスは新しく開発されたステンレス鋼を大量に持っていたにもかかわらず、そのことを知らなかったわけだ。このときまでにはハリーも、自分の特許を取得していた。

## ステンレスのナイフ

鉄鋼の合金を作った初期の者たちは、その発明を商品化するのに苦労した。商品としての価値がある本当の合金を最初に作ったロバート・ハドフィールドは、それを「ハドフィールドのマンガン鋼」と呼んだが、それが売れるようになるまでには一〇年かかった。彼の研究日誌には、一八八二年九月七日付けで、自分が作った合金の奇妙な性質について書かれている。それは柔らかいが強靱で、調質するとさらに柔らかく、かつさらに強靱になった。その八〇％は鉄だったが磁気は帯びていない。彼は驚愕し、「素晴らしく強靱で、一六ポンドのハンマーで叩いてもほとんど壊れない。本当に見事だ……万歳！」と書いた。だがそれは工具には向かなかったし、馬の蹄鉄にも向かなかった。火掻き棒にも、車のホイールにも向かない。ハドフィールドは、アメリカの代理人に宛てた手紙の中で、「かなりの種類の用途が試されているが、海のこちら側ではみんな頭が悪いし、発明家たちは偏見ばかりなんだ」とぼやいた。そしてついに、彼がそれを作った一〇年後になって、この合金が鉄道のレールにぴったりであることがわかったのである。炭素鋼の五〇倍近い耐久性があるため、過酷な使用に耐えなければならないレールにはこれを使うのが標準となった。一八八四年にハドフィールドがケイ素鋼を発見したときも状況はほぼ同じだった。今度はその商品価値が明らかになるまでに二〇年を要したのである。

商業的な成功のためには、科学とマーケティングの融合が必要だった。製鋼会社は新しい合金の価値を認めるだけでなく、可能性のある使い途を知らなければならなかった。クルップ製鋼所のベンノ・シュトラウスは後に、自分のステンレス鋼は、配管、カトラリー、医療機器、鏡などに使える可能性があることに気づいたと言っている。自分が作ったステンレス鋼がスピンドルやピストン、プランジャー、バルブなどに有用であると気づいたハリーと同様に、彼もまた明確な意志を持っていた。そして、それをV2Aと呼んだのでは売れないことも知っていた。だがナイロスタと呼べば売れる。他の製鋼会社もクルップに追随した。つまり、最初のうちこうした合金は、発明者の名前に因んで、「ハドフィールドのマンガン鋼」「R・マシェットの特殊鋼」「ファースの航空機用鉄鋼（FAS）」などと呼ばれたが、もっと後になって発明されたものは、より大衆向けの名称で販売されたのである——Rezistal、Neva-Stain、Staybrite、Nonesuch、Enduro、Nirosta、Rusnorstainなどだ。ハリーは、彼が発明した合金の名付け親であるステュアートに大きな借りがある。ステュアートが付けた名前は、DGSよりもずっと魅力があった。それはまるで奇跡のように聞こえ、そしてそれが功を奏したのだ。

ハリーが辞職した一か月後、彼のステンレス鋼のことがアメリカに伝わった。一九一五年一月三一日、ニューヨーク・タイムズ紙がこの発見について報じたのである。

錆びない鉄鋼
特にカトラリー向きの、シェフィールド発の発明

イギリスのシェフィールド駐留のジョン・M・サヴェージ領事の伝えるところによれば、同市にある企業が、錆びず、染みがつかず、変色もしないというステンレス鋼を発売した。これは特にカトラリーに適しているという。どんなに酸度の高い食べ物に触れても、最初に研磨した状態が使用後も保たれ、普通に洗うだけでよいのである。

サヴェージ氏は商業報〔訳注：米国政府が一八八〇年から発行している週刊広報〕の中で次のように書いている。

「この鉄鋼は、最上級の鍛鉄から作ったものと同等の鋭い刃を保ち、そのような性質は鋼材そのものが持つものであってどんな加工技術によるものでもないため、ナイフは鋼砥や普通の清掃機、あるいはナイフ研ぎ台を使って簡単に研ぐことができる。これは非常に重宝されることだろう——特に、ホテル、汽船、レストランなど、カトラリーを大量に使うところではなおさらである。

この鉄鋼の価格は、普通サイズの場合四五〇グラムあたり約二六セントで、これは、同じ目的で使われる通常の鉄鋼の約二倍である。また加工費用もより大きいため、この新発明品で作られた製品の価格はこれまでのものの約二倍になると予想される。だが、顧客が節約できる労働力を考慮すれば、初期費用の総額は一二か月以内に回収できるものと考えられている」

これが、ハリーがステンレス鋼の発明者とされているもう一つの理由である。ニューヨーク・タイムズ紙の記者は、冶金学の専門誌を読んでいたわけではなく、モン

ナルツやシュトラウスのことなど知らなかったのだ。

三一日後、ハリーのステンレス鋼が初めてアメリカで鋳造され、ナイフの製造会社に直送された。

それから程なくして、ジョン・マドックスと名乗る人物がハリーの家を訪れた。ロンドンからやってきた、立派な身なりをした七五歳のこの男性は、ステンレス鋼に未来を見出していた。彼は、自分には特許取得の経験があり、ハリーに、アメリカで特許を取ってやろうと申し出た。だがそれにはまず、彼のステンレス鋼の特性を持たせる化学組成の範囲を定めなくてはならない。それには実験室が必要だった。ファース社は助けてくれようとはしなかった。

ハリーは一九一五年三月二九日に特許を申請したが、申請は却下された——なぜならそのときイギリスでは、少なくとも七社がステンレス鋼を生産していたからである。ハリーは、九％以上一六％以下のクロムと〇・七％未満の炭素を含む金属を「カトラリーにおける、新しくて有用な改善」と規定して再度申請した。

ハリーは大忙しだった。五月に彼がブラウン・ベイリー製鋼所の工場長に就任すると、年末には、それまで鉄鋼合金の販売に成功したためしのなかったブラウン・ベイリー社が、航空機用のクランクシャフトをフルスピードで生産・販売していた。働き始めて六か月で彼は取締役の座を与えられた。だが三年後、彼はその役職を辞した——ビジネスよりも、心棒やスプリングや鋼片やシャフトといった、もっと重要なことに携わっていたかったからである。

一九一六年九月五日、ハリーは特許番号一一九七二五六号を取得した。一九一七年七月までには、彼はファース社と、ファース＝ブレアリー・ステンレススティール・シンジケート社設立の合意に達していた。ファース社はハリーに、一万ポンドと、特許がもたらす利益の半分を支払った。大恐慌の間もずっと、この特許は利益を生み続けた。ハリーはまたちょっとした仕返しとして、この合金で作ったナイフの刃にはすべて「ファース＝ブレアリー・ステンレス」として、自分の名前を刻印することを要求した。

自分のステンレス鋼を商業化するためにハリーが費やした労力と必要とした支援を考えると、ビジネスパートナーの一人が言ったこんな言葉は非常に的を射ていると言えるだろう——曰く、ハリーはステンレス鋼について、成功させる方法以外は何でも知っている。彼が言おうとしたのは、ハリーはステンレス鋼について何から何まで知っていたが、唯一その売り方だけは知らなかった、ということなのである。

その七月が終わる頃、エルウッド・ヘインズがハリーに待ったをかけた。ヘインズはインディアナ州コーコモーの裕福なビジネスマンで、政治や公共事業に積極的に参画し、分厚い口ひげを生やしていた。コーコモー・ガス・カンパニーを経営し、アメリカ初の大規模な長距離天然ガスパイプラインの建設を監督し、アメリカ初のガソリン自動車を設計し、その自動車を販売する会社を設立し、さらに、自分が発明したステライトという合金を販売する会社も設立していた。ステライトは彼を大金持ちにした。また彼は（禁酒法賛成の立場で）上院議員にも立候補したことがあり、数年後にはＹＭＣＡの会長に選ばれた。ヘインズはステンレス鋼を販売したいのではなかった。それをするには忙しすぎたのだ。けれども彼は、ステンレス鋼の発明を自分の手柄にしたかった。

ヘインズは、カトラリーのための耐腐食性のある合金を、ハリーがまだ一六歳で代数を勉強していた頃から試作し続けていた。ハリーが顕微鏡を覗いて目にしたものに驚いたのより一年以上前に、クロムと鉄鋼の合金で、のみやドリルの刃やスパークプラグなどを作っていたのである。特許を申請したのもハリーより一七日早かったので、彼がハリーに待ったをかけるのには法的根拠があったのだ。一九一七年七月三一日、米国特許局はヘインズに抵触審査の許可を与えた。

一九一九年四月一日にようやくヘインズが取得した特許は、クロムが八％から六〇％という幅広い範囲で含まれる鉄鋼に対するものだったが、それはすでにどうでもいいことだった。訴訟を起こす代わりに、ファース＝ブレアリー・ステンレススティール・シンジケート社は、一九一八年、ヘインズ、その他製鋼会社五社（ベスレヘム、カーペンター、クルーシブル、ミッドヴェール、それにピッツバーグにあるファースの子会社ファース＝スターリング）とともにアメリカン・ステンレススティール社を設立して、利益を共有することに合意していたのだ。それから一五年ほどの間、ステンレス鋼は炭素鋼の四倍の値段だったにもかかわらず、ビジネスは順風満帆だった。一九二三年から一九三三年まで、アメリカン・ステンレススティール社の年間配当率は二八％だった。

一九二〇年にラドラム・スティール社がステンレス鋼の販売を始めると、アメリカン・ステンレススティール社は訴訟を起こし、裁判所は最終的に、ラドラム・スティール社がステンレス鋼のカトラリーから得た利益は特許の侵害であると判定した。一九三三年にはラストレス・アイロン・コーポレーション・オブ・アメリカがステンレス鋼の販売を開始し、アメリカン・ステンレススティール社は再び訴訟を起こしたが、今度は裁判所は特許の侵害を認めなかった。裁判所の判断は、昔から「何千回と繰り返されてきたテストや実験、そしてそれらの多種多様な成果によって、鉄と鉄鋼の製造は、広範かつ非常に発達した分野となっている。そうした分野に今になって遅れて参入する者が、この分野のいかなる部分であってもそれを独占しようとするならば、かつて誰も見つけたことのなかったものを発見した、あるいはそれまでなかったものを発明したという明らかな証拠がなければならない」というものだった。ニューヨーク・タイムズ紙と違い、裁判所は、ギエ、モンナルツ、シュトラウスなどについて知っていたのだ――ハリーの証言のおかげである。アメリカン・ステンレススティール社は上訴したがやはり敗訴した。そして今度の裁判所の言い方はもっと簡潔だった。アメリカン・ステンレススティール社が持っている特許は、ある特定の種類のステンレス鋼でカトラリーを作る方法についてであり、すべての業界で使われるあらゆるステンレス鋼の特許を持っているわけではない、そんなことは非常識だ、と言ったのである。

これで自分の汚名がすすがれた、とハリーが感じたかどうかは誰にもわからないが、ファース社の貪欲なやり方が頓挫したのを見て、彼はおそらく嬉しかったことだろう。

## ベッセマー・ゴールドメダル

ハリーにとって、自分が正しかったことの最大の証明となる出来事――彼の経歴のクライマックスと言ってもいいが――は、一九二〇年の、ある寒くて暗い夜に起こった。その春は天候が不順で、三月は通常よりも暖かく、四月はいつになく雨が多かった。陰鬱な天候はその夜が最後で、翌日の、雹《あられ》を伴う嵐の後、記録で見る限り最も晴天の日が多い五月が続いた。それは五月六日の木曜日で、ハリーはおそらく馬車で、鉄鋼協会の第五一回年次総会のためにロンドンへと出かけた。

総会に先立つ晩餐会は、ウェストミンスター市の中心、コヴェント・ガーデンに近いところにある、まるで宮殿のようなコノート・ルームという公会堂で行われた。それは五階建ての荘厳な建物で、ビッグ・ベンや国会議事堂から数キロ北のところにあり、ロンドンで最も豪華なものの一つだった。ハリーは、グレート・クイーン・ストリートにある正面入口から、菱形模様のタイルの上を歩いて中に入り、見事なシャンデリアの下、大理石に真鍮《しんちゅう》で縁取りが施され、柱に囲まれた二〇段の階段を上ったことだろう。その先に進むと頭上にアーチを戴く両開きの扉があり、彼はそこから、高さ一二メートルの円天井で、鉄道の駅にも使えそうな巨大な部屋に入ったはずだ。それは五〇〇人が着席できる部屋だった。製鋼所とはなんという違いだったことか。

晩餐会は、ほとんどの会合がそうであるように、些末な議事から始まった。

新しいメンバーの紹介、前年度の年次報告、鉄鋼業界の大立者、アンドリュー・カーネギー（前年の八月に亡くなっていた）の追悼。ドイツ軍によるベルギーの占拠中にベッセマー・ゴールドメダルを盗まれた冶金家の息子には、そのメダルの複製が贈られた。予算案が確認され、図書館への本の寄贈者の名前が読み上げられた。そして最後に、間もなく定年退職しようとしている協会の会長が次期会長となるジョン・エドワード・ステッド博士を紹介し、「鉄鋼に刻まれた不可解な象形文字を、化学試薬によって解読することが可能になった」のは博士のおかげであると力説した。

大喝采が収まると、ステッド博士はその夜の重大発表にとりかかった。鉄鋼協会が授与する最高賞である、ベッセマー・ゴールドメダルがハリーに授与されたのだ。ハリーのことを彼は、「生まれたのが製鋼所でなかったとしても、製鋼所で揺りかごに揺られていたのは間違いない」と言った。

ハリーは、「鉄鋼業界に対する際立った貢献」、中でも鉄鋼の製造や使用に関する革新的功績に対して贈られるこのメダルを以前から切望していた。それが業界による高い評価を意味したからだ。たとえば、鉄工所とイギリス初のアルミニウム工場を建て、鉄鋼協会の設立者でもあるアイザック・ベルは一八七四年に、また一万回を超える実験を行ってベッセマー法を完成させ、ハドフィールドの作った鉄鋼に取って代わられるまで鉄道のレールに使われていた頑丈な合金を発明し、自硬性の高速度工具鋼を作ったロバート・F・マシェットは一八七六年に、そして鉄鋼に含まれる炭素や銑身の腐食、そしてあらゆる種類の爆薬についての研究を行ったフレデリック・エイベルはその二三年後にこのメダルを与えられている。ベルギーで最も有名な製鋼所の責任者であるアドルフ・グライナーは一九一三年に受賞したが、その後、ドイツ軍がベルギーに侵攻した際にメダルが盗まれた。

ステッド博士はハリーを、献身的で、優れた教科書の著者であり、数多くの独創的な研究を陰で指揮した者として紹介した。ハリーの仕事はファラデーのそれに続くものであるとして、ハリーの発明を読み上げた。それから、ベッセマー・ゴールドメダル受賞者の仲間としてハリーを迎えられることは喜ばしいことである、と言った。これらすべてが、最も著名な同業者たちの目前で起こったのである。

ハリーは、会長、評議員、そして出席している協会のメンバーたちに謝辞を述べ、メダルをステッド博士の手から受け取るのはことのほかに名誉なことである、と言った。それから興奮した声で彼は言った。

私は、良き友人や親切な助言者に事欠いたことはありません。そして、私を励ましてくださった方、私のやり方に異を唱えた方のどちらにも、心底感謝している次第であります。実際、私がしようとしたことを是認してくださった方と、真摯な理由でそれに反対なさった方のどちらが、私をより助けてくださったのか、それはわかりません。

私が働き始めたとき、私の兄はすでに溶鉱炉の仕事をしており、一八八二年以降、我々は常にともにありました。片方に与えられた機会はどれも二人で共有してきました。ベッセマー・メダルを二つに切ることができるなら、私は兄に半分を与えたい。同僚として、厳しい批評家として、あるいは思いやりある友として、兄以上の者はおりません。工業的研究のための研究所を率いる者は誰しも、その成功のためには他者からの助けに依存しないわけにはいきません。鉄や鉄鋼にまつわる問題のほとんどは明確に記述することができないものであり、その問題の研究経験が最も豊富で、問題を解決することのできる人間とは、その仕事に日々携わっている熟練工であるかもしれません。そうした職人の興味を喚起し、自分の計画の協力者になってもらうことができれば、それが研究者の最大の功績であります。働くことへの情熱と、答えを見つけ、物事を理解したいという欲望を持つのは、ホワイトカラーの人間に限ったことではありません。

この大変な名誉を与えられたことを鉄鋼協会評議員の方々に感謝するにあたり、私は、硬くなった手と黒く汚れた顔で、工場や鍛冶場での骨の折れる仕事に精を出す数々の友人たちに、一生の恩義があるということを告白し、そのことを誇りに思うのであります。

いかにもそれは、その夜のスピーチの中で最も気持ちのこもったものであり、そして一番ユーモアがあった——なぜなら、金属片を二つに切る方法を知っている者がその場にいるとしたら、それは紛れもなくハリーだったからだ。

その後ステッド博士は、溶鉱炉、錬鉄法、鋳造法、ベッセマー法と平炉法、電気炉、健全な鋳塊の製造法、製鉄業への科学の適用、そして金属組織学の出現と進歩、その他もろもろについての、非常に長いスピーチを行った。

誰も写真は撮らなかった。技師という人種にありがちだが、このイベントの議事録にある視覚的要素と言えば、合金の微細構造、溶鉱炉の図解、それに、温度と結晶粒径の関係を示したグラフだけだったのである。

## 理想主義者の最期

ハリーは一九二五年に退職した。その前年、世界で一番人気のあるステンレス鋼、３０４型が、ファース社でのハリーの後任者であるウィリアム・ハットフィールドによって発明された。だがハリーは働くことをやめず、これまで以上に多忙だった。彼は、ブラウン・ベイリー社の研究所の所長を務めるＪ・Ｈ・Ｇ・マネーペニーが一九二六年に出版した『Stainless Iron and Steel（錆びない鉄と鉄鋼）』を書くのを手伝った。これは世界で初めての、ステンレス鋼について英語で書かれた文献である。

ハリーが定年退職して二年後、ファース社は彼に無断で、「ファース＝ブレアリー」の名称からブレアリーという名前を削除した。それはハリーを激昂させ、彼の中に階級闘争の炎が燃え上がった。彼は階級差をなくすことを切望した。彼が回想録を書いたとき、彼の怒りはいまだ強く、その中で、鉄鋼に直接関係のない唯一の意見を世間に知らしめることとなった。彼の考えでは、工場の責任者は工場から八〇〇メートル以内に住むことを課せられるべきだし、遺産相続と、それから単調な仕事は廃絶すべきだった。無能の役立たずという烙印を押されるのは、ひっそりと暮らす貧乏人だけである、と彼は怒りを露わにした。好きに操られることにうんざりした彼は、能力主義社会の到来を夢に見た。

彼によれば、この世には四種類の労働者がおり、金の有る無しにも四つの形があった。

労働者
1　意識が高く、能力がある
2　知性があり真面目だが、向上心がない
3　将来有望な若者
4　ぼーっとして、ものが見えていない者

金の有る無し
1　不運のために金が無い
2　自分の意志で金を持たない
3　幸運のおかげで金がある
4　金持ちで、その金を離そうとしない

一番目の、不運な者をなくし、二番目にあたる聖人や哲学者を尊敬し、三番目には賢い者を選び（彼自身はこの分類に属した）、そして最後の、暴利を貪る者は嫌悪すべきである、というのが彼の考えだった。どうやってそんなことを、一九〇五年当時のリガ以外のところで実現すべきなのか――彼はそれについては一言も触れていない。

彼は、スウェーデンの、打ち捨てられた鉄工所を製鋼会社が共同で買い、「新進の製造者たち」のための学校にすることを提案した。学生たちは、授業のスケジュールではなく仕事のシフトに従い、週七日、一日二四時間操業する。作った鉄鋼は販売してよい。成績は鉄鋼の品質で決まる。教師は金属加工術の熟達者で、世界中から招聘《しょうへい》される。

一九四一年、彼はフレッシュゲート・トラスト基金を設立した。社会、教育、医療、芸術、歴史、レクリエーションの分野で活動する組織を支援する団体である。ハリーにしてみれば、それは「歩けない犬が階段を上るのを手伝ってやる」ためのものだった。だが彼のこの無邪気さゆえに、彼の言うことはまるで、アイン・ランド〔訳注：ロシア系アメリカ人の小説家、思想家、劇作家、映画脚本家。「客観主義」創出者として知られる〕とドクター・ブロナー〔訳注：ドイツ系ユダヤ人で石けん作りの家系に生まれ、高品質・環境に配慮したリキッドソープが有名〕が入り混じった、とりとめのない理想主義者のように聞こえた。彼の鉄鋼と同様、彼のアイデアは頭ではなく心から生まれ出たものだったのである。品質や平等性についてのビジョンを持ってはいたが、どうやってそれを実現するかは、彼には皆目わからなかったのだ。

それは単なるアイデアで終わった――ハリーが実際にとった最大の行動と言えば息子の教育に関するものだったが、それでさえ彼は途中で挫折したのである。彼は初め、息子を学校にやることを拒否した。教育とは押し付けられるものではなく選んで受けるものである、というのが彼の信念で、学校とは「無意味な情報を、他のことに興味のある成長中の脳に詰め込んで」、子どもたちをオウムにするシステムだと考えていたのだ。彼は学校の教育委員会の委員数名に、自分の子どもには教育のある人間になってほしいので学校には通わせない、と言った。十把一からげの教育は、「従順で服従的で、健全な好奇心や自発性に欠けた、一種の産業用部品を生み出す」と考えたのである。教育委員会の委員は、息子は定期的に試験を受けなければならないと言った。彼はその試験の基準の信頼性を疑い、妥協を拒否した。この顚末はやがては警察沙汰になるに違いなかったが、ちょうどそのときハリーはリガに送られることとなり、折れざるを得なかったのである。彼が定年退職する二〇年前のことだった。

晩年にハリーがとった行動と言えば、ボウリング用のボールを投げること、こまを回すこと、小石を集めること、そしてビー玉遊びくらいだった。子どもたちから取り上げたビー玉の数の多さが恥ずかしくなった彼はそれを無条件で子どもたちに返したが、それでもまたそれを巻き上げてしまう。彼は決して自分にハンディキャップをつけなかったのだ。ガーデニングをしてみたが、成長する植物の名前は、たとえラベルがあっても覚えられなかった。どうしても頭に入らないのである。また彼はそれまでよりゆったりとして、ウォルト・ホイットマン、ジョージ・バーナード・ショー、そしてとうとうシェークスピアの著作も読んだ。ヘンデルを聴き、自伝を書き、『The Story of Ironie（アイロニーの物語）』という、未出版の子ども向けの本も書いた。

実際にはもう一つ、象徴的な行動があった。齢《よわい》五八歳にして初めての休暇旅行に出かける前に（彼はそれまで、リガを除いては、証言者としてニューヨークに行ったことがあるのと、応用化学の会議のためにベルリンに行ったことがあるだけだった）、インデックスカードと数百冊の本をすべて集めて盛大に燃やしたのである。それは、その少し前に他界したジェームス・テイラーを追悼するのにふさわしい儀式に思えたのかもしれないし、もしかすると、ステンレス鋼をめぐる訴訟の数々にうんざりして、おかしな行動に出たのかもしれない。もともと彼は紙の上の知識を崇めたてるタイプではなかったが、それよりもおそらく、製鋼業界が変化し、そうした知識はもはや役には立たないと感じたのだろう。

彼の階級闘争は強迫観念に転じた。一九三一年の最後の日、彼はシェフィールドにあるカトラーズ・カンパニーに、一九六〇年まで開封しないようにと指示して一通の封印した封筒を渡した。封筒の中には、ステンレス鋼の歴史に関する彼の宣誓付きの述懐が入っており、彼自身や関係者に害が及ばなくなるまで明らかにされるべきでない、醜悪な秘密が含まれているということを示唆していた。だが結局、明らかになったのは大したことではなく、ステンレス鋼についてよりも、彼という人物について多くを語るものだった。

翌年、ハリーは自分が死んだ後のことを考えていた。ソルビーの名前は、彼を記念して一年に一度与えられる少額（一二ポンド）の賞金によって生き続けていた。ハリーはこれと同じように、シェフィールド冶金学協会を通して二年に一度、最も独創的あるいは有用な冶金学の研究論文に対して同額の賞金を与えることにした。

ハリーの息子レオと兄のアーサーはともに、ハリーが死ぬ二年前の一九四六年に亡くなった。錆びることはなかったかもしれないが、不死というわけにはいかなかったのだ。ハリーが亡くなったのは、第二次世界大戦で連合国が枢軸国に勝利した日から三年以上経ってからだ。つまり彼は、彼が生み出した金属が、再び熾烈な国際戦争に寄与するのを目撃したのである。彼が作った硬化鋼によって兵器の破壊力が高まったことについて、彼は何も言及しなかった。事実上の軍事契約業者として彼が兵器に対して行った貢献——彼はそのキャリアを通じて、徹甲弾、戦艦、装甲板、銃身、空軍機のクランクシャフトを改良したのである——についても彼は何も言わなかった。もっとも、自伝の中で彼は妻にも息子にも一切触れていないし、鉄鋼のこと以外、面白おかしいことの一つも書いてはいないのだ。反抗分子である彼は、ほとんど鉄鋼のように冷たい男だったのである。

鉄鋼協会は彼の死を、この業界の他の構成員のそれと同様に記録した。一九四八年八月の機関誌にはこう書かれている。

「ハリー・ブレアリー氏が、一九四八年七月一四日、トーキーにて、七七歳で逝去されたことに哀悼の意を表す」

会議、科学懇談会、リカレント講座、交換留学などについての二ページにわたる告知に続いて、ステンレス鋼に関する本の共著者であるJ・H・G・マネーペニーが書いた、一段と四分の一を占める死亡記事があった。そこにはこう書かれている。

「ハリー・ブレアリー氏の死によって、鉄鋼業界はその傑出した人物の一人を失った」

マネーペニーはハリーを、利発な生徒であり、鋭い観察者であった、と描写し、「筆致は明快だった」と書いた。さらに続けて、「彼は生涯にわたって個人主義者であり、専門委員会、調査委員会といったものは無用の長物であると言った。（略）伝統にはほとんど敬意を払わず、書き物の中で非難することも多かった。彼の遺作の中で（略）彼は、彼らしい因習打破的な言い方で、彼が特に嫌っていた鉄鋼冶金学の一面に関する数々の伝統的考え方を攻撃した」と書き、それから言葉巧みに「人間としての彼は、自分の助けを必要としていると彼が考えた者に対しては、心優しく、頼りになる男だった」と続けた。そこに書かれていなかったのは、彼が基本的に気難しく、反抗的で、意固地な頑固者であったということだ。

だが、その号の索引をハリーが見たら、彼は自分を誇らしく思ったことだろう。そこにはステンレス鋼に関する三七の項目が並び、索引全体の中で最も項目数が多いものの一つだった。たとえば、鋼鉄のアーク溶接、光機焼なまし、遠心鋳造、特徴、分類、冷間圧延、調整、切断、スケール除去、引抜とプレス、延性、鍛造、不動態化、流し入れ、性質、自動はんだ付け、溶接などだ（それに、ハリーが喜びそうな「アメリカにおける利用」という項目もあった）。彼の仕事は受け継がれ、活況を呈していたのである。

だが、ハリーのものの見方を何よりもよく表しているのは、彼の回想録の中のこんな記述だ。

想像力によって思い描けることの範囲には、技術力という制約がある。空中に建つ城も、物理的に何が可能かということに従わざるを得ないのだ――たとえそれが可能と不可能の境界ギリギリのところだとしても。あるいは、既知の境界線を越えたところにあるものが必要なのだとしたら、その計画は、他の夢が実現するまで待たなければならない。

計画がうまくいけば、そのビジョンが持つ無数の可能性がアイデアとなり、一連の指示となり、最終的には一つの物になる。あるビジョンが一つの物の中に詰め込まれるのだ。言葉が形になる。それは、すべての人間が手にし、使用し、眺め、感嘆し、他のビジョン実現のための踏み石として使えるものなのである。

# 第4章　缶詰の科学——錆と環境ホルモン

## ネズミを溶かす飲料

飲み物を入れる完璧な容器をデザインするにあたっては、それがどういうものであってほしいか、ということと同時に、それがどういうものであっては困るか、ということも同じくらい重要だ。たとえば、容器から中身の飲み物に味が移っては困る。安いのが望ましい。重いのは嫌だが、強くて丈夫で重ねられるのがいい。また、たとえほんのわずかでも、容器が破裂する可能性があっては困る。この点ではアルミ缶はガラス瓶より優れている。

ジョージア州ロームに住むサム・ペインが、コカ・コーラのガラス瓶が破裂して片目を失明し、裁判によってそれが瓶のメーカーの責任と判断された一九一一年以降、ガラス瓶の破裂の被害に遭った者の中には、幼児から主婦まで、さまざまな人が含まれている。ウェイトレスや食料品店の買い物客の中には、主に手脚をけがして大変な思いをした者がいるし、瓶の破裂の被害を受けた者のうち少なくとも一人はアキレス腱が切れた。最も一般的、少なくとも一番訴訟になることが多く、最も恐ろしいのが目のけがだった。瓶が破裂すれば目を失いかねない。法学士ならずとも、それが飲料容器業界の企業にとって非常に危険であることはわかるだろう。

破裂した瓶の中の飲み物はさまざまだ。ありとあらゆる飲み物——ソーダ、ビール、シャンペン、ペリエ、グレナディン、それに牛乳など、どれもみな瓶が破裂したことがある。破裂は、バーやレストランでも、金物屋でも、薬局や酒店でも、コンビニでも、スーパーでも起こっている。駐車場で、車の中で、キッチンやガレージや学生寮の部屋で。帰宅途中、ピクニックの最中、冷蔵庫に入れたり、食料の棚に並べたり、クーラーボックスに移し替えたり取り出したりしているとき。あるいは何もしていないときにも瓶が破裂したことはある。配達の途中や、その何か月も後だったりもする。007シリーズの映画に出てきそうな例もある――ホテルで、ボーイがルームサービスの炭酸飲料を宿泊客の部屋に運ぶと、ボーイの手の中で瓶が破裂したのだ。『ジ・オニオン』〔訳注：アメリカのデジタルニュース媒体。風刺的内容で知られる〕に載っていそうなものもある――ペプシコ社の従業員が、破裂したペプシの瓶で片目を失ったのである。けがをした被害者は瓶が破裂する音を、まるでショットガンのようだとか、電球が落ちたり、あるいは爆竹が破裂した音のようだなどと形容している。

そういう事故が裁判沙汰になった例は少なくとも一三〇件はある。原告の一人は、瓶が破裂するという話は、炭酸飲料業界では一年に少なくとも一万件はくだらないと主張した。一九六一年には裁判所が、コカ・コーラの入ったガラス瓶に圧力がかかると破裂する危険性があることは明らかである、と述べた。破裂したのは瓶を落としたり、蹴ったり、乱暴に扱ったり、間違った使い方をしたり、手を入れたり、踏んだり、不注意な扱いをしたり、夏の日にピックアップトラックの後部に放っておいたりしたからだ、ということを示そうと必死の瓶メーカーにとって、競合相手である缶の製造会社にはそういう裁判沙汰がないことが羨ましかった。

だが実はそういうわけでもなかったのだ。二〇〇八年、カリフォルニア州ブライスに住むリンダ・ライアンがダイエットペプシの缶を開けようとしたときに缶が破裂し、彼女は左目を失明した。その日、七月九日は気温が四二℃に達し、もう少しで新記録という暑さだった。夜になっても気温は三二℃をくだらなかった。そのダイエットペプシはライアン家のミニバンの後部に積まれたクーラーボックスに入っていて、クーラーボックスはそこに数日間置かれたままだった。車の中の温度は相当高かっただろう。ペプシコ社が、たとえ完璧に作られていても、まともなアルミ缶はそんな状況には耐えられない、と主張するのももっともだった。リンダは内緒で示談に同意した。

他にも、裁判にはならなかったが、缶の破裂事例で、消費者製品安全委員会の記録に残っているものがある。たとえばこんなふうだ。

イリノイ州アーバナ――炭酸飲料の缶が冷蔵庫内で破裂し、消費者が親指を切った。

場所非公表――消費者の手中で炭酸飲料の缶が破裂。治療の必要なし。

ニュージャージー州ウォルドウィック――缶ビール

が冷蔵庫内で破裂し、消費者の手に裂傷。
ノースカロライナ州ゼビュロン――冷蔵庫の上で炭酸飲料の缶二本が破裂。けが人なし。
場所非公表――クーラーボックスに入れているときに缶ビールが破裂、消費者の鼻に裂傷。
ニュージャージー州レッドバンク――冷蔵庫内で三本の缶入り炭酸飲料が破裂。けが人なし。
場所非公表――ミニバン車内で缶入り炭酸飲料が、持っていた子どもの手の中で破裂。子どもにけがはなかったが、運転していた父親が車をガードレールに突っ込んだ。

その結果、世界最大のアルミ缶製造会社が製造する最近の缶には、破裂防止の仕組みが施されている。アルミ板が飛散して目に入らないようになっているのである。

飲料容器として完璧なものをデザインするにあたっては、異物が容器に混入する可能性について考えることも重要だ。その点ではアルミ缶はガラス瓶に劣っている。二つの部分からなる缶が成型されてから、飲料が充填されて蓋をされるまでの間に、混入しては困るものが混入する機会が大いにあるのだ。それはたとえば豆、ピーナッツ、埃、松葉といった単純なものであることもあるし、電球、鈴、ヘアピン、ペーパークリップ、画鋲、安全ピン、マッチ、カメラのフィルム、電池といったものである場合もある。実際これらはすべて、飲料に混入していたことがあり、破裂の場合と同様、法的責任が問題になる。

瓶が破裂した場合と同じく、缶の異物混入事例も訴訟問題になる。そうした訴訟の中には、葉巻の吸いさし、煙草、コンドーム、タンポン、絆創膏などが登場する場合もある。訴訟の一例では、葉巻と昆虫が一本の飲料に混入していた。金属片、あるいは錆《さび》が原因の訴訟も多い。原告が勝訴した訴訟には、飲料に蟻、蜂、ムカデ、ゴキブリ、ハエ、地虫、ウジ、蛾、ミミズ、スズメバチ、カリバチの巣、クロゴケグモ、それに蛇が入っていた事例がある。

他にも、ゴキブリの卵、「一部が腐敗したミミズや昆虫の繭」、昆虫の幼虫、カビに覆われたハエ、腐敗したネズミ、白骨化したネズミ、「毛をむしり取られたクマネズミ」、肉片、ネズミまたは鳥の一部と思われるもの、腐敗した肉、それに「出自不明の血管」が飲料に入っていて訴訟を起こした人がいる。ネズミの死骸で起こされた三六件の訴訟では、裁判所は原告に有利な判決を下している。被害に遭った原告は、吐血や下血があったり、潰瘍ができたり、赤痢を罹患したり、また何週間も病に伏せたり、「死にそうなほど気分が悪く」なったりしている。入院した人も多い。ある人は胃の手術を受けているし、五週間で体重が一三キロ減った人もいる。こうした人のほとんどは二度と炭酸飲料を飲もうとはしない――たとえそれが完璧な容器に入っていたとしても。

こうした訴訟のうち、どれくらいに正当な理由があるかはわからない。と言うのも、中にはイリノイ州のロナルド・ボールという男性の例があるからだ。ボール氏は、二〇〇八年一一月一〇日にセントルイス近郊の自動販売機で缶入りのマウンテンデューを買い、蓋を開けて一口飲んだが吐き出し、嘔吐した後、缶の中身を発泡スチロールのカップにあけたところ、ネズミの死骸が入っていた、と主張した。缶に記載されていた電話番号に電話して苦情を言い、要請された通りに、死骸とマウンテンデューの残りを製造元であるペプシコ社に送った。

缶に記載されていたシリアルナンバーから、ペプシコ社は、その缶が充塡されたのはボール氏が缶を開けた日の七四日前だったことを突き止めた。ネズミの死骸を調べるため、ペプシコ社はそれをマウンテンデューとともにガラスの容器に入れて、ソルトレイクシティの獣医病理学者、ローレンス・マクギルに送った。何千件もの検死解剖の経験があり、ネズミをはじめとする動物に「酸性の液体が与える影響」について詳しいとされていたマクギルは、容器を開け、これ以上の腐敗を防ぐためにネズミの死骸をホルムアルデヒドに漬けた。翌日彼は死骸を切開して何が起きたのかを探った。ネズミの脚と頭には骨が残っていた。破裂していない腹腔には、肝臓、腸、胃が、そして肺の中には軟骨細胞があった。これはつまり、ネズミがマウンテンデューに漬かってから一週間以上は経っていないということを意味していた。ネズミの瞼《まぶた》を開けることができなかったことから推測すると、このネズミは若く、生後、最長でも四週間といったところだった。彼の測定では、マウンテンデューのpHは三・四だった。一貫した、動かぬ証拠をもとに、マクギルが達した結論はシンプルだった――その缶が充塡され密閉された時点ではそのネズミは缶の中にはおらず、ネズミの死骸がマウンテンデューに漬かっていたのは七四日どころか一週間以上ではない、というものだ。マクギルはこのことを、自ら署名し、公証人によって認証された、二〇一〇年四月八日付の宣誓供述書の中で述べている。

三週間後、（返却された）解剖済みのネズミはそれ以上のテストを行うことができなくなったとして不服を申し立てていたボール氏は、三二万五〇〇〇ドルの損害賠償を求める訴訟を起こした。ペプシコ社の弁護士の反応は直截だった。マクギルの検証結果を引用しながら、マウンテンデューは非常に腐食性が強く、仮にボール氏が主張するようにネズミがこの液体に七四日間さらされていたとしたら、溶けて「ゼリー状の物質」になり、ネズミの一部として判別できるものは何も残らない、と言ったのである。裁判官はこの訴訟を棄却した。ボール氏は再度、五万ドルの損害賠償を求める訴訟を起こした。裁判官は今度も訴えを退けた。一件が片付く前に、この不可解な顚末はアメリカのあらゆる媒体で報じられていた。エリック・ランドール〔訳注：アメリカのジャーナリスト〕が『The Atlantic』の電子版で書いた記事がこの件を最も端的にまとめている。「これではまるで、戦争に負けながら一つの戦闘にだけは勝つ、という戦術を展開しているようなものだ。そしてその戦術とは、ペプシの製品が事実上、鮮やかな緑や黄の色がついたバッテリー液であるという論拠に基づいているのだ」と彼は書いた。

これこそが、完璧な飲料容器をデザインするにあたって最も難しい点なのだ。つまり、容器が言うことをきこうとしないか、またはその飲料に問題があるか、あるいはその両方なのである。

アルミ缶の場合、そのどちらもが問題だし、それ以外にも問題がある。アメリカ最大の缶メーカーに言わせると、オーストラリアのドウェリンガップで採掘されてイリノイ州エバンズビルで精錬され、コロラド州ゴールデンで三五〇ミリリットル缶に加工されるアルミニウムは、缶製造の全工程を通じて、それが嫌で嫌でたまらないかのように振る舞う。缶をこの世に送り出す製造機械を故障させたり、さまざまな、悲惨な事態――伸びたり、シワができたり、折れたり、潰れたり、プリーツ状になったり、曲がったり、水膨れができたり――を引き起こそうとするのである。仮にちゃんとした缶ができたとしても、さらに悪さがしたくてたまらず、中身となるビール、炭酸飲料、エネルギー飲料、その他の「製品」を保護する役割を果たそうとしない。製品と反応を起こして、味を変えてしまうのだ。それだけではない。アルミ缶はそれ以外にも癇癪《かんしゃく》を起こす。破裂するばかりでなく、漏れたり、あるいは何らかの形で――内側から外側へ、上から下へ、あるいは下から上へと――腐食するのだ。錆はアルミ缶の最大の敵である。実際、強靱で健全なアルミ缶の製造はものすごく難しく、膨大な量の研究と設計、そして精密な機械加工を必要とするため、アルミ缶は世界で最も工学的に優れた製品であると考える人が多いのである。驚嘆すべき、と言うには程遠いように思われる、

アルミニウム缶――世界で最も工学的に優れたもの

どこにでもあるアルミ缶が、実は信じられないほど素晴らしいものである、ということを、僕は「カン・スクール」でまず最初に学んだのだった。

その次に僕がカン・スクールで学んだのは、アルミニウムの自殺傾向を押しとどめ、アルミニウムをなだめすかして言うことをきかせ、缶製造会社の社員数名が「時限爆弾的」と呼んだアルミニウムの行動を避けるためのすべての工程の中でも、腐食に関連するものは、ことさら繊細、かつ秘密に包まれているため、それについてたくさん質問をしようものなら、カン・スクールを追い出される可能性が高い、ということだった。

## 缶と腐食

カン・スクールは、アメリカ最大の缶メーカーによる催しだ。二〇一一年の春、三日間にわたって、技術者、化学者、企業の管理職らが、「充塡時間の短縮」や「一度開けた後に再び密閉できる蓋」や「缶の使用感」全般についての議論を繰り広げたのである。ただし彼らは、普通の三五〇ミリリットル缶を「缶」ではなく「202」と呼ぶ――天面の直径が二と一六分の二インチだからである。出席者のほとんどはズボンのベルトに携帯電話を入れるホルスターを着けており、多くは口ひげを生やしていた。缶のことを「陽の光のよう」と言う者もいたし、「オープニングの出来」について論じる者もいた――オペラの話ではない。ハイネケン（メキシコ）、ミラークアーズ、ネスレ、パブストなどから集まった六〇名近い出席者は、デンバーからすぐ北の会場の、半円形の会議室に並んだ四本の長テーブルに座って注意深く会議に耳を傾けていた。

初日、僕が危うく追い出されそうになる前には、僕の右にはペプシコ社から来たニューヨーク訛りの女性が三人座っていた。僕の左にはアンハイザー・ブッシュの社員がいたが、彼はロンドン金属取引所で年に一五億ドル分のアルミニウムをヘッジ取引していると言った。彼の左にはデイリー・ファーマーズ・オブ・アメリカの社員がいて、二人がアメリカ人の牛乳の飲み方について話し合っているのが聞こえた。僕の前にはコカ・コーラの社員が二人座っていたし、僕の後ろにも三人、コカ・コーラの社員がいた。出席者の一人は、「カン・ソロ〔訳注：スター・ウォーズの登場人物ハン・ソロをもじったもの〕」と書かれたワッペン付きのシャツを着ていたし、別の出席者が僕にくれた名刺は缶ビールが六本並んでいる写真付きで、彼の肩書きは「カン・ウィスパラー〔訳注：「缶と会話する人」の意〕となっていた。

スクリーンにはでかでかと、「食べよう。飲もう。想像しよう」というモットーが表示されていた。左側の壁際には、クリスコからシェフ・ボイアルディまで、さまざまな食料品の缶詰がいっぱいに並んだテーブルがあり、右側には飲み物の缶が並んでいた――モルソン、ラバット、フォスターズ、パブストといったブランドだ。そして僕の席には、黒いフォルダーと、缶の製造工程が描かれているポスターが二枚置いてあった。このイベントは何もかもが近代的で、錆とは無縁に見えた。スクリーンの横には演台があって、その左側にはアメリカの国旗が、右側にはボール・コーポレーションの水色の社旗が立っていた。

ビール、炭酸飲料、ジュース、水、スポーツドリンク、コーヒー、牛乳、その他なんであろうと飲む習慣がある、または一度でも果物や野菜をガラス瓶で保存したことがある人なら、この名前に聞き覚えがあるかもしれない。筆缶ビールを持ってきてその名前を探してみるといい。筆記体でアンダーライン付きで右上がりの「Ball」というロゴが、ごく小さくではあるがどこかにあるはずだ。パブストの缶の場合、それは天面の縁から約二・五センチ下、バーコードと販売期限の上、政府の警告として「健康面で問題を引き起こす可能性がある（may cause health problems）」と書かれているすぐ上の、「problems」という言葉のすぐ右にある。ただしすべてのアルミ缶にこの記載があるわけではない。「Ball」というロゴを記載するかどうかは飲料の製造会社次第なのだ。ミラーライト、ストローズ、ハイネケン、シュリッツ、ミラー・ハイライフ、テカテ、コルト45、ブルームーン、ハニー・ブラウン、ステラ・アルトワ、ドクターペッパー、マウンテンデュー、ペプシ、コカ・コーラ、シュウェップス、イズィ、それにスターバックスには記載されているが、モンスターエナジー、バドワイザー、バドライトには記載されていない。

ボール社はカン・スクールを二五年前から毎年主催しており、飲料業界には一〇〇〇人近い卒業生がいる。この会社にこの講座を教える資格がある、というのはあまりにも控えめな表現だ。世界中で毎年消費されるアルミニウム缶飲料は一八〇〇億本にのぼる――地球上のすべての人が、六本パックを四つ消費する計算だ。そのうちの半分以上、つまり年に一〇〇〇億本がアメリカとカナダで消費され、その三分の一をボール社が製造しているのである（残りの大半は、別の二社が製造している）。容器製造の長い歴史を持つボール社は、ヨーロッパに一三か所、中国に五か所、ブラジルに五か所の工場がある。さらにアメリカには食料品のスチール缶を作る工場が一四か所、カナダにも一か所ある。缶を作るために、ボール社は一万四〇〇〇人を雇用している。アメリカ国内にある飲料用の缶の工場面積だけでも一六万八〇〇〇坪近い。ボール社は、中国で三番目、ヨーロッパで二番目に大きい製造会社であり、アメリカでも飲料用缶業界で主要な地位を占めていることは疑問の余地がない。ボール社は、世界全体の飲料用缶の四分の一を製造しているのである。

一九八〇年代に本格的に缶市場に参入して以来、ボール社の株はデュポン社やアメリカン・エキスプレス社の株価を上回り、エクソンモービル社と僅差である。ボール社が初めて一〇億ドル相当の缶を製造した一九九四年以来、社の年平均成長率は一二%を超えている。二〇〇二年にはボール社がシュマルバッハ・ルベカ社を一一億八〇〇〇万ドルで買収し、世界最大の缶製造会社となった。二〇〇九年にはフォーチュン誌によって全米上位五〇〇の企業の一つに選ばれたボール社は、さらにアメリカの工場を四か所、ジョージア州、オハイオ州、フロリダ州、ウィスコンシン州に五億ドル以上で購入し、その結果、社の市場占有率は四〇%に上昇した。この年、ボール社は四六億ドル相当の飲料用アルミ缶を売り上げ、利益は三億ドルにのぼった。ボール社は人工衛星も作っているが、こちらはあまり儲からない。利益が大きいのは、一個一〇セントの飲料用缶なのだ。それを四〇〇億個売り、一個につき一セントの三分の二が利益ならば、ダウ平均株価やS&P500指数を上回る業績を上げられるのである。ただしそれは易しいことではない。

腐食について言えば、スチール缶にビールを入れる方法がわかるまで、技術者たちは一二五年かかって缶のデザインを工夫しなければならなかった。アルミニウムを起用するまでにはその後二五年、さらに一〇年近くかかってようやく、ビールの代わりにコカ・コーラを入れられるようになったのだ。缶入りコカ・コーラについて考えてみよう。腐食という観点から言えばそれは悪夢だ。リン酸が入っているのでpHは二・七五、塩と着色料のおかげで腐食性はさらに強まり、しかもこの液体には、一平方インチあたり九〇ポンドの圧力〔訳注・約六・一気圧〕がかかっており、一インチの数千分の一の厚さしかないアルミニウムの薄板から飛び出そうとしている。何週間も、何か月も、何年も放置されることもあり、それは大抵、湿度の高い冷蔵庫の中や、ジメジメした食料庫、暑い車のトランクの中、あるいは品物が動かない倉庫の中だったりする。缶が腐食しないというのは驚異的な科学技術なのだ。しかもそれを何千億回でも繰り返すことができ、欠陥率が〇・〇〇二%だというのは、予想もつかなかった奇跡である。そしてコカ・コーラはほんの手始めだったのだ。コカ・コーラが初めて缶詰めにされてから半世紀近く経つが、その間、サンペレグリノ、V8、マウンテンデューなど、コカ・コーラよりももっと腐食性の強い飲み物を缶に入れるようになり、同時に缶はより薄く、より繊細になった。

この頼りないアルミニウムを、唯一、目には見えないプラスチックの膜が保護している。業界人の間では「内面塗装（IC）」と呼ばれるこの膜は、驚くほどの研究の成果である。このプラスチックは強く、だが柔軟でなくてはならない。また、粘度、安定性、接着性の点で、この工程に流動学的に適していなければならない。わずか数ミクロンの厚さしかないこのエポキシ樹脂の内張りがなければ、コカ・コーラの缶は三日で錆《さ》びてしまうのである。人間の胃袋はアルミニウムより丈夫だ。だが、体のそれ以外の部分はエポキシ樹脂の成分より脆弱かもしれないことが徐々に明らかになりつつある。だからこそ、飲料容器業界は錆について触れたがらないし、おかげで僕はカン・スクールから追い出されそうになったのだ。

缶の内面を塗装する前にボール社は、充塡される飲料製品の腐食性を知らなければならない。エポキシ樹脂塗装は無料ではない――缶一個につき約〇・五セントかかる――し、ボール社は無駄な出費はしたくないからだ。また飲料の中には腐食性が強すぎて、どれほど塗装しても缶を保護できない場合もある。ボール社は、あまりにも腐食性の高い液体によってめちゃくちゃにされるためにこの世に缶を送り出しているわけではないのだ。塗装は機能しなくてはならない。さもなければ缶は破裂し、法的費用が高くつく。

背が高くて痩せぎすなボール社の防食技術者、エド・ラペールによれば、二五年前までボール社はこの問題を、試験充塡した缶を精査することで解決していた。カン・スクールの五か月前、彼は、パッケージング・サービス研究室と名付けたボール社の防食研究室を案内してくれた。白い顎ひげのおかげでびっくりするほどボブ・ビーラ〔訳注：アメリカで家の修繕や改善に関するテレビ番組を持つパーソナリティ〕に似ているラペールは、昔のやり方を僕に説明してくれた。一九九〇年代までは、彼は顧客に「じゃあ少し送ってください、缶に入れて六か月棚に並べてどうなるか見てみますから」と言ったものだった。そして缶はそこに放置され、顧客はただ待つしかなかった。やがてラペールが、その飲料にはウィンドブレーカー付きの缶が要るのか、それともダウンジャケット付きの缶が必要かを判断し、顧客に電話して、はい、おたくの製品はうちの缶に入れることが可能ですよ、と言う。だが程なくして顧客は待つことに疲れてしまった。ラペールのもとで働く防食技術者、スコット・ブレンデックが、その結果どうなったかを説明してくれた。顧客はそれまでの実験結果を持ち出してきて、試験充塡を避けようとしたのだ。「『あ、このルートビールはあのコーラとほぼ同じだよ』とみんな言うわけですよ」と彼は言った。優れた技術者はみなそうだが、彼はそういう考え方を嫌った。「そして『似ているもの』という分類に当てはまる範囲が、だんだん広がっていったんです。学ぼうとしない。そして結局失敗するんです」。ブレンデックが言う「失敗」とは、液漏れや破裂のことである。

その後ボール社は、約四時間で腐食テストを行う方法を編み出した。これは孔食走査法と呼ばれる技術である。デスクトップ・コンピュータくらいの大きさの電位差計と、ラジオシャックで一〇〇ドルも出せば手に入り、高校の化学実験室に似合いそうな単純なワイヤーフレームの装置を使って、ラペールの研究室の技術者は、調査する液体の入ったガラス瓶に漬けたアルミニウム片に微弱な直流電流を流す。それから四時間、電位差計が時間の経過に伴う電流の変動をグラフにする。グラフはピラミッドのような形をしている。最大数値はその液体の孔食電位（ＰＰ）を示し、すなわち、アルミニウム片の表面から酸化アルミニウムの膜が剥がれるのに必要な電流がこれでわかる。この層が剥がれてしまえば、腐食を止めるものは何もない[*1]。

この孔食電位の数値と他のいくつかの測定値（塩、銅、塩化物、着色料、溶解酸素、pH）を、厳重に守秘された数式にあてはめることで、ラペールのチームはその製品の腐食性を割り出すことができる。すると今度はその腐食性によって、充塡される缶の塗装の厚さが決まるのだ。たとえばビールは腐食性があまり強くないので、ビールの缶のコーティングは非常に薄く、重さはおよそ九〇ミリグラムしかない。ビールはたまたま、酸性度が低いことと、後で説明する都合の良い特徴のおかげで、アルミニウムとの共存に適しているのである。一方、より腐食性の強いコカ・コーラには、もっと厚いコーティングが必要だ。また、レモンやライム系の飲み物など酸性がことのほか強い飲料や、Ｖ８など塩分が高い「アイソトニック」飲料には、もっとしっかりした腐食防止が必要で、そのため最大二二五ミリグラムの、より厚いコーティングをしなくてはならない。コーティングの厚さはＡ、Ｂ、Ｃと表されるが、ラペールをはじめ、業界の誰もその実際の厚さを教えてはくれない。僕が聞き出せたのはせいぜい、平均すると一缶あたりの塗装は一二〇ミリグラムだということだけだ[*2]。

ラペールはこれまで、腐食性が強すぎて、最大限に厚く塗装を施した缶にも充塡できない製品をいくつも見てきた。飲料の腐食性がある一線を越えれば——たとえばそれが、ことのほかに強力な「鮮やかな緑や黄の色がついたバッテリー液」であったとすれば——ラペールはその製造会社に、製品の仕様を変更しなければ缶には入れられない、と言う。そういう電話をかけるとき、ラペールは歯に衣を着せない。「はっきり言うんだよ、『おたくの製品は試験に落ちた、調合を変えろ、こうしたらどうだ』ってね」。彼のアドバイスは、酸性度を下げるか、着色料を減らすかだ。製造会社に目標を与えたほうが会話がすんなりと行くということに彼は気づいたのだ。「おたくの製品はダメだった、とだけ言えば、相手は気分を害して電話を切るからね」と彼は言ったが、具体的

錆びつき、朽ちた缶

な事例は教えてはくれなかった。何度か、腐食性が桁外れに強くてどうやっても缶に入れることができない製品があったときは、彼は製造会社に電話で「ここまでですね。他に私にできることはありませんよ」と言った。そうなのだ。缶が製品を左右することもあるのである。

これだけは確かである——孔食電位が高ければ高いほど（一〇〇〜五〇〇ミリボルトのいずれでも）、缶に問題が出ることは少なくなる。それともう一つ確かなことは、安息香酸ナトリウムや銅が飲料に入っているのはまずいが、砂糖は大丈夫だということだ。砂糖は炭酸ガスを吸収して缶内の圧力を弱めるし、コーティングの細孔に溜まる傾向があるため、他の腐食反応を妨げるのだ。そのため、少なくとも二つの点でダイエットコークは普通のコカ・コーラより成績が悪い。クエン酸とリン酸はどちらも缶に良くない。赤色四〇号もかなりまずいし、高濃度の塩素は非常に良くない。そしてこの二つの組み合わせは最悪だ。カン・スクールでは、飲料の腐食性の度合いは孔食電位と塩素の関係をグラフ化したもので表され、グラフの曲線は、腐食の心配がない範囲から危険な範囲、そして非常に危険な範囲へと、徐々に低くなる。缶に問題が発生するのは腐食の危険が非常に大きい範囲であり、缶は内側から腐食する。そうなれば缶は破裂し、裁判沙汰になるわけだ。

ブレンデックは後日、内面腐食をうまい喩えを使って説明してくれた。彼は両手に一本ずつ、二本のハンマーを手に持った。右手のハンマーは金属製、左手のハンマーはおもちゃで、空気注入式の紫色のビニール製だった。「一日中これで缶入りの飲料を叩いても何も起こらないよね」と、左手を上げ下げしながら彼が言った。でも、ビニールのハンマーに、ヘッドの部分が金属製のハンマーと同じくらいの重さになるまで腐食性のある元素を加えていくこともできるのだ、と彼は言った。

だが、孔食電位を計るのは研究室の瓶の中でのことであって、実際に流通している、密閉された缶を使って計るわけではないので、絶対的な数値とは言えない。だから防食技術者は、他にもいくつか、容器と飲料の相互作用（ＰＰＩ）を調べるためのテストをする。昔のように、彼らは試験充塡を行い、八ケース分〔訳注：缶一九二本〕の製品を少なくとも三か月保管して、そのどれかに少しでも金属が吸収されるかどうかを確かめるのだ。吸収される金属は二ＰＰＭ未満でなければならない。分光器を使ってそれを調べるのである。ラペールと彼のスタッフはまた、電気化学インピーダンス分光法を用いて、コーティングもテストする。そのために彼らは、孔食走査のやり方を少々変更する。塗装されていないアルミニウム片の代わりに、塗装された二・五センチ四方のアルミニウム片を使い、飲料ではなく、「溶液85」と呼ばれる、塩分を含み、酸性で、腐食性のある液体を使うのである。そして、直流電流ではなく、一〇〇キロヘルツから一〇ミリヘルツの範囲内で、およそ四〇種類の周波数を持つ交流電流を流す。その結果生じる電圧と電流量の関係を二日間計測すると、起こっているさまざまな電気化学反応のモデルにおける、抵抗とコンデンサの値がわかる。内部および外部ヘルムホルツ面における、デコンボリューションされた電圧と非ファラデー成分が関係するこの電気抵抗をモデル化するのは、化学の博士号を持つ人でも大変だ。その計算にはしっかりした定電位電解装置が要る。そして計算の結果が塗装の強度を示すのである。

電気化学インピーダンス分光法は一〇〇年前からあったが、盛んに使われるようになったのは定電位電解装置が信頼できるものになった一九七〇年代以降である。それ以来この手法は、半導体からタンパク質の反応まで、あらゆるものの研究に使われている。素晴らしいことに、バージニア大学の二人の教授が長い年月をかけてこの手法を完璧なものにし、ソーントン・ホールで一週間の講義として教えていた。一年に一度開かれたこの講義を設計したのはレイ・テイラーで、彼は大学を辞めた今でもそれを個人的に教えている。その講義で講師を務めたうちの一人がジョン・スカリーだ。テイラーは現在、テキサスA&M大学の国立防食研究センターの責任者である。スカリーは今もバージニア大学で腐食撲滅という聖戦の騎士を自認しつつ、『腐食』誌の編集者も務めている。

ラペールはテイラーの講義を受けなかったが、彼の同僚、ジャック・パワーズは受けている。当時彼はボール社で化学部門の部長を務めていた。一九八七年のことである。それは電気インピーダンス分光法についてテイラーが教えた初めての講義で、出席した三二名は、電池製造会社の社員と缶製造会社の社員が半々だった。またテイラーは、スチール缶の製造会社とアルミ缶の製造会社の間に敵対意識があることに気づかず、両方を講義に招待していたが、両者は同じ部屋にいるのさえ我慢ならない様子だった。だがパワーズはその講義が気に入ったに違いない――なぜなら彼はテイラーを、缶の腐食について研究させるために雇ったのだから。「みんなは、缶が長持ちするかどうかはひとえに内面の塗装にかかっているということを知らないんだ」とテイラーは言う。彼が結んだ契約は、缶の残存能力を一週間で評価できる試験を開発するためのものだった。「本当に熾烈《しれつ》な業界だよ」と、当時を思い出しながら彼は言った。試験充塡は、「答えが出るのは一二か月先だ。その間に競合相手に先を越されても、自分はそこで待っているだけで身動きできないんだ」。彼はさらに続けた――「利幅はとんでもなく小さい。彼らは何十億個という製品を作らなければならないし、それはみな完璧でなければならない。まったく気が遠くなるよ」。間もなくテイラーは、ブラインドテストの結果、彼が考案した最新式の試験で迅速に得られた結果が、それまでの、時間のかかる旧式の試験で出た結果に匹敵するものであるという報告書をボール社に提出した。四半世紀経った今も、テイラーの考案した方法が業界の標準である。

昨今は、ボール社のパッケージング部門が持つ研究所が一か月間に腐食性を試験する新製品の数は五〇種にのぼる。一〇年前と比べると四倍だ。これは主に、ラペールが言うところの「ローカル企業」が、おそらくは腐食について無知なフレーバーハウス〔訳注：風味化合物や風味付けの技術を提供する会社のこと〕が作った「特製エナジードリンク」を売るようになったせいだ。ラペールによれば、こうやって作られた特製エナジードリンクのうち、おそらく七つに一つは試験に不合格である。それと対照的に、コカ・コーラやペプシコといった大手業者の試験結果は完璧で一点の傷もない――「鮮やかな緑や黄の色がついたバッテリー液」も例外ではない。

## フレーバールーム

ボール社が数十億という単位の缶を製造するのは、飲料、塗装、そしてその二つの相互作用の検査が終わってからだ。ボール社の技術者は、容器と飲料の相互作用を化学的に検証した後、念のため、自分の舌で再度確認する。自分が完璧に設計した容器から、中身の飲料に何らかの味が移っていてはやはり困るからだ。そのための、フレーバールームというのがある。カン・スクールの開催中、ラペールがそこに案内してくれた。

フレーバールームは防食研究室から廊下を挟んだところにある。壁の一つに並んだ棚のおかげで、ちょっと見たところキッチンのように見えるが、部屋に入るとき、ケミカルハザードの表示がかかっているドアの前を通った。すべての要素が「4」だった〔訳注：正方形が四つに区切られ、各部分が、その部屋にある化学薬品の相対的な量、健康への害、可燃性、反応性の程度を、0（危険性なし）から4（深刻な危険性）までの五段階で表示する標識〕。極めて危険な調合薬がいっぱいのその部屋は、ただの物置でないことは確かだった。フレーバールームにはまた、上にタップ蛇口がついた小さい冷蔵庫があり、テーブルの上には茶色い小瓶が四〇個並んでいた。小瓶には六種類の香りのうちのどれかが入っていて、それを全部嗅ぎ分けるには幅広い嗅覚を必要とする。香りはそれぞれの小瓶の蓋に、異なる色の小さな点で印がつけてある。小さなかすれ声で話すラペールは僕たちに、香りの名前を言い当ててみろと言った。僕は数本の小瓶を手元に引き寄せて香りを嗅いだ。最初の香りは何だかわからなかった。嗅いだことはある香りだが、名前が出てこない。僕が香りを嗅いでいると、ラペールは、製品の味をまったく変えない容器などない、と言った。それが缶だろうが、プラスチックだろうが、たとえガラスだろうが、どれも味に影響を与えるというのだ。

ラペールが、さまざまなPPIを評価するフレーバーテスターの必要性を説明している間、僕は二つ目の小瓶の香りを嗅ぎ始めた。これも嗅いだことのある香りだったが、僕が持っている香りの記憶のどこか奥のほうにしまい込まれてしまっていた。三番目はさらに覚えのある香りだった――それは松の香りだったのだが、僕がそれに気づく前に別の参加者が名前を言い当てた。

ラペールは部屋の隅に、自慢するでもなく、退屈するでもなく立っていた。フレーバーテスターとして雇われるには、こういう香りのサンプルの、一〇種類のうち七種類を言い当てる必要がある、と彼が言った。それからさらに一八か月のトレーニングがある。僕が選んだ小瓶には、アーモンド、バナナ、それに、絆創膏みたいな臭いのする消毒剤の香りが入っていたことが後でわかった。僕は一つも当てられなかった。

ラペールによれば、ボール社のフレーバーテスターは、ＰＰＭ（百万分の一）、それからＰＰＭ（十億分の一）、そして最終的にはＰＰＴ（一兆分の一）という微かな香りを嗅ぎ分けることができるようになるという。ボール社のフレーバーテスターが嗅ぎ分けられない香りは、他の誰にも嗅ぎ分けられないだろうと彼は言った。唯一の例外はおそらく猫である。猫科の動物は感覚器官が極端に鋭いので、缶詰めのキャットフードは「特に清潔な」缶に入っている（この情報の出典は、イギリスの、Bevという名の飲料缶コンサルタントが書いた『Metal Packaging: An Introduction（金属容器入門）』という本である）。ラペールは真面目な顔で冗談を言う男で、後になって猫のこの特異な才能のことを一種のイディオサバン〔訳注：特殊な才能を持つ知的障害者を指すフランス語〕の表れだと言ったが、もしも猫にビールが飲めて、鳴き声を解釈することができたなら、ラペールは猫を雇ったに違いないと思う。

嗅覚を磨くのは易しいことではない、とラペールは説明した。なぜなら人間は香りと経験を結びつけるからだ。彼は家で夕食を食べているときに自分の嗅覚を訓練しようとして、妻に嫌がられた時期があったのだそうだ。「ケトン体やアルデヒドや脂肪酸の臭いもわかるよ」。おかしいだろ、と言いたげに目を大きく見開きながら彼は言った。ラペールは、乱暴に、あるいは唐突に動くことをせず、その動作はゆっくりとしている。彼はまた、レストランでも同じことをして、ナプキンに香りを書き留めた、と言った。最終的には嗅覚をオンにしたりオフにしたりすることができるようになると言う――香りのことをあれこれ技術的に考えずに食事を楽しめるように。

ラペールは、マサチューセッツ大学で微生物学の修士号を取得したあと、一九八〇年にボール社に就職した。今は彼が責任者を務める防食研究室を始めたのは彼である。もっとも、彼はそれ以前は特に腐食の研究に縁があったわけではない。大学院に進む前、彼はコックや大工の仕事をしたり、いくつかの工場で働いたりもして、彼曰く「種々雑多なこと」をしていた。大学では食品科学を専攻した――化学技術者になれるほど自分は頭が良くないと思ったからだ。今、部屋の隅に佇む彼は、満足気で、穏やかで、まるで自慢気に子どもを見つめる父親のようだった。彼は、ボール社の製品に現場で発生した問題、つまり液漏れや破裂の原因を突き止めるために雇ったコンサルタントが、仕事が遅く、しかも何百万ドルも請求するのに不満をつのらせて、ボール社の社内に研究室を作ることを提案した。こうして一九八三年に研究室ができた。以来ラペールは、微妙な風味の違いについて多くを学んだ。特にビールには詳しくなった。ラペールの言うことは本当なのだ——彼の舌は、一PPMの酸素を検知できるのである。彼は「グレート・アメリカン・ビア・フェスティバル」で審査員を務める。僕は一度彼に、お気に入りのビールはあるかと訊いたことがある。そのとき飲んでるのがお気に入りだ、と彼は答えた。

魅力のない味について説明するとき彼は、クロマトグラフィー上では、不調和の原因はグラフの他の隆起に隠れて見えないと言う。彼は機械よりも正確なのだ。彼によると、ビールは、厚すぎる塗装に触れると「フレーバー・スキャルピング〔訳注：味が損なわれること〕」が起こりやすい。必要以上に厚いコーティングをするべきでないことは、それにかかる費用だけでもボール社を納得させるのに十分だし、臭いがするとなってはなおさらだ。実はビールは非常にマイルドな飲み物で、缶の内面塗装は必要ないのだ、とラペールが説明した。彼はビールのことを「気のいい酸素の始末屋」と呼び、ビールの中のタンパク質が液中の酸素を消費して、酸素がアルミニウムに触れて腐食させるのを防ぐのだと言った。オレンジジュースも同様に、ビタミンCが酸素を消費する。だから缶詰業者は随分昔に、オレンジジュースを缶に入れることができたのだ。

缶とビールは申し分のない相性であることがわかっている。実際、ビールの缶にそもそも内面塗装が施されている唯一の理由は、炭酸ガスが一気に抜けてしまうのを防ぐためだ。塗装することでアルミニウムの表面が滑らかになり、炭酸ガスの気泡が発生するマイクロバンプがなくなるのである。陶器製のビールジョッキの内側がコーティングされているのも同じ目的だ。気の抜けたビールが好きな人はいない。缶の塗装のおかげでビールは美味しいままに保たれるのだ。

そして、もしもあなたが「鮮やかな緑や黄の色がついたバッテリー液」の味が特にお好きなら、ラペールのフレーバールームでテストした塗装もそれに一役買っているというわけである。

## ボール・コーポレーション

ボールという名前を聞くとあなたはおそらくガラス瓶を思い浮かべるだろう。正確には、Ballという刻印の入ったメイソンジャーだ。あなたの母親の食料庫にはそれがいくつか並んでいたのではないだろうか。

ボール社の歴史は、一八八二年、フランク、エドモンド、ジョージ、ルシアス、ウィリアムというボール家の五人兄弟が、ニューヨーク州バッファローでガラス瓶を作り始めたことに始まる。それから間もなく、宣伝のために彼らは口ひげを生やした。ガラス瓶も口ひげも急速に成長した。

五年経たないうちに、彼らは年間二〇〇万個以上のガラス瓶を製造するようになった。インディアナ州マンシーに移転し、石炭ではなく天然ガスを使って、生産量を五倍にすることに成功した。一八九三年までには一〇〇〇人の従業員を抱えていた。一八九五年には果物の保存用の瓶を二二〇〇万個製造した。翌年にはそれが三一〇〇万個になり、さらにその翌年は三七〇〇万個になった。一八九八年には、五人は半自動のガラス吹き機の特許をとり、その結果生産効率が三倍になった。二年後、彼らは電気式の自動ガラス瓶製造機を発明した。十数年前と比較して、同じ時間に作れるガラス瓶の数が七倍になったのである。その製造のスピードを縛るものは、どれだけ速くガラスをその機械まで運べるかということだけだった。そして一九〇五年にはそれも自動化されて、生産量が倍増した。一九一〇年になる頃には、国民一人に一個のガラス瓶を製造していた――つまり九〇〇〇万個である。瓶は屋外の保管場に、ずらりと横向きに並べて保管された。保管場は広大で、渡りの途中の鴨がキラキラ光る一面のガラスを湖と勘違いし、舞い降りようとしたほどだ。

ビジネスの成長とともに、五人の口ひげも成長した。フランクの口ひげはみっちりと生えていて、口全体を覆うテディ・ルーズベルト型だった。ジョージのは毛がまばらで、フランスの食通みたいにだんだん細くなって先がとがっていた。ルシアスの口ひげは、耳まで届くハンドルバー型だった。エドモンドのは一番控えめで、パンチョ・ビリャ〔訳注：メキシコの革命家ホセ・ドロテオ・アランゴ・アランブラの愛称〕風だった。僕のお気に入りはウィリアムの口ひげだ――蹄鉄型で、顎ひげの下半分、そして長くてまっすぐなもみあげとつながっている。事業の成功とともに、五人はそれぞれのやり方で、堂々たる風格、虚勢、華麗さ、そして強靱な精神力を誇示するようになっていったのである。

ビジネスは大成功だった。食料の瓶詰めは、一八九三年の恐慌で人気となり、大恐慌と第二次世界大戦の間に大流行した。祖国のためにもなった。五人は完璧な容器を製造しているように思われた。ガラス瓶には、先が細くなっているもの、丸くなっているもの、角型、丸みを帯びた角型、背が高いものと低いものがあった。ガラスの色は、琥珀色、水色、透明、青、黄色、そして緑。五人はゴム工場を建てた。また亜鉛の圧延工場を買ってマンシーに移し、それを、世界最大の圧延工場になるまで拡大させ続けた。瓶の発送のために製紙工場を一つ買い、続いてあと二つ買った。鉄道会社も所有していた。五人はみな、マンシーの同じ通りに豪邸を建てた――ウィリアムの家はジョージアン様式、エドモンドはチューダー様式、フランクはビクトリアン様式だった。そしてボールステイト大学を創立した。

一九三六年までには、五人が抱える社員は二五〇〇人に達し、年間一億四四〇〇万個のガラス瓶を生産していた。アメリカ全土で作られる果物保存用の瓶の半分以上である。ボール社が創業後最初の五〇年に見せた驚異的な成長は、スタンダード・オイル社やカーネギー・スチール社にも引けをとらなかった。実際、ルーズベルト大統領の目にもそう映ったのだ。そして、カーネギーとロックフェラーの帝国が解体されたように、ボール社という一大帝国もまた解体されたのである。一九三九年、ルーズベルト政権は、ボール社をはじめとするガラス製造会社一一社がガラス製造業界を独占しているとして、彼らを相手取って独占禁止法違反の訴えを起こした。一九四五年初頭には、オハイオ州北部地域を管轄する連邦地裁が、ボール社はシャーマン反トラスト法に違反しているとの判決を下し、数か月後には最高裁もこの判決を支持した。それはつまり、ボール兄弟による事業拡大に終止符が打たれたということを意味していた。彼らの口ひげは立派になりすぎたのだ。

この判決によって、ガラス工場を近代化する意味がなくなり、ボール社に残された唯一の選択肢は事業を多角化することだった。そこでボール社は、見事なまでに多角化したのである。彼らは時代にぴったり寄り添った――プラスチック時代、コンピュータ時代、そして宇宙時代。ボール社は、モニターを作り、圧力鍋を作り、クリスマスの飾りを作り、屋根ふき材を作り、ミルク瓶を作り、プレハブ住宅を作り、電池ケースを作り、ＬＰレコードを保護するための化学薬品を作った。一九八〇年代の初めには、一二〇億個の一セント硬貨を作った——より正確には、サンフランシスコ、デンバー、フィラデルフィア、ウェストポイントにあるアメリカ造幣局のために、一セント硬貨製造用の、銅めっきを施した亜鉛板を製造したのである。ボール社はこれを、一分に二万二〇〇〇枚というスピードで生産した。さらに、四気筒エンジンの自動車を数千台と、第一次世界大戦で使われた戦車六台を作ったのち、ボール社は、統合打撃戦闘機F－35のアンテナや、火星に送り込まれた機器も作った。リビアでは灌漑システムを建設し、シンガポールでは石油精製にも進出した。新聞印刷用の凹版プレートも作った。ハッブル宇宙望遠鏡の画像のぼやけを改善するのを手伝いもした。そしてボール社は、缶業界に参入した。

一九八〇年代後半、ボール社の株価は七ドル前後で停滞していたが、一時的な急上昇の後、続く五年間で下落した。ボール社の多角化と拡大があまりにも急激だったため、売り上げは伸びたものの増益にはならなかったのだ。一九九三年は特に状況が悪化した——アメリカ中西部の野菜農家を洪水が襲い、カナダのサーモンの漁獲量が少なかったために、缶の需要が減ったのである。さらに、ガラス瓶市場をプラスチックが侵略した——この傾向に抵抗できたのはスナップル社〔訳注：ドクターペッパーの製造会社〕だけだった。ボール社はオクラホマ州とカリフォルニア州の工場を閉鎖した。これは税制優遇の意味で五八〇〇万ドルの損失を意味した。しかも、ルイジアナ州に建てた巨大なガラス炉の始動が遅れたことと品質の問題によって、ボール社は古くからの顧客をいくつか失った。さらに、社内の会計実務のやり方を変えたために三五〇〇万ドルの経費がかかったのも負担だった。株価は下落し、その年の利益はいずれの四半期をとってもウォールストリートの予想を下回った。その年の終わりには、ボール社は三三〇〇万ドルの赤字を計上した。翌年の配当金は四セントを切った。それまでの配当金の半分である。

事業を統合し、焦点を合わせ直さなくてはならなかった。そういう状況の中で、ウォールストリートの投資家たちがボール社を単なるガラス瓶メーカーとしてしか見ないことに苛立ち、ボール社はガラス瓶部門を、アルトリスタという会社として分離独立させた。ナスダック市場でのティッカーシンボルはＪＡＲＳ〔訳注：「広口瓶」の意〕である。ボールの広口瓶は現在も、アルトリスタ社を買収したジャーデン・コーポレーションが、ライセンス契約によってボールの名称を使用して製造している。一方ボール社は、ガラスの広口瓶製造の二五〇倍の速度で缶を製造する方法を編み出していた。

一年間に製造される飲料用アルミ缶をすべて積み上げると、高さ二一七〇万キロになる。月まで届くタワーを五六本作れる数だ。もっとも、空のアルミ缶が支えられる重さは約一一三キロにすぎず、缶一個の重さが約一五グラムだから、七三五三個以上積み上げれば、缶自体の重さで一番下の缶が潰れ、全体が崩れてしまう。だから、実際に作れるタワーは高さ八四〇メートルが限界で、世界一の高層ビルであるドバイのブルジュ・ハリファより一〇メートル高い。一年に製造される缶のすべてを使うと、こうしたタワーを二〇〇〇万棟作れることになり、人間が作った歴史上最も背の高い建造物を毎日五万本以上作らなければ缶の製造に追いつかない計算になる。

僕がカン・スクールの二日目に見学した、コロラド州ゴールデンの工場で製造されるボール社の缶だけでも、そういうタワーを一日八一六棟作ることができる。この工場は、クリスマスと感謝祭を除き、毎日六〇〇万個の缶を製造するのだ。二二分で一八輪トラック一杯分の量である。ここはボール社の北米最大の飲料用缶工場で、一日二四時間、数百人が働いている。工場があるのは市の工業地域で、近くには自動車修理工場がいくつかと、道路を挟んで道路舗装会社がある。五万七〇〇〇平方メートルの面積を持つ地味な建物は、市の中心部からわずか八キロばかりのところにある。市の中心部にはクアーズ社があり、ボール社と協力してここでも缶を製造している。ゴールデン市は世界の缶製造の中心地なのだ。

長身でメガネをかけ、学者然としたアシスタント・マネージャー、エリック・エルマーが、僕を含めた数人のグループを案内してくれた。最初から最後まで、この、世界で最も工学的に優れた製品を作る全工程には、わずか一時間しかかからない。缶の製造には二〇の工程があるが、僕が一番楽しみにしていたのは一二番目の作業で、それは機械作業による内面塗装だった。だが、僕たちはたくさんの大型機械のそばを通り過ぎることになるし、マネージャーが一度、一四〇〇キロ近いアルミニウムをコイル状に巻いたものを積んだフォークリフトに足先を轢《ひ》かれて全部の指を骨折したことがあったので、エルマーは現場に入る前に、ヘッドホンが組み込まれた防音保護具と安全メガネ、それに鮮やかな緑色のベストを僕たちに着けさせた。

工場は三色で構成されていた。機械はすべて緑色。開閉したりプレスしたりする機械の可動パーツと、安全のために床に描かれたマークは黄色。そして床は一律、光沢のあるグレーだった。だから、どこへ行けばいいのか、行ってはいけないのはどこか、触ってもいいのはどこでいけないのはどこか、が簡単に識別できた。だが、彼らの呼ぶところの「ライン」は効率とスピード第一に設計されていたから、たくさんのことがすごいスピードで起きていて、目で判別できないほどだった。

エルマーに連れられて僕たちは、アルミニウムの薄板を丸めた巨大なコイルのそばを通った。アルミニウムは紙くらいの薄さだ。コイルは一五トンほどもあり、人の身長くらいの幅で、巨大なトイレットペーパーみたいに見える。中には広げると長さ一・六キロあるものもある。磨かれたコンクリートの床に、それが何十個も積まれていた。その一つが「カッピングプレス」に送り込まれる。重さ一五〇トンのクッキーカッターみたいな機械が、機関車みたいな音をさせながら、一度に一六個の、「カップ」と呼ばれる円盤をくり抜くのである。そこから遠くないところにある「ボディ・メーカー」まで、ベルトコンベアーがくり抜いたカップを運ぶ。三段式の巨大な機械だ。そこからはまた別の、おもちゃの列車みたいなベルトコンベアーが、成型されたカップを今度は「トリマー」に運ぶ。

この時点で、アルミニウムを缶の形にする機械的な作業はほぼ終わっている。缶はトリマーから、六段階式の「ウォッシャー」に送られる。大きな洗車機みたいなものだ。そこから出てきた缶は一五〇℃あり、鏡のようにピカピカだ。その状態で缶は「プリンター」に送られて缶の外面にインクとクリアコートが塗布され、それから「ベース・コーター」で、ほんの少量の、テフロンを含んだクリアコートが、缶底の、接地するリング状の部分に吹きつけられる。流れ作業中に缶を保護するためだ。それから缶は「オーブン」の中を運ばれて、二〇〇℃で約一分間乾燥される。

この段階で僕は、すさまじい騒音のせいで頭が痛くなった。その騒音は僕がこれまで体験したことのある最大の歓声にも匹敵したし、頭痛はまるで時差ボケしたときみたいな感じだった。ヘッドホンを着けていても、エルマーの言うことは半分くらいしか聞き取れなかった。その間も、何百万個という缶がベルトコンベアーの上を通り過ぎていったが、ものすごいスピードなのでその動きを認知することは不可能だった。

そしてその次が、内面塗装をする「スプレー・マシーン」だ。七台あって、それぞれが一分間に三二〇個の缶に塗装できる。頭の上のベルトコンベアーが七つの大きなじょうごに缶を流し込むと、そこから缶が一個ずつ、スプレーマシーンの、ガラス製のチェンバーに落とされる。落ちた缶は観覧車みたいなホイールに装着され、ホイールは少し回転しては止まり、回転しては止まる。ホイールが回って止まるたびに、装着された缶は一分間に二二〇〇回という高速でグルグルと回転する。一個一個の缶が、一瞬、あたかもトリプルルッツ・ジャンプを跳んでいるフィギュアスケート選手のように見える。最初のポジションでは、高圧噴射装置が液体エポキシ樹脂を缶の内部に噴霧する。二つ目のポジションで、別の噴射装置が液体エポキシ樹脂をちょっと斜めの角度から内壁の一番上に向かって吹き付ける。こうすることで、むらなく均一にコーティングできるのだ。チェンバーの壁には、霧状に吹きつけられた樹脂が細かい雪のように溜まり、白い、ラード状の塊になる。従業員の一人が金属製のヘラで、ちょうど車のフロントガラスの霜を掻き取るように一台を掃除していた。

それから、一瞬のうちに缶の姿が消えた。ベルトコンベアーが缶を掻き集めて別のオーブンに運んだのだ。そのオーブンでは、約二〇〇℃まで徐々に加熱して、二分間、エポキシ樹脂を乾燥させる。

「オーブン」「ファン」「ワクシングマシーン」「ネッカー」「フランジャー」といった機械を通過した後には、缶を検査するためのいくつかの機械と、適切に——つまり、完全に——コーティングされたことを確認する作業員がいた。デジタルのモノクロカメラ五台が、缶の一個一個の内部をストロボを使って点検するのである。一台のカメラは真上から下を向き、残り四台は最終的に缶の蓋が取り付けられるネック部分に向けられている。コンピュータが、缶一個一個のグレースケール画像を、一分間に二〇〇〇個というスピードで解析し、コーティングが適切かどうか——つまり完璧かどうかを判断するのである。もう一つの検査は、光センサーを使って缶に穴が開いていないかを調べるものだ。極小の穴があっても、液漏れや破裂といった惨事につながるからである。

さらに、製造ラインで作業する人たちが、内面塗装をより念入りにテストするためのサンプル缶を抽出する。彼らは一時間ごとに、サンプルに電解液を満たしてその電流量をミリアンペア単位で計測する。コーティングが完璧でないと、電解液がアルミニウムに接触して電子が移動を始め、計測値はゼロにならない。彼らはこれを金属露出テストと呼ぶ。ライン作業員はまた、二種類の付着性試験を行う。一つは、コーティングを削り取るのにどれくらいの力が要るかを計るもの。もう一つは、コーティングに擦り傷をつけ、そこに粘着テープを貼って剝がし、テープに付着したコーティングの量を計るものだ。

内面塗装機に不具合があるときは大抵、一見して明らからしい。噴霧装置からの噴霧が不十分ということはめったになく、まったく噴霧されないか、噴霧量が多すぎてコーティングがきちんと乾燥しないかのどちらかだ。缶に汚れが付いていたり、潤滑剤がまだ残っていたりすると、コーティングは付着しない。オーブンの設定が正しくなくてコーティングが熱せられるのが速すぎると、気泡ができてしまう。運の悪い消費者が買った炭酸飲料の水面に、コーティングが浮かんでいたこともある。だがネズミよりはそのほうがよっぽどマシだ。

最後に缶は、聳《そび》え立つパレットに積み上げられる。八一六九個の缶を積んだパレットは高さ二・七メートルある。そのパレットが、二重、三重、四重に積み重ねられる倉庫は、扉の高さが九メートルを超える。これより大きな倉庫は飛行機の格納庫くらいだ。正面のドアは、家だってそのまま通れるのだ。

## 缶詰誕生

世界で最初に作られた缶は、一八一〇年にイギリス人が開発したもので、錫《すず》の層のおかげで腐食しにくかった。錫の厚さが五ミリほどもあって、重さが四五〇グラム以上あったのも幸いした。現在僕たちが使っている短い名称をつけたのは、ロンドンから船でボストンに渡り、アメリカで最初の缶メーカーの一人となったウィリアム・アンダーウッドという英国人である。メイン州ハープスウェルの浜辺で、巨大な鉄の鍋の中でロブスター用の錫製の缶を殺菌していたとき、彼の簿記係の一人が、ギリシャ語で「葦《あし》でできた籠」という意味の kanastron を語源とする canister という言葉を縮めて can と呼んだのだ。

缶作りの技術は試行錯誤の連続で、初期の缶は頼りなかった。よく破裂した。破裂の原因は、缶の製造者たちが殺菌を嫌がったことだ。熱湯で煮沸消毒すると缶は錆びた。だから一部の缶メーカーはのちに、缶に含鉛塗料あるいはラッカーをたっぷり塗るようになった。それでも缶は錆びた。運が悪ければ、製造した缶の一〇〇%がダメになった。運が良くても、何千個という失敗作がエリー運河に沈められた。缶製造業者の中には、販売業者に、売る前に缶をテストしろと警告する者もいた。ウィスコンシン州のとあるエンドウ豆缶詰業者は、自分の倉庫の二階に寝泊まりしていたが、階下で缶詰が次々と破裂するため眠れなかった。原因はバクテリアだった。ウィスコンシン大学で細菌学を教える若い教授、ハリー・ラッセルがこの問題を調査し、一八九四年、エンドウ豆の缶詰業者のために問題を解決した。缶作りがついに科学になったのだ。

一方、缶製造業者は、琺瑯《ほうろう》を引いた錫板を使い始めた。それによって、アップルソース、サーディン、トマト（果汁なし）を缶詰にすることができるようになった。だがそこでおかしなことが起こった。メリーランド州のとある缶詰業者が、自分の缶詰のトウモロコシに黒点があると報告したのである。彼はそれを錫のせいだと考えたが、アメリカン・カン・カンパニーの研究所で化学主任を務めるハーバート・ベイカーが反論した。彼は「トウモロコシの黒点」は硫化鉄で、鉄は缶に、硫化物はトウモロコシに由来していることを示したのである。彼はまた、亜鉛が硫化鉄の生成を防止することも示してみせた。古い手作りの缶で使われたはんだには亜鉛が含まれていたのだが、新型のはんだや、機械で製造された新しい缶には、亜鉛がまったく含まれていなかったのだ。

一九一一年から一九二二年まで、ベイカーは缶の製造に亜鉛を再び取り入れようとした。彼はまず、錫の厚さと鉄鋼の純度に注目したが、それは何の解決にもならなかった。次に彼は硫酸紙に酸化亜鉛を染み込ませ、それを缶の内側に貼った。効果はあったが、効率が悪かった。蓋と底に亜鉛めっきを施すのも効果的だったが、食べ物に亜鉛の味が移った。そしてとうとう、全国缶詰業協会の化学者、G・S・ボハート博士が、琺瑯に酸化亜鉛を加えた。

現代のエポキシ樹脂塗装と同じように、琺瑯は容器の中身が容器に触れるのを防いだ。缶詰業者たちは、単に内側を錫で補強しただけの缶はパスタや桃、梨、パイナップルを詰めるのにはよいが、イチゴ、サクランボ、ビーツなどは完全に色褪《あ》せてしまうので、消費者は二度と缶詰を買わなくなる、ということを苦い体験から学んだ。エンドウ豆は刺激が少ないが、他の豆は硫黄を含んでいるので青くなり、それから黒くなるということは子どもでも知っていた。ボハートが考案した「Cエナメル」（通常のエナメルは「Rエナメル」という）が機能したのは、酸化亜鉛が、缶と反応する前に硫化水素に反応したからだ。Cエナメルを使うと、缶製造業者は、それまでは缶詰にすることが不可能だった――つまり腐食性のある――多種多様な製品を缶詰にできるようになった。缶詰製造業者は間もなく、ハム、ドッグフード、そしてオレンジジュースを缶に詰める方法を編み出した。ザワークラウト、ピクルス、ハラペーニョなど、腐食性の強い食べ物は、最終的にはもっと厚いコーティングが必要だった。

それでも、ビールを缶に詰める方法はまだ誰にもわからなかった。錫を塗装したスチール缶はビールを濁らせ、味を落としてしまった。鉄はもっとひどかった——ビールに一ＰＰＭの鉄が加わるだけでまずくなってしまうのだ。これは鉄が水と反応するせいだった。鉄が水の分子を分解し、酸素が放出されてビールの味を変え、缶を腐食させるのだ。Ｃエナメルでもダメだった。「ブルーワーズピッチ」と呼ばれる、タールのように粘り気のある樹脂がコーティングに使えそうだったが、殺菌処理に耐えられなかった。この問題は、二種類のエナメルを塗装することで解決した——一つはユニオンカーバイド社の製品、もう一つは、後にバルスパー社となる小さな会社の製品である。三年間の努力の末、アメリカン・カン・カンパニーは世界で初めてビール用の缶を製造した。その最初の顧客は、ニュージャージー州ニューアークにあるゴットフリート・クルーガー醸造所だった。六か月後にはパブストが顧客となった。その年の終わる頃には、缶製造業者は二億本を超えるスチール缶を、二三の醸造所に販売していた。

一九五四年、技術者であったビル・クアーズが二五万ドルの借金をしてアルミ缶の製造に乗り出したときには、金属を保護するために、エナメルではなくエポキシ樹脂が使えるようになっていた。また、イギリス人科学者デニス・ディキンソンの研究にも助けられた——ディキンソンは一九四三年に、缶に入っているものの腐食性を定量化することを試みていたのである。彼はその数値を腐食性指数と呼んだ。それを算出するには、缶から長さ五センチの一片を切り取り、それを塩酸の中で二分間煮沸して、溶け出た金属の量を計測する。通常その量は一〇〇ミリグラムから三〇〇ミリグラムの間だった。それからその金属片を今度は缶詰の中身の食べ物または飲み物に浸し、二五℃で三日放置して、さらに溶けて消失した金属の量を計測する。ある製品の腐食性指数は、飲食物によって失われた金属量と塩酸によって失われた金属量の比率である。ほとんどの製品は指数が一以下、果物は二と四の間だった。指数が六以上のものは異常に腐食性が強い、ということをディキンソンは突き止めた。だが彼はこの計測方法に不満足だった。彼は、「この、おそらくは最も重要な診断要因が、今でも非常に不十分にしか理解されていないのは残念なことである」と書いている。もしも彼が今生きていたら、おそらくエド・ラペールを大いに気に入ったことだろうし、マウンテンデューには大いに興味を持ったに違いない。

「特製エナジードリンク」の成分が何であれ、飲料会社は、それを単にボール社が作った缶に充塡して蓋をすればいいわけではない。ヘッドスペース、つまり缶の上部に空いた、高さ五ミリの空間を処理しなくてはならないのだ。そこには酸素があっては困る――閉じ込められた酸素は飲み物に溶けて缶を腐食させるからだ。そして缶の中の飲料が缶の外側に触れれば、恐ろしいことが起こる。倉庫も病院と同じで、感染症の治療を受けていない患者が一人いるだけで病院中の患者に感染することがあるのだ。

この危険を回避するためには、缶に蓋をする前に、ヘッドスペースに炭酸ガスまたは窒素を充満させる。飲料会社がそれをしないと、缶の品質保証は無効となり、さまざまな法的責任を背負うことになる。この最終作業はボール社の缶製造工場ではなく飲料会社の工場で行われるので、ボール社はその作業に力を貸す。それを監督するのはデイブ・シェアーマンだ。彼の配下には十数人の部下がいて、北米各地に出かけて行っては顧客に「二重蓋理論」を教示し、良い缶の判別の仕方を教え、加圧器と光酸素センサーの使用を奨励し、彼らの製品を適切に缶に充塡するのを手伝っている。シェアーマンはボール社に勤めて三〇年になり、これまで幾多の良質な缶が殉職するのを見てきたという。彼はそういう逸話を、厳粛に、真面目くさって、ゆっくりと話す。僕が彼に会ったのはカン・スクールの三日目だったが、カン・スクールで知り合ったたくさんの技術者の中で、僕は彼が一番好きだった。熟練した食品生物科学者だったが、むしろ「缶防衛庁」の将官といった趣だった。青いシャツとジャケットの下から肌着を覗かせた彼は、太めのロバート・レッドフォードみたいに見えなくもなかった。彼は、世界中のどれだけの技術を駆使しようとも、まだ過ちが起こる余地は残っているということを知っていた。「才能が要るんだよ。勉強して身につけなくてはならない技術なんだ」と彼は言った。

飲料製造会社の充塡担当者が犯す最も単純な過ちは「詰め過ぎ」だ。窒素や炭酸ガスを増量しすぎると、缶入り飲料に必要以上の圧力がかかる。安全策のために製品を規定量以上に充塡し、一二オンス〔訳注：約三五〇ミリリットル〕の値段で一二・二オンス以上のビールを販売している飲料会社もある。これは初歩的なミスではない。シェアーマンは、計算によって工学的誤差範囲を査定した上で、こうした飲料会社が充塡量を二〇分の一オンス減らして一二・一オンスから一二・〇五オンスにすれば、製造する飲料缶一〇〇万本につき一七四ケース、つまり四一七六本の缶が破裂を免れる、と自信を持って計算した。破裂する缶が少なくなるのだ。正確にはこれは製品総数の〇・四％で、充塡量が多すぎたために無料で配っていたことになる製品数千ドル分にあたり、しかも一七本の缶を満たすのに十分な量の製品を節約できる。元は取れるのだ――破裂する製品がなくなれば、問題のない完全な製品に害を及ぼす心配もなく、時間も無駄にならないし、苦情も来ないし、訴訟も起きない。「不良品が多すぎるようなら、充塡を減らせって言ってやるんだ」とシェアーマンは言った。

液漏れや破裂は、その飲料の製造工程に加えられたわずかな変更が原因で起こる場合もある。たとえば原料の栽培に使われた新しい肥料に腐食性があったり、インクから鉛が放出されたり、新しい塗料からわずかにベンゼンが発生したり、といったことだ。あるいはブラジルから輸入されたレモンとライムのエキスを煮た鍋が実は銅製であったりもする。その結果、エキスに若干の銅が含まれていて、缶に充塡された後、酸と一緒になって流電による腐食を引き起こすのである（第1章の自由の女神像を思い出していただきたい）。缶の内側に銅が沈着し、それによって内面塗装がさらに剝がれ、裸になったアルミニウムはますますその作用を激化させる。炭酸飲料のシロップに加える水に銅が含まれている場合もある。「顕微鏡なんかなくたってわかるよ」と、銅に汚染された缶に出る症状を説明してシェアーマンが言う。「缶全体に黒い点々ができるんだ。そして銅の色で赤っぽくなる」

窒素や炭酸ガスを充塡しすぎたり、中身を過剰に充塡したり、あるいはそれと知らずに缶が汚染されるのをシェアーマンは非常に心配する。なぜなら現在、液漏れに関する苦情の三件に二件は倉庫に原因があるからだ。これが皆が恐れる電解腐食である。シェアーマンがその起こり方を説明してくれた。最初に液漏れした缶が原因で、二次的な液漏れが起こり、あっという間に「特製エナジードリンク」の販売業者は次々と起こる悪夢に遭遇するのである。「一番上のケースの缶の一つが液漏れすると、缶から漏れた液体が滴り落ちて、隣のケースに入り込む。と、そのパレットはクリスマスツリーみたいに次々液漏れが起こるんだ」。彼は言葉を切った。「一〇〇万ケースある倉庫の荷が丸ごとダメになった例も見たことがあるよ」。カン・スクールの壇上で彼は、参加者はこれを想像するとつらいだろうと言わんばかりに大真面目で言った。踵と爪先に重心を交互にかけて体を前後に揺らしながら、彼は落ち着いた声で、「出荷前の話だよ」と言った。

シェアーマンにとって、暑い倉庫はことのほか恐ろしい。そういう環境では、缶の蓋を閉じるのに使われた合金が「緩む」――つまり、強度が七％落ちるのである。だからアラスカの倉庫なら安全だが、アラバマ州の倉庫は危険だ。棚の温度が四五℃もあるのはマズいし、リンダ・ライアンの車のように、六五℃もあるトランクは間違いなく問題である。缶に障害が出る割合が南部地域のほうがずっと多いのはこのためなのだ。さらにマズいのが、暑くて湿度の高い倉庫にシュリンク包装されて置かれているパレットで、凝結した水分が、缶の一番弱いところ、つまり蓋の上に溜まりやすい。厳密に言うと、開口部の周りのスコア〔訳注：開口部となるプルタブ部分を切り取るための溝〕部分はコーティングされていないので、そこに水が溜まれば上から下へと腐食して液漏れが起こり、さらに腐食の問題が大きくなる（食べ物の缶詰は、湿気を吸収するラベルから錆びることがある）。そこでシェアーマンは、切り込みの入ったシュリンク包装を使うことを勧める。さもないと、缶詰製品を配達するトラックの運転手は、荷台で缶が破裂する音を聞く羽目になる、と言うのだ。「困ったことに、みんな『これを顧客に送っても大丈夫ですか?』と訊くんだよ。私にはわからないね。来週になったらもっと破裂するかもしれないし」。扇風機をつけるのは悪くないが、販売業者が本当にすべきなのは、皮肉だが製品を露点よりも高い温度にしておくことだとシェアーマンは言った。

シェアーマンがこうしたことを学んだのは、一五年前、ボール社が缶にフリーダイヤル番号を印刷し始め、消費者から苦情の電話がかかってくるようになったときだ。「スーパーマーケット、ガソリンスタンド、コンビニなど、私たちの製品が送られるすべての場所のうち、問題が起きるのはガソリンスタンドとコンビニだろうと思ったんだ」。ところがそうではなかった。消費者からの苦情が多かったのは、スーパーで販売された缶だったのだ。その次が自動販売機だった。彼は、どうしてこんなに苦情が多いのだろう、と首をひねった。調べてみるとスーパーの店員は、液漏れしている缶を見つけると、それ以外の缶に付着した液を拭き取って棚に戻していた。「ガンを拡散しているようなものですよ」とシェアーマンが言った。「自動販売機の製品は、漏れを拭き取るのが素早ければそれでも大丈夫なんだ。でもそうでないと、販売会社は販売機ごと交換して掃除する羽目になる」。彼はこれを、まるで葬式みたいな口調で言い、大真面目な表情を崩さなかった。

「消費者が買った缶にへこみがあったり、傷が付いていたり、錆びていたり、液漏れしたりしている場合、消費者は普通、『セーフウェイ〔訳注：アメリカのスーパーマーケットのチェーン〕は扱いが荒いなあ』とか『輸送業者が傷めたんだな』などとは言わない。そういう缶を見ると消費者は、『こんな缶が市場の棚に並んでいるなんて信じられない』と、缶のせいにするんだ」。ボール社はそういう事態が起こることを嫌がる。そこでシェアーマンは顧客のために、腐食に関する情報や展示を用意している。いつでも持って出かけられるプレゼンテーション資料も用意してあり、どこででもプレゼンができる。聴衆の人数と、何語でプレゼンすればいいかさえわかればいい。落ち着いて、堅実に、シェアーマンは防御と攻撃の均衡を保つ。現場で学んだ教訓をもとに、作業効率を高め、缶が破裂して誰かが失明し、裁判沙汰になる危険性を減らすために改良すべき点を示唆するのである。

## 缶の進化

それでも缶の事故は発生する。ボール社は、液漏れの苦情はできるだけ早く報告してほしい、と顧客に要請し、回答をまとめて報告書を作成する。市場で起きた、把握し得るすべての事故について、「根本原因解析」を行いたいのである。カン・スクールの間、ラペールは僕にその解析が行われる場所を見せてくれた。そこは「死体安置所」と呼ばれる小さな部屋で、フレーバールームの近くにあり、さまざまな原因で死んでしまった缶が一三本、黒いカウンターの上に安置されていた。

　現場で缶に不具合が生じた場合、それがボール社の責任であるかどうかを見定めるのはラペールの仕事だ。時折、缶詰業者、流通業者、あるいは消費者から、得体のしれない塊が付着している缶が送り返されてくることがある。大丈夫、彼の研究室の約三分の一は、そういう謎を解くことに特化された機械が占めている。フーリエ変換赤外分光分析機は、塊の組成を、一〇万種類の化学薬品を含むデータベースに照らして検分し、ガスクロマトグラフがさらに大きなデータベースをチェックするのだ。その塊は、潤滑油かもしれないし、インクかもしれないし、その他製造の過程で使われるさまざまな化学薬品のどれかであるかもしれない。あるいはそれは缶詰業者のヘマで起きたことかもしれない――たとえばトラックやパレットから付着したものだったり、あるいは鳥の糞、ネズミの一部、それともアルファルファの花粉かもしれない。後者はビールをマウンテンデューみたいな色にしたことがある。

その塊が金属に含まれていた不純物ではないということを確認するために、隣の部屋には電子顕微鏡がある。これを使って、アメリカ中西部出身の生化学者、ミシェル・アトウッドのような若い社員が、缶の金属の結晶構造を分析し、たとえば鉄の塊が含まれていないかを調べる。僕がその部屋を覗いたとき、アトウッドはロックスター・エナジードリンクのプルタブに背中合わせで刻印されたRという文字の部分を拡大していた。一〇〇倍、五〇〇倍、一〇〇〇倍まで拡大すると、Rの背骨は薔薇の茂みの棘のある茎のようにギザギザに見えた。

非があるのが、知らず知らずのうちにその缶の一番弱点を見つけてしまった消費者である場合も多い。比較的年長で、冬をフロリダで過ごすタイプの人たちだ。三月になるとこうした避寒者たちは、炭酸飲料を何ケースも買い込んでトレーラーのクローゼットに積み、北へと向かう。一〇月、彼らが再び南へ向かうとき、クローゼットを開けると、ミバエの大群がいる。缶が何本か破裂したのだ。これはよくあることで、秋になると必ず起きる。完璧に製造され、完璧に充填され、完璧に倉庫で保管されていた缶でも破裂するのである。

缶が破裂するのは、ゴールデンにある別の工場の、缶本体とは別の製造ラインで製造され、巨大なリッツ・クラッカーのパッケージみたいな茶色い紙袋詰めで缶詰業者に送られる蓋が、缶の他の部分よりも腐食しやすいからだ。缶を開けやすくするために、開口部には、子どもの指でも高齢者の指でもプルタブを引き上げられるようにスコア（切れ込み）を入れなくてはならない。スコアの線は幅がわずか数十分の一ミリしかなく、厳密にはその部分は塗装されていない。スコアを刻む型打ち機は非常に鋭利で強力なため、スコアの線そのもののコーティングは取れてしまうのだ。スコアが正確についているかどうかを確かめるため、ゴールデンにある工場ではカメラと耐圧試験器での検査が行われる。いや、「正確に」という言い方では生ぬるい。「一〇万分の一ミリ単位の誤差を超えたら缶は開きませんよ」と、副工場長のエルマーが缶を指差しながら僕に言ったことがある。エルマーはミズーリ州生まれで、父親の機械工場で機械の部品を作りながら成長した。作っていた部品は航空宇宙産業のためのものだった。彼の説明によれば、缶は――中でも蓋は――航空宇宙関連の部品よりもずっと狭い許容誤差の中で作られているという。この業界の人の多くは、

「缶は冠を載せる台座にすぎない」と言うのが好きだ、と彼は言った。驚異的なものの中でもその最たるものは、完璧な味のするビールではなくて、缶の蓋なのである。

だが、その完璧な蓋でさえ腐食する。だからこそ、避寒者の移動は致命的なのだ。蓋の内側に触れているものはただ一つ、無害な炭酸ガス（または窒素）でなくてはならない。缶を横にして六か月放置すれば、液漏れするのは当然なのである。「よく不思議に思うんだが、どうして『縦にして保管すること』と缶に書かないんだろうね」とシェアーマンは言った。

リサーチを始めてから、実際に缶が破裂した経験のある人を見つけるまでには二年かかった。めったには起こらない経験の話をしてくれたのは、避寒者の一人ではなく、ミシガン州イプシランティのジャミール・バグダチだった。二〇〇六年の夏、バグダチはケンタッキー州ルイビルから空港に向かっていた。ラッシュアワーで、ちょうど彼の運転するボルボが高架交差路の下を通過したとき、助手席にあった炭酸飲料の缶が破裂して彼の顔に飲料をぶちまけたのだ。だがバグダチにとってそれは大惨事でもなんでもなかった。彼は東ミシガン大学の「塗料研究所」の所長である。缶のコーティングに関するコンサルタントをしたこともあるし、一〇件を超えるコーティングの特許も持っている。「完全にコーティングされていなかったんですよ」というのが彼の説明だ。

二〇〇年前、初期の缶を裁断し、組み立て、充填し、はんだで蓋をするのには二時間かかった。そして人々は、他には何の方法もなかったので、ナイフやら銃剣やらハンマーやらのみやらを使って缶にアタックしたり、岩で叩いて開けたり、ライフル銃で撃ったりしたものだった。その後の五〇年間、缶の中身が腐ることはよくあったものの、缶は驚くべき容器であるように思われた。缶切りが発明されると、缶はもっと素晴らしいものになった。二〇世紀初頭には、缶製造機が一分間に一〇〇個の缶を製造できるようになり、殺菌技術も発達して、缶はますます驚異的なものに思われた。それから二十数年経って、ボール社のガラスの広口瓶もやはり驚異的ではあったが、缶にはビールだって入れられた。この金属容器はこれ以上進歩しようがないに違いなかった。

さらに二十数年後、缶はアルミニウム製になった。それから程なくして、缶製造業者は一分間に一〇〇〇個の缶を作れるようになった。缶はより薄く、軽くなり、ハンマーも缶切りも使わずに、スコアのついたパネルにリベットで取り付けられたプルタブを引いて開けられるようになった。一分間に二〇〇〇個の製造が可能になり、非常に耐久性の高いプラスチックで内面塗装できるようになって、想像しがたいほど腐食性の強い飲料も入れられるようになった。サーモクロミックインキで外面を塗装し、内面塗装にはブルーコーティングを施し、再栓可能なスクリュートップの蓋も考案した。一兆個にもおよぶ缶を製造してきたボール社は現在、二〇〇万分の一ミリ単位まで正確な缶を製造し、不良品発生の確率が一〇〇万個につき三・四個という非常にまれな数値となることを目指している。唯一ボール社に作れないのは、顧客が充塡する飲料が見えるような透明なアルミニウムである。缶はこれまでにあまりにも大きく進歩したため、完璧主義を自認するボール社の技術者たちさえ、これ以上の改良の余地があるかどうかについて議論しているほどだ。

カン・スクールの二日目、ボール社に材料工学の技術者として二一年勤務しているメアリー・チョピアクが、過去五〇年にわたる缶の重量の変遷を表した漸近《ぜんきん》的なグラフを見せ、私たちは改良の最終地点に近いところにいる、と言った。過去二五年間で缶はわずか四・五グラムしか軽くなっていないのだ。これ以上缶に加えられる改良はごくごくわずかである、と彼女は言った。缶の蓋が担当の技術者サンディ・デウィーズは、ゆっくりとした口調で、これ以上変えられる点は何もないと言った。工学的には缶は行くところまで行き着いてしまったと言うのである。だが、ボール社の技術顧問で、強面で口ひげを生やし、どこかロバート・デ・ニーロを思わせるデイブ・レンシャルは、そんなことはナンセンスだと言った——最適化の終点にはまだ遠いと言うのだ。彼は、まるで靴の中に磁石でも入っているかのようにじっと仁王立ちし、「みんな二〇年も前から同じことを言ってるんだ」と言った。彼は異物混入や破裂やエポキシ樹脂による内部塗装のことには触れなかった。

## 缶の秘密

初めてカン・スクールのことを聞いたとき、僕はボール社の広報部のジョン・サールワッターに電話をした。僕が出席してくれれば嬉しい、と言った後、彼は僕を彼の上司でボール社の企業関係取締役、スコット・マッカーティーに紹介してくれた。カン・スクールの二か月ほど前のことだ。それから僕はいくらかの準備をし、少々質問しすぎた。ボール社の相談役を相手に、僕はEメールで、異物混入と缶の破裂に関係する、さまざまな法的責任の懸念について尋ねたのだ。おそらくこれが彼らを警戒させたのだろう。内面塗装についても質問したし、それがさらに警戒の原因になったに違いない。カン・スクールの二週間前に、マッカーティーから電話があったのだ。彼ははっきりと、僕の出席を断った。カン・スクールはジャーナリストのためのものではない——ジャーナリストが参加したことは一度もないし、出席を許せば飲料業界の人たちに申し訳ない、と言うのである。

僕の結論はこうだった。業界に申し訳ないという理由は、アルミ缶が徹底的に錆びて彼らの製品を劣化させるのを防ぐための内面塗装に使われる塗料は、フラッキング（水圧破砕）に使われる液体と同じくらい秘密で、同様に議論の的になるものだからなのだ。ＰＰＧインダストリーズ、バルスパー、アクゾノーベルといった塗料製造の大手が使う調合はどれも特許で守られ、詳細は不明だ。僕は大手業者の全部に電話をしてメッセージを残したが、どこからも電話はなかった。法的な書面でも、詳細は慎重に「部外秘」という印が押され、伏せられていた。調合は特許上は曖昧にしか記されていない——たとえば、ある成分は〇・一％から一〇％の範囲で調合されている、と書かれているのだ。食品医療品局（ＦＤＡ）でさえ、職員の一人である化学者に言わせると、それを製造会社から「苦労して引き出」さなくてはならないという。調合は特許を取っていないことも多く、したがってそれらは企業秘密として守られている。

これだけは確かだ——エポキシ樹脂は、安くて、スプレー可能で、硬化性で、強靱かつ柔軟であり、硫酸や強力な溶剤メチルエチルケトン以外では除去できないほど粘性が強くなくてはならない。そんな物質を製造するには、架橋結合構造を持つ樹脂、硬化触媒、それに色をつけたり透明にしたりするための添加物、潤滑剤、抗酸化特性、流動性、安定性、可塑《かそ》性、それに表面が滑らかであることが必要だ。樹脂はエポキシ樹脂であることが多いが、ビニル樹脂、アクリル樹脂、ポリエステル樹脂、あるいは含油樹脂というのもあるし、スチレン、ポリエチレン、ポリプロピレン、または、ブナの木の実、亜麻仁、大豆などから採った天然の乾性油である場合もある。塗料にはまた、熱したときに硬化するための溶剤、あるいは短時間紫外線に露出することでエポキシを硬化させる光重合開始剤が必要だ。最も頑強なエポキシコーティングに適している架橋剤はビスフェノールＡ（ＢＰＡ）である。ＢＰＡはこうしたコーティングの主要成分だ——なぜならこれこそが、プラスチックに可塑性を与えるものだからである。

　飲料製品の腐食性の強さによって決まる塗装の厚さに加え、飲料缶の塗装技術者が留意するのは、その缶がどのように取り扱われるかということだ。殺菌されるか？　暑いところに保管されるか？　揺れる貨車に載せられて、暑い土地、寒い土地、湿気のある土地を運ばれるのか？　そして彼らは必要に応じて塗装を微調整したり、別の塗料を選んだりするのである。たとえば中身がビールなら、技術者たちはバルスパー社が特許を持つ、シクロデキストリン入りの塗料を使うかもしれない。シクロデキストリンはドーナツのような形状をした炭水化物で、その分子が包接という現象を通して、美味しくない味分子を閉じ込めるのである。食べ物の缶詰をコーティングする技術者はもっと大きな問題を抱えている。トマト缶のコーティングは汚染抵抗性がなければならないし、魚の缶は硫黄に、果物やピクルス用の缶は酸に侵されるわけにはいかない。コーティングには、トマト用、豆用、ジャガイモ用、それにトウモロコシ、エンドウ豆、魚、エビ用のものがある。特に品質が劣化しやすいチョコレート製品にはそれ専用のコーティングが必要だし、肉を入れる缶には、肉がするりと出てくるように、肉離型剤と呼ばれる滑らかなワックスが要る。ビーツ、スグリ、プラムなど、アントシアニンという赤い色素を含む果物や野菜は最も腐食性が強いが、中でも一番はルバーブだ。三層のラッカー塗装を必要とする唯一の食品である。しかもそれほど缶を保護しても、ルバーブの賞味期限は他の食品より短い。全部合わせると、コーティングには一万五〇〇〇種類以上あり、そのほとんどは食品の缶詰の内面塗装に使われるが、飲料容器内でその役目を果たすものも多い。アメリカで作られる飲料缶は毎年約一〇〇〇億個で、七万六〇〇〇立方メートルのエポキシ樹脂塗料が必要だ。内面塗装の専門家によれば、そのエポキシ樹脂のおよそ八割がＢＰＡである。そしてそのうちのごく微量が僕たちの体内に入るのだ――そしておそらくはそれが、秘密主義の理由なのである。

　生物学的に言えば、ホルモンを持っている生物はまれであり、そしてホルモンは強力だ。ホルモンを産生し、蓄え、分泌するのは内分泌系で、それが発毛、生殖、認識能力、傷害応答、排泄、知覚、細胞分裂、新陳代謝率などを制御している。甲状腺、下垂体、副腎などの内分泌器官は、特定の受容体と結合して一連の生物化学反応を起こさせる、特定の分子を産生する。ホルモンの分泌量がごくわずかに変化するだけで、劇的な変化――たとえば糖尿病や両性具有など――が現れる。内分泌撹乱物質〔訳注：通称、環境ホルモンのこと〕には、たとえばエストロゲンに似た分子（エストロゲン様化学物質あるいは外因性エストロゲンと呼ばれる）を持つものがあり、それが細胞の中に入り込んでしまうと、本物のホルモン分子は細胞に入ってその役割を果たすことができなくなる。あるいは、受容体に完璧に合致して、身体が意図したのとは違う事象を引き起こしてしまうものもある。

一九六二年に出版されたレイチェル・カーソンの著書『沈黙の春』（新潮社、一九七四年）に詳述されるように、合成化学物質がそうした作用を持っていることをうかがわせる手掛かりは、一九五〇年代から次々と見つかっていた。一九七〇年代後半以降、五大湖周辺の、主に魚類や鳥類を研究していた野生生物学者たちは、化学化合物が動物の細胞や体、行動に、それまでになかった形の変化を起こしていることに気づき始めた。雄性化した雌の魚、雌性化した雄の魚、間性の魚、また雛を育てようとしない鳥などが見つかったのである。一九九三年に行われた画期的な研究で、生物学者シーア・コルボーンとフレデリック・フォム・サールは、各種の「内分泌攪乱」について説明している――わずかその二年前に造られた言葉だ。

ＢＰＡが持つ内分泌攪乱物質としての作用が認識されたのは、一九九八年のことである。この年、オハイオ州クリーブランドにあるケースウェスタンリザーブ大学の遺伝学者パット・ハントが、マウスを使って行っていた実験に奇妙なことが起こっているのに気づいた。表向きは正常で健康な、対照群のマウスの四〇％が、異常のある卵子を排卵していたのだ。「原因は何かと、あらゆることをチェックしました」と、彼女はライターであるフローレンス・ウィリアムズに語った。何週間もかけて、実験室の空気まで含め、問題の原因であり得る点を消去していった後で、ハントはマウスのプラスチック製の檻についていた汚れと擦れ傷に気づいた。調べると、誰かが、中性洗剤ではなく酸性の床洗浄剤を檻の掃除に使い、それが檻を劣化させていることがわかった。そして、何かが給餌チューブに浸出し、マウスが反応を起こしていたのである。

その何かこそＢＰＡだったのだ。もともとは一九三〇年代に、流産を防ぐために研究された合成エストロゲンである。流産の防止には役に立つどころか逆の作用があったが、二つの六角形からなる分子構造を持つこの物質は、間もなくポリカーボネート・プラスチックの飛散防止剤として使われるようになった。そのおかげでポリカーボネート・プラスチックは時代の寵児となり、大量生産された。それから半世紀を経て科学者たちはようやく、急性毒性ではなく慢性毒性について研究し、プラスチックの毒性を明らかにした。国立衛生研究所に属する国立環境衛生科学研究所が二〇一一年に出版した、「Most Plastic Products Release Estrogenic Chemicals（ほとんどのプラスチック製品はエストロゲン様化学物質を放出する）」と題された研究論文に、この問題に関する現時点の理解がまとめられている。その中で研究者らは、市場に流通している五〇〇種類以上のプラスチック製品の中にエストロゲン活性が検知されたと書いている。その中にはＢＰＡは使われていないと宣伝されているものも多数含まれている。論文によれば、たとえば殺菌などの製造の過程で、エストロゲン活性のない化学物質がエストロゲン活性のある化学物質に変質し、太陽光、電子レンジや皿洗い機の使用などによって、エストロゲン様化学物質の浸出が加速する。また論文は、エストロゲン様化学物質を放出させる最も効果的な方法は、極性溶媒と非極性溶媒（実験では塩水とエタノール）を混ぜることであると述べている。「特製エナジードリンク」がほぼそれにあたる。

ハントがマウスに、その体重に比例した量のＢＰＡを与えたところ、母マウスとその仔、さらにその仔の行動や細胞に異常が認められた。一度の投与で三代にわたって影響が出たのである。これはＢＰＡが、体で最もエストロゲンの作用に敏感である乳房の細胞から検出されることで説明がつく。つまり、次の世代が一番傷つきやすく、敏感な時期に、ＢＰＡの影響が受け継がれるのだ。暴露の時期が非常に重要な影響要因なのである。実際、ＢＰＡへの暴露と、カーソンが書いた発ガン性を持つ殺虫剤、ＤＤＴへの暴露には類似性があることがわかった。思春期前にＤＤＴにさらされた少女たちは、それより後に同量のＤＤＴに暴露した少女たちに比べ、ガンの発生率が五倍になるのである。

ハント、コルボーン、フォム・サール、それに世界中の多くの研究者によって、ＢＰＡが、思春期早発症、肥満、流産、精子数の減少、そして乳ガン、前立腺ガン、卵巣ガン、精巣ガンの発生率が上昇する原因となり得ることが判明している。こうした問題はどれもマウスで観察されたもので、その多くは母親の子宮内でＢＰＡに暴露した。また、マウスを使った別の実験では、妊娠中に少量のＢＰＡに暴露すると乳腺に障害が起きた。他の研究では、ＢＰＡが乳腺細胞のエストロゲン受容体を活性化させ、培養用ディッシュの中でガン細胞を増殖させることが確認された。ＢＰＡは、正常な乳腺細胞にガン細胞のような行動をとらせることがわかっている。また、非常に強力な合成エストロゲンで、発生率は非常に低いが恐ろしい生殖器系のガンとの関連のため、一九七一年から妊娠中の女性は使用しないように強く推奨されているジエチルスチルベストロール（ＤＥＳ）と同等の強い作用があることもわかっている。

おそらくはそういうわけで、カン・スクールへの僕の招待は撤回されたのだ。

## カン・スクールとＢＰＡ

カン・スクールには近づくなとマッカーティーに言われた僕はすっかり意気消沈した。僕はその日の午前中いっぱいを使って、カン・スクールに出席したことのある人を探し（人は驚くようなことをレジメに書くものだ）、午後はずっと、その人たちと連絡を取ろうと試みた。地元のビール醸造所の友人にＥメールを書き、彼女の職場から誰か出席する人はいないかと尋ねてもみた。だがどれもダメだった。マッカーティーから電話があった日の翌日、クリフ・ライチャードからＥメールが届いた。件名は「ボール・ビバレッジ・カン・スクール」となっていた。僕は、弁護士が何か言ってきたのだろうと思った。

Ｅメールは、「弊社主催のベバレッジ・カン・スクールにお申し込みいただきありがとうございます」で始まっていた。僕は続きを読む前にその一文を何度も読み返した。メールには続けて、いつ、どこに行けばよいかが書いてあった。昼食が含まれていること、職場にふさわしいカジュアルな服装でよいこと、工場の見学時は爪先の開いた靴は禁止、とも書いてあった。ライチャードの携帯電話番号が書かれており、そして、この場を借りてご出席に感謝いたします、と結んでいた。何が起こったのだろう。ボール社のお偉いさんたちの気が変わったのだろうか。それとも何かの手違いだろうか。だがそんなことはどうでもよかった。出席できるのだ。その一二日後、僕は車でブルームフィールドへと向かった。

デンバーとボルダーの中間にあるボール社のブルームフィールド本社は、素晴らしい場所に建っていて、ロッキー山脈の東側を一五〇キロにわたって一望できる。北から南へ順に、ロングス・ピーク、エルドラド・キャニオン、マウント・エヴァンス、そしてパイクス・ピークが見えるのである。車で向かいながら、僕は緊張していた。公道から社屋へ続く道路には、「私道」と書かれた標識を過ぎてすぐのところに二台のビデオカメラがあった。弁護士が襲いかかってくるのではないか？　それとも警備員につまみ出されるだろうか？　逮捕されるのではないか？

駐車場からは歩いて、木が植わっている道を進み、濃い色のついたガラスのドアを二つ通り過ぎた。中のロビーは日当たりの良い吹き抜けになっていて、中央に十数個の革の椅子が並んでいた。右側には薄型テレビがあって、ボール社の株価が画面下部に表示されていた。三六ドル一五セント。左側には警備デスクがあり、その奥には、大真面目なボール兄弟五人のセピア色をした写真が拡大されてかかっていた。等身大の彼らの口ひげが眩しかった。僕は警備デスクに向かった。

内心ヒヤヒヤしていたが、僕は冷静を装おうとした。カン・スクールに出席するんですが、と僕は言った。係員は僕の名前を訊き、名札の束をめくり始めた。お名前をもう一度よろしいですか？　僕の名札が見つからないのだ。係員は僕の運転免許証を見せてくれと言い、僕は入館届に名前を書かされた。それから彼は入館一時許可証をくれた。そこには「社員の付き添い要」と書かれていた。名札がないというのは都合が良いかもしれない。これなら僕が誰だかわからない。それでも僕はおとなしく、目立たないようにした。係員は廊下の先のカンファレンスルームを指差し、付き添いなしで指定場所以外には行かないように、と注意した。

僕は会場に入り、前から二番目の列の、右端に近いところに一人で座った。今にも放り出されそうな気がした。振り向いて後ろを見ないように努めながら、周りの人たちの声をひそめたおしゃべりに耳をそばだてた。白状するのは恥ずかしいが、僕は被害妄想に陥っていたのだ。一〇分後、警備員が僕に、ちゃんとした名札と、僕の席に置くネームプレートを持ってきてくれた。僕の名前の下には「Scripps」と書かれていた――僕が支給されている、ジャーナリストへの奨学金の名前だ。まるで炭酸飲料のブランド名みたいで、曖昧でちょうどいい。五分後、クリフ・ライチャードがやってきて、すみません、参加者名簿から削除するなんて、こっぴどく叱っておきました、と言った。僕は、いいんですよ、大したことじゃありません、僕はすぐ近所に住んでるんですから、本当にいいんですよ、と言った。

最初のプレゼンの間は、僕はあまり質問をしなかった。目立ちたくなかったからだ。だがその後、僕は欲求に負けて、缶製造者協会（ＣＭＩ）の社員二人に話しかけた。ＣＭＩでサステナビリティ担当責任者を務めるメーガン・ダウムは心配そうな様子で、彼女のボディランゲージは明らかに会話に加わりたくないと言っていた。ＣＭ

ＩＭの広報担当副社長であるジョセフ・プリオはおしゃべりで、そして頭が切れた。僕が、「永遠に再生利用が可能」という、ＣＭＩの凡庸な標語について追求すると、彼は、たしかにガラスにも同じことが言える、と認めた。

その日が終わる頃、僕は再び、弁護士が待ち構えているのではないかと心配になった。被害妄想に襲われたのだ。僕がとったノートをよこせと言われるのではないか？　録音機は？　配布されたフラッシュドライブや資料はどうだろう？　読まれると困るので、僕はスペイン語で、いつもより乱暴な字で「puso memoria en pantalones, y uso espanol en mi papel」と書いた。僕がよく使うメモの方法で、フラッシュドライブはズボンの中に隠し、そのことを隠すためにスペイン語を使った、という意味だ。

優れた塗料はなかなかないし、それを製造し、塗布するために、缶製造の他の工程と同等の労力が注がれている。だがそのことはカン・スクールでは教えない。

エポキシ樹脂塗料の製造過程はまず、エクソンモービルをはじめとする、膨大な量のベンゼンを生産する石油精製会社から始まる。ダウ・ケミカル・カンパニーやモメンティブ・スペシャルティ・ケミカルズ〔訳注：現在はヘクシオン・インコーポレイテッド〕は、ベンゼンをＢＰＡに変換し、それをほぼ四：一の割合でエピクロルヒドリンと混ぜ合わせる。ダウ社はこれをＤ・Ｅ・Ｒ・３３１（Dow Epoxy Resin 331）と呼ぶし、モメンティブ社はEpon 829と呼ぶ。どちらも、他の数十種のこうした混合液と同様、缶から車、橋に至るまで、あらゆるもののコーティングの土台として使用するのに適している。次に、サイテック・インダストリーズやサートマー、あるいはラーンといった化学薬品会社がこのエポキシ樹脂を買い、五％のアクリレートを加えて、たとえばGenomer 2255といった名称のアクリレーテッドエポキシを作り、それを大手塗料会社のどこかに売るわけだ。「特製エナジードリンク」に最適なコーティングを施すため、大手塗料会社は次に、少量の顔料、界面活性剤、接着促進剤、腐食防止剤、光安定剤、トナー、体質顔料、チクソトロピック剤、分散剤、保潤剤、染料、触媒などを添加する。これらは別の化学薬品会社によって作られるものである場合が多い。塗料会社は自分たちの内面塗装用スプレー・マシーンで缶の内部を塗装し、プルタブを引き上げたときにシワが寄ったり、缶がへこんだときにひび割れたり、特定の液体を入れたときに変色したりしないかを確かめる。最終的な製品の価格は一ガロンが二五ドルほどだ。

　塗料を噴霧する直径二センチ弱のノズルの製造、研究、選択も、同様の慎重さで行われる。これを製造するのはオハイオ州アマーストにあるノードソン・コーポレーションだ。近年、ボール社に負けない成長率を誇るノードソン社は、非常に多種多様なディスペンシング機器を製造しており、その中には一五〇〇種類を超える塗装用エアレスノズルが含まれる。ノードソン社の技術者は、タングステンカーバイド製ノズルの数百分の一ミリ幅の開口部から塗料が噴射される際にどのように霧化され、どのように振る舞うかを研究している。霧状になった液体分子は薄く平らに噴射され、それによってコーティングの膜全体が均一の厚さになるのである。ノードソン社の技術者が製造するノズルの一つひとつに、その噴射パターンのマップが作成される。こうして缶製造業者は心臓病を免れるというわけだ。

　一台の重さが五〇〇キロあり、二〇〇万ドルするスプレーマシーンもまた、同様の精密さで設計されている。ボール社のスプレーマシーンは、デンバー近郊にあるストールマシナリー社製だ。僕は、一九七〇年からずっと缶の製造に携わり、現在は缶用スプレーマシーンの販売を担当している営業のトム・ベーブに、機械工が組み立てている途中のマシーンの一台を見せてもらったが、そこに辿り着くだけでも大変で、写真を撮らないことを約束しなければならなかった。バルスパー社やノードソン社が、その塗料や噴射ノズルについて秘密主義であるのと同様、ストールマシナリー社もまたその秘密は厳守しているのだ。ベーブは塗料については何も言おうとせず、オフィスにいた二人の内面塗装用スプレーマシーン技術者も同じく口が重かった。一人は「言うことは何もありませんよ」とだけ言って、話をする前に上司の許可を取ってくれと言って譲らなかった。もう一人は何も言わずに向こうへ行ってしまった。

　年間二億ドルを塗料に費やすボール社は、ゴールデンにある工場の、一つに四万リットル入るステンレススティール製のタンク二つにそれを保管している。タンクは直径二・四メートル、二階建ての建物ほどの高さがある。カン・スクールの見学コースには含まれていなかった。


　カン・スクールの二日目は、ロッキー山脈を黒い雲が覆い、不穏に幕を開けた。僕はトマトジュースを缶から飲みながら――それ自体がすごい缶製造技術だ、何しろある化学者によれば、「トマトソースはおそらく一番厄介な代物」なのである――営業担当副社長、製造技術部部長、グラフィックサービス部門の責任者といった、さまざまなボール社の社員の話を聞いていた。メアリー・チョピアクは、ＢＰＡを含まない塗料を開発しようとして二年を費やしたという話をした。ボール社の技術革新の責任者であるダン・フォアラーゲは、ＢＰＡを含まない塗料開発が行き詰まっていると言った。そして一時半になったとき、ボール社の研修・開発マネージャーであるポール・ディルッチオが僕の肩を叩き、僕に会いたいという人が廊下にいる、と囁いたのである。

僕はレコーダーとノートを摑み、この部屋に二度と戻らないつもりで部屋を出た。最悪の事態が起こったと思ったのだ。部屋を出る僕の心臓は早鐘のようだった。廊下にはスコット・マッカーティーが僕を待っていた。携帯で誰かと話をしている。他にもここに向かっている人たちがいるのだ、と僕は思った。

マッカーティーは単刀直入だった。ここで何してるんだ、と彼は尋ねた。僕は、彼か、ボール社の誰かの気が変わって参加を許可されたのだと思った、と答えた。ライチャードからＥメールを受け取ったことも言った。マッカーティーはもう一度同じ質問を繰り返し、電話で言ったことを理解しなかったのか、と言った。理解はしたけれど、その後でライチャードからの招待があったのだ、と僕は答えた。マッカーティーはご立腹だった。僕は、警備デスクで名前を名乗ったのだから、ボール社が僕を追い返したければその機会はあったはずだと彼に言った。

マッカーティーは戦術を変え、錆について本を書くなんて馬鹿げているし、いったいそれと缶とどういう関係があるんだ、と言った。僕は、缶の製造について、そしてそれに関連する、錆を防ぐために考案されたさまざまな工程のことを書くのだ、と答えた。マッカーティーは、僕の本はやはり良いアイデアではないし、誰も缶についての本なんか読まないだろうと言った。「だから僕は僕だしあんたはあんたなんだよ」と僕は思ったが、「ご心配なく」とだけ言った。そして、すでにラペールには取材をし、防食研究室も見学させてもらったことも言った。マッカーティーはラペールのことはどうでもいいようだった。「ラペールは引退したも同然だ。もう給料だって払ってない」と言うのだ。「本当ですか？　僕の知る限り、彼はおたくの防食研究室の所長ですけど」と僕は言った（ちなみに今も所長である）。会話は一五分ほど堂々巡りを続けたが、ようやく彼がしぶしぶ折れた。そして、僕はもうカン・スクールの半分に出席してしまっているのだから、残りもいればいい、と彼は言った。

だがこのとき以降、僕は招かれざる客となったのだ。

## 不確かな安全性

缶製造業界と、喉の乾いた消費者の中間にどんと構えているのが、食品医薬品局の食品安全・応用栄養センターである。連邦政府による食品の安全に関する規制が設定されたのは一昔前のことで、その後改定されているが、それによって、食べ物や飲み物の中、あるいはそれが触れるもののすべては、一定の品質基準を満たすことが要求される。だから、塗料製造会社が流動学的・官能特性的に言って夢のような塗料を作ったとしても、「特製エナジードリンク」の製造会社が、新製品のエナジードリンクから缶を守るためにそれを塗布しようとすれば、まだその前に越えなければならないハードルがある。

この承認プロセスがまたそれだけで一つの世界を形成していて、それは食品医薬品局と、ほんのいくつかの民間研究所によって秘密にされている。民間の研究所には、アヴォミーン・アナリティカル・サービス、インターテック、SGS、ユーロフィンなどがあるが、そこでは、塗料が完全に硬化し、安定しているかどうかを調べ、発生が避けられない移行成分の毒性を判断するためのシミュレーションが行われる。食品医薬品局は単にデータを評価するだけで、時には追加のデータを要求したりもする。研究所ではこうしたテストを略して21CFRと呼ぶ。連邦規則集のうち、こうしたデータを要求する特定のセクション名で呼んでいるのだが、実のところこれは、新しい食品接触物質に関する全面的な溶出試験である。試験の結果は「食品接触通知」（FCN）に記録される。FCNの作成には数か月かかり、費用も一〇万ドルほどかかる。何百ページにもおよぶ、非常に技術的な内容で、読んでも楽しくはない。

試験は次のように行われる。まず塗料会社がアヴォミーンに、新しい塗料五〇〇ミリリットルほどと、それを塗ったステンレススティールの板を一二枚送る。アヴォミーンの化学者は、約五センチ四方のステンレススティールの板を、熱い模擬流体――酢、エタノール、またはオリーブオイル――に浸す。食品医薬品局の化学者マイク・アダムスによれば、これらの模擬流体は、容器と中身の製品の間に起こる相互作用を正確に再現するのだという。その状態で、三種類の液体の中に、二時間、一日、四日間、あるいは一〇日間、板を放置する。そのそれぞれについて、アダムスは模擬流体を蒸発させ、残留物の重さを測り、その濃度を計算する。

次にアヴォミーンの化学者は、検出した移行成分を調べる。ある新しい塗料からは、そうした成分は一つしか見つからないかもしれないし、いくつも見つかるかもしれない。それがすでに研究されたことのある物質ならば、特徴は過去の研究を参照すればわかる。もしもそれが未知の物質ならば、彼らはそれを調べるが、その方法は濃度によって異なる。だが重要なのは次の点だ。移行成分の濃度が〇・五PPB未満ならば、食品医薬品局はそれを問題なしとする。その閾値《いきち》以下の場合、アヴォミーンは変異原性試験も発ガン性試験もする必要がないのである。そしてこれ以下の濃度レベルでは、食品医薬品局は多世代給餌試験を要求しない。

弁護士によるお決まりの長々とした添え状とともに、アヴォミーンはFCNを食品医薬品局に提出する。食品医薬品局は普通、年間に一〇〇件ほどのFCNを査定し（うち少なくとも半数は新しい塗料のためのものだ）、何か問題があれば四か月以内に指摘する。二〇〇〇年以降、FCNの約九〇％は承認されている。それらは誰でもオンラインで読むことができる。ただし、たとえばごく微量溶出する化学物質が何であるかといった詳細は公開されていない。

驚くにはあたらないが、缶製造者協会（CMI）は、アルミニウムの長所について論じることに取り憑かれている。そして、アルミニウムは永遠に再生利用が可能だというおなじみの文句を延々と繰り返す。CMIはまた、アルミニウム缶のあらゆる長所――安い、重ねて積める、出荷しやすい、安全である――を褒めそやす。どれも、カン・スクールが終わるまでには明らかな事実である。CMIは、缶はガラス瓶やプラスチックボトルと比べて光や紫外線をよりよく遮るし、ガラスやプラスチックよりも早く熱が冷め、また酸素が入りにくいと言う。アメリカでは毎年、食物経由のバクテリアが原因で亡くなる人が五〇〇〇人、入院する人は三五万人おり、その医療費は一人あたり平均一八五〇ドルにのぼるが、過去三〇年間、そうした病気が缶詰食品から起こったことはない、と保証して、缶の素晴らしさを賞賛するのである。そして彼らは強調する――アメリカで人々が食べる夕食の五回に一回は、何かしら缶詰食品を使っているんですよ。BPAを懸念する声が上がると、缶に含まれているBPA量の無害さを裏付けている、と彼らが断言する研究結果を持ち出す。

北米金属パッケージング協会（NAMPA）も同様に、BPAの重大性を否定する。NAMPAの二〇一一年のプレスリリースには、「独立した毒物学者により、ビスフェノールA（BPA）は人間の健康に害を及ぼさないという確固たる分析結果が出たことに留意」するよう、政治家やマスコミに働きかけた、とある。NAMPAの代表者ジョン・ロストは、内面塗装は不可欠かつ安全であるとし、国会議員が性急な行動に出ないような政策決定規制を促した。ロストは化学者としての教育を受けているが、同時にロビイストでもあるのだ。BPAによるコーティングは品質に優れ、「健康に及ぼす危険は微塵も」なく、政府の健康機関による審査も受けている、と彼は言った。そう、それに、すぐに使える代替品は存在しないのだ。

米国化学工業協会もまた、BPAに関する人々の懸念を和らげようとしている。「ビスフェノールA」（www.bisphenol-a.org）および「Facts About BPA」（www.factsaboutbpa.org）というウェブサイト——どちらも米国化学工業協会がドメイン登録しているサイトである——上では、BPAに関する九つの神話を否定している。その論拠は主に、「確固たる科学的根拠がない」というものだ。

ボール社の社員たちにはまだ、一貫した戦略ができていない。中にはエポキシ樹脂塗料を「有機塗料」と呼んでごまかそうとする者もいる。もちろん、アルドリンだってダイオキシンだって有機物には違いない——そして極微量でも有毒なのだ。「水性ポリマー」と呼ぶ社員もいる。BPA、と言おうものなら、ボール社の社員は誰もが緊張するように見える。防食技術者のスコット・ブレンデックは、僕がBPAに言及するとすっかり狼狽して口ごもり、それまで何を話していたのかわからなくなってしまった。ポール・ディルッチオは、BPAは完全に安全なのに、たったそれだけのことをみんなは理解しようとしない、と言った。別の社員は、BPAという言葉を聞くと、片方の眉を上げ、意味ありげに肩をすくめて見せた。そして「故意かどうかだよ」とだけ言って、意味深な目配せをしながら向こうへ行ってしまった。そういえば僕は、社員の一人が、ボール社は「現実的な解決策」を提供しているのだと言い、また別の社員が、自分は単に選択肢を提供するだけだ、と言うのも聞いた。

缶製造業者は、現代社会には缶以外にもBPAに暴露する機会は山ほどあるし、BPAは安全だと判断されている、と主張する。一つひとつの缶に含まれるBPAはごく微量で、飲料に溶け出す物質はさらに少ないし、人体で検出される量はもっと少ない（「極端に少ない」）。それに、人体に吸収されたBPAは、いずれにしろ毎日尿として排出されるというのだ。「現存するデータが、実際に消費者が暴露するＢＰＡレベルの低さを前提として解釈されない場合、溶出物に関する問題には過剰反応が起こる危険性がある」と、缶コンサルタントであるベヴ・ペイジは書いている。ＢＰＡと健康への害というのはせいぜい「関係がある」というくらいのもので、しかもマウスを使った実験の結果は人間には当てはまらないし、そうした実験の多くは再現不能だ、と彼らは言う。さらに、日本[*3]、オーストラリア、ニュージーランド、カナダ、アメリカの主要な取締機関が、現在のＢＰＡ暴露レベルは安全であるということで合意しているし、欧州食品安全機関は最近、ＢＰＡの耐容一日摂取量を五倍に増やすことを提唱した、とも言うのである。

しかし、「合意している」と「安全である」というのは、米国保健福祉省の意見とは食い違っている。保健福祉省は、乳幼児のＢＰＡ暴露をできる限り避けるべきであると発言しているのだ。「ＢＰＡが害を及ぼすことが最も懸念されるのは小児である」と保健福祉省は警告する。「なぜなら小児の体は発達の初期にあり、化学物質を排出する器官が未成熟だからである」。米国国家毒性プログラム（ＮＴＰ）もこれに近い立場をとる——「我々は、現在人類がさらされているビスフェノールＡの量に関して、それが胎児、乳幼児、および小児の、脳、行動、そして前立腺に与える影響について懸念している」と言っているのだ。ＮＴＰはこうした懸念を、無視できるもの、最小程度の懸念、ある程度の懸念、かなりの懸念、そして深刻な懸念、という五段階で評価する。そしてＢＰＡに関しては「ある程度の懸念」を持っている。米国医師会も同意見だ。食品医薬品局でさえ、「近年、新しい手法と評価項目に従って行われた研究の結果は、人間の推定暴露量に相当するごく微量のＢＰＡを実験動物に与えた場合に影響が出たことを述べている。こうした研究の多くは、標準検査では通常評価されない発達面・行動面への影響を評価した」と先頃公にした。

シェアーマンが缶の研究をしてきたのと同じくらい長い間ホルモンの研究をし続けてきたフレデリック・フォム・サールは、ＢＰＡはジエチルスチルベストロール（ＤＥＳ）と同等の毒性があり、食品医薬品局が定める閾値よりもずっと低い、一ＰＰＴ（一兆分の一）未満の濃度でも作用するということを突き止めた。二〇〇四年には、疾病対策センターが六歳以上の二五一七人を対象として行った検査で、その九三％の人の尿からＢＰＡが検出された。オンタリオ州で二〇一二年に行われた調査では、（缶の製造ではなく）食品缶詰工場で働く人は、乳ガンの罹患率が一般集団の二倍、閉経前なら五倍であることがわかった。上海で二〇〇八年に行われた調査と二〇〇〇年にブリティッシュコロンビア州で行われた調査では、その数字は三倍だった。これらの論文には、「缶の内面塗装によってBPAに暴露したと考えられる」と書かれている。

アメリカ人がこの不確かな事実について議論をしている間に、他の国々では次々と決定が下されていた。カナダでは「カナダ環境保護法」のもと、BPAが有毒化学薬品のリストに加えられた。フランス議会は、BPAを基材としたポリカーボネート・ボトルの使用を引き続き禁止することを決めた。デンマークでは三歳以下の子ども向け食品の容器にBPAを使用することが禁じられ、日本ではBPAで内面塗装された缶はほとんどなくなっている。国連食糧農業機関と世界保健機関はこの件に関して四日間の合同会議を開いた。ところがアメリカで一般的な見解は、メイン州のポール・ルパージュ議員の発言に一番よく表れている。彼は『バンゴール・デイリーニュース』紙に対してこう言ったのである――「プラスチックのボトルを電子レンジに入れて加熱すると、エストロゲンに似た化学物質を放出する、ということしか聞いたことがありませんね。だからどんなに悪くても、女性の中にちょっとひげが生える人がいるかもしれない、という程度でしょう」。

カン・スクールの三日目が終わるとき、ディルッチオ――僕の肩を叩いたあの男だ――が、出席者に礼を述べ、感謝の意を表し、出口脇のテーブルに全員の修了証書がある、と言った。

僕は自分の持ち物をまとめ、何人かと挨拶した後、修了証書を見に行った。テーブルの上には数十の修了証書がアルファベット順に並んでいた。そこにはこう書かれていた。

二〇一一年四月一二～一四日、コロラド州ブルームフィールドで開催された、ボール・コーポレーション・ベバレッジ・カン・スクールへの貴殿の貢献に対し、

ジョー・シュモー

を「缶製造」の同輩と認定する。

貴殿はカン・スクールにおける一六時間のトレーニングを終了し、それによって、ボール・コーポレーションが提供する高品質な飲料缶、および迅速なカ

スタマーサービスを含む、すべての権利と便益を受ける資格を有することをここに証する。

ジョン・A・ヘイズ
ボール・コーポレーション代表取締役兼最高経営責任者

マイケル・フラニッカ
メタル・ベバレッジ・パッケージング・アメリカ代表取締役

姓がアルファベットの終わりに近い文字で始まる者の修了証はテーブルの右手前にあった。Vuolo、Wang、Wonson、Zeund、Zovkovic。僕はもう一度探したが、Waldmanという名前はない。皆は修了証を受け取ったが、僕のだけはなかったのだ。

ベバレッジ・カン・スクールの一か月後、僕はフード・カン・スクールのためにもう一度ボール社の本社を訪れた。開始一五分前に着くと、今度はプログラムが始まる前に門前払いを食らった。マッカーティーは「定員オーバー」なのだと言ったが、空いている席がいくつもあった。後日、「何か隠そうとしていることがあるように見えますね」と書いたEメールを送ると、三分後に、「ユーモアのつもりということにしておこう。質問があればいつでも訊きたまえ」という返事が来た。だが僕の質問に彼からの返事はなかった。

## 死の薬

今から半世紀前、『沈黙の春』の中でレイチェル・カーソンは、「この世界の歴史が始まって以来初めて、今、すべての人間は、受胎の瞬間から死のときまで、危険な化学物質にさらされている」と書いた。哺乳動物の生殖器官に蓄積する化学薬品について、殺虫剤を撒布する飛行機のパイロットの精子数が少ないことについて、化学薬品を扱う仕事をしていた人が、触ってはいけないことを知らなかった製品に誤って触れたために遂げた恐ろしい突然の死について、彼女は書いている。こうした化学薬品のいくつかを彼女は「死の薬」と呼んだ。

レイチェル・カーソンは、『沈黙の春』を書いたとき、アメリカ人の四人に一人が一生のうちにガンにかかる、と指摘した。現在、罹患率はその倍に近い。一九六四年に彼女が亡くなって以降、人間は世界各地で一四三九回の核実験を行い、うち約半数がアメリカの南西部で行われている。ＤＤＴは禁止されたが、その一方でＢＰＡはあまりにもたくさんの製品に使われるようになり、ＢＰＡを含まない製品を数えるほうが早いくらいだ。業界の専門誌『ケミカル・ワールド・ニュース』は『沈黙の春』を、「テレビ番組『トワイライト・ゾーン』〔訳注：一九五九年から一九六四年までアメリカで放送されたテレビ番組。一話完結形式で、登場人物が超自然の世界に迷い込み、異常な体験をした〕を観るときと同じ態度で読むべきサイエンス・フィクション」と呼んだ。缶製造者協会、北米金属パッケージング協会、米国化学工業協会の態度も同様だ。僕にとって『沈黙の春』は、どんな古今のテレビ番組よりも恐ろしかった。カーソンは書いている――「こうした化学物質を、食べたり飲んだりし、骨の髄まで取り込んで、ごく身近なものとして生きていくのならば、私たちはそれらの性質や、それらがどんな力を持っているのかを、多少は知っておくべきである」。しかも彼女は、こうした化合物の多くが人間のホルモン系を変えてしまうことも、それらを含んだ製品を人間が無数に生産し、学校に置かれた自動販売機で子どもにそれを売るようになることも知らなかったのだ。

フローレンス・ウィリアムズは著書『Breasts: A Natural and Unnatural History〔乳房：その自然な歴史と不自然な歴史〕』の中で、「生殖を自在に操り、家の中でぼんやりと煙草を吸い、酒を飲み、高尚な文学を楽しむようないわゆる〝良い暮らし〟を追い求めることもまた、私たちがこんな有様になった理由の一つである。私たちは、壊れやすい生化学的機構を化学物質で溢れさせてしまった。私たちはまさに、人間の体の仕組みと私たちの欲望の食い違いそのものなのだ」と書いている。彼女にはわかっているのだ。彼女は自分の尿のＢＰＡ量を検査した。結果は五・一四ＰＰＢ〔訳注：一ＰＰＢは十億分の一〕で、これはアメリカ人の上位二五％に入るが、それでも米国環境保護庁が安全だとする基準値の四〇〇分の一である。彼女は数日間食べるものを変えたあとでもう一度尿検査を受けた。今度は〇・七五九ＰＰＢまで下がっていた。彼女には二人の子どもがおり、六歳の娘の尿も検査したところ、結果は〇・七八六ＰＰＢだった。

一九九九年に缶が破裂し、ボール社を訴えて敗訴した弁護士のパトリック・ローズも、缶の破裂よりＢＰＡをもっと懸念している。「僕は缶飲料は飲みませんよ」と彼は僕に言った。「子どもにも缶は近づけません。それが普通のことになっていないことに驚きますね」。彼は、乳ガンの発生率が大きく上昇したのはＢＰＡと関係があると考える。「僕たちは女性の健康を台無しにしている。

それは防ごうと思えば防げるのに」
「塗料研究所」を運営する塗料コンサルタント、ジャミール・バグダチもまた、同様の懸念を抱いている。「すごく恐ろしいですよ。私はガラス瓶のほうがいいですね。硬化していなかったらどうするんです？　化学物質の一部が染み出してきたら？」と彼は言った。「化学的性質を知っていますからね。毎日のように見るわけですから……どういう問題が起こり得るか、どうやって起こるのか知っているんです」。彼は缶を「疑わしい」と言い、缶詰食品は買わない。フローレンス・ウィリアムズがしたように、彼もニューヨーク・タイムズ紙に論説を書きたいと言う。「知っていることが少なければ少ないほど人生は楽しい。知れば知るほど心配になる。計算できることじゃない。感じ方の問題なんです。私は知っているから心配なんですよ」

権威ある生物学者、フレデリック・フォム・サールもやはり缶入りの食品や飲料は買わないし、自宅にはポリカーボネート・プラスチック製品は入れない。二〇一〇年にエリザベス・コルバートがエール大学のオンラインマガジン『Environment 360』のために行ったインタビューの中で彼は、ある体験について回想しているが、それがまさに缶業界のやり方を表している。一九九六年、それまで行われた研究よりも二万五〇〇〇倍濃度の低いＢＰＡを投与する実験を行った結果、それでも発達に有害影響を与えることがわかったとき、ダウ・ケミカル・カンパニーはその研究結果を発表しないよう彼に勧めたのである。それでも彼がそれを発表すると、ＢＰＡ製造会社は彼に脅迫の電話をかけてきた。化学薬品業界も同様だった。毒物学者たちの言う数字は、一桁から八桁間違っている、と彼は言う。規制機関に対する批判はさらに手厳しく、それらは「何十年も時代遅れの手順にがんじがらめになって」おり、現代科学を遂行するどころかその存在を認めることさえできないのだと言う。彼は環境ホルモンに関する研究論文を、『Nature』『Journal of the American Medical Association（JAMA）』『Proceedings of the National Academy of Sciences（PNAS）』を含む、二〇誌を超えるジャーナルに発表している。現在の体制は時代遅れで、虚偽と不正に満ちている、と彼はインタビューで言った。「これは現在、最も大量に流通している内分泌攪乱化学物質なんですよ。どの製品にそれが使われているかはわからない。実験動物では、ＢＰＡが非常に有害であることがわかっています。そして現在、人間を対象とした研究でも次々に、ＢＰＡの存在と動物に見られた有害影響の関係とまったく同じ現象が見つかっているのです。恐ろしいと思いますよ。大げさだとは思いません。ＢＰＡは、ダイオキシンを除き、私たちが一番よく知っている化学物質です。現在、世界中で最も盛んに研究されている物質ですよ。国立衛生研究所はこの物質について、三〇〇〇万ドルの予算をつけて研究を続けています。ほんの何人かの人騒がせな人間が問題だと騒いでいるだけのことだったら、ヨーロッパ、アメリカ、カナダ、日本の政府の役人たちがみなこれを、再優先で研究すべき化学物質に指定すると思いますか？」

一方、食品医薬品局の化学者マイク・アダムスは、喜んで缶から飲み物を飲む。「どうやって評価しているか知っているからね」と彼は言う。「ウチには地球上で一番神経質な毒物学者がいるんだ。彼らはものすごく慎重に決定を行う。私にはまったくためらいはないね」。シミュレーションの結果については、「我々は、問題ないと一〇〇％確信していますよ」と言い、ＢＰＡへの懸念は「妄想」であると言った。食品医薬品局の試験所は、「分析能力の向上をとことん追求している」と。

ボール社の社員たちは偽善者ではない。彼らは缶から飲むし缶詰食品も食べる。缶の改良は限界に達したというのはナンセンスで、缶はこれからももっと改良され続けると信じる者もいる。逆にもう改善の余地はないと言う者もいる——缶の製造はすでに工学的な限界を超えていて、欠陥率も極めて低く、安価で実用的で素晴らしい現在の缶を超える製品は作れない、と言うのである。だが完璧ではない。彼らのほとんどが、ＢＰＡを、健康上の懸念というよりもビジネス上の懸念と捉えているため、ＢＰＡを使わない缶ができればそれは改善であると認めようとしないだけだ。

おかしなことに、実は彼らはすでにそれを実現しているのだ。ボール社は、ミシガン州にあるエデン・フーズという小さな会社のために、ＢＰＡ不使用の缶を製造しているのである。四種類の豆と四種類のチリソースが、ＢＰＡ不使用の缶入りで販売されている。エデン・フーズの社長の妻であり、マーケティング・ディレクターであるスー・ポッターによれば、トマトを缶詰にしようとしたが酸度が高すぎてだめだった。トマトだけならば大丈夫だが、ニンニク、タマネギ、バジルと一緒に缶詰にしようとするとだめなのだ。ボール社は、六か月しかもたないと言った。ＢＰＡ不使用の缶には、天然由来の油性塗料であるオレオレジン・エナメルが使われていて、普通の缶との値段の差は二・五セントだ。「どうしてみんなこれを使わないのかしら」とポッターは言った。

「理解できないわ」

缶の内面に塗る腐食防止剤のことを何と呼ぶか、みなその点をうやむやにしようとする。食品医薬品局はそれを、樹脂製ポリマー塗料と呼ぶ。ボール社は、有機塗料または水性ポリマーと呼ぶ。環境保護庁は化学汚染物質と呼ぶし、健康に関する研究者たちは環境ホルモン、そして慢性毒と呼ぶ。こうして誰もがためらっているのは、僕たちのほとんどは缶依存症だからだ。ビールを飲むのを諦めることができないのと同じくらい、缶を使うのをやめることも僕たちにはできないのだ。

サンフランシスコにある『乳ガン基金』はそのメンバーに、デルモンテ、ジェネラルミルズ、コナグラ・フーズを含む食料品メーカーに対してBPA不使用の缶を要求するよう呼びかけている。アメリカの半数の州ではBPA製品を禁じる法案が提出されているが、そのほとんどは、他の多数の法案と同様、下院通商委員会あるいは上院商業委員会で潰されてしまった。アメリカでは年間に何百万リットルものBPAが生産され、利潤は六〇億ドルを超える。そんな状況で、米国化学工業協会、保存食品製造業者協会、米国商工会議所にあえて楯突こうとする選出議員はほとんどいないのだ。

僕はジャミール・バグダチに、アルコール飲料容器に印刷されている政府の警告が「公衆衛生局長官によれば、出生異常の危険性があるため、妊娠中の女性はアルコールまたは缶入り飲料を控えるべきである」と改訂されたことについてどう思うか尋ねた。彼は、「最近はラベルを読む人が多いからね。役に立つかって？　立つと思うよ。一歩前進だね。地球温暖化と同じだよ。ラベルや本、記事を通して、議論を始めるのは早ければ早いほどいい」と答えた。だが彼自身が缶の製造法を変えろと言う気はないと強調した。業界に嫌われるからだ。そういう変化は、公衆衛生局長官のような権威ある立場の人間が起こさなくてはならない、と彼は言った。

カン・スクールから随分経った頃、僕は、缶を完璧な容器として称賛しているオマージュ二つにたまたま出くわした。どちらも、缶業界がBPAを基盤とするエポキシ樹脂に頼るようになり、『沈黙の春』が出版される以前のものだ。近年、缶業界が秘密主義になり、政治的圧力をかけたり、真実を否定したり、決定を遅延したり、嘘をつくようになった、それ以前のことである。そういう意味でこれらのオマージュは無邪気に見える――なぜならそこには、製造費と健康、あるいは量と質の関係を故意に操作している気配は微塵もないからだ。

ビールやマウンテンデュー、あるいは「特製エナジードリンク」が充填された金属製の缶は錆びようとする。だがオマージュを捧げた二人の懸念と言えば、みっともない黒点ができること、あるいは不愉快な味の劣化だけだった。環境ホルモンが取り沙汰される以前、彼らは束の間エントロピーに待ったをかけたことを誇りにしていた。僕たちのほとんどは、台座に載った王冠に気づかないが、この二人はそれに気づいていたのだ。

二つのオマージュのうちの一つは、米国陸軍兵站《へいたん》部隊のウィリアム・グローブ大佐によるものだ。一九一八年二月、ボストンで開かれた全国缶詰業協会の年次集会で、彼はこんな詩を朗読した。

靴がなくとも行進はできる
銃がなくとも戦うことはできる
翼がなくとも飛ぶことはできる
フン族の頭上を越えて
楽隊がなくとも歌うことはできる
軍旗がなくともパレードはできる
だが近代的な軍隊は
缶詰業者なしに食べることはできない

二つ目のオマージュは、アメリカン・カン・カンパニーの最高経営責任者で、最初の缶ビールを作った男、ウィリアム・ストークによるものだ。一九六〇年四月二一日、彼はニューヨークでこう言った。

今は世界中どこでも、物質的な進歩を、大きさ、壮大さで計るのが流行しています。たとえば未開発な国々は互いに、誰がより大きな製鋼所を、一番高い水力発電所を、最も重要な製油所を持つかと競い合っています。また同様に、進歩は時としてミサイルやロケット、宇宙船の数で計られます。

我々アメリカン・カン・カンパニーは、かつて一度も、そうやって大きさやスピードを争う壮大さのレースに参加したことはありません。一二〇か所を超える我々の工場のほとんどは比較的小規模です。我々の製品は、今日開けられたら明日は捨てられます。我々が達成した最も重要な成果は、消費者には知られず、その日にも見えません。

けれども我々の製品は、現代の生活に与えた影響という意味において、電話、自動車、そして電灯にも比肩するものであります。それは、何百万人もの主婦の仕事を楽にしました。農民たちのために、生鮮食料品の巨大な新市場を開拓しました。それは、食事内容が原因で起こる壊血病やペラグラといった疾病を撲滅しました。そして、ほとんど店員のいないスーパーマーケットの存在を可能にし、召使いのいない家庭を可能にしたのです。事実、大都市やごく小さな町の存在を可能にしたのも我々の製品であり、それらがなかったら、アメリカの人口分布は今とは大きく異なったものになっていたことでありましょう。

僕も彼らのように感じたいし、缶を熱烈に支持したい。だがやはり迷いがある――なぜならば、僕もいつかは子どもを育てたいし、その子どもには、便利さと引き換えに強力な環境ホルモンにさらされてほしくはないからだ。もっとこの業界と政府を信頼できたらいいと思うし、カン・スクールの二日目、部屋の外に連れ出される前に感じたのと同じ気持ちになれたらいいと思う――僕はそのとき紙コップでコーヒーを飲んでいて、それが唯一、そこにある缶入りでない飲み物だという事実に驚嘆していたのだ。

＊1――孔食走査法研究の草分けは、この分野における巨人で、マサチューセッツ工科大学で腐食研究室を設立したハーバート・ウーリッヒである。この研究室は現在、彼の名を冠している。彼もまた濃い色のちょびひげを生やしていた。

＊2――もしもたまたまドラフト〔訳注：有毒ガスを扱うための実験設備〕と水酸化ナトリウム溶液を半リットルばかり持っていたら、その中でアルミニウムを溶かせば、エポキシ樹脂塗装を目で見ることができる。または、内側のコーティングに引っ掻き傷をつけた後でアルミ缶に塩化銅溶液を注ぎ、三〇分後、缶を破って開ければ、内面塗装を剝がすことができる。

＊3――訳注：厚生労働省ホームページ「ビスフェノールAについてのQ＆A」（http://www.mhlw.go.jp/topics/bukyoku/iyaku/kigu/topics/080707-1.html、二〇一六年七月二一日参照）によると、日本国内でのポリカーボネート製容器等に関するBPAの溶出試験規格は二・五PPM以下であり、これは輸入食品についても同様である。また国内で製造される缶詰食品は、ビスフェノールAの溶出濃度が飲料缶で〇・〇〇五PPM以下、食品缶で〇・〇一PPM以下となるように、関係事業者によって自主的な取り組みがなされ、二〇〇八年七月には業界としてのガイドラインが制定されている。

第5章

# インディアナ・ジェーン――錆の美

## 錆のフォトグラファー

アメリカ中でどこよりも錆《さび》だらけの場所には、一般人は立ち入れない。私設の警備員と市の警官が巡回するその場所は、高い金網のフェンスに囲まれ、そこに次のような警告がかかっている。

私有地
侵入禁止
違反者は処罰されます
注意：
監視区域
危険
立ち入り禁止

ここは、ペンシルバニア州ベスレヘムにある、ベスレヘム製鋼所である。かつては世界で二番目に大きい製鋼所だったが、南北戦争の最中に初めてここで鉄が作られて以来ずっと錆《さ》び続けている。一九七〇年代半ばに防塵フィルターが登場するまで、「鉄鋼」から出た錆は、製鋼所だけでなく、その周りの町をも覆った。錆は車のフロントガラスや家々の窓枠に降り積もり、住民は表に洗濯物を干すことができなかった。昔の製鋼工たちは、錆の量と生産される鉄鋼の量を比べて、錆がどれだけ厚く積もったかで給料の額がわかったものだとうそぶく。一九九五年、アメリカの鉄鋼産業は壊滅状態にあり、人々は職を失って、最後の溶鉱炉が閉鎖された。以来この場所はただただ錆び続けている。今この場所を空から見ると、打ち棄てられた施設は、緑豊かな町の中でそこだけ、茶色く朽ちた城のように見える。

この場所をことのほかよく知る一人の女性がいる。名前をアリーシャ・イブ・スックという。製鋼工を祖父に持つフォトグラファーだ。彼女が撮るのは錆の写真である。僕の知る限り彼女は、錆の中に美を見出すことで生計を立てている唯一の人物だ。そこで僕は一一月も終わりのある雪の日、美の源であるこの場所で——彼女はそこを自分の遊び場と呼ぶのだが——彼女に会い、撮影の様子を見せてもらうことにしたのである。

僕はベスレヘムのダウンタウンにあるコーヒーショップでアリーシャと待ち合わせた。三〇代後半の彼女は、ジーンズと薄茶色のセーターを身に着けていた。濃淡をつけてブロンドに染めた髪は肩より長かった。背は高くもなく低くもなく、落ち着いているようでもあり何かに気を取られているようでもあった。僕は彼女の勧めに従って、あとで食べるマフィンとベーグルを買い、茶色い紙袋に入れてジャケットのポケットにしまった。それから僕たちは道路を渡って彼女のスタジオに行き、彼女は何通かのEメールに返事を出した後、製鋼所で一日を過ごすための機材を準備した。彼女が支度をしている間、僕は彼女の写真のプリントを感心して眺めた。ウェブサイトで見るよりずっと鮮やかだ。「Abstract Portraits of Steel（鉄鋼の抽象写真）」「Industrial Steel（工業用鉄鋼）」「the Yards（製鋼所）」、それに「Slate Abstracts（スレートの抽象写真）」といった彼女の写真のコレクションから、多数の作品が正面入口のドアの横の壁に立てかけてあった。幅の広いキャビネットの上に積み上げられているものもあったし、キャビネットの引き出しの中にはもっと多くの作品があった。キッチンのテーブルの上には小さいサイズのプリントの束があった。彼女のデスクの上には、少々気味の悪い青いプリントがかかっていて、それはフォーカスが合っているようにもいないようにも見えた。スイートピーという名で茶色の斑模様がある、二〇歳になる猫が僕の後をついて歩いた。

ロダンの小さいスケッチ作品が三枚ある以外は、スタジオにあるもののほとんどすべてが写真家としてのアリーシャの経歴をほのめかしていた。本棚には、アンリ・カルティエ＝ブレッソン、マリーナ・アブラモヴィッチ、そしてメアリー・エレン・マークの写真集があった。何も書いていない「やることリスト」の隣には、磁石になっている単語を並べた詩があった——「君はワイルドな宇宙の女神、そして君のアートは千の夢の世界のもの」。かなり真実に近い。彼女の作品は写真の雑誌やニューヨーク・タイムズ紙で紹介され、ギャラリーや個人宅や企業のロビーなどに飾られている。彼女によれば腐食は茶色くて退屈なものではないし、古さや崩壊を示すものでもない。それは生きて輝いており、銀なんかよりもずっと素晴らしくて面白いものなのだ。彼女の作品の中には単にポロックっぽいものも何点かあったが、ほとんどは、それよりももっとずっと人を惹きつけるものがあって、何か野生の動物の肌や、アメリカ西部で採れるサンドストーンの表面や、オーロラや、炎のゆらめきに見えたりした。金属にズームインして、赤い斑点やでこぼこした黄色い波、緑色の峰、青いギザギザ、斜めに走るオレンジ色のラインを捉えたりもする。中には日本の水彩画や書道の作品に見えるものもあった。僕がよだれが落ちそうなくらい気に入った作品は、ヨセミテの黒い花崗岩の上を、青い、汚れない水が細々と流れ落ちているように見えた。

やがてアリーシャは、ノース・フェイス〔訳注：アウトドア用品のブランド〕の黒のスキーパンツにグレーのタートルネックセーター、そして丈の長い黒のフード付きダウンジャケットというでたちで現れた。グレーのハイキングシューズを履き、それから自転車用の、手の平がレザーのハーフフィンガー・グローブをはめた。撮影機材は、黒のバックパックと緑色のキャンバス地でできたショルダーバッグ型の二つのカメラバッグに詰めてあった。カーボンファイバー製の三脚も持った。そして僕たちは彼女のＳＵＶに乗り込んだ。

## 雪の中の製鋼所

芸術作品を作るためには規則を曲げることも必要で、アリーシャの錆アートも例外ではない。厳密に言えば、現在はサンズ・カジノ・リゾートが所有している、フェンスで囲まれた製鋼所跡にアリーシャが立ち入りを許可されるのは、地上階以外には行かないという条件付きだ。だがそれでは満足できないとき——そういうことが多いのだが——彼女はこっそり工場跡に忍び込む。僕と行ったときもそうだった。

僕たちは南へ一・六キロほど車を走らせ、リーハイ川を渡ってすぐ、ニューストリート橋の近くに車を停めた。それから橋の下の線路を五本越え、線路と川を隔てている草ぼうぼうの堤防に登って右に曲がった。僕は三脚を隠すために体にぴったりつけるようにして抱えていた。八〇〇メートルほど先に、高さ七〇メートルの溶鉱炉が五本聳《そび》え立っているのが見えた。アリーシャは断固とした表情で溶鉱炉に向かって歩いた。人目を忍んで川沿いの石の上を歩くことも考えたが、雪のためにそこは危険だった。草の生えた堤防なら、雪で足が濡れるだけだっ

錆の写真を撮る非凡なフォトグラファー、アリーシャ・イブ・スックが、2012年11月、377回目の撮影のためにベスレヘム製鋼所へと向かうところ。過去10年間に、見事な錆の写真を3万枚近く撮影している。（撮影：著者）

たのだ。製鋼所まであと半分の距離というところで、線路脇の砂利道を後ろから白いピックアップトラックが近づいてきた。運転しているのは、おそらく鉄道会社の社員と思われる顎ひげを生やした男で、僕たちを追い越しがけに手を振った。僕たちも仕方なく手を振り返した。後になって、彼が僕たちのことを通報したのではないだろうかと僕は思った。

五分後、製鋼所の陰になったところで、いくつかの障害が僕たちの前に立ち塞がった。まずは列車だ。コンテナを二段に積んだ列車が、真ん中の線路に停まっていたのである。幸運なことに列車は僕たちを隠してくれた。アリーシャは左右を確認すると、つるつる滑る堤防を滑り降り、列車によじ登って乗り越えた。僕もすぐ後に続いた。彼女はもう一度左右を確かめ、二つ目の障害、金網のフェンスまで小走りに向かった。雪に足跡がついたことに気がつくと、彼女は後退して足跡を消そうとしたが、ますます目立つ結果になった。そこから先、僕たちは足跡が残らないようにフェンス脇の砂利敷きのところを歩いた。その少し先、進入禁止の標識を過ぎたところまで僕はアリーシャの後ろを歩き、正午ちょっと前に僕たちはフェンスを乗り越えた。アリーシャが先に、そして僕が続いたのだ。

それから五時間、僕はアリーシャが、サハラ以南のアフリカの市場よりもっと混沌とした、迷路のような工場跡を、地図も持たずに、ほとんどの人は気づきもしない微細な美を求めて、平然と、かつ大胆に歩き回るのを眺めた。見晴らしの良い場所を探して、アリーシャは、地上一〇メートルの大きなパイプの上や、もっと高いところにある巨大なクレーンの上を歩き回った。七回三脚をセットし、合計六九回シャッターを切った。午後中、彼女が不安そうに見えたのはただの一度で、それも高いところが怖かったからではなかった。

まず始めに、低木や蔦植物が伸び放題で、ガラスの破片や古いバケツなどが散らかっている中庭を、彼女は急いで横切った。頭上には巨大なタンクが聳えていた。彼女が急いだのは、人から見えやすい開けた場所にいるのが不安だったからだ。アリーシャはお気に入りの溶鉱炉Dに向かった。それから錆びついた急な階段を数セット上ったところで、縞状に斑になった大きなガスストーブの壁の何かにたちまち惹かれたようだった。金属製のパイプが一列、ストーブから取り外されて地面に大きな山になっており、その跡に、それまで見えなかった錆びついた壁面が姿を現していたのだ。

アリーシャは、「綺麗だわ。私のフォーマットに合うかどうかはわからないけど。カメラを通して見てみないと。これはまだスケッチの段階になると思うわ」と言うと、三脚を開いて金属製の格子板の上にセットし、愛機であるキヤノンのEOS 1D MARK Ⅳに35ミリレンズを付けて三脚に固定した。カメラの後ろで彼女は左膝を折り、右の膝を立てて中腰になり、右肘を右膝につけて体のバランスを取った。ロダンを思わせるポーズだった。彼女はファインダーを覗き、三脚を後ろに六〇センチ動かした。「このレンズじゃダメだわ。ゆがみが大きすぎる」と彼女は言って、35ミリレンズをジャケットの右のポケットにしまい、24－105ミリレンズを取り付けた。そして100ミリにズームすると、ほんのわずかに三脚を高くした。「やっぱりね。私のフォーマットには合わないみたい。可能性は感じるんだけど。画は正方形なんだけど、なんとかフォーマットに合わせられないかと思って。ちょっと下がってみようかな」

アリーシャは、構図を決めるのに一五分から四五分かけることがある。この場合はしかし、そうする価値がないことが彼女にはわかった。カメラを片付ける前に、彼女は僕を見て「今の聞こえた?」と言った。僕は、町のどこかからバイクの音が聞こえたのだと思った、と答えた。「ここではね、ときどき、物が崩れるのよ」。後で彼女は、一五キロから二〇キロあるものが――当たれば間違いなく死ぬ重さだ――始終降ってくるのだと言った。

アリーシャは階段を次の踊り場まで上って、ストーブにもっと光が当たっているところまで歩いて行った。彼女は首をちょっと左に傾けてゆっくり歩いた。「こんなふうに面白い形に錆びているところがもっとあったらいいのに――そこらじゅうに、団体で。ここはものすごく綺麗。これは撮影しなきゃ」。僕には面白い錆の形は見えなかった。団体どころか、いくつかの塊、いや、一つたりとも。「ここ、前は見えなかったのよ、全部覆われていたから。露出したから、これからもっと変色するわ」。アリーシャは三脚を数十センチ後ろに引き、両膝をついて屈み込んだ。頭は予言者みたいにちょっと傾けたままだ。それから彼女は三脚を数センチ動かした。ファインダーを除き、さらに数センチ。今度は数センチ後ろに、そしてほんのちょっとだけ前に、そしてほんの少し右に、それからもう一度ちょっと前に――。そうしてようやく、右手に持った九〇センチのケーブルレリーズを使ってシャッターを切った。そして、錆びついた手すりに寄りかかり、「結構いいかも」と言った。

聳え立つストーブの反対側、南向きのところで彼女は再びカメラをセットした。「振動があるかもしれないから何度かシャッターを切るわ」。振動は、二五メートル下を通る列車から来るのである。たとえ列車が通っていないときに何十枚もシャッターを切ったとしても、満足できるショットは一枚もないかもしれない。同じ場所に、昼間や夜のさまざまな時刻、さまざまな天候の中で五回通っても、良い写真が撮れないこともある。だが今日は彼女には手応えがあった。「このイメージ、なんだかすごく綺麗だわ」と彼女は言って、〇・八秒から二秒まで、いくつか違った露出時間でシャッターを切った。それから三脚を左に一メートル弱動かし、「これは面白くない」と言って、一度シャッターを押した。三脚をさらに一メートルほど動かして四回。満足すると彼女は立ち上がって、何一つ見逃すまいとするかのように手すり越しに辺りを見回した。見たことのなかった苔に気づくと、直感に従ってそちらのほうに歩き始めた。金属をチェックしながら歩いて行った彼女の姿が僕の視界から消えた。

ちょうどそのとき、音がした。僕は胸の動悸が高まり、緊張してその場に凍りついた。

アリーシャはそれまでこの製鋼所で、ゴタゴタに巻き込まれたり危ない目に遭ったりしたことが何度もあった。ホームレスや浮浪者にもさんざん出くわしたが、いつも相手が彼女を見る前に彼女が相手に気づいた。一度など、降り口が一か所しかないクレーンの上にいたとき、すぐ下の部屋で話し声がした。彼女はそこに三〇分間じっと立ったまま、男たちが立ち去るのを待った。また別のときは、ウェストチェスターから来ていた精神異常者と鉢合わせしそうになったこともある。それから間もなくして男は逮捕され、多数の銃を所持していたことがわかった。また地上七〇メートルの場所で、踏み板が四枚なくなっている階段から転落しそうになったこともある。一番危機一髪だったのは、二〇〇五年、もう一人のフォトグラファーと一緒にここをウロウロしていたときのことだ。溶鉱炉Eに数人の人影を見つけた二人は、溶鉱炉Dの片隅の暗闇に身を隠そうと走った。まるで洞窟のような溶鉱炉を横切っているとき、アリーシャは、鋳造した溶融鉄をレンガ製の管から下で待ち構える鉄道の貨車にあけるための、長方形の穴に落ちたのである。一緒にいたフォトグラファーによれば、今までそこにいたアリーシャが、次の瞬間、あわや姿を消しかけたのだ。「バックパックとカメラと三脚を持っていなかったら、下まで落ちていただろうね」と彼は僕に言った。「死ぬのに十分な高さだったよ」。正確に言うと、そこは地上三階の高さだったのだ。そのフォトグラファーはアリーシャの脇の下に手を入れて腕を掴み、彼女を引っ張り上げた。

高価なリンホフのレンズが壊れ、アリーシャは左足に擦り傷を負ったが、けがはそれだけで済んだ。そういうことがあったので、彼女は製鋼所の中では決して急いで動かない。そのとき一緒にいたフォトグラファーは、以来何度もアリーシャと一緒に製鋼所に入っているが、今でも彼女のことをインディアナ・ジェーンと呼ぶ。

アリーシャが戻ってきて、「ここ、とっても素晴らしいわ。色がすごいの」。不安げに見えるのが嫌だったので、僕は音のことは何も言わなかった。それから彼女がついて来いと言った。彼女は角を曲がって暗い階段を降りていった。どこも見覚えはなく、てっきり初めて通る場所だと思ったのだが、建物から出たところに、その建物に向かう僕たちの足跡があった。僕は感心してしまった。アリーシャは、自分はいつも、目が見えない人のように、自分の感覚に訴えるものに従って手探りで歩き回るのだ、と言った。ただ直感を信じるのだ。すると、彼女の目を奪うものは山ほど見つかる。錆を撮影する、ということについて彼女は言った――「これほど死んでいるものから生命を引き出すなんて、可笑しいわね」。突然、彼女がまるで野外生物学者か登山家みたいに見えた。

アリーシャは、金網フェンスの下の、ゆがんだデッキの上に渡り廊下のように架かった斜めの鉄格子を登っていった。途中で彼女は立ち止まり、左右を確認してからまた進んだ。僕には、人から見えるので自分から離れないように、と言った。それから金網フェンスの下をくぐって、別の傾斜路を降り、隣の建物に入っていった。

その建物の端から彼女は西の方角を向いて、鉄骨の檻に囲まれた巨大な排気弁を指差して言った。「すごいわ。あれを撮れたらいいのに」。排気弁は少なくとも地上二〇メートル近いところにあり、複雑に入り組んだ中庭の上に張り出していた。「あそこの、今のあの感じ、大好きだわ。赤と黒の模様がすごく面白いわよね。でも撮れない。ここではそういうことがしょっちゅうなのよ」。彼女がそれを撮影できない理由は、撮影のためには三脚を地面にしっかり固定する必要があるからだ。リグはここでは使えないし、危険すぎる。「まるでジャングルみたい。すごくかっこいいわ」。彼女は向こうを向き、その先に進もうとしたが、それからもう一度さっきの方角を振り向いた。「どうしてあそこに行けないのかしら?」。それからもっと小さな声で、まるで工場の中庭そのものに向かって言うように、「ひどいじゃないの」と言った。

アリーシャはもっと高いところにある、眺めのいい場所まで上った。そして雪の積もった建物の屋根に目をやり、さまざまな種類、角度、特徴のある屋根に雪が溜まっている様子に感嘆した。一か所、水分を含んだ雪が崩れ落ちて、その跡が縞模様になっているところがあった。別のところでは雪の上に水滴が落ちて小さな点々模様ができていた。屋根がカーブになっているところは、雪の量は徐々に少なくなっていた。アリーシャは、見たことのないワイヤーがぶら下がっているのに気づいた。「こうやってよく見ておくの」と彼女は言った。後日彼女は、どこか一か所に立ってただただ観察をすることは彼女にとって少しも苦にならないのだと言った。辛抱強いのだ。話すのも、歩くのも、食べるのも、タイプするのも、何をするのも彼女はゆっくりだ――運転だけは別かもしれないが。彼女はたまにしかコーヒーを飲まないし、撮影の前には決して飲まない。その朝コーヒーショップで、彼女が急ごうとしない理由を僕は勘違いしていた。のんびりしていたわけではなくて、あまりにも集中しているために動きが遅くなるのだ。僕は工場を眺めているアリーシャを眺めた。あまり長いことじっと見つめすぎて、彼女がぼんやりしていくのがわかった。目が無表情になっていく。彼女はひざまずいた。と、突然、彼女は勢いよく立ち上がって現実に戻ってきた。「あの車、どうしてあそこで停まったのかしら」と彼女は言い、僕にその場を動かないようにと言った。僕は窓枠のすぐ脇の、外から見えないところにいたのだ。そして彼女はその場に凍りついていた。「こっちを見てはいないわよね？」

## 写真家の好奇心

アリーシャが最初に写真のクラスをとったのはほんの気まぐれで、リーハイ・バレー病院の隣にあるオフィスで数人の血管外科医の医学記録転写士として数年働いた後のことだった。彼女はその仕事に満足できなかった。何かもっとできることがある、そして九時五時の仕事には自分は向いていない、と気づいた彼女は、心理学かデザインのどちらかを勉強しようと考えた。何週間も考えた末、ノーサンプトン・コミュニティ・カレッジでデザインを学ぶことにした。最初にとったクラスは描画の入門クラスだった。絵を描くのは子どもの頃以来だったし、子どもの頃もちゃんとした絵を描いたわけではなかった。彼女の両親は彼女が壁に落書きをしても怒らず、兄は人や家や木を描いたが、彼女はもっぱら抽象的な幾何学模様を描いた。彼女の母親は美術の学校に通い、絵で賞をとったこともあったが、アリーシャには美術の道に進むよう勧めたことは一度もなかった。どちらかと言えばアリーシャは、家族が持っている芸術的才能に気後れしていたのだ。そのせいで彼女は子どもの頃からずっと、絵を描くことや芸術を怖がっていた。ノーサンプトン・コミュニティ・カレッジで絵の描き方を学んでわかったのは、彼女には、教授の一人が呼ぶところの「芸術的失語症」がある、ということだった。明るいものを暗く、暗いものを明るく描いてしまうのである。つまり彼女の描く絵は写真のネガみたいだったのだ。このことに気づいた彼女は、写真の授業を取ることにした。そしてそれに夢中になったため、学校は彼女に暗室の鍵を渡したほどだった。

二〇代だったとき、ボーイフレンドの影響で美術館やギャラリーやオペラやフィリップ・グラスを知った彼女は、もっと写真を勉強したいと考えた。ロチェスター・インスティテュート・オブ・テクノロジーに入学願書を出し、二〇〇三年の一一月、その翌年の入学を許された。その一一月の月末、ある暖かな、風のある日、彼女がペリー・ストリートを自転車で走っていると、製鋼所跡の向こうから射し込む太陽の低い光が目に止まった。彼女は製鋼所に向かい、フェンスの前で自転車を降りた。そして魅入られたようにフェンスにしがみつき、初めて買ったデジタルカメラを持ってすぐにもう一度来ようと決意したのである。二日後、何も知らない彼女は、僕たちが通ったのと同じルートで製鋼所に近づいたが、警察がいないことを確かめなかった。とにかく期待で胸がいっぱいだったのだ。彼女を見つけた警察官が、「そこは私有地ですよ」とパトカーから大声で言った。彼女は踵《きびす》を返して、警官から見えなくなるまで橋のほうに戻った。それからリーハイ川岸の岩場まで降りて、岩を伝って八〇〇メートル先の製鋼所まで行き、堤防から辺りの様子をうかがった。そして線路を走って横切り、アメリカでどこよりも錆だらけの場所に侵入したのである。胸がドキドキしていた。製鋼所に足を踏み入れたちょうどそのとき、列車が甲高い音を立てて通り過ぎた。

アリーシャの好奇心はやがて探究心となり、間もなく彼女は、ロチェスター・インスティテュートに入学する前にこれを一つの写真プロジェクトとして完結できるのではないかと考えた。多分三〇日もあればできるだろう——。その後の八か月のうちの四六日間を、彼女は製鋼所で過ごした。学期が始まる頃には、写真学校へは行きたくなくなっていた。錆の撮影を続けたかったのだ。

ロチェスター・インスティテュート・オブ・テクノロジーで、アリーシャはフォトジャーナリズムの勉強を始めたが、彼女には向いていなかった。できる限りの写真技術を身につけたかったので、広告写真に転向したが、それはつまり、スタジオで過ごす時間が長いということを意味していた。彼女は、この経験が役に立ったと考えている。卒業すると、教授の一人がこの先何をする気かと訊いた。ファインアートとしての写真を撮りたい、と答えると、教授はただ笑って言った――「それがどんなに難しいことかわかってるのかい？」。「励ましの言葉は一切なし。とにかく冷たくて、まるでブートキャンプ〔訳注：米軍の新兵訓練。その厳しさで知られる〕みたいだったわ」とアリーシャは言った。

それからちょうど九年経った今、アメリカで傑出した錆の写真家となった彼女は、まだ製鋼所にいる。その日は彼女が製鋼所で過ごす三七七日目だった。

車が行ってしまったので、アリーシャもその場を離れた。ゆがんだ階段を降り、傾斜した連結ランプを上ってワイヤーをくぐり、左右を確認してから、高架になった傾斜路を三〇メートルほど進んだ。それから立ち止まって左に曲がり、ワイヤーをくぐって別の連結ランプを歩いて行った。

その頃になると、僕もアリーシャと同じような視点で辺りを見回すようになっていた。僕は、頭上のパイプに、かなり面白い渦巻状の染みがあるのを指差した。アリーシャは前から何度もそれを見ていて、少なくとも数回は写真を撮ろうともした。「うっとりするわよね」と彼女は言った。それから、「もっと高いところに登りたいけど無理なの。拷問よ。撮りたくても撮れない写真にいつもこうやって苦しめられているの」と言った。彼女が言うには、この渦巻を撮影するのは雪の日の早朝でなければならなかった――そうすれば、雪に光が反射して、レンズのフレアが入らずに渦巻を照らしてくれる。彼女の言葉には固い決意がにじんでいた。パイプはどこへも行きやしない。

連結ランプの途中まで降りたアリーシャは、ボイラーの、地上五メートルほどのところに、虹色に光っているものを見つけた。「綺麗だけど、私は正面からしか撮らないの」と彼女が説明した。それから頭を下げ、肩の高さで目を細めて辺りを見渡し、何かを見つけた。「うわあ綺麗。ちょっと角度を変えて見ると、いろんな色が見える」。そう言って彼女は三脚を一・二メートルに伸ばした。「面白いわ。私って鷹《たか》みたいなの、あんなものが見えるんだもの。うまく撮れるかしら」。彼女はカメラを三脚に固定し、何度かシャッターを押して言った。「これで満足する人は多いでしょうね。でも私は、これでよし、とは思えないの。決して満足しないのよ。何度でも戻ってくるの」

錆だらけのさまざまな物をまたいで越え、錆びた鉄格子の上に立ち、錆びた壁や戸枠をくぐって彼女はさらに先へと進んだ。崩れたり壊れたりしそうな手すりや梁に寄りかかったりもした。金属音を立てるがらくたがそこらじゅうに散らかっている地面の上を、彼女は不思議と音を立てずに歩いた。バネ仕掛けの門がしっかりと閉まっていないのを見ると、彼女はそこから建物の中に入った。一度だけくしゃみをしたときも、小さい音を立てただけだった。それは、ドラムの内部にいるかのような空間だった――空気はピンと張り詰め、暗くて、音が大きく反響する。彼女は地上階まで降りたかと思うと別の階段を上って壁沿いの通路に立ち、「あそこ、水といろんな赤の錆があって面白いけど、構図が良くないのよ」と言った。それから僕の横を通り、振り返って「あそこ、あの赤いところ、最高だわ」と言った。

赤い錆のあるところが露出しているのを見て、彼女は急いでその二階上まで階段を上り、錆びたガラクタが何センチも積もった踊り場で立ち止まった。そしてもっと良いアングルを探した。オレンジ色と茶色の混じった壁を指差して彼女は言った――「すごいのはね、色が変化するの。別の日に来れば、あそこは青かったりするの、青く光るのよ」。その踊り場で、下から男の声が聞こえた。僕がアリーシャにそれを伝えると、彼女はすぐに真っ暗な部屋に後退して音を立てないようにじっと立ち、僕のほうを見て「いやだ、ジョーだわ」と言った。

ジョーのことは、その日の朝、アリーシャから聞いていた。ジョー・コッシュ。彼はこの製鋼所で安全管理官として二六年間働き、現在は警備員として雇われているのだった。彼は何度もアリーシャを、ファウンダーズ・ウェイにある門のところで呼び止め、入所許可を取り消した。一番最近そういうことがあったときは、銅を盗みに入る輩について四五分間の説教をし、中に入るのをやめさせようとした――彼らに見つかればおそらく彼女は殺されて埋められるだろう、そうしたら自分は死体捜索犬を駆り出さなければいけなくなる、というのである。アリーシャは僕を見て真面目な顔で「ジョーは多分今日ここにいると思うわ」と言っていたのだ。

アリーシャが、製鋼所に入る正式な許可を地元の開発業者から与えられたのは、二〇〇四年のことだ。補償契約書に従えば、彼女は安全な地上階以外に立ち入ってはいけないし、溶鉱炉のような危険な区域にも近づけないことになっていた。サンズ・カジノ・リゾート社がこの土地を買ってからは、彼女のアクセス権も彼らの管理下に移った。にもかかわらず、警備員――その多くはずっと製鋼所で働いていた者たちだったが——はしょっちゅう彼女が構内に入るのを止め、許可を取り消した。彼らは、そこに若い女性が入るのは危ないからと言って、警備料として一時間三〇ドルを要求した。だがアリーシャにはラスベガスにサンズ・カジノ・リゾート社の取締役である友人がいて、その人が彼女の入構許可証を無期限で再発行してくれたのだ。そのうち、カジノのデザイナーの一人がアリーシャに連絡してきて、彼女が何年間もいったい何をしているのか知りたがった。

アリーシャが撮影した写真を見せると、彼はいたく感心した。サンズ・カジノ・リゾート社の役員たちも同様だった。古参の警備員たちの多くが目を見張った。「錆が美しいだなんて、思いもよらなかったのよ」とアリーシャは言った——「みんな言うの、『錆をこんなふうに見たことはなかったな』って」。

錆に取り憑かれた芸術家が自分たちの目の前にいることに気づいたカジノのオーナーは、アリーシャを、製鋼所の再開発を記録するために雇った。再開発とはつまり、長いこと彼女を虜にしてきたこの場所を取り壊すことを意味した。二〇〇七年から二〇〇九年にかけて、溶鉱炉を囲む建物——圧延工場、鋳造所、鍛冶場、工具工場、機械工場、酸素転炉、平炉、電気炉、ベッセマー転炉、営業所など——は、みな中を空にされたり、取り壊されて平地になったりした。そうした跡地は舗装され、駐車場になった。控えめな修景が施された。アリーシャによれば「唯一残った神聖なもの」である溶鉱炉の周りには、フェンスが建てられた。

## 溶鉱炉の死

アリーシャはこの大きな変貌を記録し、いずれそれは本になるだろうと思っていた。それはまるで、少しずつ死んでいくものを見守っているかのようだった、と彼女は言う。「Industrial Steel」と名付けられた一連の作品に含まれるそうした写真の多くは、製鋼所があたかも有名な山の頂や人の手が入っていない渓谷であるかのような畏敬の念が感じられる。そこには、場所の状況やそこにあるものが鮮明に写し出されている——壁、部屋、クレーン、ワイヤーの束。それらが、夜明けや黄昏時、月の光の下、霧の中、雪の積もった中で、自然の風景のように撮影されているのである。アリーシャは、構内で光がどのように変化するかを観察するためだけに多くの時間を費やしたと言う。彼女がこの場所を撮影するのは、人々がアメリカ西部の風景を撮影するのと同じことだと。

自分をフォトグラファーにした場所が取り壊されていくさまを記録するのはまた、受け入れ難いことでもあった。彼女は鉄鋼と錆だけでなく、スレート、くず鉄置き場、木など、撮影対象を他のものにも広げなくてはならなかった。そうしなければ自分の魂が死んでしまうからだ。だがやがて景気が低迷し、本を出版するというサンズ・カジノ・リゾート社のアイデアは棚上げになった。

今では残っているのは溶鉱炉だけなので、そこがこれ以上破壊されれば大変なことになる。その一部は無断侵入者に荒らされたし、銅泥棒に盗まれた物もある。映画『トランスフォーマー2』の美術デザイナーが様子を変えてしまったところもある。詩人ウォーレス・スティーブンスが書いたように、死は美しさを生むが、それにも限界がある。数時間前、溶鉱炉Dの四階部分に上って、ストーブから金属パイプが取り外されていることに気づいたとき、アリーシャは階下に積まれたパイプの残骸を見て言った――「ああ何てこと、あれを見てよ。内臓がえぐり取られているみたい。悲しいわ」。彼女は製鋼所に、自然に死んでいってほしいのだ。急がされ、幇助《ほうじょ》された、人工的な死ではなくて。

実際、アリーシャは車の中で開口一番、もしもタイムマシーンを持っていたら一〇年前に戻るのに、と言った。一〇年前、製鋼所はすでに使われてはいなかったけれどまだ閉鎖されていなくて、本物の、元の姿のまま、誰にも邪魔されずにそこにあったと言うのである。そのときは僕は彼女が何を言おうとしているのかわからなかった。そこは今でもまさにその通りの場所であるように僕には見えたのだ。だが彼女が言うには、今、その当時の魔法じみて神秘的な雰囲気を捉えたければ、こっそり忍び込むしかない。夜、この場所を歩けば、「純粋な体験ができる可能性が一番大きい」のだと彼女は言った。後日彼女は、もしも宝くじが当たったら、この製鋼所を買って保存すると言った。

僕たちがその暗い部屋の中で石のようにじっと立っていたのは二分ほどだったが、それはとても長く感じられた。ピックアップトラックに乗っていた、あの顎ひげを生やした鉄道会社の社員が僕たちのことを通報したのだろうか。アリーシャは、不安に思っていたとしてもそれを顔に出さなかった。彼女は陽の光の中に顔を出した。彼女の足元で錆が潰れるバリバリという大きな音がした。彼女は辺りを見回し、もう一階上へ階段を上った。そしてそこで、鮮やかな緑と赤の錆の付いたT字管を見つけて撮影した。

「今ちょうど、色彩が見事なのよ」と彼女は言った。

「完璧だわ。ね、この色を見てよ。すべてが生きているみたい。ここへは前にも来たけど、これほど綺麗だったことはないわ」。アリーシャは三脚を一・五メートルに伸ばして固定し、何度かシャッターを切り、それから興奮して言った。「ああ、あそこに行かなくちゃ」。だがどこかへ行く前に、彼女は三脚の前に爪先立ちした。首を左に傾《かし》げた彼女の息が白く見えた。レリーズのケーブルがカメラからぶら下がって前後にユラユラ揺れた。彼女は自分の撮った写真について考え、それから三脚を後ろに数十センチ、手すりにぶつかるギリギリのところまで後退させた。手すりの向こうは五階下まで真っ逆さまだ。そこらじゅうから、水が滴る音が聞こえた。

「しょっちゅう気が散るのよ」とアリーシャは言った。「何かを撮影していても——これ、とってもいいわ。ここすごく綺麗。今日のご褒美ね」。彼女の言うご褒美とは、自分が気に入り、売れる写真という意味だ。昨日までに撮影した二万八〇九三枚の錆の写真のうち、ご褒美は一一三枚である。この日彼女は、一日で三枚のご褒美を手にした。

サイズによるが、アリーシャの写真は一枚八〇〇ドルから三二〇〇ドルで売れる。二〇一二年に彼女が売ったプリントの数は一〇〇枚と二〇〇枚の間のどこかだ。そのうちの一枚は、一一五センチ×二四〇センチの金属板に印刷されたもので、三万ドルで売れた。ほとんどの場合はハーネミューレ社のミュージアムエッチングという紙に、アーカイバルピグメントプリントという手法で印刷される。アリーシャのスタジオで初めてそういうプリントを手にしたとき、その深みのある色彩に、僕はその写真が3Dだと信じかけた。ディテールがあまりにも精緻に再現されていて、その写真の中に手を突っ込みたいという衝動を抑えなければならなかったほどだ。白状するが、僕はアリーシャに、本がたくさん売れて彼女の写真が買えるようになるといいな、と言った。

「これ、色使いや幾何学模様が綺麗な凧《たこ》みたいに見えない?」とアリーシャが言った。凧とは思いつかなかった。移動する前に彼女は十数枚シャッターを切るとカメラを片付けた。

彼女は、自分は見てすぐに何だかわかる露骨なものは避け、単なる美を超えたものを見つけたいのだ、と言った。「私の写真を見る人はたくさんいるし、みんなそれが錆だということはわかってるんだけど、でもそれを見て、『あ、錆だ』とは思わないの。わかりやすすぎてはダメなのよ」

彼女の抽象作品の一枚が、心臓弁に見えると言った人がいる。彼女にはそれは異星人の惑星に見える。象に見えると思っている作品もある。山並を連想させるものもあるし、『老人と海』を思わせるもの、花瓶に見えるものもある。彼女の写真から連想する、と人に言われたことがあるものには、ナバホ族が描く鳥の嘴《くちばし》、ユキヒョウ、赤いケシが一面に咲く野原、森、雪の中の木の葉、星雲、アメーバ、抽象的な裸体画、ワールドトレードセンターなどが挙げられる。僕には写真の一枚がアインシュタインみたいに見えた。「根源的」「未来的」「有史以前」「宇宙時間を織りなす構造のような」などとアリーシャが呼ぶものもある――それがどんな姿をしているかは知らないが。彼女は自分が、セメント工場や洞窟、デスヴァレーなど、現実離れした場所に惹かれる傾向があることを知っている。彼女の夢は、NASAのロケット発射台の鋳を撮影することだ。だが今のところ彼女の最高傑作は、彼女が生まれ育った町の、実家から一・六キロのところで撮影された。彼女は、「この世のものとは思えない」「魔法のような」「創発的な」「元気な」といった言葉を使う。僕との会話の中で、彼女が悪態をついたことはほとんどなく、カール・ユングの提唱した集団意識や、『Wabi-Sabi（侘び寂び）』という本の中に描かれる、存在すること、思考、見ることにまつわる哲学が会話の端々に登場する。軽いニュージャージー州訛りがなかったら、ボールダーやサンフランシスコでもすんなり溶け込んだことだろう。

アリーシャが以前見つけて大喜びした、高架トラックの下の、細長い、洞窟みたいな空間があった。冬になるとそこには大きなつららができるのだと言う。彼女は僕を先導してそこへ降りて行った。一番下の階段の前で彼女は、「気をつけてね、人から見えるから」と言った。僕は恐る恐る中を覗いた。何か大きな機械が見えたが、つららは見えなかった。見つからないように、僕は急いでそこから出た。階段を上りながら僕は、アリーシャが三脚を杖代わりにしているのに気づいた。

えび茶色や黄色の金属から黒い塗料が剝がれかけている暗い部屋の中を、アリーシャは年老いた賢者然としてさり気なく歩いて行った。「これ、前はコバルトブルーだったのよ」と彼女が言った。「コバルトブルー。時間が経ったらこんな色に変わってびっくりだわ」。彼女は溶鉱炉の中や、今では緑色の雪解け水をいっぱいに湛えた巨大な鉱滓《こうさい》輸送車の後ろを歩き回った。それから、高さ九〇センチほどの窓台から飛び降りると、中庭に出て、ある建物の側壁を見上げた。「この前撮影したときはこの板金全体が青かったのに、今日は黒いわね。でも撮ってみるわ」。頭上を雁の一群が川に沿って飛んで行った。

一瞬、その鳴き声が人の声に聞こえた。

突然、ベスレヘム製鋼所が世界の七不思議の一つみたいに見えた——ピラミッドと同じくらい素晴らしい、歴史の遺物みたいに。数百メートル先には溶鉱炉Aが建っている。この種の溶鉱炉ではアメリカで最古のものだ。一九一四年にそれが建てられて間もなく、ベスレヘム製鋼所では一日に二万五〇〇〇個の砲弾が生産され、「アメリカのクルップ」とあだ名された〔訳注：クルップ社はドイツのエッセンにある重工業企業で、製鉄から始まり重機や兵器を製造していた〕。その一六年前には、フレデリック・テイラーがここベスレヘム製鋼所で、それまでの三倍の速度で金属材料を切削することを可能にし、ステンレス鋼の父、ハリー・ブレアリーが注目することとなった高速度工具鋼を発明した。ベスレヘム・スチール社について言えば、二〇世紀初頭に社長であったチャールズ・M・シュワブは、自分は鉄鋼を作るためではなく、金《かね》を作るためにこの業界にいるのだと語っていた。たしかにベスレヘム・スチール社は大金を作ったが、同時に、銀行の金庫室、戦艦、鉄道の枕木、それに、有名な観覧車の中心にある、重さ六三トンにのぼる巨大な心棒なども製造した。アメリカで二番目に造られた航空母艦、レキシントンを造船したのもベスレヘム・スチール社だ。一人の作業員が、ニューヨークの地上二五〇メートルの建設現場で鉄鋼の梁に座って呑気に昼の弁当を食べている、一九三二年に撮影されたかの有名な白黒写真に写っているその梁も、ベスレヘム・スチール社製である。

ベスレヘム・スチール社には数々の挽歌が捧げられている。『Forging America: The Story of Bethlehem Steel（アメリカを鋳造する：ベスレヘム・スチール社の物語）』の著者は、ベスレヘム・スチール社を「黙した」「閉鎖された」「荒涼とした」「空虚な」といった言葉で形容している。『Crisis in Bethlehem: Big Steel's Struggle to Survive（ベスレヘムの危機：巨大製鋼会社の生き残りを賭けた戦い）』の著者はベスレヘム・スチール社を、腐りかけの、忘れられた荒廃の地と呼び、使われなくなったローリングテーブルが鳩の糞に覆われていると嘆いた。アリーシャにこうした悲嘆の思いについて尋ねると、そういう背景があるからこそ、彼女が求める抽象的なイメージの被写体が見つかるとなおさら嬉しいのだ、と彼女は答えた。本を書いたり歴史を記録したりする人たちは、見た目に明らかなことだけに注目する。だがアリーシャは二つの世界の間を自在に動き回るのだ。「この場所を、放棄された建物や錆びついた金属の塊だらけの、使われなくなった工業用地としてしか見ない人は多いわ」と、後日彼女は言った。「私にとってはここはそれとは反対に、暗くて謎めいた場所に宝石が散らばっているエメラルドの都なの」

ニューヨーク・タイムズ紙もそれに同意のようだ。二〇一一年五月一五日に八枚の写真入りで掲載された、「ラストベルトに美を見出す」と題された記事の中で、記者は「アメリカの製鋼業が衰退するにつれ、ベスレヘム・スチール社の施設もつらい目に遭った。その結果は陰鬱ではあるが、決して退屈ではない」と書いている。

アリーシャはさらに敷地内を歩き回り、とある金属片の前に三脚を立てた。それが森の中の木々を連想させるのだと言う。僕には木は見えなかった。僕に見えたのは液体の滴りだ。僕は彼女の作業を眺めた。彼女の被写体に水が滴り落ちた。彼女のジャケットにも。僕のノートにも。彼女のカメラレンズにも。「濡らすのはやめてよ！」と彼女は言った。

午後四時半、もう、あと一ショット撮る時間しか残っていなかった。アリーシャは、以前コバルトブルーだったという板金に向かった。一番良い撮影場所に行くのはちょっとばかり難しかった——階段を一階分上り、三メートルばかり梯子を降りて鉄格子を越え、直径一・二メートルのパイプに立つ。そこから、それより細いガス管を手すり代わりにしてパイプの上を一二メートル進み、そこから三〇度の角度で上に曲がったパイプを伝って進む。アリーシャの後をついて行った僕は、梯子の上から下にいる彼女に三脚を渡した。太いパイプを見て僕はアラスカのパイプラインを思い出した。同じくらいの太さで同じように雪に覆われているが、こちらはツンドラの地上一・二メートルのところにあるのではなく、コンクリートと鉄鋼の上一〇メートルのところにあるのだ。パイプの上から見る板金は、灰色で染みだらけだった。

「わかりにくいけど」とアリーシャが言った。彼女が何を撮ろうとしているのかわからないのはこれが初めてだった。「でも綺麗でしょう？」

彼女は何度かシャッターを切った。三脚は何度も滑り落ちそうになった。

「素敵だわ。前に撮ったのより良いかもしれない」

アリーシャはもう少し上まで登ってもう一枚写真を撮ったが、雪の中で滑りやすいパイプに三脚を固定するのに苦労した。それから、暗すぎる、と言い、僕たちは下に降りることにした。

アリーシャが先導し、僕たちはガラクタが散在する中庭を通ってさっき乗り越えた金網フェンスまで戻った。途中、彼女は何か錆びついたものにつまずいたが、すぐに体勢を立て直した。彼女が転びそうになったのはこのときだけだった。

夕暮れではあったが、まだ安心できるほど暗くはなく、外に出るのは忍び込むより大変だった。

先にフェンスに登ったのは僕だった。僕がフェンスを乗り越えると、アリーシャは僕に三脚を渡した。そのとき、東の方角から明かりが近づいてくるのが見えた。

「行って！」と彼女が言った。

「何処へ？」

「いいから行って！　早く！　何処でもいいから！」。そう言うと彼女は製鋼所の中に戻って行った。

僕はもう一度フェンスを越えて中に入ろうかと考えたが、間に合うかどうか自信がなかったので、急いで明かりから遠ざかろうとした。フェンスに沿って進み、身を隠せる場所を探したが見つからない。若い木は細すぎるし葉がないので隠れられない。振り向くと、明かりが三つ近づいてくる。僕は地面に伏せてじっとしていようかと考えた。とそのとき、鉄鋼製の控え壁が見えたので、僕はその後ろに隠れた。なんだか、小さすぎる灌木の後ろに身を縮こまらせているアニメマンガのキャラクターみたいな気分だった。近づいてくる列車の音が大きくなり、地面に落ちた影が動いて、列車——機関車が二台連結されただけの——は通り過ぎていった。

小走りにフェンスに戻るとアリーシャがいた。彼女は無言で僕にバックパックを渡すとフェンスを乗り越えた。それから数メートル行かないうちに、「今の聞こえた？」と彼女が言った。何かの音が聞こえはしたが、僕はどこか遠くの音だと思っていた。それからもう一度音がした。砂利道を車が走る音——警備員の見回りだ。音のするほうを見ても何も見えなかったが、アリーシャは急ぐことにした。フェンスに沿ってぐるりと進み、停車中の列車を乗り越えて線路を横切り、堤防に出た。僕も彼女に続いた。

リーハイ川が見えると僕はホッとした。自由になった気分で、疲れてはいたが満足感があった。足はびしょ濡れで、ズボンも膝まで濡れていたし、手は冷たかった。アリーシャの後ろを八〇〇メートルほど歩きながら、僕は熱いシャワーのことを考えた——髪から錆の粉塵を取り除くにはそれしか方法がない。そのとき、アリーシャが足を止めた。さっき通り過ぎていった列車が橋の下に停まっている——まさに僕たちが渡りたいところだ。列車の横には鉄道会社の社員が二人いて、列車の停車位置を調整していた。「嫌だわ」とアリーシャが言った。「あいつらとは関わりたくない」

アリーシャ・イブ・スック――人々に見棄てられた、よそよそしい場所から辛抱強く美を引き出す達人――は、一番安全なのは、まっすぐ、大急ぎで公道に出ることだと判断した。彼女は雪の積もった草を滑り降り、線路を越えると左右を確認した。

そして駆け出した。

# 第6章 国防総省の錆大使

## 防食の帝王

フロリダ州キシミーに予定より遅れて到着したダン・ダンマイアーは、ひどい様子をしていた。それはハロウィーンの前日の午前一〇時前のことで、フォード・エクスカージョンから降りてブルーノ・ホワイト・スタジオの狭い駐車場に立った彼の、ピッツバーグ・スティーラーズ〔訳注：ペンシルバニア州ピッツバーグに本拠を置くアメリカンフットボールのチーム〕のロゴ入り野球帽に隠れた顔は、げっそりとやつれて見えた。瞼《まぶた》はたるみ、まばらな白髪交じりの顎ひげはもつれ、歩くというよりは足を引きずるように動く。国防総省の役人にはまるで見えなかった。黒いズボンはウエストから下にだらしなくたるみ、カーキ色のボタンダウンシャツは出っ張った腹で風船みたいに膨らんでいる。スティーラーズのロゴ入りの、薄手ナイロンのジャケットが、腹の膨らみをなおさら目立たせていた。さらに、面ファスナー付きの靴と、スティーラーズのロゴが入った白いソックスが、ダンマイアーのだらしない格好にとどめを刺していたが、風変わりであることを得意に思っている六〇歳のダンマイアーにとっては、そんなことはどうでもよかった。彼はピッツバーグに本拠を置くスポーツチームの熱狂的なファンで、いつでもビジネススーツの下に、少なくとも一つはどこかのチームのロゴの入ったものを身に着けていた。彼が疲労困憊していたり約束に遅れたりするのもよくあることだったが、今日はその理由が普段とは違っていた。彼は、サンディと名付けられたハリケーンの中、一五時間車を走らせてきた――乗るはずだったピッツバーグからの飛行機がハリケーンのおかげで飛べなかったのだ。横殴りの雨と風速三五メートルの風の中を、七つの州――うち三州は非常事態宣言を発令していた――を通過し、ロムニー、バイデン、オバマ、クリントンの各陣営の選挙キャンペーンを足止めさせた自然災害のただ中を、ワシントンDC郊外で一度短い休憩をとっただけでずっと運転してきたのである。彼がフロリダの青空目指して車を走らせてきたのは、今日のビデオ撮影は何としても逃すまいと堅く決意していたからだった。防食担当の役人としてはアメリカで最高の地位にあるダン・ダンマイアーがピッツバーグよりも好きなものと言えばただ一つ、『スター・トレック』と、その登場人物のジョーディ・ラ＝フォージ中尉を演じた俳優、レヴァー・バートンであり、その本人が今、錆《さび》について話すために楽屋でスタンバイをしていたのである。

スタジオの入り口を入ったすぐのところで、ダンマイアーはビュッフェのテーブルからボトル入りの水を取り、それからディレクターの控室を通って撮影スタジオに入った。彼は一握りの薬を口に放り込み、ボトルから水を口に含んで薬を飲み込んだ。「気分が悪い」と彼が言った。「最悪だ。ファイブアワー・エナジー〔訳注：アメリカの栄養ドリンク〕も飲んだしな。一五時間に三本飲んだんだ。やあ！」。レヴァーが挨拶しに楽屋から出てきた。長身で自信に溢れた様子のレヴァーは、紺色のヨットパーカーとお洒落なジーンズという格好で、爪先部分が銀色の黒い革靴とスカーフを身に着け、どんな技術者よりも二ランクは上を行く優雅な口ひげを生やしていた。「我らがダンの登場だ」と彼は言った。二人は握手して抱き合い、ダンマイアーの疲れは吹き飛んでしまった。

ダンマイアーの正式な肩書きは、米国防総省の管轄下にある「防食政策および監督局」の局長だが、彼は自分のことを「防食の帝王」とあだ名した。だが彼のことは、「錆大使」だと思えば一番わかりやすい。産・学・軍を相手に、何百種類にもおよぶ防食のための方策を実施する彼の役割を表現するのにふさわしい名前だ。防食について、一般の人々を啓蒙し、教育する、というのが彼ならではの大きな野望なのだが、錆大使はその役割の大部分をレヴァー・バートンに託した。『リーディング・レインボウ』という子ども向け番組の司会を二〇年務めた経験を持つレヴァーは、錆大使が選んだ錆大使だ。ペンタゴンが錆の話をするときの表向きの顔が彼なのである。

二〇〇九年以来、レヴァーは、ペンタゴンの資金で制作された『Corrosion Comprehension（防食に関する知識）』というビデオシリーズ用の、長さ三〇分から四五分のビデオ四本で司会を務めている。最初のビデオは『蔓延する脅威との戦い』というタイトルで、国防総省が、そしてアメリカ全体が直面している問題を明らかにしている。その中でレヴァーは錆のことを「挑戦的で危険な敵」「物言わず蔓延する、容赦のない災禍」「今そこにある危機」と呼び、「もっと大きな問題は私たちの目には見えません」と警鐘を鳴らす。だが、ニューヨーク州にある米軍基地フォート・ドラムの飛行機格納庫の配管の錆や、ケンタッキー州のフォート・ノックスに架かる錆《さ》びた橋、アラバマ州のレッドストーン・アーセナルのヒートパイプの錆びつき、ハワイ島にあるキラウエア・ミリタリー・キャンプの屋根の錆、アリゾナ州フォート・フワチューカの錆だらけの水処理施設、ワシントン州フォート・ルイスの錆びた貯水タンク、ルイジアナ州フォート・ポルクの錆びたポンプ、ノースカロライナ州フォート・ブラッグの燃料タンク、ジョージア州フォート・スチュワートの石積み構造物固定金具の錆、沖縄基地の錆びた弾薬庫、そして、消火栓や空調機用コイル、ジープ、タンク、ジェット機、ヘリコプター、ミサイル、巡洋艦、航空母艦等々の錆――それらはみな、レヴァー、ダンマイアー、そして国防総省の目にははっきりと見え、彼らを悩ませている。

ビデオの二本目と三本目では、ポリマーやセラミックを使った防食法に焦点を当て、事実に基づいた、だが退屈な説明が延々と続く。まるで医学雑誌や『スター・トレック』に出てくる宇宙語を、オーディオブックで聴いているかのようだ。そして四本目のビデオで主題は再び地球に戻り、腐食が起きやすい環境で軍隊がどのような活動をしているかを、そうした環境の上位一〇位を並べるようにして検証する。ダンマイアーは、これらのビデオが多くの視聴者に届きやすく、また一般人にとっても軍隊にとっても同様に重要なものであると考え、「防食政策および監督局」のウェブサイトにビデオを掲載した。常に脚本づくりに加わっているダンマイアーは、ビデオがある程度「受け狙い」の要素があることを良しとしている。たとえば、「やあこんにちは、レヴァー・バートンです。今日僕が皆さんをご案内するのは……」で始まる導入部と、締めの言葉「……お忘れなく、錆は決して眠らないのです」は、どっちもどっちの陳腐さだ。レヴァーが『スター・トレック』や『リーディング・レインボウ』をそれとなく引き合いに出すのはビデオを明るくするが、退屈なテクノ・ミュージックやエンヤの曲と、公共ラジオのアナウンサーみたいにお行儀よく話すレヴァーの心地よい声は眠気を誘う。アクションよりも、説明が多いのだ。このビデオシリーズは、防食という地味なテーマに命を吹きこもうというダンマイアーの試みであるが、それが成功したかどうかは意見の分かれるところだ。いずれにせよ、ダンマイアーがこのスタジオに来たのは、防食についての五本目のビデオの製作に立ち会うためである。ビデオのタイトルは『Policies, Processes, and Projects（政策、手順、プロジェクト）』だが、彼はこれを「レヴァー5」と呼ぶ。「レヴァー5」の主題は、「防食政策および監督局」と、その積極的な防食対策だ。つまりダンマイアーがキシミーまでやってきたのは、彼自身についての映画の製作を監督するためだったのである。

十数名のスタッフが撮影の準備をし、レヴァーが着替えをしている間に、ダンマイアーは製作総責任者であるロリー・ニコルソンという女性に挨拶した。ニコルソンの周りには、音響、照明、ジブクレーン操作スタッフ、メークアップアーティスト、テレプロンプター・オペレーター、スチールカメラマン、ケータリングの業者、ムービーのカメラマン二人、そしてプロダクション・アシスタントが二人、忙しく動き回っていた。床にはそこらじゅうにケーブルが蛇のようにくねっている。ダンマイアーはニコルソンと話をしながら身体を前後に揺らした。ニコルソンの落ち着いた様子が、ダンマイアーが身体を揺らしているのをいっそう目立たせた。ダンマイアーは、興奮しているときや疲れているときに——それはつまり、眠っているとき以外ほぼずっとである——身体を揺らすのだが、それが彼を奇人みたいに見せていた。頭を傾《かし》げ、一点をにらみ、両腕を身体の脇にだらんと下げて身体をフラフラさせるのだ。初めてそれを見る人は不安な気持ちになる。だがダンマイアーをよく知る人たちはそれには慣れっこだ。撮影のプロデューサーを務める陽気なステイシー・クックも、人当たりの柔らかいクリエイティブ・ディレクター、シェーン・ロードも、ダンマイアーの挙動には動じず、嬉しそうに彼に挨拶した。ロードはリップド・ジーンズをはいて長髪を後ろでポニーテールにまとめ、靴は脱いで、アーガイル柄の靴下で音も立てずにスタジオ内を歩き回った。クックは今日の撮影のために、ダンマイアーの局の非公式なロゴがデカデカと入った半袖のTシャツを着ていた。Tシャツには「Corrosion Prevention and Control（腐食の防止と制御）」と書かれていた。

ダンマイアーは足を引きずるようにして、テレプロンプターとブームマイク、二台のキノフロ蛍光灯ライト、三台のビデオカメラ（うち一台はジブクレーンに固定）の脇を通り、グリーンスクリーンの端で足を止めた。そしてそこで折りたたみ式の椅子に座り、ヘッドホンを着け、クリップボードを手に取ると、二五ページにわたる脚本をチェックし始めた。レヴァーのセリフが国防総省の検閲をパスすることを確認しなければならなかったのだ。ワープスピードで仕事をしていないということが明らかな国防総省は、「レヴァー5」の脚本をいまだに承認していなかったし、ロサンゼルスの脚本家が書いたその脚本は、細かい誤りだらけだった。レーガン大統領の一期目からペンタゴンに勤務しているダンマイアーは、おそらくは国防総省が加えるであろう訂正を行うためにそこにいたのだ。この椅子に座った彼は、「鋳大使」であると同時に、制作責任者でもあったのである。

一〇時になるとクックが「携帯切って！」と叫び、スタジオのドアを閉めて照明を点けた。スタジオ内の温度が上がり始めた。出演者が入ってきた。レヴァーは、ネクタイなしで一番上のボタンを外したストライプのシャツの上に黒のスーツを着ていた。スタジオに入ってきたときレヴァーは、ロードを相手にゾンビ映画の話をしていた。スタジオ内のみんなに最初に聞こえたのは、「ゾンビが大挙して襲ってきたら、さっさとサンフランシスコからトンズラするんだな」という彼の言葉で、『リーディング・レインボウ』での行儀の良いレヴァーを観て育った僕の耳にはショックだった。彼はグリーンスクリーンの前に歩いて行き、ロードが指示した位置に立った。ダンマイアーは左手に脚本を持ったまま、レヴァーに、「目的は広報だからね」と念を押した。「わかってるって。STEM教育だろ」とレヴァーが言った。このSTEMとは、Science（科学）、Technology（技術）、Engineering（工学）、Math（数学）のことだ。それから彼はロードに、「ゾンビがスープを飲まないっていうのは確かかよ？」と訊いた。

プロダクション・アシスタントの一人がレヴァーの靴の銀色の爪先を黒いガムテープで覆っている間に、レヴァーはスーツから糸くずを取り、テレプロンプターを見ながら脚本のセリフを練習した。三メートルほど離れたところにはダンマイアーが、足を組み、コーヒーカップを手に持って嬉しそうに座っていた。この特等席から、彼はレヴァーを、純粋な崇拝の眼差しでじっと見つめていた。立派な中年男である彼も、ディズニーワールドにいる男の子たちと何ら変わらなかった。

撮影が始まり、レヴァーは脚本の冒頭から読み始めた。「アメリカ合衆国は、世界という舞台で大役を果たしています」と、滑らかに彼が言った。「賑やかな大都市、混みあう高速道路、輝かしい軍隊、そして見事な建造物など、どこもさまざまな活動で溢れています。ところが、目には見えず、音も立てないある敵が、それらすべてを脅かしているのです」。ここで彼の声の調子が思わせぶ

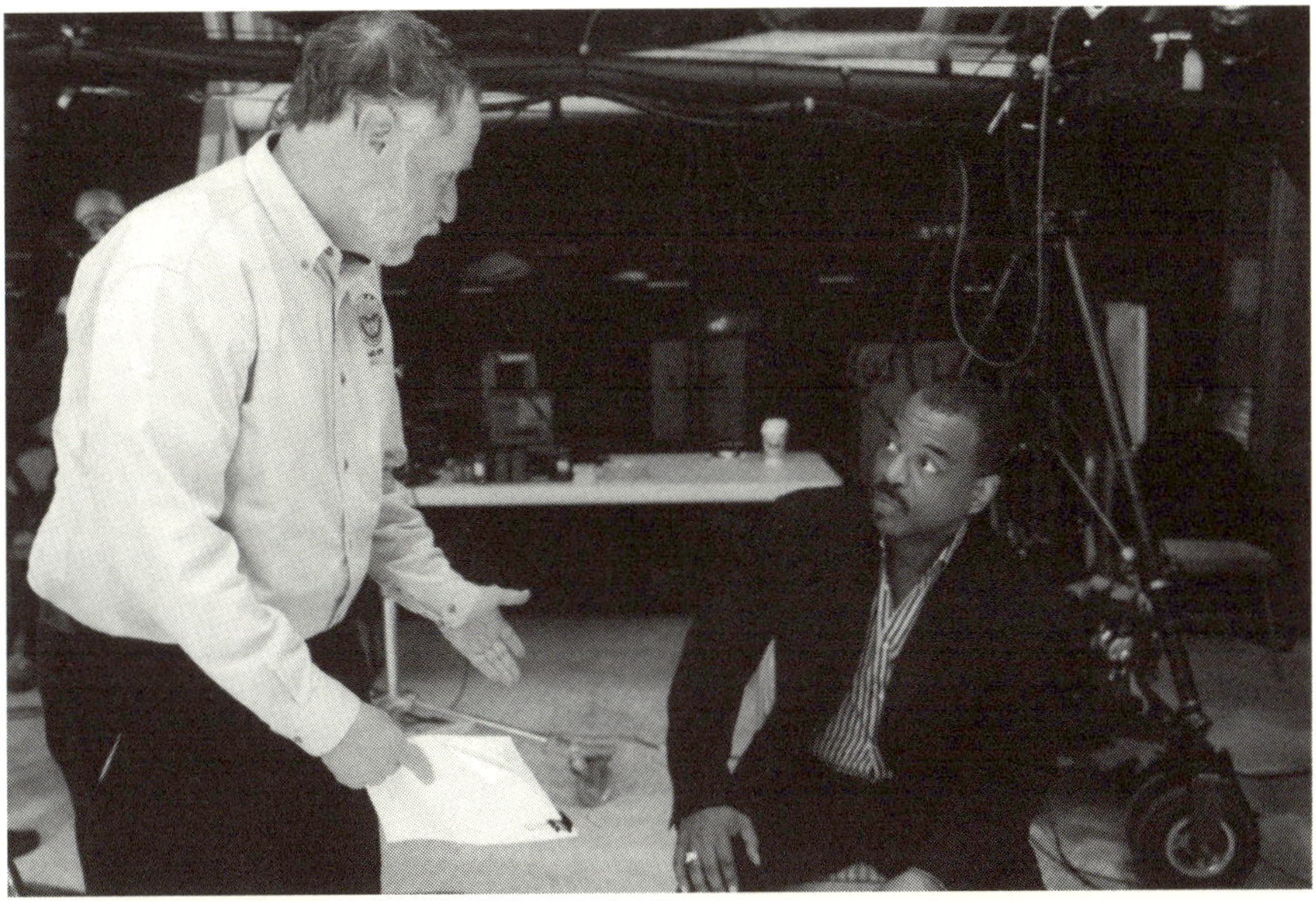

国防総省の「錆大使」であり、防食に関してアメリカでトップの位置にいる政府高官、ダン・ダンマイアー（左）。国防総省が年間150億ドルを費やして実施する、錆に対する国民の意識を高めるための広報キャンペーンに、レヴァー・バートン（右）を起用。写真は2012年10月、フロリダの撮影スタジオでダンマイアーが、防食に関する7本のビデオのうちの5本目を撮影中、脚本の訂正を指示しているところ。（撮影：ダイアナ・ザルッキー、写真提供：米国防総省）

りになる。「ピカピカの橋が一つあれば、今にも崩れ落ちそうな橋が必ず一つあります。建物は老朽化し、パイプラインは破裂し、路面はボロボロになる。その敵とは、錆のことです」。彼の声には好奇心がにじみ出る。スタジオの床を行ったり来たりしながら彼は続けた——「錆の破壊的な力が私たちに与える損害は、一年で五〇〇〇億ドル以上です。そんな巨額の損失を防ぐために、今、新たな取り組みが始まっています。ワシントンDCを総司令部とした、腐食との全面戦争です。鉄であれ、それ以外の素材であれ、腐食というものは決して止まることがありません。腐食が起こったらそれを修繕したり、腐食を防ごうと努めることはできますが、私達にできるのは、実はせいぜい腐食のスピードを遅くすることだけなのです。だからこそ私たちはそれを」——と、ここで彼は声の調子を低くする——「蔓延する脅威、と呼ぶわけです」。

ロードがダンマイアーを見て「オーケー?」と訊いた。

ダンマイアーは甲高い声で「いや、そこは変えなくちゃ」と言った。

レヴァーが「何だって?」と言った。

「『およそ』五〇〇〇億ドルだ、五〇〇〇億ドル『以上』じゃない。五〇〇〇億ドルを超えるというのは正しくない」

レヴァーは同じところをもう一度読み、それからそのまま「蔓延する脅威」の先まで進んだ。「レヴァー・バートンです。今日はご一緒に、この油断のならない危険に立ち向かうための、革新的かつ効果的な方法を考案した人たちに会いに行きましょう。これまで誰もやらなかったやり方で、腐食と戦う戦術を彼らが展開するところをご覧ください」。そのショットの撮影が終わると彼は、ダンマイアーに向かって「うまいな。良いね。バッチリだ!」と言った。

念のため、レヴァーはもうワンテイク撮ることにした。途中、彼は急に言葉を止めた。脚本に一語抜けていることに気づいたのだ。「さっきの二テイクでは、俺、何て言ったのかな?」と彼は独り言のように言った。ダンマイアーは椅子の背に身体を沈めて顔をしかめ、脚本を訂正し、テレプロンプターも訂正させた。レヴァーが次のセクションを練習している間に、メークアップアーティストが出てきて彼の顔の汗を拭き取った。

レヴァーは次のセクションに進んだ。「議会は、腐食との戦争の指揮官に国防総省を指名しました。その理由の一つには、陸軍、海軍、海兵隊、そして空軍には、腐食に弱いものがたくさんある、ということが挙げられます」。そこでダンマイアーが撮影を中断した――「ストップ、ダメ、ダメ、ダメ。海兵隊は海軍の一部だから、順番は最後でないと」。レヴァーは両眉を上げて、おや、という顔をし、テレプロンプターに修正が施された後、撮影が続いた。その間カメラは回りっぱなしだった。彼は「陸軍、海軍、空軍、そして海兵隊」と正しい順序で言った後、その先に進んだ。

## 軍隊を襲う錆

一九九八年、運輸省の要請により、全国防食技術者協会（ＮＡＣＥ）が、腐食コストの推定に着手した。二〇〇一年の夏には、軍関係の損害額だけでも二〇〇億ドルに達すると算定された。ＮＡＣＥは、調査結果を公表する前に、広報担当官であるクリフ・ジョンソンをワシントンＤＣに派遣して対応策を検討させた。ＮＡＣＥの考えでは、すでにわかっている対応策を講じるだけでも、二〇〇億ドルのうちの六〇億ドルは損害を減らせるはずだった。上院軍事委員会で、ジョンソンは即応・管理小委員会のスタッフを紹介された。スタッフは二名いて、一人は軍事関係の建設を担当していた。それ以外のすべての分野を担当するもう一人は、連邦議会で働き始めたばかりだった。名前をマレン・リードといい、弱冠三〇歳ながら、防衛政策に関するシンクタンク、ランド研究所の元研究員であり、量的政策分析の博士号を持つ。また、偶然だが、国防長官府でアナリストとして働いた経験もあり、小委員会の新人有力委員のために、彼のトレードマークとなる政策を探しているところだった。そのダニエル・アカカ上院議員は、軍事施設の腐食によって大いに悩まされているハワイ州の選出議員である。

軍事施設の腐食を調べていったリードは、「誰も話したがらないし気にかけてもいない巨大な経費の無駄」があることに気づいた。彼女は、国防総省における報奨の仕組みが間違っており、画一的な偏見のおかげで問題の解決は不可能に近く、また、この問題に与えられて然るべき注目が与えられていない、と考えた。この件について国防総省の「取得、技術および兵站《へいたん》担当」国防次官オフィスに問い合わせても返答はなかった。彼女の考えでは、腐食に対して国防総省はほぼ何もしていないに等しかったのだ。ペンタゴンでは、腐食に関する問題は、兵站、研究、工学、基幹施設担当という四つの局に振り分けられていたが、国防長官府でそれを担当する者はいなかった。軍の各部門はさらにバラバラだった。ある海洋地域に駐在している海軍の将校たちは、別の地域の将校たちが何をしているかを知らない。似たような問題に対処している海兵たちは互いを知らないし、別の部門で起こっている同じような問題についてはなおさら何も知らない。もしかすると海軍は、陸軍が航空母艦を持っていると思っていたかもしれない。

委員会の全体会議の席で、居並ぶ同僚たちが調達改革やアフガニスタンに関する法案の提出を提議したのに対し、リードが推したのは防食だった。アカカはそれが気に入って彼女の提議を支持した。二〇〇二年三月、アカカ上院議員は、国防長官府に防食専門の役職を作ることを正式に提議した。政治任用制度を用いて指名され、上院が任命して、国防長官次官の直接の配下に置かれる役職である。この防食担当役員は、職務の進展を追跡できるよう、軍関係の防食プロジェクトや活動のデータベースを作成しなければならない。この提議に関して上院で討論が行われた際、アカカ議員が発言のために登壇すると、リードの同僚たちは彼女をからかった。少なくとも当時は議会では不適切であるとされた挙動だったが、両手で頭の上に冠の形を作ってみせたのである。彼らはリードを「腐食の女王」と呼んだ。この様子はC－SPAN〔訳注：米議会中継を中心に記者会見の中継その他公共ニュースを二四時間体制で流す非営利のケーブルテレビ局〕で中継された。

この提議は話題になった。歳出委員会が賛同し、上院議員ではサッド・コックラン（ミシシッピ州）とダニエル・イノウエ（ハワイ州）が、下院議員ではベティ・サットン（オハイオ州）、ビル・シャスター（ペンシルバニア州）、ロブ・ポートマン（オハイオ州）が支持を表明した——ラストベルトを代表する議員たちだ。カリフォルニア州も関心を示した。

ペンタゴン内部では、この提議はあまり歓迎されなかった。「取得、技術および兵站担当」国防副次官に任命されたばかりのマイケル・ワインは、提議された法案の定める報告規定は手間がかかりすぎると思った。彼をはじめとする国防総省の最高幹部たちは、防食問題に関するこの提案は委員会の若手スタッフによる戯言であると考え、自分の上司である議員を差し置いた言動をとるという、上院スタッフにあるまじき大罪を犯したリードを非難した。このときのワインは「カンカンに腹を立てており、敵意を持っていた、とリードは言う。ワインはアカカとの会談の手配をした。ワインとは性格が正反対のアカカが会談に出席できなくなると、ワインは代わりにリードと会談した。リードは彼の怒りの矢面に立った。「『俺は二億ドルのプログラムの責任者なんだ、こんな戯言に付き合っている時間はない』と彼は言ったの」とそのときのことを思い出してリードが言った。「大金を節約するための時間がない人なんているかしら、と思ったわ」。リードとワインの調停役となったのが、証言に立つ役人たちのために概要報告書を書くのに忙しいダンマイアーだった。

その夏から秋にかけてダンマイアーは、上院軍事委員会と国防次官の間に入り、どちらにも受け入れられるように草案の文言を見直した。これは、九・一一後にさまざまな修正が加えられた、三〇〇ページにもおよぶその年の国防権限法案のずっと後のほう、二〇〇ページ目にある文言である。そこには、軍の装備品や設備の腐食の防止・軽減を専門とする政府高官の任命が定められている。

上院と下院は一一月にこの法案に関する会議報告書に合意し、感謝祭の二日前にブッシュ大統領に送った。ブッシュ大統領は一週間後に法案に署名した。だがこの「ボブ・スタンプ国防授権法」は、新設された防食担当行政官に執務室も予算も割り当てていなかった上、ワインは九〇日以内に誰かを指名しなければならず、彼をますます苛立たせた。

ダンマイアーはそんな身分はまっぴら御免だった。この新しい役職によって驚くような変化が生まれるかもしれないことはわかっていたが、指名される者に同情した。誰がこの仕事を任されるにしろ、その任務はほとんど遂行不可能に思えたからだ。誰がこの仕事にふさわしくないかはいくらでも想像できたし、「取得、技術および兵站担当」国防副次官オフィスの上級管理職を長年務めてきたリック・シルベスターとともに、それがどれほど難しい任務であるかという話をして大笑いしたものだった。自分がその一部になろうとは夢にも思わなかったのだ。

ワインは、次官の仕事と防食担当官の仕事を両立できると考え、自らこの仕事に就いた。そしてこの政綱を実施するための対策本部長を指名することにした。ペンタゴンで彼は自分のスタッフを招集した。そして、ダンマイアー以外は全員帰したのである。

新設された防食「執務室」のただ一人のスタッフとして、ダンマイアーの初年度は苦労だらけだった。執務室は、ペンタゴンからアレクサンドリアへ移動し、ペンタゴンに戻った後クリスタルシティへ、再びペンタゴンへ、そしてクリスタルシティへ、とバージニア州北部を再三移動した。予算がなく、電話さえない状況で彼にできることは唯一、長期計画を立て、戦術を練ることだけだった。ダンマイアーは当時も今も技術者ではない。ケント州立大学ではコミュニケーションを学び、アラバマ大学で修士号を取ったのは行政学なのだ（彼は現在、バージニア工科大学で行政学の博士過程にいる）。そこで彼は、経験のある技術者に助力を求めた。最終的に彼の主任技術者となったディック・キンジーは過去に、空軍における腐食コストを三度監査し、その額を約九〇億ドルと算定していた。二〇〇三年にはワインがダンマイアーの計画に数十万ドルを割り当てた。ダンマイアーはそれを非常勤の助手を雇うのに使った。そしてようやく二〇〇五年にダンマイアーの仕事に予算がついたが、それは議会からのものではなかった。ワインが国防費から二七〇〇万ドルをダンマイアーに配分したのである。ダンマイアーはその一部を、実際の腐食コストを細目化するのに使った。また、研究を細分化するいくつもの調査の資金にもした。保全政策・プログラム・資金担当国防副次官助手のロバート・メーソンが、そんなことは評定不可能だし、そうやって出した数字に意味はない、と言ったことをダンマイアーは覚えている。だが、秩序立てて作業をすれば評定は可能だったし、意味のある数値が算定できたのだ。メーソンが他界した後で、国防総省が優れた保全活動に対して授与する報奨にはメーソンの名がつけられた。ダンマイアーはよく、天を仰いでは「よおロバート、うまくいったぜ」と言う。（ちなみに、軍は腐食という言葉を最も広範な意味、つまり、金属に限らず、あらゆる素材が、紫外線、カビ、腐敗などによって劣化することを指すのに使う。）この分析を行ったＬＭＩという業者は、複数の方法で数字を試算して、それが一致することを確認した。

二〇〇六年、ダンマイアーらは、陸軍が所有する四四万六〇〇〇台の地上車両に年間二〇億ドル相当、また海軍が所有する二五六隻の船には年間二四億ドル相当の損傷が腐食によって起きていると発表した。その翌年には、海兵隊所有の地上車両に年間六億六〇〇〇万ドル、陸軍所有の四〇〇〇機を超える航空機とミサイルには年間一六億ドル、そして国防総省が所有する施設や設備には年間一八億ドル相当の被害が起きていると発表し、さらにその翌年、海軍所有の二五〇〇機と海兵隊が所有する一二〇〇機の航空機には年間二六億ドル、そして沿岸警備隊が所有する航空機と船には年間三億三〇〇〇万ドルの被害が腐食によって生じていると発表した。さらにダンマイアーらによれば、空軍が所有する航空機とミサイルには、毎年三六億ドル相当の損害が起きていた。合計すると年間の被害額は一五〇億ドルにのぼった――これは、以前試算された二つの金額のちょうど中間にあたる。

ダンマイアーの局で働く技術者は、錆の問題の大きな原因として、矛盾する報奨制度を挙げた。新兵器開発プログラムの管理者は、性能、スケジュール、費用に基づいて評価される。たとえば、火星に飛んでいける五億ドルのミサイルを二〇一五年までに作る、という計画を監督した者がいたとすると、彼は、実際に使った金額、できあがったミサイル、そして完成日によって評価される。仮にそのミサイルが二〇一六年にはボロボロに錆びたとしても、それは彼の関知するところではない。一方で、大尉や大佐たちは功績を示す肩章の星を欲しがるし、スケジュールと予算を守ればそれが手に入る。そこで経費節約のために彼らは安い締結部品を使うし、曖昧で楽天的な保証付きの高価な新製品は一蹴し、安い塗料を使うのだ。「修繕費用が発生する頃には自分はもうこの役職にはいない」と彼らは考える。錆と競走して勝つのは簡単なのである。こうして、軍の将校たちは肩章の星を手に入れ、軍の資産となったミサイルに責任を持つ者はいなくなるというわけだ。

連邦議会もこの矛盾をなんとか解決しようとしたことはある。二〇〇九年には、陸海空軍それぞれに防食担当の幹部を置いた。

LMIが一連の調査を行った後の二〇一一年、ダンマイアーらは、腐食がアメリカ軍に直接引き起こしている損害の額を二一〇億ドルと特定した。つまり、アメリカ軍の保守に要する費用全体の五分の一から四分の一は錆に関係するものなのである。航空機について言えば、陸軍は一六二種類、海軍は一〇二種類、空軍は五六種類、海兵隊は三一種類を所有しているが、それだけでも膨大なメンテナンス費用がかかる。軍が自分たちの資産をランク付けしたところ、腐食が一番ひどい航空機はC－5とC－130、一番少ないのはC－21だった。ヘリコプターではUH－1Hが一番ひどく、状態が一番良いのはUH－60Lだった。海兵隊の車両では、オルタネータ、始動装置、油圧パイプ、車体の底面などが錆によって破損していた（錆によって駐車中の車両に火災が発生することはさすがになかったが、それ以外にはあらゆる被害が起きた）。空軍の艦隊は老朽化していた――爆撃機は製造されてから三五年、タンカーは四五年が経ち、全体として、艦隊の平均年齢は二五年だったのである。

腐食はまた、軍の所有兵器の任務遂行にも影響を与えていた。たとえば空軍の「防食研究室」によれば、空軍が所有する各航空機は、一年のうち一六日間は腐食が原因で任務遂行能力を喪失している。陸軍の場合はこれが年間一七日間、海軍と海兵隊では年間二七日間である。

アリゾナ州ツーソンでさえ、（朝露のせいで）航空機は錆びていた〔訳注：ツーソンには空軍の基地がある〕。不慮の事故も起きている。Ｆ－16の電気接点が錆びていたために燃料弁が閉じて墜落した例が少なくとも一件あるし、着陸装置が錆びついてＦ－18が航空母艦への着地に失敗したこともある。ボルトが錆びていたことが原因でヒューイ〔訳注：ヘリコプターＵＨ－１の愛称〕の回転子系が機能せず墜落し、陸軍大尉が死亡したこともあれば、ある海軍兵の感電死の原因が、錆びたスイッチボックスであるとされたケースもある。その結果、空軍は航空機一機ごと、また各航空機の一ポンドあたりの被害額を算出した。船の場合――どんな船でもそうなのだが――、問題はタンクにある。バラストタンクや燃料タンクである。それらを空にし、清掃し、点検し、下準備してから塗装するというのは、恐ろしく骨の折れる作業だ。世界中の海のあちらこちらで多数の水兵たちが、錆を削り取っては塗装するという作業を延々と繰り返すうちに、頭が働かなくなったり耳が聞こえなくなったりしている。だが彼らがどんなに頑張ろうとも、ヤギひげを生やした切れ者の海軍防食担当士官、スティーブ・スパダフォーラが言うところの「航空母艦という名の巨大な電池」には歯が立たない。ダンマイアーは常々、これは「途方もなく大きな」問題であると言い、誰もがそれに同意する。腐食による被害額の調査は、単に警告にすぎなかったのだ。

　スタジオでは、ダンマイアーがレヴァーに撮り直しを指示していた。「何か変だったんだ。もう一度やってもらえないか？」。レヴァーは脚本の三ページから「そうした鉄や鉄鋼はすべて、常に錆から守らなくてはなりません」とセリフを言った。

　何度目かの撮り直しが始まろうというとき、音響スタッフがちょっと待ってという合図をした。一台のトラックがスタジオの外に停まり、エンジンをかけっぱなしにしたのだ。それは誰にも聞こえる音で、ロードは、フェデックスのトラックだ、と言って待機した。レヴァーは椅子に腰掛けた。プロダクション・アシスタントの一人が外に駆けていき、戻ってきて、水の配達だと報告した。クックが「急げって言ってきて」と言った。ロードは撮影を続けることにした。

　間もなく撮影が再開し、レヴァーが言った――「正直なところ、錆はどこにでも生え、私たち全員がその影響を受けます。ところがほとんどの人は、何か問題が起こるまで錆のことは気に止めることさえありません。しかし一度問題が起こると、悲惨な結果を引き起こしかねません。腐食によって引き起こされた最悪の事態をご紹介しましょう。一九六七年、オハイオ州とウェストバージニア州を隔てるオハイオ川に架かったシルバー橋が崩壊したのです。四六人の方が命を落としました。原因は、腐食によってできた、深さわずか二・五ミリほどの一本の亀裂でした。腐食との戦いを指揮しているのは国防総省かもしれませんが、戦いは国じゅうで起こっているのです」。

「オーケー、いいね」。ロードが言った。「もう一回行こう」

「『ことさえ』って加えたんだね、いいじゃないか」とダンマイアーが言った。

二テイク目。「議会は国防総省を、汚職との戦いのリーダーに選びました……」とそこまで言うとレヴァーは言葉を切ってカメラのフレームの外に出た。「汚職」ではなくて「腐食」だ――どちらも手強い敵ではあるが。

「気にしないで」とロードが言った。

撮影が再開すると、外のトラックのエンジン音が大きくなり、ピーッ、ピーッと音を立てながら車寄せをバックし始めた。レヴァーはセリフを止めて下を向いた。ダンマイアーはヘッドホンを外した。音響スタッフは片手を上げ、もう片方の手を右の耳に当てて、数分間その姿勢のままだった。全員が待った。それから頭上を飛行機が飛んでいき、さらに待機が続いた。そしてようやく撮影が再開した。

「近代史には、腐食が原因の惨事がたくさんあるのです」。ロードが「素晴らしい、その調子だ」と言った。だが、スタジオ内の誰一人、そうした惨事の深刻さを本当に理解している者はいなかった。素晴らしくなどない。レヴァーのセリフは、錆に関するどんなストーリーにも負けない説得力を持ってはいたものの、結局は、スタジオで撮影されるインフォマーシャルがどれもそうであるように、一種のセールストークにすぎなかったのだ。

このビデオの脚本が、夜のニュース番組と『エンターテイメント・トゥナイト』と『ナショナル・ジオグラフィック』を混ぜ合わせたように聞こえたとしても不思議はない。脚本家のダリル・レールはその三つとも手掛けたことがあるのだ。ロドニー・キング事件やO・J・シンプソン事件、竜巻、列車事故、それにガス爆発やガンマ線バーストについても脚本を書いているのである。

さらに不安をあおるかのように、レヴァーのセリフは続いた。「毎年、腐食によってアメリカにもたらされる損害額は、国内総生産の三・一%に相当します。二〇一一年にはその金額は四八〇〇億ドルにのぼりました。この国の国民全員が、一人あたり一五〇〇ドル以上、四人家族なら六〇〇〇ドルを超える損失です。参りましたね！」。彼は「参りましたね」を思いきり強調した。ダンマイアーはそれを気に入って、自分も「参りましたね」と繰り返した。

スタッフがレヴァーの顔の汗を拭っている間に、レヴァーはダンマイアーに、冴えた脚本だ、と言った。ダンマイアーが笑うとレヴァーも、冴えてるよ、と繰り返しながら笑った。八ページ目の冒頭、レヴァーのセリフは、二〇〇二年に制定されてダンマイアーの役職を作ることになった法律の説明になった。「議会は、合衆国法律集に新しい項を加えました。この新しい項は、こういうシンプルな一節で始まります――『防食に関する政策を管理・監督する執務室を置く』」。レヴァーはこの一節を、法律の文言とは思えないドラマチックな口調で言ってから、「世界中にこの言葉が響き渡ったのです」と付け足し、ダンマイアーのほうを見た。二人とも笑った。レヴァーはもう一度セリフを読み、ロードが「カット！」と言うと、ダンマイアーを見て「シンプルだがパワフルなのです！」と言った。レヴァーはダンマイアーと脚本をからかっているのだったが、ダンマイアーは気にしなかった。

レヴァーは、同じページの次のセクションを声に出して練習した。それはこの新しい項についての説明だった。「この防食政策は、これまでは誰もが個別に対処してきた問題に、包括的かつ総合的に取り組むためのものです。これからは、状況は今までとは違ったものになるでしょう」。彼は最後の部分を強調して言った後、「だってこれからは、新しいポリ公が目を光らせているのですから」と付け加えた。

それから、ポリ公の部分は外して本番を撮影した。
「これ、二幕もの？」とレヴァーが訊いた。
「五幕ものだよ」とロードが言った。
「六幕よ」とクックが訂正した。

撮影は一幕目が終わったばかりだった。脚本はまだ三分の二以上残っている。
「誰が六幕ものなんか書くんだよ。やれやれ」とレヴァーが言った。

## ダンマイアーの戦い

ダンマイアーが公式に錆との戦いを開始して以来、彼は、ある最終的な目的のため、唯一の課題に取り組んできた。つまり軍部に、問題が起こってからそれに対処するという現在のやり方から、積極的な、先を見越した管理体制へと進化してもらいたかったのだ——それがアメリカの戦士たちのためになったからである。それが、彼の「第一の使命」だった（これは、腐食研究の父、フランシス・ラクエが一昔前に、リチャード・ニクソン大統領政権下で製品規格担当の商務副次官補を務めた際に取り組んだのと同じ課題である）。多くの技術者とは違い、ダンマイアーには、防食に対するこの新しい考え方が、技術的な変化よりもむしろ文化的な変容を意味するものであることがわかっていた。彼にとって、腐食との戦いは社会問題だった。僕が初めてダンマイアーに会ったのは、バージニア州ノーフォークで開かれた、「メガ・ラスト」と呼ばれる海軍の防食対策会議でのことだったが、そのとき彼は僕に、アメリカの軍部と一般人の物の考え方を変えたいのだと言った。二〇〇九年のことだ。「製造業者は物が壊れてほしいのさ」と彼は言った。「壊れるように設計するんだ。だが海軍では、物が壊れては困る。だから我々は、腐食を二種類のレンズを通して見る」

彼はさらに続けた。「ここはアメリカだ。資本主義社会だよ。だが、国防総省を防食ビジネスで儲けさせるわけにはいかないんだ。悪循環を断ち切らないと」と彼は言った。「金を出して何かを買うのはいいが、何度も何度も同じものに金を払うのはご免だ。最初にしっかりしたものをよこせ、それがちゃんと機能すること、長持ちすることを確認してくれ、ってことさ」。彼は、国を挙げて予防に焦点を当てた防食志向を育て、より多くの技術者や科学者を教育するのだと言った。彼がＳＴＥＭ教育を愛する理由だ。彼は子どもたちに、防食、あるいは少なくとも工学について関心を持ってもらいたいのである。「錆は油断ならないし、そこらじゅうにある。でも避けられないものじゃない。発生を予測したり、防いだり、早い段階で検出して処理したりすることだってできるんだ」。彼は、被害額を三〇％減らしただけでは満足できなかった。「見つけて直す、から、予測して管理する、に移行しなくちゃならん。そうしなければ二〇〇億ドルの損失だし、俺はそれに腹が立つね」

彼のこういう気持ちは、数名の将官に影響したようだった。海軍海上システムの司令官として崇拝され、同時にマサチューセッツ工科大学（ＭＩＴ）で教育を受けた機械工学士でもある海軍中将、ケヴィン・マッコイは、「メガ・ラスト」の基調講演の中で、腐食はアメリカ海軍を破壊する、と言った。その少し前には連邦議会が、海軍の艦隊を三一三隻に拡大することを承認していたが、マッコイの考えではそれは達成不可能な目標だった。「新しい船を買うのはいいが、そうやって三一三隻まで増やすことは不可能だ。その四分の三は今ある古い船を使わなければならない」。彼は、腐食によってアメリカ海軍の艦隊が二〇〇隻まで減ってしまうのではないかと恐れており、現在の海軍の状況について悲観的だった――「現在の我々は完全に盲目である」と彼は言った。艦隊即応準備部門の副長官を務めるトーマス・ムーア少将もこれに同意する。水上戦担当副司令官のジェームズ・マクマナモン少将は、「船をいつ退役させるかは、船が決めるのではなく、私が決めたい」と言った。アメリカ艦隊総軍の司令官、ジョン・オルザッリ少将は、「これまで我々がしてきたことをこれまで以上の規模で行うには資金が不足している。これまで通りのことをそのまま続けてもだめなのだ」と言った。水兵たちは防食についてどのように教育されているのかと訊かれて彼は、「問いを投げかける態度を培わなくてはならない」と答えた。厳格な上意下達の命令系統を遵守することを誇りとする軍隊にしてみれば、これは挑発的と言っていい発言だ。ダンマイアーの作戦が功を奏しているのだ。

ダンマイアーが強情で意固地な男であることは確かだが、彼は、大きな野心を持った大胆なリーダーを、その政治的立場にかかわらず尊敬する。たとえば原子力潜水艦を開発したハイマン・リッコーヴァーや、ナチスから転じてNASAの航空宇宙エンジニアとなったロケット科学の父、ヴェルナー・フォン・ブラウンなどだ。また、南北戦争で南軍の司令官だったジョン・シングルトン・モスビーや、北軍の准将であったジョシュア・ローレンス・チェンバレンといった「負け犬」を崇拝する。ジョージ・パットンやエルヴィン・ロンメルも尊敬すべき軍人のリストに入っている。錆との戦いの中で彼は、許容されるべき行動の限界を押し広げようとした。そしてずっと、辛抱強さを失わなかった――彼が言うところの「熱力学の第二法則との戦い」においては、柔軟性が重要であることを知っているからだ。もしかすると、彼が変わり者であるからこそ、他の者なら投げ出しているであろうことを続けられたのかもしれない。彼は「神に挑むのは楽しい」などと言ったりする――冗談だ、と付け加えはするが。同様に、「新しい新約聖書には腐食のことも書くよ。神様には、『あんたの勝ちは認めるが、ちょっとは手加減してもらわなきゃな』と言うよ」と言ったこともある。

あるいは、「我々は力の限り戦い抜く」と彼は言う。彼の言う戦いとは、軍に所属する全員――国防長官から一等兵、そしてその間にいるすべての将官や官僚を含む全員に、防食について意識させる、という意味だ。だがそれは厳しい戦いである。自分の思惑を受け入れさせるのが容易でないことはダンマイアーもわかっているが、銃規制やテロとの戦いよりはマシであると言ったことがある。彼は人々に、腐食との戦いをネガティブなこととして見るのではなく、物資をより長持ちさせる機会であると捉えるように言う。「俺たちは種をまいているんだ。生きているうちにそれが成功するかどうかはわからない」と彼は言った。彼は常に、彼の仕事はまだ終わっていないと言って譲らない。彼の計画は、錆と同じく、少しずつ成長しているのである。

実際のところ、航空機や船や基地を相手にするよりも、人間を相手にするほうが忍耐力を必要とする。ダンマイアーは、物理は白か黒だと言う。だが人間は、彼に言わせれば、「似非《えせ》科学的」であるのがせいぜいだ。航空母艦よりも推進力が大きく、転回するには同じくらいのスペースを必要とする。心理的な戦いは直に顔を合わせて行うしかない、と心得たダンマイアーは、彼流に言えば点と点を結ぶために、随分あちらへこちらへと出かけている。二〇〇五年以降、グアム島、日本、韓国、フィリピン、オーストラリア、ドイツ、イギリス、イタリア、アラスカ州、ハワイ、テキサス州、ネバダ州、それにフロリダ州などを仕事で訪れているのだ。彼はヒルトンホテルのダイヤモンド・メンバーである。キシミーの近くのホテルでは、二人いるバーテンダーのどちらもダンマイアーの名前を知っており、注文を聞かずにスコッチをオンザロックで差し出した。この五年間、彼は少なくとも四週間のうち一週間は、窓がない五角形の金庫みたいな建物、つまりペンタゴンから離れて過ごしてきた。カーデロック、パタクセント・リバー、ノーフォーク、アバディーン、クアンティコ、フォート・ベルボア、それにアンドルーズ空軍基地へは定期的に足を運んでいる。

そうした場所で役人や将官に会うとき、ダンマイアーは、彼らの大失敗を指摘することを恐れない。外交的に、だが断固とした態度をとろうと努めるのである。「言いたいことを言って、さっさと退散するんだ」と彼は言う。「でも、同意しない人がいたらどうすればいいかわかるかい？　『了解であります』って言うのさ」。あちこちに出かけていないときは、彼はそういう各所の人たちと電話で話をしている。「机に座ってこのプログラムを管理しようったって無理さ」と彼は言った。彼の局は年に三回、防食対策会議を主催し、それをスーパーボウルみたいな名前で呼ぶ。ダンマイアーは、「レヴァー5」の撮影の一か月後に開かれた「Corrosion XXXI」で、錆の世界の著名人数十人と久しぶりに会えることを願っていた。政府はこの名称を快く思わなかった。

二〇一〇年一〇月、連邦政府の管理部門にあたる共通役務庁が、四日間にわたってラスベガスで開かれた役務庁西部地域のカンファレンスに、三〇〇名を超える職員を送った。参加者は四つ星リゾートホテルに宿泊し、四四ドルの朝食に九五ドルの夕食を摂り、道化や読心術者のサービスを楽しんだ。そして、合計で政府の金八〇〇万ドルが使われたのである。この大盤振る舞いが二〇一二年四月に発覚し、公表されると、共通役務庁の局長と副局長は更迭され、管財人は辞職した。次に行政管理予算局がカンファレンスやシンポジウム関連の規制を強化した。「Corrosion XXXI」が開かれる半年前には、三人以上が出席するミーティングはカンファレンスであると定義され、カンファレンスは忌むべきものとなったのである。

錆にまつわる問題については、何としても直接対面で話をすると決めていたダンマイアーは、防食対策カンファレンスの呼び名を変更し、「フォーラム」という言葉を加えて「Corrosion Forum XXXI」とした。出席者は二十数名と予想より少なかったので、ダンマイアーに言わせればこれは「フォーラムもどき」だった。この会議の場でダンマイアーは、二〇一四年には実習を行うと発表した。登録も必要なく、参加費も取らないので、国防総省はそれをカンファレンスとは見なさないし、それを何と呼ぶにしろ、やり方はできる限り質素に、ベルトウェイ・オフィス・パークの建物の一つの三階にあたる味気ない会議室で行われる。道化も読心術者も食事のケータリングサービスもなく、椅子と、無数のパワーポイント・プレゼンテーションと、食堂のトレイがあるだけの会合である。

どうでもいいことに創造力を発揮して名称を決めたこの会合で、ダンマイアーは、一部の人間が犯した誤ちの被害を政府全体が被っていることへの苛立ちを表した。参加した人々に向かって彼は、身体を前後に揺らしながら言った――「この話は、政府の方針には反するが、ビデオ会議ではなくて実際に顔を合わせてしなければダメなんです。私は集会を開く権利を用心深く守ろうとしています。弁護士やWHS（ワシントン本部管理部）とも会って、確実に集会を続けられるようにする予定です。普段のオフィスから出たくて言ってるんじゃない。オフィスに座っていたのではこの仕事はできないんです。お集まりいただき感謝します」。

## スター・トレックと防食ビデオ

二幕目の撮影が始まろうとしていた。レヴァーは鉄の塊を掴んでエントロピーの法則を大まかに説明することになっていた。一〇キロをゆうに超える、錆びついた小道具を抱えたロードが、「こいつはどこから登場するんだい、ケツの穴からかい？」と言った。レヴァーは大声で笑った。

トイレの話をするのが流行っていたのだ。実はダンマイアーからも、数週間前、ネバダ州にある加速腐食試験場でトイレに携帯電話を落としたときの話を聞かされたばかりだった。その電話は政府の所有物だったので、彼がそれをペンタゴンに返却すると、ペンタゴンの職員はそれを袋に入れて、ラベルに「ダンマイアー　トイレ」と書いた、という話だった。ダンマイアーもトイレジョーク好きは皆と変わらず、「Facilities and Infrastructure Corrosion Evaluation Study」のことを、彼は「フィーシーズ」と呼んだりする〔訳注：施設・設備の腐食状況調査の意。頭文字を並べるとＦＩＣＥＳとなり、排泄物を意味するfecesと発音が同じ〕。「フィーシーズの結果によれば、考えなければならないことは山ほどあります」と、「Corrosion Forum XXXI」の出席者に向かって彼は言った。同じように、海軍の「Shipboard Corrosion Assessment Training course（船舶腐食評価研修）」は本来、略して「エス・キャット」と呼ばれるべきものだが、彼はこれを「スキャット」〔訳注：scat。動物の糞を意味する〕と呼ぶ。ユーモアが好きなのだ。「防食政策および監督局」ができた当初、彼と二人の職員しかいなかった頃、彼は自分たち三人を「三錆士《さんせいし》」と呼んだりもした。その後もいくつか錆を使ったジョークを考えもしたが、面白いのは一つもないそうだ。ＮＡＣＥの二〇一二年の防食対策カンファレンスで会ったとき、彼は「誰も俺のジョークがわからないんだ。『今のはジョークでした』って言わなきゃならん」と僕に言った。

そのとき、さっきとは別のトラックがエンジンをかけっぱなしで外に停まったので、五分休憩ということになった。そのトラックには、容器入りのクレームブリュレが満載だった。荷台まるまる一杯分だ——実はニコルソンは食品会社も経営しているのである。そんなわけで、靴下を履いただけのロードを含むスタッフの約半数が、荷降ろしを手伝い、クレームブリュレ入りの箱を日陰に積み上げ始めた。

レヴァーは肉体労働を辞退し、照明が当たっていないところへ行ってディレクターズチェアに座り、足を組むと、トルコのバグラーという煙草が入った小袋から煙草を取り出し、今日二本目の巻き煙草を巻いた。巻き終わると彼は外に出て、トレーラーの陰で煙草を吸った。僕はそこで彼に、ダンマイアーはどうやって彼にこの防食ビデオへの出演を説得したのか、と訊いた。「あいつがストーカーじゃないってわかってからは、俺を説得する必要は大してなかったね」とレヴァーは言い、それから付け加えた――「軍産複合体の連中は、スター・トレックに夢中なんだ」。

ダンマイアーは、アメリカ国防長官府で働き始めたばかりで、上司フランク・カールッチのもとで単なる事務職員にすぎなかった頃に、初めてスター・トレック・コンベンションに参加した。私服で妻とともに参加したのだが、そこで、オリジナルシリーズに登場するエンジニア、モンゴメリー・スコット役を演じたジェームズ・ドゥーアンに会った。公務員として何段階か昇格していた二〇〇六年の夏、ダンマイアーはもう一度コンベンションに参加することにした。そして、スター・トレック四〇周年を祝う大規模なコンベンションへと向かったのである。一万五〇〇〇人のスター・トレック・ファンがラスベガスになだれ込み、四日間、サイエンス・フィクションの世界に浸った。ダンマイアーの妻は行かなかったが、『新スター・トレック』の登場人物、ジャン＝リュック・ピカードに扮装した彼は、同じ格好をした一四歳の息子を連れて行った。二人はストラトスフィア・ホテルに宿泊した。コンベンションの会場は、南に一・五キロほど離れたラスベガス・ヒルトンだった。極秘情報の取り扱い許可を与えられたこの国防総省職員が――彼の上司の上司はアメリカ大統領直属の部下である――毎日、惑星連邦宇宙艦隊のエンブレムを胸に、パラダイス・ロードを会場まで往復したというわけだ。

コンベンション会場では、ダンマイアーは舞台下手側の、真ん中くらいのところに座った。隣には、カリフォルニアから自転車で、コスチュームも私服も一着も着替えを持たずにやってきた男が座っていて、そういう臭いを撒き散らした。二日目、舞台にウォーフがいたとき、この男の向こう側に座っていた（ビバリー・クラッシャー博士に扮装した）女性が、ダンマイアーに向かって黙れと言った。ダンマイアーは二日間というもの、「例のもの」についてしゃべり通しだったのだ。後日この女性は言った――「『ちょっとアンタ、カイロシアン星人にこだわりすぎよ、二話に登場するだけじゃないの、こっちはウォーフを観てんだから！』って言ってやったの」。ダンマイアーは、「カイロシアンじゃない、コロージョン〔訳注：corrosion。腐食を意味する英語〕。僕の仕事の話だよ」と答えた。そして二人はダンマイアーの仕事、すなわち彼と錆の戦いについて会話を始めた。この女性こそステイシー・クックで、ビデオのプロデューサーであることがわかった。ダンマイアーは、自分が防食についてのビデオを作るつもりであることに言及した。クックは肩から下げていたトリコーダーの中に手を伸ばした。そこには医療用スキャナーの横に名刺の束があった。二人は名刺を交換した。それから一か月経たないうちに、ダンマイアーはクックに電話した。

それからの一年で、クックは「防食政策および監督局」のためにポッドキャスト用の短いビデオを数本制作した。出演者は局長であるダンマイアーだ。彼はこの役割に、乗船初日の水夫みたいに熱中した。ビデオの一本では、画面にパッと現れて、まるでカメラマンを困らせようとするかのように、いぶかしげに顔をしかめて見せたり、あっちこっち飛び跳ねたりする。また別のビデオでは、全部服装が違う五人のダンマイアーが椅子に座り、六人目のダンマイアーがカメラに向かって腐食の話をするのを眺めている。オーソン・ウェルズ風に「どうやってこのメッセージを伝えようか？」と考えながら地球儀を手に取るビデオもある。このシーンは、夢の展開みたいに、ペンタゴンで開かれている飛び入り参加自由の演芸会にクロスフェードする。ダンマイアーはスタンダップコメディアンだ。火の点いた葉巻とキューカードを手に持ち、防食に関する議会の権限の話をしている。こうしたポッドキャストについて説明しながらダンマイアーは、「ユーモアのつもりなんだよ」と言い、それから「自虐的なユーモアだけどね、観てもらえるからね」と付け加えた。ユニークな税金の使い方ではある。

だがダンマイアーはもっと大きなことがしたかった。彼が作りたかったのは、一九五四年に製作された、有名な、だが今では時代遅れの（それに退屈な）映画『Corrosion in Action（腐食の進行）』に替わるビデオだ。この映画には、腐食電池についての、雑で不正確なアニメーションが登場する。ダンマイアーは、この映画の権利を買うためにラクエに五万ドルも払うのは嫌だった——それだけの金があれば飛行機の一部を塗装することができるのだ。

ビデオを作るというアイデアは、ダンマイアーとクックが二〇〇七年のスター・トレック・コンベンションで再びラスベガスを訪れるまでは眠ったままだった。ダンマイアーはオリジナルシリーズの金色のシャツを着てジェームズ・T・カーク船長に扮し、クックはクリスチン・チャペル看護婦の格好をしていた。クックをよく雇っているロリー・ニコルソンも、二人のことをオタクと呼びながらも一緒に参加した。ニコルソンの言う通りだった――ダンマイアーはジェームズ・T・カーク船長のミドルネームが何であるかを知っていたし、始終それを口にするほどだったのだ。ラスベガスで、レヴァーが仕事を探しているというのを耳にしたとき、ダンマイアーはピンと来た。『リーディング・レインボウ』の司会をしたおかげで、ダンマイアーが求めていた教育番組の司会役としての信頼性と知名度をレヴァーは持っていた。ディズニーとNASAのために製作したテレビ番組にレヴァーを起用したことがあったニコルソンとクックが、レヴァーなら知り合いだわ、と言った。二か月後、ダンマイアーはレヴァーのエージェントを通して彼に手紙を送り、四か月後、「レヴァー1」の製作が始まる前の夜、ダンマイアーはフロリダでついにレヴァーと対面した。何杯か酒を飲んだ後、ダンマイアーはトイレに行くレヴァーの後を追った。レヴァーがダンマイアーをストーカーだと思ったと冗談を言ったのはこういうわけだったのだ。

ダンマイアーに言わせれば、スター・トレックは、シェークスピアやギリシャ人が書いたどんな戯曲にも劣らない道徳劇なのだが、年季の入った軍人がスター・トレックに惹かれる理由は明らかだ。それはリーダーシップを執る者にとっての夢なのだ。宇宙船エンタープライズ号は単独で宇宙空間にいて、官僚制度や怠け者の役人たちに邪魔されることなく、臨機応変に機転を利かせてさまざまな試練に立ち向かう。行動に出る必要がある、と船長が決めれば、彼らは行動するのである。予算が下りるのを待ったり政策報告書を書いたりする必要もないし、政治的正当性をめぐって駆け引きする必要もない。ダンマイアーがとりわけ気に入っているエピソード、スタートレックの五本目のシリーズに含まれる『暗黒の地球帝国』前後編を観れば面白いことがわかる。このエピソードでは、血気盛んで野心の強すぎる反逆者が登場し、誰にも救えなかった帝国を救うための無謀な計画を立てる。エピソードのクライマックスで、この新しい司令官が言うのである――「私は生まれてこの方ずっと軍人だ。何世紀も続いてきた帝国を破壊しようとする者を黙って見ているわけにはいかない！」。そして彼は片膝をついて続ける。「君たち全員に頼む。私とともに戦ってくれ」

「俺の仕事は、退屈なことを楽しくすることだよ」とダンマイアーが言ったことがある。「防食っていうのはセクシーじゃないからね」。防食がセクシーでないというのは彼の言う通りだが、ではスター・トレックが軍人以外の人に対してセックスアピールを持っているかどうかは疑問だ。宇宙艦隊のユニフォームを着た人間を鑑賞することに、人はすぐに飽きてしまう。「まずは引き込むことだよ」とダンマイアーは言った。「引きつけなきゃダメなんだ。完成すればカッコいいものになるさ」。ダンマイアーの相談役、グレッグ・リディックは、「観客は彼を知っている。興味を持って観るさ」と言う。ステイシー・クックは、レヴァー・バートンの起用をもっと真面目に擁護する。「彼の話し方が良いのよ。視聴者にウケるの。あら、この人、防食なんて技術的なことについて話してるけど、学校の授業とは違うわ、ってね。全然押し付けがましくないのよ」。実際、レヴァーのセリフの言い方は、ものすごく興味を持っているようでありながら学者臭くないし、積極的な関心は感じるがそれしか頭にないようには聞こえない。

「ロサンゼルスの仲間には何と言ってるんですか？」と、フロリダの撮影現場のトレーラーの横で、僕はレヴァーに尋ねた。

「何も言わないよ」と彼は言った。「いや、国防総省の仕事をしてると言うんだ。で、相手がつまらなそうな顔をしたら話題を変えるのさ」。西海岸の退屈な奴らめ。ちょっと間を置いてから彼は続けた。「本当は、ビデオは一本だけのはずだったんだ」。実はさっき、この五本目のビデオの撮影が始まってもいないとき、プロダクションアシスタントの一人がプレキシガラスのスクリーンについた汚れを拭きとっている間に、ダンマイアーが彼に六本目への出演を依頼していた。そのときの会話はこんなふうだった。

ダンマイアー「『レヴァー6』のことは聞いた？」
レヴァー　「6？」
ダンマイアー「クックが言わなかった？」
レヴァー　「俺はもう引退するよ」
ダンマイアー「ああ、6だ」
レヴァー　「俺は五本で終わりだ」
ダンマイアー「そう、6だ」
レヴァー　「わかったよ、6だな。いいじゃないか。俺はやらないけどな」
ダンマイアー「そうだ、6だよ！」
レヴァー　「わかった、やるよ。じゃあこのビデオは本当に役に立ってるんだな？」

ダンマイアー「ああ」
レヴァー　「それはすごいね。本当にすごい」
ダンマイアー「嬉しいね」
レヴァー　「俺もさ」

数分考えてからレヴァーは言った――「ダン、これは俺の遺産の一部だよ」。

「他にもこういう仕事はしてるんですか？」と僕はレヴァーに訊いた。たちどころに彼は答えた――「ダンとの仕事みたいなのは他にはないよ」。

## 「防食対策と監督」局

ダンマイアーは、変わり者で散漫でドジばかりしている、という評判がある。彼は自分のオフィスの電話番号も住所も知らない。彼は派手な服を着る――ペンギン柄や海賊柄〔訳注：ピッツバーグ・ペンギンズはアイスホッケー、ピッツバーグ・パイレーツは野球のチーム〕のシャツ、スティーラーズのロゴ入りタートルネックやセーター、ピッツバーグがモチーフのネクタイや上着など、多くの人は皮肉のつもりでなければ身に着けない品物だ。国防総省のIDカードはスティーラーズのネックストラップでぶら下げている。以前乗っていた車はクライスラーのPTクルーザーで、巨大なスティーラーズのフットボール用ヘルメットみたいに塗装されていた。彼は自分のことを道化と呼ぶ。人はみな彼を変わった人だと言う。人と話しているときは、ちょっとばかり長話をしすぎる傾向がある。空気が読めず不器用なのだ。ある日、フロリダ州オーランドの博物館で、館長を含む三人を相手に廊下で立ち話をしたときは、片脚を前方に出し、胴は斜め前方に傾かせ、両腕を伸ばして、片手の指は広げ、もう片方の手は拳を作っていた。頭は横に倒し、表情豊かな眉を吊り上げて額を話している相手に近づけ、ビーズのように光る目の瞳孔はかけてもいない眼鏡の上から相手を覗いているように見えた。それは人を不安にさせ、相手を射抜こうとするかのような態度で、狂気のかけらがある。ジェスチャーゲームをしているのだとしたら、オーケストラの指揮者か、サンフランシスコのゴールデン・ゲート・パークで踊っているヒッピーの真似をしているのだと思ったことだろう。一方博物館のスタッフは、足をしっかり地面につけて立ち、両手は合わせるかポケットに突っ込み、上半身不動でダンマイアーの相手をしていた。わずかに動くのは彼らの首と顔の表情だけだった。一時間ほど後で、カーク船長の格好をした博物館の客（その日はハロウィーンだったのだ）を見かけると、ダンマイアーはまっすぐに立ち、姿勢を正して「お見事です」とその客に言った。仮装したその男性に敬語を使ったのだ。この出来事があって間もなく、彼は、自分は子どもの頃に亜鉛塗料を食べすぎたのかもしれないと冗談を言った。

話すときのダンマイアーの声はしわがれてかすれている。国防総省特有の単語が散りばめられた言葉は、早口で滑舌が悪く、常に力がこもっている。人がダンマイアーについて必ず言うことのもう一つがそれだ――彼の情熱である。ダンマイアーと話しているとときどき、スポーツのコーチに怒鳴りつけられているような気がする。いつも興奮しているのだ。興奮のあまり、言っていることがシッチャカメッチャカでとりとめがなく、苛立たしいこともしょっちゅうだ。それがあまりにひどいので、僕はメモをとっているノートに何度も「ダンは話が下手だ」と書いた。その日聞きたいことが決まっていると、すごくイライラする。たとえばレヴァーが出演するビデオの制作費はどれくらいか、といった具体的なことを聞こうとしてもまったく埒《らち》が明かない。ただ何か話を聞きたいだけなら興味深い話はしてくれる。即興で話をするのは大の得意なのだ。「Corrosion Forum XXXI」では、数字や頭字語やいろいろな手順の説明だらけのパワーポイント・プレゼンテーションの真っ最中に、プレゼンを中断してマイクを手に持ち、スクリーンを指差して「チャートなんか要りませんよね？　防食のことをしゃべればいいんだから」と言い、即興で話を続けた。彼は演台に寄りかかって頭を掻き、床に視線を落としたかと思うと特に何を見るでもなく上方に目をやったりしながら、見事にプレゼンをやってのけた。この議題に関する彼の熱心さと献身ぶりには、誰もケチをつけられなかった。

ピッツバーグ・スティーラーズとスター・トレックの他にもう一つ、彼の頭を離れないものがあった。彼はヤギが嫌いなのだ。あるとき、ハワイ州カウアイ島で、無線アンテナに起こる腐食について調査した彼は、図々しいヤギがものすごい速さで植物を徹底的に食べ尽くしてしまうことが、アンテナが短期間で腐食してしまう原因であることを知ったのである。行政構造の根幹が脅かされていた。「ヤギを止めなきゃいかん！」とダンマイアーは言った。「あいつらを殺すんだ！」。同僚の一人は彼に、「ヤギは怖いぞ」と書かれた海軍のシャツをプレゼントした。他の者は定期的に、ヤギを排除する方法についての提案書を書いている。「ヤギ」という言葉を口にすれば、ダンマイアーは目が座り、頭を前に傾げて例の強烈な顔つきになる。

スタジオの中では、レヴァーが鉄の塊を抱えてセリフを言っていた。「最初に掘り起こすのはこれ——鉄鉱石の塊です」。その塊は、さっきよりも小さく、扱いやすくなっていた。ダンマイアーの主任技術者であるキンジーが二つに割ってくれたのだ。四〇年にわたって防食の仕事をし、いくつもの特許を持ち、化学工学の学位を持つ彼が、こうやって撮影を手伝ったわけである。そういうことでもない限り、キンジーは黙ってスタジオの隅に座り、技術的な問題が発生するまで待っている。ダンマイアーにとっては面白くて興奮することが、彼以外のこのチームの人間にとってはつまらなく感じられる、という印象を持ったとしても間違いではない。ダンマイアーは外交家だが、彼以外は技術者なのだ。そしてダンマイアーの安全ネットなのである。

マイケル・ワインが「防食政策および監督局」の運営をダンマイアーに任せたとき、彼には考えがあった。彼は、プログラムを管理する世話役が欲しかったのだ。データのようなオタク〔訳注：データは新スター・トレックの登場人物の一人で、アンドロイド〕はリーダーには向かないことはわかっていた。ワインは、技術者たちを扱える人間が欲しかったのである。だが技術者たちは初め、その見識の鋭さに気づかなかった。現在は副局長を務めるリッチ・ヘイズは、メリーランド州カーデロックにある海軍水上戦センターの防食対策研究室を管理した経験があり、バージニア工科大学では材料工学の学士号と修士号を取得していたし、腐食が原因で入った潜水艦のプロペラのひびや、海兵隊が所有する遠征戦闘車の腐食についても研究していた。「このふざけた野郎は誰だ？」というのが、彼のダンマイアーに対する第一印象だった。ダンマイアーがプレゼンテーションすればあけすけに笑った。ダンマイアーにはそんな仕事をする資格がないと思ったのである。

長身で痩せ型、眼鏡をかけたヘイズは、几帳面で率直で融通の利かない真面目人間だ。彼は昔のことを思い出しながら、「私はまだ、防食を技術的な問題と捉えていたんだ。今ではだいぶ考え方が変わったがね。私がここで働いているのは、私ができなかったことを一体全体どうやって彼がやってのけたのかを知りたいからだよ」と言った。「私たちは、何か素晴らしい発明をする気でいた。何か新しい技術——たとえば新しい塗料とかね。だがすぐに、それは間違った方向性だと気づいたんだ」。今では彼はダンマイアーについて、「ダンには先を見通す目がある。私とは正反対なんだ」と言う。さらに、「ダンは何かを始めるのがすごくうまい。それを制度化して実行するのが私の役目さ。この職場がなくなったら元も子もない。だから政策に落とし込めたことが嬉しいんだ」。言い換えれば彼は、ダンマイアーが羽目を外すのを防ぐチームの一員なのだ。彼は何年もダンマイアーに抵抗し、ついに屈服した。今では上司であるダンマイアーにGPSによる追跡装置を埋め込みたいと言って笑う。

ヘイズはダンマイアーのチームに最初に参加したメンバー、つまり「三錆士」の一人ではない。ダンマイアーが最初に雇ったラリー・リーは、もの静かで勤勉で礼儀正しい、フィリピン生まれの元空軍大佐だ。化学工学を勉強した後、一九七七年に空軍に入隊したリーは、二〇年間、航空機を飛ばすのが仕事だった。戦闘機のエンジンを検査し、設計することで、最も下の階級である三等兵から大佐に昇りつめたのである。二〇〇一年の夏、彼は国防総省の、「取得、技術および兵站担当」国防副次官オフィスに職を得た。それはダンマイアーのオフィスに近いところにあった。一年半後、ダンマイアーはリーを自分の局の副局長として雇った。そして七年後、ついにヘイズがダンマイアーの下で働くようになると、リーはダンマイアーの参謀役となったのである。

石を割って見せたディック・キンジーもまた、ダンマイアーに二番目に雇われて、最初から彼と働いているメンバーの一人だ。防食に関しては四〇年の経験を持ち、その半分は、空軍の「防食管理室」で材料技術者として働いた。新しい航空機の設計や古い航空機の維持管理に携わり、腐食による損害額を算定した。ダンマイアーが彼を雇ったのは、彼が「防食管理室」の副室長に昇進し、そこを定年退職した後だった。他の者と違い、彼は、陸軍、海軍、沿岸警備隊、NASAで防食に携わっている者たちを知っており、おかげでダンマイアーの仕事がやりやすくなった。「防食政策および監督局」ができた当初、ダンマイアーに対してヘイズと同じような印象を持った者たちの不安は、南部の人間特有の穏やかさと落ち着きを持つキンジーのおかげでいくらか和らいだ。キンジーもまた、ダンマイアーの仕事がうまくいくかどうかは疑わしいと思っていた。だが彼はダンマイアーの保険となり、現在も主席技術者である。

ダンマイアーのオフィスの中核をなすチームのメンバーは、ダンマイアーとは大違いだ。正反対なのである――もの静かで几帳面、落ち着いていて冷静で、狂信的なところはなく、ほぼ「普通」で、優れた技術を持っている。たとえばダンマイアーが、何かの略称がC&Oだったか O&Cだったか、あるグラフの線が正しい方向を向いているかどうかといった些末なことにつまずいて窮地に陥ると、彼のサポートチームが訂正する。会議の議事やプログラムは大慌てで即興的に作られたものではないし、内容は有効で、このギャラクシーの宇宙暦上の現在、それはきちんと機能する、と、参加者の不安を払拭するのである。ダンマイアーはメモを取らないしスケジュールにも従わないが、サポートチームが代わりにそれをする。ダンマイアーが無駄話に花を咲かせれば彼らはじっと待つ。ラリー・リーに言わせれば、彼とヘイズがキッチンにいて、キンジーがガレージにいるとすれば、ダンマイアーはどこか家の外をうろついているのだ。それでも彼らは仲が良い。この一〇年、辞めたものは一人もいない。解雇された者もいない。「俺のチームはまともなんだ」と、ダンマイアーが僕に言ったことがある。「俺はまともじゃないかもしれんが、俺のチームはちゃんとしてる」。チームのメンバーは天才だと彼は言う。彼らはよく、おそろいの、「CPO」というロゴ〔訳注：「防食対策と監督」の頭文字〕が入ったシャツを着る。オレンジ色、カーキ色、青などの色があるが、どれがダンマイアーかはすぐにわかる。「Corrosion Forum XXXI」の参加者はダンマイアーのことを、変わり者だ、型破りだ、ペンタゴンの職員らしくない、と言ったが、同時に彼にはカリスマ性があり、正直で魅力的、結果を出すし、素晴らしい、とも言った。一人が言ったこんな言葉がわかりやすい――「私たちはみな防食業界で長いこと働いているが、状況は何も前進しなかった。そこにダンが現れた。彼は面白いし、活力がある。生き生きしてるんだ」。

## 錆大使の任命

急降下爆撃機のような音がしたが、それは単にプロペラ機が上空を横切ったに過ぎなかった。脚本の一一ページを読んでいたレヴァーは、音響スタッフがゴーサインを出すのを待つ間、セリフを読むのを中断した。

ダンマイアーが口を挟んだ。「ちょっと待った、これじゃダメだ。国防総省は、文化に変化を起こしたんだ。文化を変えることが『必要だった』と言うのはマズイ。それじゃ安全性レビューを通らない」。彼はクックに向かって説明した――「変化という文化、じゃなくて、文化の変化だ」。彼は同じことをテレプロンプターとレヴァーにも言った。レヴァーは笑ってダンマイアーの言葉を繰り返したが、些細な点にこれほどこだわる必要があるかには懐疑的だった。レヴァーは、国防総省のやり方にうんざりし、国防総省があまりにも官僚的で肥大化し、重箱の隅をつついているよう感じ始めているように見えた。ダンマイアーは別の問題点を見つけ、「正確に言うと、『次官』〔訳注：英語ではunder secretary〕は二語だし、それぞれ頭は大文字だ」と言った。それから、誰に向かうともなく、「選ばれたのは俺だ」と言った。レヴァーは二つ目のコメントは無視し、「頭の中で二語にするよ」とだけ言った。本当は、「だから何なんだよ？」と言いたかったのだ。

ただしレヴァーはダンマイアーがしようとしていることの重要性は信じているし、だからこそ防食ビデオに出演し続け、ダンマイアーには普通より安い出演料を請求しているのである。また、カリフォルニア州パームスプリングスでダンマイアーが開催した二〇一一年の防食対策会議の基調講演で、レヴァーがダンマイアーのことを、彼はその精神性と真実性において自分の知る最も偉大な人々――アレックス・ヘイリー、ジーン・ロッデンベリー、そしてフレッド・ロジャースに匹敵する、と褒め称えたのもそれが理由だ。ヘイリーは、一九七七年にレヴァーが出演した連続テレビドラマ『ルーツ』の原作を書いた作家、ロッデンベリーは『スター・トレック』の生みの親、そしてロジャースは公共テレビ局で人気の子ども番組『ミスター・ロジャーズ・ネイバーフッド』の作家である。レヴァーは、ダンマイアーの大義に対する献身ぶりを、本物で誠実で尽きることがない、と表現した。彼はダンマイアーを自然児と呼んだ。そして、ダンマイアーのおかげで自分も防食活動家になった、と認めた。

脚本の訂正が終わったと言われて安心し、レヴァーはセリフを続けた。「あとはただ彼らに必要なのは、計画することだけでした」。ダンマイアーは両手を上げ、伸びをして言った――「ああ、いいね。その言い方とてもいい」。

ダンマイアーは、連綿と続く頑固な軍人の家系の出身である。一〇世代かそこら昔の祖先はヨハン・ゲオルク・ドルマイヤーというドイツの農民で、ペンシルバニア州アレゲニー郡に植民し、独立戦争で従軍した。五人の息子は全員、ピッツバーグの北東、エルダートンにある家族の五〇〇エーカーの農場で働いた。一八一〇年、人口調査を行った役人が姓をダンマイアーに変えた。その後の七世代にわたり、ダンマイアー家のメンバーは、家具職人だった一人を除いてすべてが農民であり、必要があれば軍人として武器をとった。南北戦争、第一次世界大戦、第二次世界大戦のいずれも、ダンマイアー家の誰かが従軍したのである。その中には、戦死した者もいなければ、大学を出た者もいなかった。ダン・ダンマイアーの曽祖父、サムソン・ダンマイアーは牛に蹴られて死に、サムソンの息子は、ダン・ダンマイアーが生まれる一〇年前に家族の農場を売った。

ダンマイアーは末っ子で（姉が二人いた）、オハイオ州ヤングスタウンにあったUSスチールのオハイオ工場で製鋼の仕事をしていた父親に似ていた。「最初からなめてかかるな、責任を持て、自分のことは自分でやれ」――それが父親の哲学だった。仕事の時間は不規則で、汚れた身体で帰宅し、事故が起きても誰のせいにもしなかった。大学を出ていなかったので技師ではなかったが、腐食のことはよく知っていた。

ダンマイアーは二歳の頃から、自分はいつか従軍すると思っていた。一七歳になるのを待って、彼は予備役将校訓練団に参加した。ケント州立大学では誇らしげに制服を身に着けた。これは一九七〇年のことでアメリカによるカンボジア侵攻に抗議した四人の学生が、オハイオ州の州兵に射殺された直後だった。「すごい顰蹙《ひんしゅく》を買ったよ」と当時を思い出してダンマイアーが言った。「俺は『アメリカ万歳』と言ってやった」。それでも彼は、父親よりは進歩主義者でもあった。憲法論者の彼は、個人の私生活にも政府が果たせる役割があると考えていた。ピッツバーグの生活においてはなおさらだ。一九七〇年、パイレーツの新しい本拠地であるスリーリバース・スタジアムでの開幕戦で、彼は父親と、官民パートナーシップについて言い争いをした。父親が、球場は民間の金で建てるべきだったと考えたのに対し、息子は、街の文化を支えるために政府も一役買って当然だと考えていたのである。今でも彼は、公的資金の投入がなければピッツバーグには、コンサートを開ける会場も、PNCパーク（パイレーツの最新の本拠地）も、ハインツ・フィールド（スティーラーズの本拠地）もなかっただろうし、主要都市の一つに数えられることもなかっただろうと考えている。

一九七四年、ダンマイアーはベトナム行きを志願した。代わりに送られた先はドイツで、彼はアメリカ陸軍第七軍団に所属し、初め中尉として、それから小隊長として計三年滞在した。彼の任務は、ソビエト軍が西へ進攻しようとした際に彼らを遅延させる障壁を作ることだった。三年間、彼はほぼずっと、道路や橋を爆破して過ごした。彼が現在は軍隊の施設を守る立場にいるのは、まるでその頃の罪滅ぼしをしているかのようだ。

アメリカに戻ったダンマイアーは、フロリダ州タンパで食品サービスの仕事に就いた。カーター政権の終盤はブッシュガーデンというテーマパークで、レーガン政権の一年目はマリオットホテルで、使用人のシフトを管理するマネージャーとして働いた。ホテルチェーンであるマリオット社が彼をアラバマ州バーミングハムに異動させると、彼はそこで勤めを続けながら同時に行政学の修士号取得に着手した。そして現在の妻に出会った。またある年には、退役軍人の日の夕食会で、昔から憧れていたハイマン・リッコーヴァーにも会っている。リッコーヴァー最高司令官は高齢で身体が弱っており、彼の貢献に感謝しながらダンマイアーが彼と交わした握手は、おそらく少々熱狂的すぎたことだろう。ダンマイアーが彼を敬愛していたのは、彼が官僚制度を強行突破する達人であり、博識で、優秀な部下のチームを抱え、そして――何しろ大将だったので――誰の機嫌も取ろうとしなかったからだ。最終的には、彼はアメリカで最長の従軍記録を打ち立てた後に解雇され、その四年後に他界した。

一九八二年のエイプリルフールの日に、ダンマイアーは大学のキャンパスの隅にある「ドゥーギーズ・ホットドッグス」というレストランを買った。彼はそこを「ダンズ・ブレックファスト&ランチ」と改名して二年間経営した。彼は店主であり、皿洗いの主任でもあった。二六か月間、月曜から金曜まで、彼は毎朝夜が明ける数時間前に起き出して六時には店を開けた。そして夜間の授業を受けた。週末には予備軍での兵役があった。レストランを売却したのは、大統領研修員プログラムで国防長官府の実習生に選ばれたからだ。こうして彼は初めてペンタゴンに足を踏み入れた。一九八四年のことである。

ホットドッグとコカ・コーラを売ってダンマイアーが金持ちになったわけではない。ワシントンDCでは、ダンマイアー夫妻は歴史地区アナコスティアで、建物の二階のアパートを借りた。国防長官府での実習後、彼は一年間そこで分析官として働き、職員の報酬と即応能力について分析した。それから、「取得、技術および兵站担当」国防副次官オフィスの分析官になり、ワシントンDCのすぐ南、ペンタゴンとアンドルーズ空軍基地の中間にあたる、メリーランド州テンプル・ヒルズに越した。彼が最終的に腰を落ち着けたのは、バージニア州スタフォードで格安で購入した、六〇〇坪強の敷地に建つ競売物件だ。三人の子持ちになっていた。

クリントン政権下の一九九〇年代半ば、ダンマイアーは、国防次官が管轄する「ベスト・コマーシャル・プラクティス（最善の商慣行）研究員」プログラムに応募した。民間企業で二年間働く制度である。彼は、自分がよく知っていて利益相反もない食品サービス業界を選び、勤め先の候補として、ハインツ、ペプシコ、コカ・コーラ、レイノルズ・メタルカンパニー、アンハイザー・ブッシュを挙げた。とは言うものの、希望としてはピッツバーグにあるハインツが断然一番だった。ダンマイアーは念入りに準備した。面接では、損益の額に言及し、創業者の言葉を引用し、面接官が聞いたこともなかった数字を挙げてみせた。面接官は二週間以内に結果を通知すると言ったが、帰宅すると留守電に、「二週間早く始められますか?」というメッセージがあった。

それからの二年間を彼は、ピッツバーグやアメリカ各地のハインツの施設で過ごし、ハインツ社の商慣行、特に、ハトロン紙の買い方について研究した。ハインツ社は、箱やトレイや包装用に、年間二〇〇〇万ドル分のハトロン紙を購入していた。ダンマイアーは、シカゴ郊外にあるウェアハウザー社の施設で行われる製紙に関する講座に参加した。この、アメリカ屈指の製紙会社で、四日間、厚さ四〇ポンドのハトロン紙に関する些末なあれこれを学ぶのに没頭したのである。ゆがみやミスカット、コルゲート加工などについて学び、紙に詳しくなった。ハインツ社がカリフォルニア州トレーシーの工場を閉鎖した際には、オハイオ州フリーモントの工場にケチャップの製造ラインを増設し、統合するのを助けた。彼は製造機械を箱がきちんと通ることを確認し、二五万ドルあれば新しい製造ラインを構成して運用することができるし、その費用は一年で回収できる、と副社長に言ったのである。この、世界最大のケチャップ工場で、彼の計画は見事成功し、副社長はいたく感心した。今でもダンマイアーはこの製造ラインを「自分の」製造ラインと呼ぶ。実習期間が終わる頃、ハインツ社は彼に、上級購買担当者として働いてほしいと言った。ダンマイアーは興味をそそられた——「やっぱりこの業界で成功できたかもしれんね」と彼は言った——ものの、四〇代になっていたこともあり、それほど大きな方向転換をするには遅すぎると思った。軍部が彼を呼んでいた。ハインツで働いたことが、自分をより挑戦的にし、批判的にものを見ることを教え、ビジネスに対する考え方を変えた、とダンマイアーは言う。そして働くという行為は彼にとって、仕事と言うよりもむしろ冒険になったのだ。

ペンタゴンに戻ると、ダンマイアーはブッシュ政権への政権移行作業チームで働いた。誰もが休暇をとっていたこの時期に、彼は三〇〇ページにおよぶ報告書を書いた。国防総省の法律顧問がこれに注目した。新しい国防総省職員が雇われる際、国防総省は、まだＦＢＩの身元確認を通過して議会の承認を得ていない候補者たちにダンマイアーを付き添わせた。そのときダンマイアーが目をギョロギョロさせ、身体を前に傾けていたかどうかはわからないが、とにかくそうやって彼はマイケル・ワインと知り合ったのである。

ダンマイアーにとっては、二〇〇一年九月に起こった大事件は二つある。最初の事件〔訳注：九月一一日に起こったアメリカ同時多発テロ事件のこと〕のあと、ワイン国防次官の軍事補佐官であった空軍のアル・エバンズ大佐が彼に、完全に仮説とも言い切れない質問をしたのである。もしもペンタゴンから避難しなくてはならない事態になったとき、持ち出す必要のある最も重要な兵站関連書類はどれか？　三〇分後、ダンマイアーはエバンズに十数種の書類をEメールで送った。NACE（全国防食技術者協会）が腐食による被害額の調査結果を発表したのは同月のことである。

ワインはダンマイアーを、レイヴン・ロック・マウンテン・コンプレックスに派遣した。ペンシルバニア州にある、特に堅牢な「地下のペンタゴン」である。彼はここで六か月を過ごした。それが終わると、再び「取得、技術および兵站担当」国防副次官オフィスの分析官に戻り、化学兵器の非軍事化、誘導爆弾、武器体系について分析した。通常業務の他に、上院軍事委員会のマレン・リードと協力して、アカカ上院議員が抱えている防食問題の解決を図った。ダンマイアーの上司は、国防長官と国防副長官に続き、ペンタゴンではナンバースリーの人物だった（慣習により、四人の国防次官の序列は、「取得、技術および兵站担当」「政策担当」「予算担当」「人事・即応性担当」の順と決まっていた）。それから議会が「ボブ・スタンプ国防授権法案」を通過させ、ブッシュ大統領が署名して法が制定されて、ワインはスタッフを集めてミーティングを開いたのである。

六年後、会計検査院によって何度も監査を受けた後、議会は防食担当の高官に関するこの法律を改定した。ワイン同様、一連の次官たちはみな、自分にその仕事ができると考えた。だが議会は専任者が欲しかったのだ。それまでの権限は、新しい局長に移されることになった。「取得、技術および兵站担当」国防次官の特別補佐官になっていたダンマイアーが選ばれるのは当然のことだった。

## 防食と塗料

「準備はいい？」とクックが訊いた。「オーケー、タレント入るわよ」。スタジオの中は暑く、続く二時間半ほどの間に、レヴァーは少なくとも一三回、ほぼ一〇分おきに額の汗を拭ってもらわなくてはならなかった。一方ダンマイアーも疲労が目に見えた。まっすぐに椅子に座っていられなくなり、あくびをし、片方の肘をテーブルにつき、右手の親指と人さし指でこめかみを揉み、缶入りコカ・コーラを飲み、もう一度あくびをし、伸びをし、うめき声を上げ、片手を膝の上に置き、一度深呼吸し、大きな声であくびをし、もう一度伸びをした。それから姿勢を変えようとして、彼はコーヒーカップをひっくり返した。僕は、昼寝をしたらどうかと訊いた。「気は確かかよ?」。目をカッと開いて彼が言った。「遠路はるばるピッツバーグから昼寝をしに来たわけじゃないぜ!」

ダンマイアーはその後も、ビデオがすんなりと承認されるよう、脚本に細かい変更を加え続けて、アメリカで最も腐食性の高い環境に言及した一文には「環境過酷度指数」という言葉を加え、「建てた」という言葉を「完成させた」に変えた。二〇〇二年を二〇〇三年に訂正し、陸軍士官学校、海軍士官学校、空軍士官学校の三つを創立年順に並べろと言った。三億ドルという数字は「数億ドル」とするべきではないかとダンマイアーが言うと、クックが、それは重箱の隅をつつくようなものだと言った。「私たちは」ではなくて「私は」と言うべきだ、と言ったときには、クックは彼を無視した。

レヴァーは脚本の一八ページのセリフを読んだ。「防食対策プログラムが発足する以前は、各軍にはそれぞれに、腐食への対応の仕方がありました。そしてそれは通常、腐食してからそれを修理する、というものでした」。それから続けて、ダンマイアーの局の出資で行われているプロジェクトの一部を紹介した。まず彼は、海軍にとって腐食し続けられては困る資産の例を挙げた。たとえば、ハワイのレッドヒルに埋蔵された巨大な二〇基の燃料タンクからパールハーバーの施設までの約五キロを結ぶ、直径八〇センチのパイプラインだ。一九四二年に建造されたこのパイプラインは、二〇〇五年にダンマイアーがピグ検査の実施を決めるまで、その存在が秘密にされており、一度もその内部が検査されたことがなかったのだ。レヴァーはこの検査の手法を大雑把に説明し――「センサーをパイプ内に送り込んで問題がないかチェックすること」――、それからその先に進んだ。ダンマイアーが、彼がこの役職に就いて最初のこのプロジェクトのために一〇〇万ドルを投じたことには脚本は触れなかった。ダンマイアーはこれを、楽に成果を出せる美味しい仕事だと考えたのだ。脚本には、今では海軍が、Vetco社に作らせた特別製の超音波センサーを所有していることも、また、検査が終わって間もないクリスマスの直前にパイプラインが漏れ、たまたまそこにいた作業員たちが対処したということも触れられていない。もしも作業員がそこにいなかったら、パイプラインから漏れた燃料はホノルルの給水源を汚染し、一〇億ドルの被害を与えるところだった。それが未然に防げたために、この件は全国的に報道はされなかった。だがアカカ上院議員はこの件を知り、後日ダンマイアーを、ハート上院オフィスビルにある自分の執務室に呼びつけてミーティングを持った。彼はダンマイアーのことをドルマイヤーと呼んだ。

ホワイトハウスに承認された一五〇〇万ドルを、初めて正式予算として獲得した二〇〇六年から今日まで、彼は与えられた予算のおよそ三分の二をさまざまなプロジェクトに費やしている。半数は兵器、半数は施設や設備関連のプロジェクトである。ダンマイアーのもとで働く一〇名の職員が、指標づくり（腐食による損害額の算定）に次いで、二番目と三番目に注力するのが兵器と施設に関連する分野なのだ。レッドヒルのパイプラインの例はあるが、施設関係のプロジェクトは見過ごされやすい傾向がある――なぜならそれらが対象としているものは、誰にでもお馴染みの、錆びたパイプ、ポンプ、屋根、タンクなどだからだ。ヘリコプターやパトリオット・ミサイルや航空母艦が対象の兵器関連プロジェクトのほうがはるかにカッコいいのである。

脚本の次のページでは、大学や政府の研究所との技術協力について、また、サザンミシシッピ大学の研究室で腐食を感知する塗料が開発されたことに言及していたが、二〇〇五年から二〇一三年までにダンマイアーたちが合計一億六五〇〇万ドルを投じた二三六のプロジェクトのおよそ三分の一は、完璧な塗料を求めるものであったことには触れなかった。「防食政策および監督局」は、航空機、甲板、火災警報システム、ジェット機の燃料タンク、貯水タンク、空調機用コイル、ポンプ羽根車、車体の底面、ビルジ、マグネシウム部品、そして低温環境用の塗料の開発に出資しているのである。それらの塗料は、シングルコートのものもマルチコートのものもあれば、プライマーもトップコートもあり、高温で迅速に硬化するように設計されているもの、低温で硬化しやすいもの、噴霧用、ローラー塗り用、パウダーコーティング用、あるいはレーザーで塗装するものなどさまざまだ。マグネシウムを多く含むものも亜鉛を多く含むものもあるし、基材がビニール、エポキシ樹脂、ニッケルチタンのもの、あるいは特にクロムを含んでいないものもある。蛍光色のものもあれば、ベタベタするもの、粘度が高いもの、長持ちするもの、柔軟性があるもの、耐火性のものもあるし、耐チッピング性のもの、断熱性のあるもの、滑りにくいものもある。彼らはまた、セルフプライミング塗料、機能性塗料、そして、傷を自己修復し、雨できれいになる塗料を開発するのに三〇〇万ドル以上を費やした。また海兵隊のためには、兵士が戦場で素早く塗装修理できるよう、台紙から剥がして貼るだけの塗料パッチを一〇〇万ドル近くかけて開発した。ダンマイアーは、塗装膜を「腐食防御の最前線」と呼び、「それ以外に防ぐ手段がない場合もある」と言う。

塗料の多くは、フロリダ州南部の温かい海水のそばに何年間も置かれて、海軍研究試験所の科学者たちがその堅牢性を試したが、それは、牛乳のパックを何か月も冷蔵庫に入れっぱなしにするとどうなるかを子どもが調べるのにもどこか似ていた。トランプほどの大きさの金属板に塗られた塗料が大気暴露試験でさらされる試験所の大気の腐食性は、アメリカではケープカナベラル以外には比肩する場所がなかった（そしてケープカナベラルでもまた、NASAの協力のもと、多くの塗料が試験されている）。塗料を塗った試験用の金属片は、ずらりと並んだ棚の上で錆の花を咲かせ、薄片となって剥げ落ち、錆が泡を作った。多くの場合、灰色が褪《あ》せて褐色や青に変わり、時にはピンク色になることさえあった。海軍はピンク色に変色する塗料は使わなかった。海軍に選ばれた塗料について、海軍研究試験所の職員たちは一種の軍隊讃歌を作った。

船体は塗料を保護するためにある
原子炉は塗料を動き回らせるためにある
サブセーフは塗料が浮上して迷わないようにするためにある
カソード防食システムは塗料を援助するためにある
兵器は塗料を守るためにある
特殊筐《きょう》体《たい》処理タイルは塗料を保護するためにある
垂直発射システムは塗料に害を及ぼすものを破壊するためにある

アメリカ軍が使用する塗料の最高級のものには、以前は六価クロムが使われていた。二〇〇〇年のアメリカ映画『エリン・ブロコビッチ』の主題となった発ガン性物質だ。軍部は徐々に六価クロムの使用を止め、現在はダンマイアーの局が代替塗料の分析を行っている——それは「六価クロム最小化プログラム管理の手引」と呼ばれる。「Corrosion Forum XXXI」でその見本を手にしたダンマイアーはそれを「驚異的な出来」と呼んだ。塗料のこととなると興奮するのだ。優れた塗料を正しく塗布すれば、軍の資産は丈夫で長生きできるのである。

二〇〇六年以来、ホワイトハウスが示す予算案におけるダンマイアーの局の予算は、年々減少の一途を辿っている。だが、大統領予算案が示す金額にかかわらず、ダンマイアーは自分の局には十分な資金があると言う。「使える金額の中でできることをやるだけだ。それが嫌なら辞めればいい」。父親同様、ダンマイアーは苦情を言わない。彼には敵も味方もいるが、自分の仕事の結果は結果として自立したものであってほしいのである。

政府予算が減少する一方で、ダンマイアーの局が出資するプロジェクトの数はわずかながら増加している。と同時に、ダンマイアーにとっての優先事項も変化した。「防食政策および監督局」ができて間もない頃のプロジェクトは、楽に成果を出せるもの、または腐食の検知に焦点を当てたものが多かった――カソード防食システムのためのセンサー、漏れ・ひび割れの発見、船の錆の発見、環境暴露の察知、燃料タンクやバラストタンクの錆の発見などである。楽な目標を達成すると、次に局はその予算を、もっと大規模で地味な頭痛の種に振り向けた。たとえばアンテナ塔のガイワイヤーの腐食状況を調査したり、グアム島の米軍基地にあるキロ・ワーフの錆の対処といったようなことだ。そして近年は、素材の選択や腐食抑制剤、そして、合成桁橋や、耐食性鉄筋入りのコンクリート製桟橋など、さまざまな分野に応用できる技術の開発に注力している。その大半は基本的なものだ――たとえば航空母艦の洗浄システム、長いホースを使った除湿器、カビ取りキット、あるいは航空機のカバーや格納庫などである。何百万ドルもかかるプロジェクトもあるが、ジェット機エンジンのシールを修理するための粉体レーザーデポジション技術のように、わずか三万ドルしかかからなかったものもある。

だが、どんなに高級な塗料も、それを使用する者に適切な知識がなければ役には立たない。塗料というのは単純なものだし、それを塗るには最低限の学歴さえあればいい、と考えるのは致し方ないが、それはどちらも間違いだ。造船所でも航空機の格納庫でも、軍隊に所属する塗装工で高校を卒業している者は半数に満たない。足し算や掛け算ができない者も多い。彼らは計算するのを避けるため、これをお玉一杯にこっちをお玉一杯、といった具合に塗料を混ぜる。経験の浅い新兵に塗装をさせればひどい結果になるのはほぼ決まったようなものだったが、さらに、軍隊が必要とする膨大な塗装の仕事に厳格な規格を定められなかったことが、失敗を確実にした。海軍の軍艦を塗装するのは相当に退屈な仕事だが、そのための規格を定めるのはもっと退屈だ。それがダンマイアーの局が担当する四つ目の分野であり、彼らはそのために相当な労力を費やして、湿度や表面処理、塗装、塗料の厚さその他に影響する、数千にのぼる仕様を見直した。ダンマイアーは、この問題の中に状況改善の機会を見出していたのである。

技術的な仕様の管理よりもさらに規模も影響も大きいのが、ダンマイアーたちが策定しようとしている政策である。ダンマイアーが注力するこの五つ目の分野は、首席補佐官ラリー・リーに言わせれば「儲けどころ」だ。「防食政策および監督局」が二〇〇三年に設置されたとき、ダンマイアーと彼の部下は、軍部が開発中の兵器をちらりと目にできればラッキーだった。だが今では、国防総省が管理するあらゆるプログラムを「防食政策および監督局」がチェックすることになっており、担当するダンマイアーの部下の一人はそれだけで十二分に忙しい。空軍の次世代型空中給油・輸送機KC－46、最新型F－22戦闘機やF－35戦闘機、遠距離レーダー、六〇億ドルかけた空軍宇宙監視システム（通称スペース・フェンス）の図面に目を通し、国防総省のUHF衛星通信システムや、海兵隊がハンビーの後継車として導入したJLTV（統合軽戦術車両）もチェックする。海軍のものでは、新型の戦術妨害システムやAMDR（対空ミサイル防衛レーダー）、新型補給艦、最新鋭哨戒機ポセイドン、それにアメリカ大統領専用ヘリコプターをチェックするのである。軍部のあらゆる兵器に関するRFP（提案依頼書）には、腐食の防止と制御対策についての評価が求められる。企業が軍部に新製品を提案する際のガイドラインを定めたのもダンマイアーたちだ――二一世紀の今日、企業は防食対策をとらなければ先に進めないのである。ダンマイアーに言わせると、これこそ「防食政策を国防総省の中に織り込む」ということなのだ。彼は今、連邦政府とのあらゆる契約について、その防食対策を検証させようとしている。連邦調達規制が依って立つ政策を改定して、国家予算からの支払いを受ける契約企業はすべて、認定された第三者機関の防食技師の監督を受けなければならないようにしたいのである。たとえばNACEや防食被覆協会、その他の機関のことだ。ダンマイアーはこれを最後の砦と呼び、それをすれば腐食による損害額は三〇％減少すると言う。

## 戦士の育成

レヴァーは脚本の最後から二番目のページを読んでいた。脚本はダンマイアーが焦点を当てる六つ目の分野、教育と資格認定について説明していた。これは「腐食撲滅戦争を戦い抜く力のある人間が常に存在する」ようにするのが目的である。ダンマイアーはその戦士たちに敵を理解してほしいし、理解している人には資格を認定している。二〇〇五年以来、二〇〇〇人近い兵士が、NACEを通して防食に関する講座を受講しており、その大部分は海軍だ。NACEの講座には、五日間のものと、半日で終わる短縮版があるが、陸軍でこのどちらかの講座を受講した者は一〇〇人にすぎない。塗装工に対しては、防食被覆協会が国防総省に合わせて構成した講座があって、吹き付け加工だの、エアレススプレー塗装だの、塗り厚だのといったことを教えている。受講者の四分の三は海軍の兵士で、そのうちの四分の三が講座の最後の試験に合格する。ダンマイアーの努力の結果、軍の士官学校でも履修課程に防食を組み込みつつある。最初にそれを実施したのは空軍の士官学校で、他の士官学校もその準備中だ。また防衛調達大学は、数十万人の軍人や契約業者のための、もっとずっと大規模なオンライン講座を開発中である。ただし二〇一二年末の時点で、そのオンライン講座は一〇〇万人が同時に利用できる環境が整っているが、アカウントを取得した者は五〇〇人に満たない。

「教育と資格認定の分野で最も斬新な貢献を果たしたのはおそらく、アクロン大学の、防食工学の学部課程でしょう」と、レヴァーが明るい口調で言った。アメリカで最初の、そして唯一の防食工学の学位であり、それを構想したのは、元防食関連企業の重役だったマイク・バーチである。一九九二年にコープロ（Corrpro）という会社を創立し、上場したバーチは、防食業界がアメリカの経済にもたらし得る恩恵が一般的に認識されていないことに気づいていた。また、雇いたくても、熟練した防食技術者がなかなかいないことも知っていた。三〇年間、彼は学部生に防食工学を教える大学ができることを夢見ていた。だからダンマイアーが今の仕事に就いたとき、彼はダンマイアーを、現在アクロン大学でこのプログラムのディレクターを務めるスー・ルシェールに紹介したのである。バーチはこのことを、自分の業績の中で何よりも誇らしく思っている。

ダンマイアーがこのプログラムを後援するようになっ

たのは二〇〇六年だ。二〇〇八年に議会がこれを承認して以降、三五〇〇万ドルの税金が国防総省を通じてこのプログラムに充てられている。二〇一〇年に学生に門戸が開かれ、二〇一四年現在、六〇人の学生がこの課程に登録している。うち一〇人強は最終学年の五年生だ。ラリー・リーによれば、この学生たちには、卒業と同時に高給な職場が約束されている。すでにNACEの学生支部に入会している学生も多く、彼らはこの支部を「防食隊」と呼ぶ。NACEのカンファレンスにユニフォームを着て出席する防食隊は、まるで陸上チームの選手みたいだ——ただし鍛え上げた大腿四頭筋はないが。アクロン大学のこのプログラムについて、レヴァーは「次の《ネクスト・》世代《ジェネレーション》を教育しているのです」とセリフを言い、それから妙な顔をして、「ネクスト・ジェネレーションか。いいね」と言った〔訳注：レヴァー・バートンが出演しているスター・トレックのシリーズ、『新スター・トレック』の原題はStar Trek: The Next Generation〕。

　スター・トレックのジョークはさておき、ダンマイアーはこの学士課程について真剣そのものだ。これこそまさにSTEM教育プログラム展開の頂点であり、技術者は技術者でも防食技術者を輩出するのである。この教育の機会をフルに利用して、ダンマイアーは、アクロン大学の「この分野の専門家」が作成する「学習モジュール」を製作中だ。ブルーノ・ホワイト・スタジオが編集を担当し、防衛調達大学を通じて数十万人の兵士たちにオンラインで届けられることになる。この計画と「コンテンツ」を説明するとき、ダンマイアーと彼の仲間たちは、ニュー・メディア業界特有の業界用語を頻発するものだから、どこまでが現実でどこからが夢物語なのか区別がつきにくい。

　世界中で、ダンマイアーを大いに興奮させるSTEM教育プログラムがもう一つある。「防食政策および監督局」の仕事には七つの分野があるが、その最後のものである地域奉仕活動の一環として出資したのが、オーランド・サイエンス・センターの、「腐食：物言わぬ脅威」と題した小規模な展示だ。この博物館の一部であり、電気と磁気、光線とレーザー光線、重力、位置エネルギーなどを題材にした展示のあるサイエンス・パークで、二〇一三年三月に初めて公開された。そこには、長さ四・三メートルのトレッスル橋があって、塗料が一部剝げたり、コンクリートが欠け落ちたり、鉄筋が露出したり、金属が剝離するなど、さまざまな腐食の形態とともに展示されている。実際にその橋で録音された人や車の往来の音が流れているが、それ以外はすべてシミュレーションである。コンクリートの台座、鉄鋼製のＩ型梁やボルト、それに錆などはすべて、プラスチックと塗料で作られている。そんなものは実際にいくらでもあるのにわざわざ偽物を作るというのは、偽の土やゴミを作るのと同じくらい馬鹿げたことのように思えた。まるでメキシコのトラスカラでタコベルに行くようなものだ。そして何よりも皮肉なのが、朽ちていく物の偽物を作るのに七万五〇〇〇ドルの税金が使われる一方で、国防総省は腐食を排除するためにその二六万六〇〇〇倍の金額を使っているという事実である。だがもちろん、博物館に来た子どもたちが崩壊する梁の下敷きになっては困るのだ。

もしかしたら子どもたちにはこんな展示はどうでもいいのかもしれない。ダンマイアーは子どもの教育の専門家ではない。この展示を見て子どもたちがワクワクしないとしても、少なくとも錆というものを目にすることにはなる、とダンマイアーは言う。博物館では毎日、こぢんまりした教室で一八人の子どもたちに錆についてさらに教えようとしている。防食の仕事を紹介するスタンドもあって、レヴァー・バートンが登場するイントロダクション映像が流れている。ダンマイアーはこの展示を雛形として使いたいと考えている――これを足がかりとして、錆についての展示を全国的に展開したいのである。

この展示の四分の一の費用で作れる複製を、民間の資金を使って他の博物館が作る、というのがダンマイアーの希望だ。それまでは、オーランド・サイエンス・センターは、入場者数では敵わなくても、ユニバーサル・スタジオよりも魅力的であってほしいと彼は願っている。

だが、ダンマイアーを何よりも喜ばせるのはレヴァー・バートンだ。レヴァー・バートンが錆の話をするのはまさに、ダンマイアーだからこそできる地域奉仕活動の実例なのだ。一連のビデオは幅広い視聴者を惹きつけ、市民を魅了する――あるいはそうあってほしいと彼は願っている。それを当てにしているのだ。「レヴァー５」について、「書いたのはダリルだが、これは俺の脚本だ」とダンマイアーは言った。「俺の望み通りだ。これは俺のものなんだ。これは何から何まで、全部俺のものだ。これが欲しかったんだ」。ダンマイアーはまた、「防食政策および監督局」のことを自分の宝物と呼ぶのである。

僕は何度も尋ねたが、ダンマイアーはレヴァーが出演するビデオ一本の制作費を教えてくれなかった。ピリピリして、ビデオはどれも関連する他のプロジェクトと混ざり合って予算が算出されているので、一本の値段を出すのは不可能だと言い、政府の規則や業者の契約手順は守っていると言い張り、概算の数字は後で伝えるが、それぞれ三〇万ドル以下である（その大部分は編集に充てられる）ことだけは確かだ、と言った。また同時に、彼の局は国防総省の中で一番頻繁に会計監査を受けているのだと繰り返した。「俺はケチな野郎でね」と彼は言った。

## 国防総省の変わり者

午後三時半、ダンマイアーもだが、レヴァーも疲れてセリフを言い間違えるようになった。「楽々やってるように見えるかもしれないが、大変なんだぜ。電池にも寿命があるからな、劣化もするさ。俺だって錆びちまうんだよ、ダン」と彼は言った。ダンマイアーは笑った。それから間もなく、撮影している最中にジブクレーンが音を立て、撮り直しが必要になった。レヴァーは顔をしかめた。

脚本の最後のページをめくったダンマイアーが「ついに最後だ」と言った。レヴァーは、「ティッシュペーパーを用意しといてくれよ、感動しちゃうからな」と言った。そしていつも通り、「腐食との戦いに終わりはありません。なぜなら、前にも言った通り、錆は決して眠らないのですから」と締めくくった。ロードが「お疲れ！」と言った。ダンマイアーとレヴァーは抱き合い、互いの背中を叩いて握手した。レヴァーは煙草を吸いに外に出た。

みんなが自分のことをどれほど信用していないかに気づくまで、ダンマイアーが今の仕事に就いてから何年もかかった。たとえば、元NACEの会長だったニール・トンプソンは、一体どうやってダンマイアーが仕事をこなすのか不思議がった。ダンマイアーは彼に、「お前は物事を順序立てて考えないよな」と、非難するように言われたことがあった。二〇〇一年に行われた腐食による損害額の調査結果をまとめたポール・ヴィルマーニも、ダンマイアーの能力を疑った。「君は技術者じゃない」と、やはり非難するような口調で彼は言った。「技術者でもないのにどうやったらこの仕事ができるんだい？」。「取得、技術および兵站担当」国防副次官オフィスの上級管理職を長年務めたリック・シルベスターはダンマイアーに、彼のおかげで他の職員の評判が落ちているし、彼はみなを嫉妬させている、と言った（シルベスターはまた、理想を犠牲にしようとしないダンマイアーは決して成功しないだろうとも言った）。ポトマック政策研究所は、ダンマイアーに査読委員の一員に加わるよう要請するにあたり、素行調査のため、ダンマイアーと働いている、あるいは以前働いたことのある職員や軍人たちに聞き込みをした。「伝えておきますが、あなたはあまり好かれていないようですね」と彼らは言った――「でも結果は出すのであなたのことを尊敬していますよ」。

だがダンマイアーの意見はそれとは違う。自分は国防総省で最も嫌われており、ケント州立大学でそうだったように、人気がないと思っているのだ。それに、尊敬されているなんてとんでもない。彼が勝ち取ったのは尊敬ではなくて恐れだと彼は言う。人にお世辞を言うのを頑として拒んだ結果だ。彼は自分が扱いにくい人間であることを知っているのだ。自分が何かプログラムのメンバーに組み込まれるのを他のメンバーは嫌がると彼は言う。みなそれを「災難」だと言うのだ。

ダンマイアーはそんなことは意に介さない。「構わんさ。俺は仕事をしてるんだ。人におべっか使うためにここにいるんじゃない。それに俺は自分の領分はわきまえてる」。そしてもっと詳しく説明した。「真面目な話、俺が一〇年やってこられたのはそのおかげだ。余計なことはしない」。そしてお決まりのセリフを言った――「俺は戦う人間が好きなんだ」。

ダンマイアーは、自分は別に型破りというわけではないし（「俺は落ち着いて理性的に振る舞うことだってできるんだ、ただクレイジーに振る舞うのが楽しいだけさ」）、嫌な奴でもなく（「俺は性格が悪いわけじゃない、ただ仕事に情熱的すぎるんだ」）、汚職に手を染める役人でもない、と主張する。変なところは多々あるが、彼は決して意地が悪いわけでも刺々《とげとげ》しいわけでもない。彼は、自分は自分の羅針盤に従っているだけで（「次に何をしなければいけないかはわかってるんだ」）、何か最先端のことをしようとするときは、上層部にそれを伝える、と言うのである。自分は必要なリスクをとっているにすぎないし、リスクにさらされているのは自分の身だ（「いい奴でいるより幸運な奴でいたいね」）とも言う。腐食を相手にするには、新しい工夫が大切（「熱力学の第二法則を敵にしているんだから常套手段じゃダメだ」）であると同時に、一か八かやってみる、という積極的な意欲がなくてはならない（「安全なことだけやっていたら何も実現しない」）、と彼は考えるのだ。錆は紙より手強いのだ、と彼は言う〔訳注：ハインツ社のために研究した紙のことを指している〕。錆との戦いを正当化するのが難しい場合も多い（「数十億ドル節約するのには数百万ドルかかるんだ」)。彼は、自分はこれが楽しくてやっているのだ、とお馴染みの文句を繰り返す。その底流には、戦士への憧れがある。

僕と話をするたびにダンマイアーは、自分は歯車の歯にすぎない、と強調した。自分以外のところに注意をそらし、手柄はすべて政権のものだと言うのである。自分は単なる役人にすぎず、それを誇りに思っている、とも言った。「俺はただ手助けをするだけさ」。自分のことはあまり書かないほうがいい、と一度ならず彼は僕に言った。「短きゃ短いほどいいぜ」。自分のプロフィールは簡潔にしろ、と彼は言った。折に触れて彼は、自分が国防長官府で働けることに対する驚嘆の念を示した。彼にとってそこは「極楽」なのだ。自分の身分が政治任命官でないことをありがたいと思っている。「俺が議会に承認されると思うかい?」と、そんなことはあり得ないと言いたげに彼は訊いた。「ホワイトハウスが俺を任命するとでも?」。ビデオ「レヴァー5」が自分についてのものであることに関しては、「このビデオに俺が登場する唯一の理由は、この局の成り立ちがテーマだからさ。ビデオに出たかったわけじゃない。エゴが強いみたいじゃないか。だが俺は、このビデオに時代を超えてほしかった。息の長い、歴史の記録にしたかったんだ」。

だが演台に立つ機会が与えられればダンマイアーは喜んで立つ。国防総省はまるで、強い個性と自我を持つ人々が作る迷宮だが、彼は彼なりのやり方で立ち向かっているのだ。物資準備担当国防次官代理補のもとで働く物流の専門家、トニー・スタンポーネは、ともに給料がGS-13等級〔訳注:アメリカの公務員の年俸一般俸給の等級で、1~15まである数字が大きいほど金額も高い〕だった一九八九年からダンマイアーを知っている。二人はともにペンシルバニア州の、反対側に位置する地域の出身で、ペンタゴンでも反対側に位置するオフィスで働いていた。ダンマイアーは常に少々ピリピリしていた、とスタンポーネは回想する。「防食の仕事が始まるまで、そのことには気がつかなかったがね。ダンのオフィスは狭くて、予算も少なかった。彼はひとえに彼の個性が持つ力で、できるだけのことをしたんだよ。私は物流の専門家だ。結局は金を払うのは私なんだ。他には誰も気にも留めない。だから私たちが防食のことを気に掛ける。ダンはずっとそのことを教えようとしてるんだ。誰も防食のことなんか聞いたこともなかったし、気にも留めていなかったが、ダンが防食という言葉をみんなの意識に乗せたのさ。ペンタゴンでそれができれば、戦いには半分勝ったも同然だ」

副局長のリッチ・ヘイズは、ダンマイアーがしてきたことの結果、かつてはドキュメンタリー番組『シックスティー・ミニッツ』で、船体に含鉛塗料を使ったことを指摘されるのを嫌がっていたプログラムの責任者たちが、今では同番組に、二〇年ではなく一〇年しかもたない船を設計したと指摘されるのを嫌がるようになった、と言う。

科学者として、教授として、また執筆家として尊敬される存在であり、疾病対策センター、環境保護庁、アメリカ国立科学財団、エネルギー省などの顧問を務めたこともあるアラン・モギッシは、バージニア州アレクサンドリアで初めてダンマイアーと知り合い感銘を受けた。モギッシは物理化学博士であり、息子のオリバーはNACEの会長を務めたことがある。腐食については詳しいのだ。「ダンは完璧だ」と彼は言った。スイスとドイツで教育を受けた彼は、今も強いドイツ語訛りがある。「技術者というのは往々にして、木を見て森を見ず、というところがある。だがダンには森が見えている」とモギッシは言う。「フォード社の最高経営責任者は自動車技師ではないし、デュポン社の最高経営責任者は化学者ではない」。彼によれば、ダンマイアーは、技術者たちが自分を仲間と見ていないことは知っているが、同時に、自分が何を知らないかということもわかっている。ダンマイアーを理解するのは簡単だ、とモギッシは言った。

車で南に向かう途中、サウスカロライナ州の横殴りの雨の中、僕に電話してきたダンマイアーは、「俺は六〇歳だぜ。狂ってるよな！　でも俺は、戦士のためなら何だってするんだ。何だってする」と言った。彼が献身的に働くのは、我が身を捧げて奉仕がしたいからなのだ。まるで僕が神父であるかのように、彼は幾度となく、自分の献身的な愛情を口にした。「俺は戦士のことを思っている。戦士が大好きなんだ。俺がこの仕事をしている理由はたった一つだ」。「防食政策および監督局」の責任者として一〇年、彼は、戦士たちの生命を守るために、政府から受注して仕事をするという重荷に耐えてきたのである。一〇年前、彼の妻は彼に、「あなたは孤独な死に方をするわ、だってあなたは戦士のことしか頭にないんだもの」と言った。そう白状しながらも、彼は妻を聖人と呼ぶ。「戦士たちがいなければこの国はない。不愉快なことは起きるが、自分の生命や手足をこの国のために犠牲にしている人たちのことを考えれば、俺の問題なんか俺が気にすると思うかい？　誰がどんなお役所仕事の戯言を俺の目の前に置こうが、そんなものは我慢できるさ。俺はアメリカ合衆国を愛してるんだ。俺を追い出したきゃやってみるんだな。俺は辞めないぜ」と彼は言った。

だが、二〇〇八年の三月のある晩、ダンマイアーが辞めそうになったことがある。帰宅のため、二トンもあるヘルメットみたいな愛車のPTクルーザーでI‐95を走っていた彼は、居眠りをして出口の標識の柱と三本の木に突っ込んだのだ。一〇〇キロ近いスピードが出ていた。ブレーキは踏まなかった。救急隊は車を切断して彼を車外に出し、病院に搬送した。彼は頭を強く打ち、肋骨が折れていた。病院で四日後に彼が意識を取り戻すと、医者は、彼は一度は死んだのだと言った。

その二年後には、スティーラーズの試合を観に行く途中、歩道で足を滑らせて足首を骨折した。試合は観損なった。けがをしたことと試合を観られなかったことのどちらがより大きな悲劇だったたか、仕事仲間たちには定かでない。その後ダンマイアーは太り、戸外をちょこまか動き回ることはなくなったし、決まってベルクロ止め式のドクター・ショールの靴を履くようになった。そして疲労が彼にまとわりついて離れなくなった。「Corrosion Forum XXXI」では、ダンマイアーはあまりにも疲れていて、人々が彼に挨拶しに来ても立ち上がろうとせず、腰掛けたままで抱き合って挨拶した。僕は彼が、こめかみをさすったり、だらしなく椅子の背にもたれたり、もぞもぞと姿勢を変えたり、背中を丸めたり、あくびをしたり、顔を拭いたり、身体を捻ったり、目を擦ったりするのを目撃した。「心の中ではやる気満々なんだ」と彼は言った。外見からは、彼はかなり錆びついて見えた。

## 優れた費用対効果

ダンマイアーが「素晴らしい教育用ビデオ」と呼ぶ、レヴァー出演の一連のビデオは、ディズニーワールドにいる子どものようにダンマイアーを大喜びさせるのだが、国防総省の高官たちからはそんな反応は得られない。『リーディング・レインボウ』は幼少期に読み書き能力をつけることを促した。ダンマイアーのビデオが促しているのは……大人が防食についてもっとよく知ることだ。「レヴァー4」が製作されて間もなく、「取得、技術および兵站担当」主席国防副次官は、ダンマイアーの副局長に「誰も君らのビデオは観ないよ」と言ったし、「Corrosion Forum XXXI」では、防衛調達大学で工学技術管理を教えるデイブ・ピアソンが、自分の上司はまだこのビデオに納得してないと言った。

これほどまでに公共教育に尽力しているにもかかわら

ず、軍部以外の媒体でダンマイアーの名前が挙がることはまれである。たとえば、『Waste & Recycling News（廃棄物とリサイクルニュース）』誌は、フォート・ブラッグでダンマイアーたちがテストした、熱可塑《かそ》性樹脂で建てられた橋に関する陸軍のプレスリリースを取り上げた。『ビジネス・ウィーク』誌は、国防総省が直面する錆という巨大な頭痛の種について八段落掲載し、うちダンマイアーについては短い文章が二つだった。記事の書き手は、一年間に軍部が錆対策に費やす金があれば、新品の航空母艦を二隻、あるいはジェット戦闘機を四八機購入できる、と指摘した。ダンマイアーのことは楽天的と呼び、それ以上のことは言わなかった。

　ホワイトハウスが提案する予算は年々確実に減少し、現在では二〇〇六年度予算の半額近くになっているが、ダンマイアーの局には、連邦予算と同等かそれ以上の金額が、議会の追加予算——特定のプロジェクトに使われることが決まっているか、あるいは使い途が決まっていない——として入ってくる。たとえば二〇〇八年には一三〇〇万ドル、二〇〇九年にも同額、二〇一〇年にはそれをわずかに上回る額の追加予算が与えられた。二〇一一年と二〇一二年には、三〇〇〇万ドル近い追加予算が議会からダンマイアーの局に送られているし、二〇一三年もそれに近い。その結果、「防食政策および監督局」の予算総額は現在、景気が後退する以前の二〇〇六年と二〇〇七年に比べて二倍以上になっているのだ。驚くにはあたらないが、ダンマイアーには、上院と下院の軍事委員会と国防歳出委員会に味方がいるのである。予算が抑えられ、職員が一時解雇や早期離職させられ、カンファレンスの数が削減されている状況の中、ダンマイアーが率いるこの小さな局は、数千ある国防総省の局の中で、規模を拡大している数少ないものの一つである。ダンマイアーが結果を出しているからだ。

　レッドヒルのパイプラインのピグ検査は大成功で、ダニエル・アカカ議員は大喜びだったかもしれないが、見事に成功した初期のプロジェクトとしてダンマイアーが挙げるのは、アンテナ用の小さなガスケットである。まずアメリカ沿岸警備隊が、ヘリコプター「ドルフィン」の、アンテナが突き出ているところの腐食問題を指摘した。ダンマイアーは数百万ドルを投じて、Av-DECという会社が作っている、電導性のあるガスケットを試させた。二〇〇五年、沿岸警備隊がこのガスケットを試用し、費用の二倍にあたる効果があったと報告すると、他の隊もこれに追随した。このガスケットを、空軍はC－130ハーキュリーズ軍用輸送機に、陸軍は戦闘用ヘリコプター「アパッチ」に使ったのである。海軍は、戦闘機「プラウラー」と「ホーネット」、そしてヘリコプター「シーホーク」の機体にこれを使うことで、一年間に保守管理に費やされる時間を二万時間短縮した。二〇〇七年には、費用対効果は一七五倍だった。この仕事のことをラリー・リーは、「うまくいった仕事の例としてこれ以上ないほど素晴らしい案件」と呼び、ダンマイアーは「経費削減のホームラン王」と呼ぶ。このプロジェクトの費用対効果は非常に大きかったが、彼の局が管轄するプロジェクトでは、それは決して珍しいことではなかったのである。

自分が職務をうまくこなしていることをダンマイアーは知っている——なぜなら、国防長官と顔を合わせる機会がほとんどないからだ。小学生と同様、彼もまた、校長室に呼び出されないようにと頑張っているのである。だが同時に、自分の仕事がうまくいっていることは、彼のプロジェクトがほとんどの場合、費用に対して信じられないほどの効果をもたらすことからもわかる。昔から常々彼が、予防は修復よりもはるかに賢いやり方である、と説いてきた、その通りになったのだ。彼の言葉はもはや単なる予言ではなくなった。ヘリコプターを水洗いし、カバーで覆ったことの費用対効果は、それぞれ一一倍と一二倍である。パトリオット・ミサイルのケーブルコネクタを封止剤で覆うことの費用対効果は一二倍、同じくパトリオット・ミサイル用の除湿機の設置も同等の効果があった。フライトデッキの滑り止め塗装を修復するための誘導加熱器導入は、費用に対して四五倍の効果があった。塗料がもたらす費用対効果は往々にしてさらに大きい。現在、海軍は甲板の表面処理（いわゆる滑り止め塗料）のために年間一億ドル以上を費やしているが、ダンマイアーの局が出資したスプレー式の滑り止め剤は、費用対効果が三三倍だった。速乾性のステルスコーティングは五二倍、テフロンのように滑りやすくステンレス鋼のように硬い準結晶コーティングは一二六倍の費用対効果があった。全体として、「防食政策および監督局」が出資するプロジェクトの平均的費用対効果は、会計検査院の予測では五〇倍である。言い換えれば、過去一〇年間にダンマイアーの局のおかげで節約できた経費は、何十億ドルにものぼるのである。

撮影の翌日、ダンマイアーが遅く目を覚ますと、見た目も声も、それまで以上に具合が悪そうだった。体力を消耗するビデオ撮影はもちろんのこと、夜通し運転した疲れも残っており、レヴァーやスタッフの数名との夕食に出かける元気を出すのがやっとだった。「心は燃えても、肉体は弱くてね〔訳注：新約聖書マタイによる福音書二六章四一節の引用〕」と彼は言った。

彼は『ＵＳＡトゥデイ』誌の、ハリケーン・サンディがもたらした被害の記事を開いた。まるで爆弾なしのパールハーバーみたいだ、と彼は言った。軍装備品が被った被害を心配し、冠水したニューヨーク市の地下鉄の写真を見ると、海水があることを人々が知らない場所はたくさんあり、これから何年も経ってそれが明るみに出るだろう、と言った。「俺達に相談して、契約に含めてくれることを願うよ」。彼は荷物を、「一〇気筒の巨獣」と呼ぶ愛車のフォード・エクスカージョンに運び、トランクに載せた。フロリダに来たとき、トランクはスター・トレック関連製品でいっぱいだった――レナード・マッコイのフィギュア、スター・トレックの登場人物をかたどったペッツ・ディスペンサーのセット、宇宙船エンタープライズ風のドアチャイム、「長寿と繁栄を」サイン用の大きな青いスポンジ製の手、その他、スター・トレックをテーマにしたフィギュアや小道具や玩具があと一〇個。それらは全部、ステイシー・クックへのクリスマスプレゼントだった。そして今はそれらの代わりに、防食教育のための大型３Ｄテレビが積まれていた。

ダンマイアーは僕をオーランド空港まで乗せてくれた。そして、ピッツバーグとハインツの頭文字をとったＰＧＨ５７というナンバープレートを最後に、この防食大使は僕の前から去り、自然災害の爪痕のただ中を、北へと帰って行ったのである。

# 第7章 亜鉛めっきの街

## めっきと塗装

錆《さび》関連の市場では、亜鉛めっき業界が占める割合が小さくない。その業界がどんなものかを知るために、僕はアメリカ溶融亜鉛めっき協会（AGA）の事務局長、フィル・ラーリグに会いに行った。AGAの事務所は、デンバー近郊にある垢抜けしないレンガのビルの中にあって、同じビルに歯科医、矯正歯科医、カイロプラクター、会計事務所などが入っている。事務所の中の様子は小さな非営利環境保護団体のオフィスといったところだが、意欲満々の若い人たちはここにはいない。僕が到着したときラーリグは電話会議中だったので、電話が終わるのを待つ間、一番派手に飾られている壁を眺めることにした。そこには、何らかの賞をとった、亜鉛めっきされた建造物の写真の数々が、額に入れて飾られていた。ニューヨークのバス待合所。テキサス州の天然ガス荷積み降ろし設備。メンフィスの航空交通管制塔。ユタ州のスキー場パークシティのリフト。インディアナポリスのモータースピードウェイ。フロリダ州の類人猿センター。イリノイ州にあるホロコースト博物館の銘板。アラスカ州のパイプラインの写真もそこにあって然るべきだった――地表からパイプラインが持ち上げられている区画では、亜鉛めっきした鉄鋼で絶縁体が保護されているのだ。「世代を超えて鉄鋼を守る」というAGAのモットーが書かれた飾り板もあった。

ラーリグは、僕を自分のオフィスに招き入れるやいなや、亜鉛めっき業、塗装業、耐候性鋼材支持者たちの間の縄張り争いの話を始めた。「塗装業界は大所帯なんだ！」と彼は口を切った。「金もたんまりある――俺たちの五〇倍は規模がデカい。流通業者もそこらじゅうにいる。塗料会社の最大手は年商六〇億から八〇億ドルになる。亜鉛めっきは一番大きいとこで三億五〇〇〇万ドルだ」。中年のラーリグは中肉中背で首がかなり太く、長年ＵＳスチール社に勤めた経験があり、ただの鉄鋼でもアメリカ製の鉄鋼でもなく「亜鉛めっきしたアメリカ製の鉄鋼」というものに全幅の信頼を置いていた。「アメリカで使われる亜鉛めっき鋼は、ヨーロッパの四〇％だ。ヨーロッパ人は保存について俺たちよりずっと高い意識を持ってる。物を長くもたせることを大切にするんだ。ヨーロッパ人は色に執心しない――何でもかんでもただの灰色だ」

　ラーリグは、白い上着にブルーのゴルフシャツ、それに黒っぽいズボンをはいていた。ラスベガスのステージにいてもおかしくない格好だ。「一般人は亜鉛めっきについて何も知らない。目に見えない製品だからね。みんな、錆はできるのが当たり前で、防ぎようがないと信じてるんだと思うね。俺たちに何億兆ドルも予算があれば、そうじゃないんだって説得できるんだが」。そういう輩を――少なくともその一部を説得するため、デンバーのダウンタウンにあるエンジニアリング会社、パーソンズ・ブリンカーホフに行こうと彼は僕に言った。ＡＧＡは定期的に、建築会社やエンジニアリング会社に対してプレゼンテーションを行っている。この種の会社は、継続した教育を受けることが要件として定められているからである。

　今日プレゼンテーションをするのは、アメリカ最大の亜鉛めっき会社、ＡＺＺガルバナイジング・サービスのケヴィン・アーヴィングだ、とラーリグが言った。ＡＺＺは全国三三か所に工場があり、うち一つはデンバーのすぐ北にある。ラーリグは、技術者たちに亜鉛めっきの価値を納得させるためにアーヴィングがとろうとしているアプローチを説明してくれた。「まず、問題の定義から始める。錆だ」。それがどれほど大きな問題であるかを伝えるために、錆《さ》びた橋やガードレール、柱や梁の写真を見せる。「問題を定義し、情報を与えて、自分で判断させるんだ」と彼は言った。アーヴィングについては、「あいつはすごく情熱的だ。トニー・ロビンズ〔訳注：自己啓発・コーチングの第一人者として有名〕みたいさ」と請け合った。

　僕たちはラーリグの車でＩ－25を北へ向かった。運転しながら、ラーリグは亜鉛めっきされている建築物を指差した。

「標識、柱、ガードレール――道路脇のものは全部亜鉛めっきされてるが、みんなそれに気づいていないと思うね」

「あの陸橋は全部、亜鉛めっきしてから塗装してある。

緑がいいと言ってね」

「ナンバープレートも亜鉛めっき鋼板だよ」

車は金網フェンスとフェンスの柱の脇を通った――亜鉛めっきされている。変電所――これも亜鉛めっきだ。サンドイッチ・ショップに立ち寄ったとき、僕は、カウンターがステンレス製だ、とラーリグに言った。彼は、ああ、肉とか魚とか果物とか、酸性のものはみんなステンレスじゃないとダメなんだ、と言って、それからパンの棚を指差した。そちらは亜鉛めっきされた鉄鋼製だった。

再びダウンタウンに向かいながら、ラーリグは亜鉛めっきされていない物を目にすると文句を言った。

「あそこにガードレールが見えるだろう？　錆びてる」

「足場は必ず黄色い塗料が使われる。使い捨てだ。作るより塗り直すほうがカネがかかるからね」

「空港の駐車タワーの階段、見たことあるだろ？　四方の隅に一つずつと、真ん中に一つある。デンバー空港ができたのは一九九四年だから、階段も一九九四年に塗装してサンドブラストで仕上げたわけだが、二〇〇一年に塗装をやり直してるし、今年取り壊して新しいのと取り替えた。ひどい有様だったからな。今度のは亜鉛めっきしてある。駐車場ってのは、乾燥してるコロラド州でさえ湿度が高いから、塗料には向かない環境なんだ」。彼によれば、常に濡れた状態でいると塗料は一年しかもたないという。それから彼は僕を見て、利用者の多い空港の駐車場で塗装をし、サンドブラスト仕上げを施すのが、どれほど難しくて金のかかることか知っているか、と訊いた。

「納税者が、あのアホウどもが何をしているかを……」と言いかけて彼は言葉を止め、課税反対の鬱憤ばらしを自制した。ラーリグは政府が大嫌いで、中でも運輸省の職員をことのほか軽蔑し、短絡的で怠け者で頭が悪いと言った。新しいやり方――すなわち亜鉛めっきのことだが――をしようとせず、塗装、塗装、塗装ばかりだ、と言うのである。「運輸省の奴らはどうでもいいのさ。なにせ税金なんだからな。この国には、ちゃんと使えない橋が六五万本あるんだぜ。どういうことだと思う？　維持する金がないんだよ」。つまり彼が言いたいのは、彼らは塗料に無駄な金を使っている、ということなのだ。塗料というのは政府のプロパガンダであると彼は言う。「俺なら、色を塗った橋一五本より、亜鉛めっきした橋が一〇本あるほうがいいね」

塗料との、そして、ＰＰＧインダストリーズやバルスパーといった大手塗料会社からなる軍団との戦いの中で、

ＡＧＡは「対決――溶融亜鉛めっき鋼と塗料」と名付けた比較表をまとめた。相対立する二つの政党からの立候補者を要約するかのような構成になっている。意図的に、亜鉛めっき陣はグリーン、塗料陣はブルーで示され、読む人は、一〇項目に関する各陣営の立ち位置を比較して、どちらの勝ちかを判断できるようになっているのである。たとえば、亜鉛めっきは特別な処理や現場でのタッチアップが必要ないし、めっきを施すのに天気が良い必要もない。だが塗料はそうはいかない。亜鉛めっきは厚くて硬く、擦れ傷がつきにくく、塗料への接着力が塗料の一〇倍強い。また亜鉛めっきは、塗料よりも高い温度に耐え、七五年の耐久性がある。塗料はわずか一五年だ。

だが、意外なのはコストの比較である。たとえばアメリカ東海岸では、下塗りのあと、エポキシ樹脂、水性アクリル塗料またはウレタン塗料で塗装した二五〇トンの橋は、三〇年間の間に少なくとも一回はタッチアップと再塗装が必要である。ラテックス塗料を三度塗りした橋ならその倍の維持管理作業が必要で、いずれにしろ非常に金がかかる。だが亜鉛めっきした橋は……何の手間もかからない。建造の費用は塗料を使う場合と同じくらいだが、全体として見れば同じではないのだ。こうした分析結果を発表した全国防食技術者協会（ＮＡＣＥ）によれば、亜鉛めっきした建造物の建造および維持費用の総額は、塗料を使った建造物の建造・維持費の二分の一から三分の一なのである。

後日ラーリグは彼の作戦を、「コンクリートを攻めて市場全体の規模を拡大し、塗料を攻めて市場占有率を高める」のだと説明してくれた。亜鉛めっきの需要を、まず納税者である一般市民から、ボトムアップ型の要望として作り出せればいいのだが、それには「Ｐ＆Ｇ並みの広告予算」が必要だ、と彼は言った。ＡＧＡにはＰ＆Ｇ並みの予算などない。ＡＧＡにできるのはせいぜい、『Architectural Record（アーキテクチャル・レコード）』『Civil Engineering（土木工学）』『Structural Engineering（構造工学）』『Engineering News-Record（エンジニアリング・ニュース＝レコード）』それに『Modern Steel Construction（現代鉄筋構造）』といった専門誌に半ページの広告を出すことくらいだ。だが普通の納税者はそんな雑誌は読まない。ラーリグは、『Roads & Bridges（道路と橋）』『Bridge Builder（橋建築業者）』『Parking Professional（駐車場のプロ）』『Parking Today（パーキング・トゥデイ）』といった雑誌に記事を書いてもいるが、『パーキング・トゥデイ』の購読者数がそんなに多いとは思えない。さすがはセールスマンだけあって、言い訳のうまい男なのだ。

## 亜鉛で覆う

亜鉛は一〇〇〇年以上前に、中国、インド、ヨーロッパで使われ、古代ローマでは「偽の銀」として知られていたが、亜鉛めっきという工程が初めて説明されたのは一七四二年のことだ。それからフランス人化学者ポール・ジャックス・マロワンが科学アカデミーに対し、「想像するほど容易な工程ではない」と言ったが、同時代のウェールズ人司祭、ランダフ大聖堂のリチャード・ウェストンは、めっきの工程は難しくなどないと言っている。ウェストンは、鉄の片手鍋を亜鉛めっきする工程を、「鍋はまず塩化アンモン浴でピカピカにし、それから溶かした亜鉛を満たした鉄の深鍋に漬ける」と説明した。今でも基本的には工程は変わっていない。

もちろん、この工程が亜鉛めっきという言葉で呼ばれるようになったのは、一八三七年にもう一人のフランス人、スタニスラウス・トランキル・モデステ・ソレルがこの工程の特許を取得してからである。彼は特許申請書の中で、この工程発明の功績者として認められて当然の人物、ガルバーニとボルタの名を挙げ、「異種の金属が接触することによって電気が発生し、その際、一方の金属は酸化しない」という、二人の重要な発見に言及した。また、ハンフリー・デービーと、彼が銅製の船を使って行った実験の功績も認めたが、続いて「私が申請する方法はこれとは大きく異なっている。この方法は、鉄の表面を亜鉛の層で完全に覆う、というものである。まず、鉄の汚れを落とし、塩酸または塩化アンモン石の溶液に漬けた後、溶かした亜鉛の液体の中に漬けるのである。このような方法で処理された鉄は錆びることがない」としている。

一八五〇年になる頃には、イギリスの亜鉛めっき業界では年間一万トンの亜鉛が使われるようになった。一八七〇年には、アメリカ初の亜鉛めっき会社、ジャージーシティ・ガルバナイジング・カンパニーが創業した。これは、三人の鋼管製造者が始めた会社だ。三人はわずか五年のうちに、初期投資の一八倍の利益を上げた。一八八三年にブルックリン橋が完成したとき、四本のメインケーブルには、亜鉛めっきされたワイヤーが二万二五〇〇キロ分使用され、それまでの油や塗料に取って代わる新しい基準となった。最初に大西洋を横断した電信ケーブルも、最初の鉄条網も、亜鉛めっきされていた。

「二割が戦闘で八割が工学」と言われた第一次世界大戦

の後、一九二〇年には米国亜鉛協会が、AGAによって現在も続いている広報キャンペーンを展開していた。シカゴで開かれたある集会では、亜鉛めっき業界の面々が、ミズーリ州から来た新聞記者、P・R・コルドレンの助けを借りて亜鉛めっきを売り込んだ。「亜鉛はもっと広く知られるべきなんです」とコルドレンは言った――「雑誌や新聞で取り上げやすい金属じゃあない。ロマンチックな逸話が隠されているわけでもないしね。もともと亜鉛は、退屈で面白みに欠ける金属なんです。そもそも色が良くない。金はピカピカだし、銀も光るし、ダイヤモンドはキラキラきらめき、ルビーには柔らかな輝きがある。だが亜鉛はどうです？　虹の根元には金の詰まった壺がある、というのは誰も否定しません。だが誰も、天国の道路は亜鉛で舗装されているとは言わない。亜鉛を盗むために、人の家に忍び込んだり、金庫を爆破したり、特急列車を襲ったりする泥棒もいません。美しいヒロインを誘惑する悪役は亜鉛のアクセサリーなんかつけていない。ユダだって、亜鉛の硬貨三〇枚のためにイエスを裏切ったりはしなかったでしょう」。

だからこそ今、フィル・ラーリグは、パーソンズ・ブリンカーホフに向かっているのだ。

## 劣化しない橋

六階の会議室には、一〇人のエンジニア――すべて男性、口ひげがあるのは一人だけ――が、亜鉛めっきについて学ぶために集まっていた。お腹が突き出て、強いシカゴ訛りで話すアーヴィングは、まずスライドショーを見せた。お約束通り、そのスライドショーには錆びたガードレールや支柱、出口ランプの下側の錆びた梁などの写真があった。「完全に品質劣化しています」とアーヴィングが言った。別の写真の上には「錆ある？」という言葉を合成してあった〔訳注：「ミルクある？」というフレーズで知られる有名な牛乳普及キャンペーンをもじっている〕が、エンジニアたちは笑わなかった。アーヴィングは、梁の上に落ちた鳩の糞の写真、それから、散弾銃で撃たれたかのように錆穴がいっぱい開いた梁の写真を見せた。「鉄鋼の上にバリアを張っても錆びるでしょうか？　答えはノーです！」とアーヴィングは言った。それから、腐食による被害の総額は、毎年、シアーズタワー〔訳注：アメリカで二番目に高い高層ビル。二〇〇九年にウィリス・タワーと改名しているが、現在も通称として通じる〕を五六二棟建てる費用に匹敵する、と言った。

その被害額の大部分は橋に関係しているため、アーヴィングは、インディアナポリスの北東、I－69に架かったある珍しい橋の話をした。このキャッスルトン・ブリッジは、北に向かう車線を支える骨組みには亜鉛めっき、南に向かう車線の下には塗装した骨組みが使われているのである。一九七〇年の完成以来、南に向かう車線は一九八四年と二〇〇二年に塗装し直しており、二〇一二年の時点で、インディアナ州はこの橋の建造にかかったよりも多額の金額を管理維持に費やした、とアーヴィングが言った。彼が北向きの車線の検査をしたところ、建造から四二年経過しても、亜鉛めっきは厚さが平均六・八ミル〔訳注：ミルは一〇〇〇分の一インチのこと。六・八ミルは約〇・一七ミリメートルにあたる〕あった。「これはとてつもなく良い数字ですよ」と彼は言った。AGAの試算では、北に向かう車はこの先六〇年間、この橋を通れるはずである。

AGAによれば、全体が亜鉛めっきされたアメリカで最初の橋は、ミシガン州にあるスターンズ・バイユー・ブリッジで、一九六六年に建造されている。長さは一二二メートル、淡水の上に架かり、交通量はさほど多くなく、業界用語で言えば冬には塩撒きの対象である。AGAが一番最近にこの橋を検査したのは一九九七年だが、その結果は、梁の状態は「非常に良好」、ボルトを使った連結部も「良好」で、どちらも錆はまったく見られなかった。めっきの皮膜の厚さは平均六・三ミル〔訳注：約〇・一六ミリ〕だった。手すりにだけはわずかな染みが見られた。AGAは、この橋はその後六六年もつ、と結論した。

ラストベルトの真ん中に位置するオハイオ州は、AGAの主張に納得したようだ。オハイオ州には、亜鉛めっきされた橋が一六〇〇以上あり、これは他のどの州よりも多い。シカゴも最近、亜鉛めっきした橋を八つ建造したばかりだ。ニューヨーク州は、タッパン・ジー・ブリッジを修繕するにあたって亜鉛めっき方式に変更し、三〇〇万ドルを節約した。一方ピッツバーグは、コンクリート製の橋が亜鉛めっきの橋には敵わないということを苦い経験から学ばなければならなかった。ダウンタウンのすぐ東で、コンクリート製の橋から崩れ落ちるコンクリート片を受け止めるためだけに、その下に平べったい橋を造らなければならなかったのである。この橋の写真を見せながらアーヴィングはニヤリと笑い、「コンクリートには、二つの保証が付いてきます」と言った。「必ず崩れる、ということ。そして燃えないということ」。今度も誰も笑わなかった。

彼は次のスライドに進んだ。「ここに橋があります――ひどい状態です！」。でも、と彼は言った。橋に使われている鉄鋼を廃棄処分にする必要はない。「きれいにしてめっきしてからもう一度組み立てればいいんです」。古くなったガードレールさえ、めっきをやり直すことはできるのだ。聞いていたエンジニアの一人が興味を持ち、「めっきをやり直すのにはどれくらい時間がかかりますか？」と訊いた。アーヴィングは、写真にあるような古い橋をブラスト処理してから亜鉛めっきするのに、二週間はかからない、と答えた。めっき工場の釜〔訳注：めっき槽のこと〕は常に沸いていて、いつでも作業ができる。あなたはただ、日程を決めるだけでいい。

アメリカ国内に一七〇ある亜鉛めっき工場は、そのほとんどがアメリカ東部、中西部、あるいはテキサス州にあるが、どれ一つとして長さ一八メートルを超える釜は持っていない。これが何を意味するかというと、最長二七メートルの梁までは溶融亜鉛めっきができるということで、これは無理なことではない。どうやるのかというと、片方の端を溶融亜鉛に漬けて引き上げ、梁をひっくり返して、それから反対の端を漬けるのである。亜鉛めっき業者はこれを「二度漬け」と呼ぶ。鉄鋼を漬ける四五〇℃の溶けた亜鉛は、メープルシロップの四倍の濃度がある。管や筒状のものなど、中が空洞のものを漬ける前には、亜鉛めっき業者は漬けるものに穴を開けて中の空気や水を排出させ、また溶融亜鉛がそこから中に入ったあと流出できるようにする。検査官は、めっきされたものが冷えた後に、磁気式厚さ計を使って、それが隅から隅までめっき皮膜で覆われているかどうかを確認できる。

皮膜で覆うというのはおかしな言い方だ。なぜなら、二つの金属は金属結合しているからだ。電子顕微鏡を使って鉄鋼の梁の表面にできた亜鉛の薄い皮膜を調べれば、それが四つの層に分かれているのがはっきりと見えるはずだ。この四つの層は、鉄鋼に近いところから、ガンマ層、デルタ層、ツェータ層、イータ層と呼ばれている。最初の三つの層はそれぞれ、亜鉛が七五％、九〇％、九五％を占め、鉄鋼そのものよりも硬い。一番外側のイータ層は一〇〇％亜鉛で、したがって最も軟らかい層であり、擦って傷をつけることは可能だが容易ではない。アーヴィングは、レンガくらいの大きさの亜鉛めっき鉄のサンプルを二つ手にとって打ち合わせてみせた。それから、亜鉛と鉄鋼の結合について説明しながら右手の拳を左手の手のひらにバーン！　とぶつけた。

亜鉛めっきされた鉄鋼が何日もかかって冷えるにした

がい、亜鉛はゆっくりと炭酸亜鉛に変化する。アーヴィングのような男にとってはこれが何よりも重要な点で、待つ甲斐があるというものだ。なぜかと言うと、炭酸亜鉛は塗料との結合力が強く、亜鉛めっきしてから塗装した梁――これを二重防食というが――は、ちょっとした相乗効果が得られるのである。二重防食した鉄鋼を使った建造物は、そうでないものの二倍の寿命を見込むことができる――塗料の層に傷がついても、その下にすぐに錆ができることがないからだ。実際には、亜鉛の皮膜面に傷がついても錆はできない。なぜなら亜鉛めっきされた鉄鋼は、カソード反応によって自己修復するからだ。こうした鉄鋼は、最大深さ六ミリ強の傷に耐えることができる。「亜鉛は世界一のプライマーなんです」とアーヴィングが言った。新しいサンフランシスコ・オークランド・ベイブリッジはこの二重処理が施されている。

プレゼンテーションの最後に、アーヴィングはいくつかの質問に答えた。亜鉛めっきした鉄筋の値段はエポキシ樹脂でコーティングした鉄筋と変わらず、フロリダ州、バージニア州、オレゴン州を含む六つの州では、すでにエポキシ樹脂コーティングした鉄筋を高速道路に使用することを禁じている、なぜならコーティングにひびが入るとそこから錆びるからだ、と彼は言った。亜鉛めっき鋼の溶接と修理の仕方も説明したが、エンジニアたちは誰も驚かないようだった。彼はまた、自動車業界も亜鉛めっき鋼板を使い始めている、と言った。「昔は車を買った後で『ラスティ・ジョーンズ』〔訳注：自動車に錆防止処理を施すサービスを提供していた会社で、同名の製品で知られた。シカゴに本社があった〕してもらったものですよね？　僕は『ラスティ・ジョーンズ』した車を二台持ってましたよ！　でも亜鉛めっきが使われるようになった今では、『ジーバート』〔訳注：自動車補修用品のチェーン店〕にはおさらばです！」。実際には、ジーバート社は今もアフターサービス市場で自動車に錆防止剤の塗布を行っているが、以前は競合相手だったラスティ・ジョーンズ社は一九八八年に倒産した。

それからアーヴィングは、カリフォルニアとイタリアの比較をした。「この二つは同じ大きさです。カリフォルニアには亜鉛めっき工場が七つ、イタリアには一一三あります。小学生の子どもも亜鉛めっきのことを知っています。ヨーロッパでは、鉄鋼の五〇％は亜鉛めっきするんですよ。我々はと言えば、六％でしたっけ？　我々は使い捨て社会なんです」。まるでダン・ダンマイアーみたいな口ぶりだった。そして彼は言った。「ロイ・ロジャースが今生きていたら、愛馬のトリガーを亜鉛めっきした厩舎に入れたがると思いますね」。変なことを言うものだ――だって出席中の一〇人のエンジニアのうち九人は、ロイ・ロジャースが誰か知っているには若すぎたのだから。僕は彼が、さっき言ったことを繰り返せばいいのに、と思った――「僕らの釜はいつだって沸いてるんです」と。

# 第8章 錆と戦う男たち

## 防食技術者という仕事

一九九七年、防食技術者ラスティ・ストロングは錆《さび》のトラブルに見舞われた。シカゴ近郊で開かれた防食関連のカンファレンスからヒューストンに戻った彼は飛行機を降り、愛車の黒い日産トラックが停めてある空港近くの駐車場行きのシャトルバスに乗った。だがバスから降りかけた彼は、何かがおかしいことに気づいた――彼のトラックが潰れていたのである。運転席は大きく内側にめり込み、窓ガラスは割れていた。信じられない気持ちで、彼はシャトルバスの運転手に何が起こったのかと尋ねた。運転手は彼と目を合わせようとせず、「照明の柱が倒れたみたいです」と、恐る恐る、つぶやくように言った。「天災ね」。ラスティはカンカンだった――特に腹が立ったのは、誰も運転席に開いた穴を覆ってくれなかったことだ。数日続いた雨のおかげで床はびしょ濡れだった。彼はシャトルバスで駐車場の料金所まで戻り、電話でレッカー車を呼んだ。

翌日の昼前、彼は妻の車でオフィスに立ち寄ると、カメラとマイクロメータを持って駐車場に戻り、検分を始めた。彼のトラックの上に倒れた長さ六メートルの柱は撤去されていたが、直径一〇センチの柱の基礎部分は、地面から三〇センチ高くなっているコンクリートの台座の上にはっきりと見えていた。柱の基礎は内側がひどく錆《さ》びていた――なぜならば、中の水を排出させるはずの水抜き穴が塗り固められていたからだ。ラスティは写真を撮り、寸法を測った。それから駐車場の、他の電灯の柱をチェックし始め、さらに写真を撮り、寸法を測った。そのときシャトルバスが彼のそばまで来て停まった。降りてきたのは駐車場の管理人で、ラスティに、許可なく写真を撮られては困ると言った。ラスティが調査を終えるまで二人は言い争いを続けた。それからラスティが、駐車場の持ち主と話がしたいと言った。フロリダにいる持ち主は電話で、電灯の柱は暴風雨があったときに竜巻で倒れたのだと言った。ラスティは、自分は防食技術者で、錆の研究を仕事にしている者である、と説明した後、持ち主の言葉を否定した。「これは天災じゃないね。人災だよ」。さらに彼は、もしもこの件が裁判沙汰になったら、持ち主はまさに自分のような人間を味方にしたいはずだ、と続けた。ラスティは、持ち主が彼を信じるとは思わなかった――錆のプロ？　そんなもの、誰も聞いたことがないではないか？　その電話の後、ラスティは家に帰ってもう一本電話をかけた。保険会社である。彼は担当者に、自分のトラックの損傷は、駐車場が維持管理を怠ったのが原因だ、と言った。そしてその担当者に、『腐食』という専門誌に掲載された、テキサス州ガルベストンの、今回の件と同様の錆びた電灯の柱に関する記事を、自分が撮った写真と一緒にファックスで送った。一五分後、保険査定員から電話があった。彼は笑って「楽勝だね」と言った。ラスティの保険記録には現在、「解約無用」と書かれている。彼はもうその駐車場には車を預けない。

ラスティが、ＮＡＣＥ（全国防食技術者協会）のカンファレンスで同僚や防食技術者仲間にこの話をすると、必ず同じ反応が返ってくる。笑えるな、と彼らは言うのだ。防食技術者を騙そうとするなんてちゃんちゃら可笑しいぜ。

アメリカには一万五〇〇〇人の防食技術者がいるが、そのほとんどは、彫像、缶、空軍のジェット機、海軍の軍艦とは無縁なところで働いている。ＮＡＣＥ（ちなみに現在は「ＮＡＣＥインターナショナル」というのが正式名称だ）によれば、協会員の四分の一はパイプラインの保全に従事している。一〇％が天然ガスの公益事業関連の仕事をし、九％は石油とガスの採掘所で働いているし、さらに精製所で働く者もいる。つまり、防食技術者の約半数は、石油業界と天然ガス業界で働いているのだ。石油・ガス業界でなければ、何か輸送に関連した分野、たとえば飛行機（と宇宙船）、船、自動車、または道路、橋、船渠《せんきょ》関連の仕事をしている可能性が最も高い。採鉱、製紙、製造業界で働く者もいる。水道、電気、下水事業の設備で働く者も多い。ＮＡＣＥの企業会員の中には、ロサンゼルス市水道電力局、コロラドスプリングス公益事業社、ノックスビル公益事業委員会、サンタクララバレー水道局、ウェストバージニア州運輸局、パシフィック・ガス＆エレクトリック・カンパニー、それに米国内務省開拓局などが含まれている。

会員には、化学製品、高温に耐える金属、あるいはバイオメディカル・インプラントを製造する会社も多い。金属製のインプラントはほとんどの場合、ステンレス鋼、プラチナ、チタンなど生体適合性のある素材で作られるが、非凡な防食コンサルタントであるロバート・バボイアンの兄は、第二次世界大戦で負傷した後、頭の中にタンタル製のプレートを埋め込んでいた。生体内安定性のないインプラントは、腐食して関節炎を引き起こす。狭まった動脈を広げるのに使われる最新のステントには、ニッケル合金、プラチナクロム合金、それにコバルトクロム合金が使われ、現在、ニオブ製のものも開発されている。

防食技術者の中には教育機関で研究活動を行っている者が多く、彼らは教鞭も執る。防食技術者の大部分は、3M、BASF、ダウ・ケミカル、ゼネラル・エレクトリック、ハリバートン、ハネウェル、現代《ヒュンダイ》、ノースロップ・グラマン、シーメンスなどの化学薬品会社、それにCorotech、Cortec、Cortest、Corr Instruments、CorroMetrics、Corrpro、Cor-Pro、Corrodys、そしてT-Rex Servicesとチームを組んだらよさそうなCorrosusといった防食技術の会社を含め、約一五〇〇社にのぼるさまざまな企業に勤めている。ロスアラモス国立研究所とサンディア国立研究所、あるいは海軍研究試験所や原子力規制委員会、それにNASAなど、政府の研究機関に勤める者も少なくない。民間の防食研究所で、自前の防食技術者を持たない組織の錆問題を解決している者もいる。ちなみにこうした民間の研究所は、ネバダ州からデラウェア州に至るまで、この業界に関する本を書こうとしている人間に所内を案内するのを基本的に嫌がった。

父親と息子がともに防食技術者で、チームを組んで仕事をしている例もいくつかある。NACEの第六七回年次カンファレンスおよび博覧会である「Corrosion 2012」には防食業界から六〇〇〇人が参加したが、僕はそこでライアン・ティンネアという若い防食技術者と知り合った。ライアン・ティンネアは、同じく防食技術者であるジャック・ティンネアの息子だ。ジャックは口ひげを生やしているが、ライアンはひげがない。

ソルトレイクシティにあるコンベンションセンターの広い会場内で、僕は樹脂製のリバー（鉄筋）業者のブースに向かうライアンについて行った。僕たちは、三メートル四方から七メートル×一〇メートルまで、さまざまな大きさの、ずらりと並んだブースの横を通った。そうしたブースでは、二万五〇〇〇ドルするハンドヘルド蛍光X線分析装置*から、熱によって色が変わる塗料だの、広口瓶いっぱいの水に一滴落とすだけで中のスチールウールがピカピカのままでいるほど強力な腐食防止剤まで、さまざまなものを売っていた。歩きながらライアンは、防食技術者のうち、石油・ガス関連の仕事をしている人の割合は三分の二に近いと思う、と言った。大金を落とす企業のニーズに合わせたたくさんのブースに囲まれていると、彼がそういう印象を持つのも理解できた。リバーの業者のブースに着くと、ライアンは製品の力学的特徴について販売員に尋ねた。「擬展延性」がある、と彼らは答えた。ライアンはそれでは満足できなかった。展延性がなければ地震には耐えられない。彼と父親が働く街のど真ん中、二人の仕事場であるティエンナ&アソシエイツから南に一・六キロほどのところには、断層が走っているのだ。彼と父親は、シアトルで、水族館からオペラハウス、五八〜六〇番桟橋の仕事まで請け負っている。

## 変わり者たち

防食技術者の約八%は、個人で防食コンサルタントとして働き、防食に関する専門知識を提供している。それは、何か厄介事があった後の訴訟に関連していることが多い。スペースシャトルの船体を作る素材が剝離したり、パイプラインが漏れたり、海上石油プラットフォームが故障したり、住宅の建築に使われた中国製の乾式壁が汚染されていたり。仕事には困らないのだ。ある土曜日の朝、僕はライアンの父親を彼のオフィスに訪ねた。NACEが国内の防食技術者に送ったアンケート調査に、一人がこうコメントしていた――「仕事が多すぎて時間が足りない」。専門誌『腐食』（NACEが出版している）の編集をしているジョン・スカリー流に言えば、「仕事がなくなるんじゃないかと心配する者もいるが、防食技術者にはいつでも必ず仕事はある」。一九六四年から六五年までNACEの会長を務めたトム・ワトソンはもっとうまいことを言った。一九七四年に彼が書いた、「錆は必要」という題の詩だ。

海に浮かんだ大きな船も
ひどい腐食に苦しみ
波止場に停まったままの船さえ
あっという間に酸化する
ああ、海に突き出たあの杭は
ほとんどが酸化鉄（Ⅲ）だ

波が岸辺に打ち寄せれば
そこには四酸化三鉄がある
なぜなら強い潮風が吹くと
なんでもかんでも錆びるのだ
錆の測定や試験はできるし
ひどくなるのを遅くもできる
錆を集めて重さを測り
膜で覆い、スプレーし
つぶさに調べて分析もするし
電気防食で保護もすれば
持ち上げりたり落としたりもする
だが誓って言うが
錆を止めることはできない
さあ、錆に乾杯だ
錆がなければ我らはみんな
飯の食い上げなんだから

僕の見る限り、ワトソンは史上一番ユーモアのある防食技術者だ。在職中、トロントでカンファレンスがあったとき、彼は誤ってマグネシウムの塊に火をつけ、ホリデーイン・ホテルの客室の床に穴を開けてしまった。だがどうやらトロント市は、協会を責めなかったらしい。一般に技術者というのは恥ずかしがり屋で――最も外交的な性格の技術者さえ、会話のときは話し相手の靴を見る、というジョークがあるくらいだ――、防食技術者もその例に漏れなかったから、ワトソンは大いなる例外なのである。

もう一人、大いなる例外がいる。オートケム社のO・ダグ・ドーソンだ。一九七二年、彼は、オーストラリア防食協会の第一三回カンファレンスで、「セックスと腐食」と題した研究論文を発表した。彼は半ば本気で、水溶液腐食〔訳注：侵食的反応には大きく分けて水溶液との反応に基づく水溶液腐食（Aqueous corrosion）と、気体との反応に基づく気体腐食（Gaseous corrosion）があり、水溶液腐食を単に腐食、気体腐食を単に酸化と呼ぶのが一般的〕と生殖のメカニズムは似ている、と主張した。交際、恋愛、避妊をするかしないかの選択、産むか堕ろすかの選択、そして妊娠期間――それらすべてが、彼の図式に当てはまった。彼の考え方によれば、腐食電位列に並ぶ、マグネシウムから金までの一連の金属に見られる行動様式は、裸同然でビーチにいるサーファーの若者からビキニの女の子たちまでが見せる行動パターンと同じだというのである。世界には、そしてビーチには、二つのものを一緒にする要因というのがあって、それにはたとえば類似性、露出度、そして「部分的な突出」などがある。出っ張りや曲線は避けるべきである――と書かれた下には、女性を横から見たイラストがあった。

一九七〇年代は、今とは違う時代だったのだ。

最近の防食技術者のほとんどは、真面目で保守的で、あまり社交的でないし、騒々しくもなければユーモアもない。僕が「Corrosion 2012」の会場で錆に関係したジョークを知らないかと尋ねると、みんなきょとんとしていた。後で、社交的なことで知られるある防食コンサルタントが、「錆についてのジョークは一つも思いつかないね」と言った。「女房絡みのジョークなら知ってるけどね」。僕は錆のジョークを二年間探し続けたけれど、一つも見つからなかった。新聞の日曜版の漫画に錆が登場したことは数回あるが、オチは、とっくに手遅れになった錆を「おい、これなんとかしたほうがいいよ」と言っている自動車整備士だとか、妻に向かって夫が「芝刈り機の錆を落とすのにお前のフェイスクリームを使わせてもらったよ。すごくよく落ちるんだ！」と言っている、というものだ。妻は不満そうである。

防食技術者同士のこんな会話が聞こえてきたことがある。前の晩、数人が一緒にカラオケバーに行って歌い始めた。

バーの客の一人が「あんたたち、仕事は？」と尋ねた。

「俺たち、防食技術者なんだ」と彼は答えた。

するとバーには誰もいなくなってしまった。

防食技術者の九三％ほどは男性である。そのうち、口ひげを生やしている人の割合がどれくらいか、正式なデータはないが、僕の読みでは、その比率はかなり高いと思う。この職業は、長く続けている人がいっぱいだ――四割の人が二〇年以上にわたって防食業界におり、そのほとんどは大手（従業員五〇〇人以上）の企業にずっと勤めているのである。彼らがどういう人たちであるかは、NACEが年一回開くゴルフトーナメントが、同じく年に一度のNACE主催五キロマラソンより人気がある、という事実から垣間見えるのではないかと思う。五キロマラソンで優勝したマルコ・デ・マルコの優勝タイムもヒントになる――二〇一一年と二〇一二年のタイムは二〇分を切っていないのだ。

驚いたことに、彼らは特に高学歴なわけではない。大学を卒業しているのは三分の一以下である。修士号を持っているのは一割、博士号を持っているのは一六人に一人にすぎない。米国工学系高等教育課程認定機関（ABET）は、防食技術者を職業として認定しない――彼らは機械技師でもなければ、土木技師でも、電気技師でも、その他いかなる技術者として認定されることもないのである。カリフォルニア州で短期間、防食技術者という職業の免許を交付していたことはあるが、それも一九九九年に中止されている。ＮＡＣＥは、会員である防食技術者のうちの何人が免許を持ったプロの技術者であるかを記録していないが、ほとんどがそうなのではないかと言う。だが僕にはそうは思えない。防食技術者の四人に一人は、米国石油協会、米国溶接協会、腐食防食協会などから認可される、他の職種の資格を持っている。

学歴はさておき、防食技術者の平均年収は一〇万ドルにちょっと足りないくらいで、労働省によれば、建築家や技術者の平均よりかなり高い。防食技術者のおよそ一一％は年に一五万ドルを稼ぐし、年収二〇万ドルを超える人も四％いる。ヨーロッパでは給料が下がる傾向にあるが、アメリカでは上昇している。年収が一番多いのは、ごく小さな会社か、または巨大企業に勤める人、もしくは石油産出量が豊富なアラスカ州に住んでいる人たちだ。

アメリカの防食技術者は五〇州すべてとワシントンＤＣにいるが、その四分の一がテキサス州に住んでいる。そしてそれと同数の防食技術者が、アメリカ以外の一一〇か国にいる。ボツワナには防食技術者は一人、コートジボワールにも一人、赤道ギニア、ザンビア、ウズベキスタン、マカオにもそれぞれ一人ずついる。彼らは、一二〇の「セクション」に分かれて自分たちの地域で集会をもつ。やはり一番大きいセクションはヒューストンだ。テキサス州の石油・天然ガス関連の一団を除けば、防食技術者は広い範囲に散らばっているのだ。

住む場所がどこであれ、自分の仕事、そしてこの職種を、もっと多くの人に認めてもらいたいと防食技術者たちは思っている。前述したＮＡＣＥのアンケート調査には、防食技術者のこんなコメントも書き込まれていた。

「私の仕事は、他の人の仕事をやりづらくするだけだ、と思われている」

「一般的に、知識のない人が力のある地位にいて、愚かな決定を下す」

「この業界では、無防備な状況に置かれてから反応するばかりで、あらかじめ防衛策のもとにシステムを管理するということができない」

「我々を、仕事に欠かせない一部としてではなく、厄介者扱いするグループが多い」

「予算を削っておいて、五年後に問題が起こると不思議がる人が多い」

二〇一二～一三年のNACE会長を務めたケヴィン・ギャリティは、上司が自分の仕事を無視するので仕事をやめたという人を三人知っていると言った。国立腐食研究センターの所長を務めるレイ・テイラーは、腐食というのは「豚のケツにできたイボのようなもの」だと言った男だが、彼はさらにこう説明した。「要するに、錆はセクシーさがないんだよ。だからみんな後回しにする。『いや、しばらく様子を見よう』ってね。いつまで経ってもそんななんだ。腐食は他の研究分野に遅れをとっているが、俺たちはそんなことは忘れちまってる――基本さえまだわかってないってことをだ。あまりにも多くのことが後回しにされちまって、俺たちはまだそこまで手が回っていないんだ。金の計算やもろもろをする人間はたくさんいるが、ちょっとライフサイクルコスト解析をやってみようじゃないか。錆びたものをほったらかしにしておいて、故障してから修理するほうが、最初っからちょっとばかり防食管理をしておくよりも安いのか、ってことだ。みんなそこがダメなんだ」

アメリカには、ウィル・ラスト〔訳注：Rust は錆のこと。Will は be 動詞の未来形なので、ウィル・ラストは「やがて錆びる」という意味になる〕という名前の男が何十人もいる。中には作家も弁護士もグラフィックデザイナーもセールスマネージャーもいるが、防食技術者は一人もいない。結核を患った後、一四〇年前に僕の町に静養にやってきたジョージ・ワシントン・ラストという男は、財務と家畜には詳しかったが腐食については知らなかった。ラッセル・ビッツもラッセル・パーツも防食技術者ではないし、名前という点で言えば、ラッセル・オートパーツというのは自動車部品の店には向かない名前だし、ラスティ・オートパーツはなおさらだ。

防食技術者で一番多いファーストネームは、ジョン、デビッド、マイケル、ロバート、ジェームズ、ウィリアム、リチャード、マーク、ポール……と聖書に出てくる名前が多く、まるでこの仕事は聖書に関係しているとでも言いたげだ。フルネームで一番多いのはデビッド・ミラーである。その次が、マイケル・ジョーンズ、ジョン・ウィルソン、そしてリチャード・スミスだ。防食技術者の姓は彼らの出自の多様さを最もよく物語っていて、スミス、ウォン、チャン、ジョンソン、リー、キム、ウィリアムズ、そして（まさにぴったりの名前だが）ブラウンなど。モハメド・アリという名の防食技術者は三人いる。オハイオ州に住む防食技術者の一人、スティーブンは、数理統計学の博士号を持っているが、姓がラスト

（鋳）なので正真正銘のラスト博士だ。一方フロリダ州には、冶金《やきん》工学の博士号を持ち、姓はハイダースバッハというが、自分のことを「ラスト博士」と自称する人物もいる。防食技術者のうち一〇人は下の名前がラスティだ。そのうちの一人、自動車保険の解約を免れた前出のラスティ・ストロングは、自分の名前はこの業界で一番だと言う。「『キャッチ22』って知ってるだろ。あれに出てくるメイジャー・メイジャー・メイジャー〔訳注：姓がメイジャーのところに、親がふざけて下の名前をメイジャーとつけた登場人物。メイジャーには英語で少佐という意味があり、面白がって少佐に昇進させられた結果、メイジャー・メイジャー・メイジャーとなる〕みたいなもんさ」。ラスティは、NACEに入会したとき、わざと名刺に「ラスティ」というニックネームを加えた。理事になれたのはそのおかげだ。

## 全国防食技術者協会

NACEは石油・ガス業界との関係があまりにも強すぎるため、世間のその認識を拭い去るのに長年苦労してきた。NACEは、一九四三年、石油とガスの採掘業者一一人によって、パイプラインの腐食防止について研究するために設立された組織である。設立者たちには口ひげはなく、彼らはハンブル・パイプライン社のR・A・ブラノンを初代会長に選出した。石油・ガス業界だけのためにある組織であると思われないため——そう思われるのも無理はなかったのだが——、理事会は、技術委員会の会長にR・B・メアーズという冶金学者を選んだ。ケンブリッジ大学で博士号を取得し、アルコア社の化学冶金学部門の部長だった男だ。白髪をきっちりと分け、縁なしのメガネをかけて女性的な口元をした彼の様子には学者然としたところがあったのに比べ、彼の同僚たちは、腐食をぶん殴ってやると言いたげな、荒くれ男的な様子をしていた。メアーズは石油・ガス業界の人間というよりも神父のように見え、それがNACEには都合良かったのである。それでも、一九六〇年代半ばになるまで、NACEは石油・ガス業界の組織であるというイメージは消えなかった。専門誌『腐食』のアシスタントエディターとして一九五八年に働き始めたデイル・ミラーは、NACEの歴史を短い本にまとめたライル・ペリーゴに、自分はNACEが石油・ガス業界だけに特化した組織ではないということに一九六六年まで気づかなかったと言った。NACEで働き始めて八年後である。

NACEは、最初の五年間で一〇〇〇人以上、続く五年間でさらに三〇〇〇人の会員を集めて急速に大きくなったが、従業員集めには苦労した。一九五八年から一九六五年までNACEの技術委員会の秘書を務めたフランス・ヴァンダー・ヘンストは、ある軍人が「自分たちの問題について、実際に何らかの対処法がある、ということに驚いていた」とペリーゴに言った。彼は、グアム島駐在のある将校が、ジープや飛行機が錆びて朽ち果てるのを防ぐために思い立った解決法の話をした。「その人は、どうしていいかわからなかったので、滑走路から海に落としたそうですよ」。ヘンストは基地の住所を集め、保守管理担当の将校宛てに資料を送った。少しずつ、彼らは会議にやってくるようになった。だが配管工となると話はまったく別だった。「配管業界にはいまだに全然食い込めません」とヘンストが言った。「仕事の五割から六割は配管修理なんだから、錆の問題の解決なんかしたくない、と言い続けています。問題は解決したくないと言って、頑として譲りませんね」。NACEの企業会員の中には、「米国水道配管技術協会」も、「国際配管・機械役員協会」も、「配管暖房冷却建設業協会」も、それに「アメリカ・カナダ合同鉛管・配管産業熟練工・見習い工労働者連合」の名前もない。年次総会では、配管工はただの一人も見かけなかった。

年間活動費二五〇〇万ドルの非営利団体であるNACEの収入源はいくつかある。収入の八分の一は、個人会員と法人会員からの会費だ。法人会員には、デュポン、ベクテル、シャーウィン・ウィリアムズ、BP、シェブロン、コノコフィリップス、エクソンモービル、シェルといったエネルギー企業、アブトレックス、アズテック、エキソバ、リンテック、スプレイロック、ターマラストなどの防食技術関連企業、ダン・ダンマイアーが率いる国防総省内の局、そしてティエンナ&アソシエイツなどが含まれる。こうした企業が、鉄筋だの、塗料だの、あの超かっこいい蛍光X線分析装置だのを売るために、毎年開かれる防食カンファレンスにブースを出店すると、店舗一平方フィートあたり二五ドル支払うことになっており、それがNACEの収入の六分の一になる。収入の半分は、防食に関する講座の受講料だ。二〇一二年の講座目録の表紙の写真を、僕はこの業界の写真の中で一番気に入っている。その写真には、テーブルを囲み、テストに備えて勉強している九人の男たちが写っている。テーブルの一方の側に座っている五人は全員口ひげを生やしていて、反対側に座っている口ひげのない四人と戦っているみたいに見えるのだ。

NACEの講座は、だいたい三つのカテゴリーに分かれている。基礎講座、塗料の塗布または検査に関する講座、そしてカソード防食に関する講座だ。パイプラインをテーマにしたものもあるし、海洋、廃水、あるいは原子炉がテーマのものもある。包括的な五日間の講座の受講料は約一〇〇〇ドル、ある業種に特化した講座はその二倍近くする。一日あたりの受講料にすると、生活費が含まれるアイビーリーグの大学の授業料より高い。

報告書によれば、二〇一〇年、NACEの職員のうち一〇人は年間の給与が一〇万ドルを超え、二〇万ドル近い者もいた。また、NACEは正式にロビー活動も始めている。ペンシルバニア州とオハイオ州では、共和党の議員二名の選挙戦を支援した。錆を進歩主義的な政治課題と捉えることも可能だが、巨大産業と切っても切り離せない関係にあるため、NACEは右寄りになる傾向があるのだ。

NACEはまた、業種別に専門化したテキストブックも販売している。錆に関係したジョークを探しているなら、こういう出版物を見ても無駄だ。テキストブックのほとんどは、防食科学の特定の分野、さまざまな金属の特性、石油・ガス業界、あるいは塗料などについて書かれたものである。テキストブックの題名には、たとえば『水辞典』『深埋陽極システム』『二酸化塩素実践講座』『コンクリート：建築病理学』『塗装膜の摩擦学』といったものがある。塗装膜に関する一番優れた本と言えば断然、『Fitz's Atlas of Coating Defects（フィッツによる皮膜欠陥の手引）』だ。塗装膜に起こるさまざまな問題を図解しており、高価だが使いやすい。たとえば塗装面は、いつまで経っても乾かなかったり、表面に細かいひび割れができたり、波打ったり、シワが寄ったり、ザラザラだったり、ベタついたり、ワニ革のような大きなひびが入ったり、水膨れが破れて火口のようになったり、吹きつけた塗料が繊維状になったり、鳥の足跡のようなひび割れができたり、石膏のように、あるいは放射線状に亀裂が入ったりすることがある。表面がミカンの皮のように見えることは専門用語でオレンジピールという。ぶつぶつができたり、カサカサになることもあるし、気泡ができたり、塗料が弾かれて乗らない部分があったり、剥離したり、層状に剥がれたり、極小の穴が開いたり、めくれたり、単に乾燥不足ということもある。ここまで精密さが求められるのだから、『Corrosion Testing Made Easy（やさしい腐食試験）』という本が六冊セットで五〇〇ドルというのも驚くにはあたらない。NACEが販売するテキストブックのほとんどは一〇〇ドル前後で、一〇〇〇ドル近いものも何冊かある。あるNAC

全国防食技術者協会が2004年に出版した、「アクション満載の冒険コミックブック」。8歳から15歳を対象に、大興奮の錆の世界を紹介している。協会の2013年度のカンファレンスでは、この本の主人公インスペクター・プロテクターに扮した俳優が、宙返りの合間を縫って参加者や役員たちとの写真撮影に応じていた。（写真提供：マリオン・インテグレイテッド・マーケティング、NACEインターナショナル）

Eの職員は僕に、こうしたテキストブックはとても儲かるのだと言った。NACEのさまざまな出版物の売り上げが、収入の残り六分の一を占めている。

NACEが販売している本の中で一番安いものの一つが、『Inspector Protector and the Colossal Corrosion Fighters（インスペクター・プロテクターと偉大なるコロージョン・ファイターズ）』というタイトルの漫画本だ。二〇〇四年に子ども向けの教育用冊子として出版された、マーベル・コミックばりの漫画である。登場する正義の味方は全部で五人。インスペクター・プロテクターは青いマスクとケープを身に着け、スーパーマンみたいに腹筋が割れている。ドクター・フォービドゥンは顎ひげを生やして眼鏡をかけ、研究者の白衣を着て、湯気の立つ緑色の腐食防止剤が入った瓶を持っている。黒髪の「塗装ガール」、スーパーコートは、背中に塗料のタンクを二個背負い、ものすごく強力なスプレーガンを持っている。キャプテン・カソードはちょっとターミネーターみたいなアンドロイドで、背が低くてがっちりしたオーサム・アノードを引き連れている。そしてもう一人、スマート・ピグは、大学のフットボールのコーチと本物のブタが混ざったみたいな風貌で、頭に無線機付きの首輪と赤いライトをつけている。

正義の味方は力を合わせてコロージョン伯爵と戦う――伯爵は弱々しい、緑がかった顔色をして髪はギトギトと黒く、冷たい、トランシルバニア人みたいな顔でいつもしかめっ面をしている。コロージョン伯爵は邪悪なグラップズ――『指輪物語』のスメアゴルみたいにしゃがんで、バリバリ、ムシャムシャと音を立てて貪り食う巨大な六本足のシロアリ――の一群を引き連れている。

一六ページのストーリーの中で、主人公たちは自由の女神像からゴールデンゲートブリッジへ、それからアルバータ州エドモントンへ、そして――ここがハラハラするのだが――今にも翼が折れそうな飛行機へと移動していく。

ザブーン！　バシャッ！　ヒューッ！　バシッ！

力こぶが膨らみ、握りこぶしが宙を舞う。武器が登場する。

我らがヒーロー、コロージョン・ファイターズは、若くて強くて生き生きしている。そして迅速だ。ヒューストンではなくて、どこか宙に浮かんだ要塞に住んでいる。上司もいないし予算の縛りもない。我慢しなければならない規則もないし、企業や政府のように幾重にも重なった煩雑な組織も相手にしなくていい。我らがヒーローはお義理で口ひげを生やしたりもしないし、携帯電話のホルスターもポケットプロテクターも身に着けてはいない。なんたって下着で外を歩けるのだ。ソルトレイクシティで退屈な会議に出たりもしない。これこそ、年次総会で一番売れる商品であるべきだ。

＊——僕はいろいろな金属のサンプルを束ねたものを使って蛍光X線分析装置を試してみた。蛍光X線分析装置が機能するのは、重さがマグネシウム以上のすべての元素は、希ガス元素を除き、X線を当てるとそれぞれに固有の蛍光色を発するからだ。コンベンションセンターの会場にいた男たちが言うには、この、ドリルほどの大きさしかない装置は、たとえば初めて見るパイプラインの金属組成を調べるには最高なのである。この装置には検出器は一つしかないが、正確さを期すために三〜四本のビームを照射する。結果は瞬時に出る。サンプルを切り取って試験所に送るよりずっと簡単だ。僕の日常生活にはブルドーザーと同じくらい必要ないものではあるが、一つ欲しい。

# 第9章 錆探知ロボット――パイプラインと錆

## 《〇キロ地点》

### 旅の始まり

北極線から四八〇キロ北にあるトランス・アラスカ・パイプライン・システム（TAPS）の北端で、四一歳のエンジニア、バスカー・ネオギはベートーベンを口ずさんでいた。彼は第一ポンプステーションの保守技術者室で、錆《さび》のことを考えていた。ただし、ネオギのような石油・ガス業界の男たちは、錆という言葉を嫌う傾向がある。代わりにそれをブラックパウダーと呼んだり、防食のことは「完全性管理」と呼んだりするのである。ネオギの正式な肩書きは、このパイプラインの「完全性マネージャー」だ。パイプラインが壊れないよう、完全な状態に保つ責任者である。パイプラインを運営している会社のほとんどは完全性マネージャーを雇っているが、TAPSは他のパイプラインとはわけが違う。アラスカ州のプルドーベイからプリンス・ウィリアム湾まで、その距離は一三〇〇キロにおよぶ。つまりネオギが責任者として管理するのは、北半球で最も重量の大きい金属製構造物の一つであり、アラスカ州の経済活動の大部分がここから生み出されているのである。この、直径一・二メートルの鉄鋼製の管は、毎日五〇〇〇万ドル相当の原油を吐き出している。ネオギほど優秀で、しっかりした目的意識を持っている技術者にとっても、これは恐ろしいほどの責任だ。だからこそ二〇一三年三月のこの日、彼はベートーベンを口ずさんでいたのである。

彼は不安だった。一年以上かけた準備の後、二〇〇万ドルする錆探知ロボットをパイプラインの中に送り込もうとしていたのだ。彼はこのロボットが、長い旅路で、壊れないのはもちろんのこと、成果が出せるかどうかが心配だった。

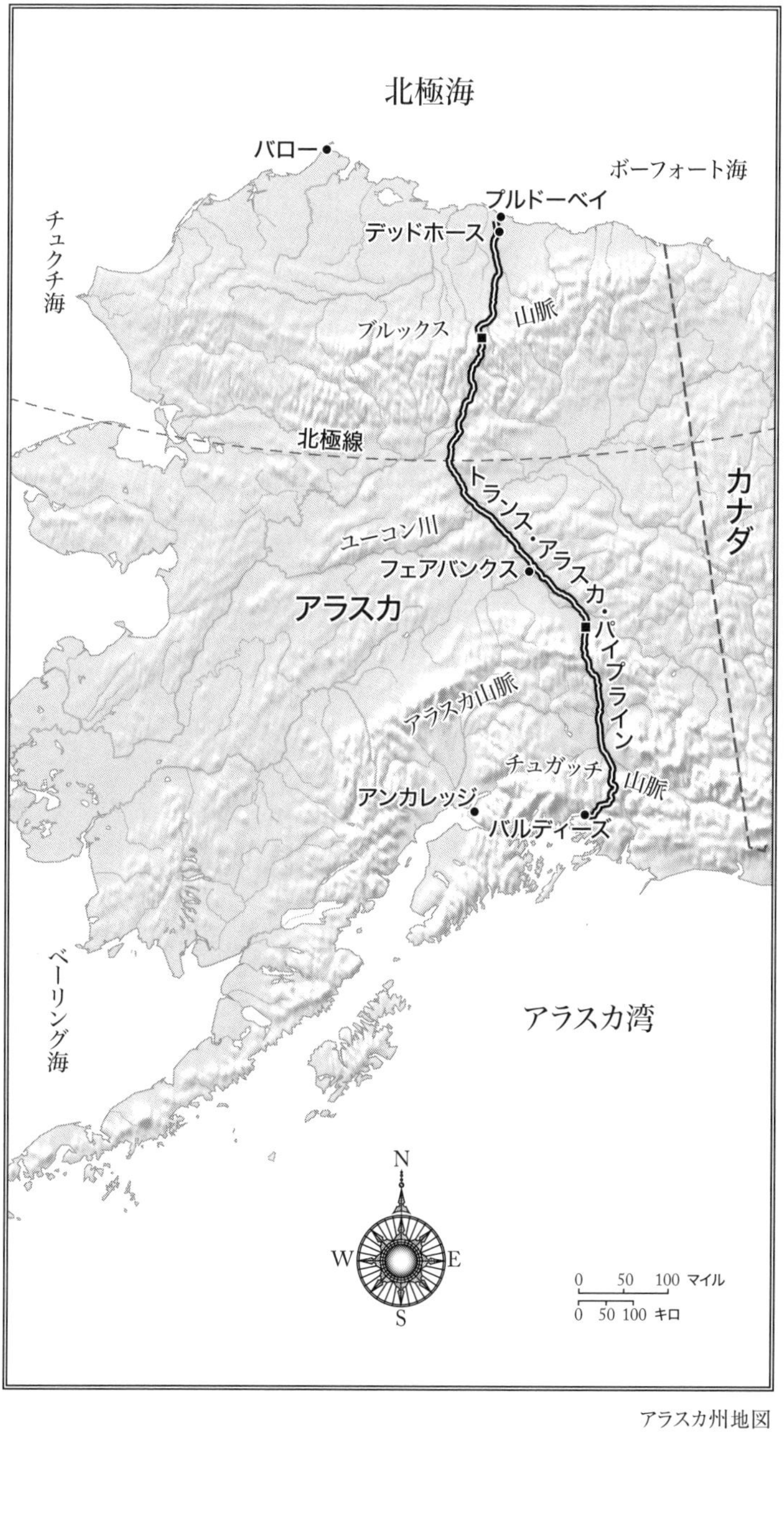
北極海
バロー
ボーフォート海
プルドーベイ
デッドホース
チュクチ海
山脈
ブルックス
北極線
カナダ
トランス・アラスカ・パイプライン
ユーコン川
フェアバンクス
アラスカ
アラスカ山脈
チュガッチ
山脈
アンカレッジ
バルディーズ
ベーリング海
アラスカ湾
N
W
E
S
0 50 100 マイル
0 50 100 キロ

アラスカ州地図

「スマート・ピグ」と呼ばれるこのロボットは、長さ五メートル、重さは四・五トン以上あって、巨大なムカデを連想させる。第一ポンプステーションの、ネオギのいるところからは反対側にある巨大な装置室の、オレンジ色のシャッター扉を入ってすぐのところに、トレイに載せて置かれていた。外は気温マイナス二三℃で風が強かったが、建物の中は暖かく、ピグの製造会社であるベーカー・ヒューズ社の技術者が四人、三日かけて構成部品を何度もチェックし終えたところだった。彼らがチェックした部品の中には、ピグの前方、二つの黄色いウレタン製カップの間に、一一二対の磁性ブラシに挟まれるようにして備え付けられている一一二個のセンサーがあった。石油の流れに押されてピグが移動すると、これらのセンサーが、パイプ内に起きている磁場の異常を検出するのである。厚さ一・二五センチの鉄鋼に、くぼみ、へこみ、あるいは薄くなっている部分など、どんな異常があっても磁場は変化し、センサーがこれを感知してハードドライブに記録する。一センチ、一センチとセンサーはこの情報をとらえていく――そしてネオギは、スマート・ピグが四五二億平方センチメートル分にあたるパイプのすべてについて情報を記録してくれることを願った――これは四・五二平方キロメートルにあたる表面積だ。その膨大なデータをもとに、ネオギはパイプラインの中で一番脆弱なところを特定し、その部分を掘り起こして、石油が漏れる前に修理するのである。

ネオギが鼻歌を歌っていたのは、技術者たちがどんなに入念に確認を繰り返したところで、もしもパイプの壁がロウで覆われていたら、いかに最新型のピグといえども検査はできないからだ。ロウは原油に含まれる天然成分だが、それが壁を覆っていると、磁性ブラシとセンサーは鉄鋼の壁面に届かない。ロウはリップクリームあるいはヘアームースくらいの硬さで、パイプの形を計測するキャリパー（測径器）のアームを塞ぎ、走行距離計の車輪の動きを妨害する。ロウがあるとスマート・ピグはその感覚器官を失い、目も見えず、口も利けず、何も覚えられなくなってしまうのだ。またスマート・ピグは、移動が乱暴すぎれば壊れてしまう。スピードが速すぎればセンサーのヘッドが溶けるか割れてしまうし、滑らかに進まなければ磁性ブラシがすり減ってしまうし、大きな衝撃を受ければ、スマート・ピグの二つの部分をつないでいるユニバーサルジョイントが外れたり、ワイヤーが切れたり、磁束センサーの動力が遮られたりする。データが、何か月もの準備期間が、何百万ドルもの金が一瞬のうちに消えるのである――そして技術者たちにはコンディション不詳のパイプラインが、規制機関には不満が残り、国民は危険にさらされる。ロウが蓄積するのは、原油が二四℃以下になったり、パイプを流れる石油の量が少ないために、山の斜面を滑り降りるスマート・ピグが高速になりかねない長いスラック区画〔訳注：スラックとは、パイプを原油が完全に満たさない状態のこと〕ができたりするときだ。ネオギは、今が冬であることも、TAPSを流れる原油の量が最低レベルであることもよく承知していた。スマート・ピグを使うのに適した時期ではなかった。それでも彼には信ずるところがあったのだ。

「正確な状況が知りたいんですよ」とネオギは言った。彼の瞳は黒く、短く刈った黒髪は根元がちらほらと白くなっていた。ネービーブルーの難燃性のシャツを着ている。サッカー選手のような体つきで、甲高く細い声で歯切れよく早口に、はっきりとわかるインド訛りの英語を話した。「見つからない腐食があるのが一番恐ろしいんです」と彼は言った。「発見できなければ何の手も打てない。腐食していることがわからないんですからね。スマート・ピグ検査で発見さえできれば、どんな問題も対処が可能です」。彼の言い方は丁寧だったが単刀直入で、ぶっきらぼうなくらいだった。スマート・ピグを使って、いわば「パイプラインの脈動」を読み取りたいのだと彼は言った。「道具が壊れればデータは得られない。準備はさんざんしましたよ――できることはすべてね。それでも、検査をやり直さなければならない可能性はあるんですよ」。これは根拠のない憶測ではなかった。過去十数年の間に、ロウの蓄積や流量の低さが理由で、スマート・ピグによる検査の半数は失敗しているのだ。

その日、ネオギがベートーベンを口ずさみ始めるちょっと前、技術者たちは四五分かかってスマート・ピグのリチウム電池をテストした。リチウム電池は重さが一一キロ、一つ三〇〇〇ドルし、再充電ができない。スマート・ピグ後部にあるハードドライブも検査し、それから二つ装備されている送信機のうちの一つの位置を調整した。この送信機があるから、一八日かかる検査の間、スマート・ピグを追跡することができるのだ。一方、ネオギと、このパイプラインを運営するアリエスカ・パイプライン・サービス社の重役数名は、最終的に「行くか、行かないか」を決める三回の会議の二回目を行っていた。スマート・ピグによるパイプラインの検査は定期的に行われる保守管理作業ではあったが、決して気楽にできることではなかった――圧力のかかった原油でいっぱいのパイプの一端を開け、液体を輸送するために設計されたパイプの中に固形の物体を入れ、その物体が冬の北極圏を通過するのを追跡しようというのだから、非常な危険が伴うのである。発生し得る問題は山ほどある。ガス漏れ事故として知られる近年の事故の一つでは、第一ポンプステーションが危うく爆発するところだった。これはＢＰ社に責任があったが、アリエスカ社はこの事故を深く心に留めた。もっと最近では、清掃用のピグが、パイプラインの中ほどにあるポンプステーションのリリーフラインに引き込まれてしまった。このリリーフラインは直径が四〇センチしかなく、ピグ避けの柵で保護されていたにもかかわらず、直径一・二メートルのピグの侵入を防げなかったのである。これと同じことは過去に、少なくとも五、六回は起こっている。一九八六年にこれが起こったときには、ピグを回収する間パイプラインが閉鎖された。つまりその間、アメリカで輸送される原油の四分の一を超える量が、カリフォルニア州に向かうのを停止したことになる。また、アラスカ州バルディーズ〔訳注：ＴＡＰＳの南側の終点〕まで到達しながら、そこでリリーフラインに引き込まれてしまったピグもある。パイプラインに傷をつけたピグもあるし、途中で引っかかって動けなくなり、回収の過程で破壊されたものもある。

各種条件、即応体制が整っているかどうか、安全性はどうかといった点を踏まえ、一握りの重役たちが、今回のスマート・ピグ検査を実施すべきか否かについて検討していた。ネオギは電話で、すべては順調である、と請け合った。山間部のスラック区間でスマート・ピグをスムーズに滑らせるための水力学的操作も準備が整っている。他のパイプライン保全作業はすべて停止中である。パイプラインの上から下まで、すべての目はスマート・ピグに注がれている。実施予定に変更はなかった。

その夜、最後にもう一度点検を行った後、ベーカー・ヒューズ社の技術者たちはスマート・ピグのスイッチを入れ、二台の天井クレーンを使ってパイプラインの末端にある発進用トレイに積み込んだ。ポンプステーションで働く技術者たち数名、そしてネオギもこれを手伝った。彼らはタイベック社製の防護服とガスマスクを身に着け、ゆっくりと、慎重に作業した。彼らはスマート・ピグを「道具」と呼んだ。パイプラインの端を開けるとガスが流れ出た。ガス警報器が点滅し、爆発の危険を知らせる警告音が鳴り響いた。換気システムが作動した。言うことをきかない野獣みたいな、重さ五トンある「道具」の扱いは容易ではなかった。発進用トレイに置かれたスマート・ピグを支えるだけでも油圧式ジャッキが必要だった。午前零時の直前、彼らはスマート・ピグをパイプラインに装塡し終わり、パイプラインの蓋をしっかりと閉じた。そして待った。発進は午前七時の予定だった――このスマート・ピグほど「スマート」でない、赤いウレタン製のピグが出発してきっかり一二時間後だ。そのピグはいわば巨大なワイパーのように、パイプラインの中を掃除しているのである。今日までの六週間に、ネオギが立てた計画に従って、同様のピグが合計九個送り込まれた。ネオギはそれらのピグがバルディーズで吐き出したロウの量を記録し、グラフにしていた。最初のピグは五四〇キロあまりのロウを吐き出したが、その後、吐き出されるロウの量は一八〇キロまで減っていた。パイプラインは検査に向けた下準備を終え、それ以上はきれいになりようがない。スマート・ピグの出番だった。

ネオギは五時に目を覚ました。デッドホースの町から第一ポンプステーションに車で向かう間、まだ暗い空に、遠くの油田から上がる炎がかすかに見えた。彼は二か所の防犯ゲートを通過した。それから自分のトラックを氷で覆われた無線塔の下の電源につなぎ〔訳注：アラスカは寒いため、車が凍結しないよう、駐車スペースには電源があってエンジンのヒーターをつなげるようになっている〕、冷蔵庫みたいな扉を通って建物の中に入り、内側に毛皮のついた防寒着を脱いだ。それから、最終的な実施の有無を決める会議に参加するため、アンカレッジにあるアリエスカ社の本社オフィスに電話をかけた。会議の参加者の口調はゆっくりしていた。嵐は通り過ぎたようで、体感温度マイナス四五℃という寒さではなくなっていた。書類は整っており、新たに浮上した安全性に関する不安材料もなかった。彼らは二〇分間にわたって慎重に協議したが、ネオギが知らない事実は一つもなかった――良い兆候だ。スマート・ピグの発進が決定した。それが三月一五日であることには誰も気づかなかった〔訳注：三月一五日がジュリアス・シーザー暗殺の日と予言された故事から、注意を促す言葉として「三月一五日に警戒せよ」という言い方がある〕。

七時数分前、第一ポンプステーションの技術者三人が発進台のバルブを開けてスマート・ピグの後方に原油を流し込んだ。スマート・ピグは動こうとしない。揃って口ひげを生やした三人は、さらに原油をスマート・ピグの後方に送った。それでも動かない。ベーカー・ヒューズ社の製品中最大で、最も高い性能を持つそのスマート・ピグは、これまでアラスカ・パイプラインの内部に挿入されたどのスマート・ピグよりもはるかに重く、パイプラインの流量を最大にしても動こうとしなかった。管制室ではネオギが、スマート・ピグが発進すると点灯するパネル上の小さな赤いランプを見つめながら、前かがみになって左手の爪を噛んでいた。シャツの裾はズボンからはみ出し、まるで、病院の待合室で患者の家族が不安にイライラしているみたいだった。彼がここの管理者になってから初めてのスマート・ピグだということも彼の心配を一層大きくした。無線からは、二つの巨大なタンクからパイプラインにもっと原油を流せと要求する技術者たちの声が聞こえた。日量にして六〇万、七〇万、八〇万バレルと流量は増えていったが、それでもスマート・ピグは動こうとしない。とうとう動いたのは、流量が毎平方インチあたり八六五ポンド、日量にして八四万バレルに達したときだった。このパイプラインの通常の流量の一・五倍以上である。七時一五分、スマート・ピグは、世界最長・最強の原油パイプラインが錆によってどんなことになっているかを調べるためにようやく動き始めた。アラスカ州ノーススロープ郡に広がる荒涼とした冬景色の中、スマート・ピグが南下を始めると、それは列車のような音を立てた。ネオギは「よし」と言っただけだった。

## パイプラインと腐食

この二〇年、サドルロシット、ノーススター、クパルック、エンディコット、リスバーンといったプルドーベイの油田は徐々に衰退している。年々、産出量が前年を五%ずつ下回っているのだ。その結果TAPSは現在、設計時に予定されていた流量の四分の一の量しか流れていない。採掘された時点の原油はこれまで以上に温度が低く、バルディーズに向かう流れは以前より遅くなっている。かつては原油は四日間でバルディーズに到着した——一キロを五分以内で走るようなものだ。今、原油は歩いて進む。進みながらさらに温度が下がり、そのせいでパイプラインに蓄積するロウは増える。医者ならこのパイプラインは動脈硬化症だと言うだろう。パイプラインにロウが溜まれば直径が小さくなる。原油の流量が小さくなればネオギの仕事はやりにくくなるが、パイプラインの寿命を推定する機関にとってはさらに仕事が困難になる。パイプラインは、油田が続く限り使用できるように設計された。パイプが詰まらないためには、常に温かい状態でいなくてはならない。それはつまり、パイプは流れる原油でいっぱいでなくてはならない、ということだ。屈折した共生関係ではあるが、パイプラインは、原油がパイプラインを必要とするのと同様に、原油を必要としているのである。だから、このパイプラインを監視する複数の機関からなる連合事業体はこのパイプライ

2013年3月、バスカー・ネオギは、南北アメリカで最も重量が大きく、また最もアクセスがしにくい金属製構造物の一つであるトランス・アラスカ・パイプラインで、1か月にわたるスマート・ピグ検査を開始した。ピグが発進したのは、アラスカ州デッドホースではマイナス23℃のうららかな日だった。（撮影：著者）

ンを「無期限で維持できる」としているものの、アリエスカ社はその寿命を二〇四三年までと考えているし、アラスカ州は、パイプラインはそれより少々早く使えなくなるだろうと踏んでいる。ＴＡＰＳの寿命を推定するために雇われた民間のコンサルタントは、「将来」という漠然とした言葉しか使わないし、「懸命の維持がなされるべき」という言い方をするだけだ。こうした推定年数はどれも、誰も言いたくないことを示している――つまり、かつては民間企業の出資によるプロジェクトとしてはアメリカ最大のものであり、工学的な意味でアメリカ最大の功績の一つとされたこのパイプラインは、今や必死の看護を必要とする年老いた病人なのである。

　ＴＡＰＳを造った企業はこうした未来を予見し、それを回避しようとした。一九六八年に油田が発見されるとすぐに、彼らはパイプライン以外のあらゆる輸送方法を検討した。たとえばアラスカ鉄道をノーススロープ郡まで延長することも検討したが、原油の輸送には、毎日、一〇〇両編成の列車を六三本走らせなければならないことがわかった。トラックで運ぶことも考えたが、それにはアメリカにあるすべてのトラックと、八車線の高速道路が必要だった。ボーイング社とロッキード社が提供するジャンボジェット機を使うことも検討したが、それによる総航空交通量が、それ以外のアメリカの貨物輸送による総航空交通量より一桁以上大きくなることがわかって断念した。飛行船も考えた。世界最大の、砕氷能力を持った貨物船を使ってもみたが、それが北西航路で身動きが取れなくなると、今度は真剣に、原子力潜水艦の船団を使って、北極氷原の下を通ってグリーンランドの港まで原油を運ぶことを考えた。代替案が尽きた彼らは、パイプラインを使うことを渋々決めた。アラスカをくねくねと縦断する鉄鋼製のパイプが錆《さ》びる危険性は、ニューヨーク港に立つ大きな銅製の貴婦人が錆びる危険性の一〇倍だったし、彼らにはそれがわかっていたのだ。

　他の大多数のパイプラインでは、「イベント」、または「出来事」、あるいは「生成物放出」――普通の人なら「漏れ」と呼ぶもの――はほとんどの場合、「第三者による損傷」が原因で起こる。この業界ではこれはつまり事故を意味する。大抵は重機が原因だ――パイプライン破裂の原因として一番多いのは、ブルドーザーやバックホーが衝突することなのだ。[*1] ＴＡＰＳの場合、広大なアラスカで行われる建設工事はほとんどないので、第三者による損傷が起こる危険性は低い。反対に、自然災害の危険が非常に高い。地震、雪崩、洪水、氷塊などはどれも、ＴＡＰＳにとっては恐ろしい。だが、アリエスカ社が本

アラスカ州を縦断するトランス・アラスカ・パイプライン・システム（TAPS）

当に心配するのは腐食だ。腐食はＴＡＰＳの保全にとって一番の脅威であり、この、アメリカ最後の辺境地帯で働く技術者たちがベーカーズフィールド〔訳注：カリフォルニア州中南部の都市。油田がある〕への異動を夢見る理由として十分なのである。

　そのためＴＡＰＳの建造にあたっては、当時最高の防食処置が施された。主要な手段はコーティング、つまり塗料である。補助として、交差する部分が手首ほどの大きさがある亜鉛のストラップ（いわば巨大な陽極）もパイプの下に埋めた。ＴＡＰＳは錆びない、と大胆にも運営会社は言ったものの、その防食処置は不十分であったことがやがて明らかになった。他のあらゆる塗料と同様に、ＴＡＰＳに使われた塗料もまた、錆に対しては脆弱だったのだ――ただし、その脆弱性がどの程度のものであるかをアリエスカ社が知ったのは十数年後だった。それが明らかになるとアリエスカ社は、パイプラインの防食性を強化するため、一つ一一キロあるマグネシウム入りの袋一万個（マグネシウムは卑金属の最たるもので、喜んで自らを犠牲にするのだということを思い出してもらいたい）を地中に埋め、また低電圧の電流をパイプに送り込む一〇〇個ほどの整流器からなるカソード防食システムを設置した。先に埋めた亜鉛板は、その状態も、それがまだそこにあるかどうかもわからないのに対し、マグネシウム入りの袋とカソード防食システムは検査が可能だ。防食技術者は電源を切り、土壌の電圧の変化を計測することができる。だが、岩は電流を通しにくいため、石の多い土地ではカソード防食システムはうまく機能せず、防食技術者には最後の手段だけが残される――クーポンと呼ばれる腐食試験用の金属片だ。パイプラインに二・五センチ四方の鉄鋼片を接合させて一緒に地中に埋めると、鉄鋼片がパイプの身代わりの役を果たすのである。アリエスカ社は約八〇〇個のクーポンを設置している。ただしクーポン自体に防食の機能はない――技術者が腐食の状態を監視する助けになるだけだ。ある意味で、パイプラインの監視はアリエスカ社にとっては第二防衛ラインであり、非常に重視されている。

主要なパイプラインはどこもだが、TAPSも漏洩検知用のソフトウェアを使って監視されている。このソフトウェアは、パイプラインに送り込まれる原油の流量と、反対側から吐き出される原油の流量とを比較し、また突然の圧力低下を細かく見張っている。TAPSが他のパイプラインと違うのは、飛行機から赤外線カメラを使って、熱い原油が冷たいアラスカの地表に漏れた形跡がないかを定期的に検査したり、「ラインウォーカー」と呼ばれる職員が、パイプライン沿いに黒い原油溜まりやツンドラの軟らかくなっているところがないか点検したり、整備員たちが、パイプラインの脇の地面にずらりと並んで置かれている、炭化水素検出、液漏れ検出、雑音検出のためのセンサーを監視したりしているという点だ。しかも、一〇を超える州政府と連邦政府の機関が、パイプラインを運営する約一〇〇〇名の従業員に監視の目を光らせている。TAPSは世界で最も厳しく管理されたパイプラインなのである。とは言うものの、実際に漏れが起こる前に漏れそうなところをアリエスカ社が検知する方法はスマート・ピグしかないし、またアリエスカ社のパイプライン運営は規制当局によってどんなパイプラインよりも厳しく監視されているため、彼らは他のパイプラインの二倍近い頻度でスマート・ピグを送り込む。連邦政府によってその使用が義務付けられるはるか以前から、三年に一度、スマート・ピグを使っているのである。

一九七七年のTAPS運用開始から、腐食が原因の漏洩が一度も起こっていないのは、スマート・ピグに負うところが大きい。[*2] 最初の三〇年間にアリエスカ社は、パイプライン損傷につながる可能性のある事象を三五〇件近く検証している。その中には、へこみ、シワ、溶接接合部の不整合、管のゆがみ、くぼみ、腐食孔などがある。

こうした問題の大部分はスマート・ピグを使うことで見つかっているが、アリエスカ社にとってスマート・ピグを使うのは決して容易なことではなかった。初期のスマート・ピグは今ほど賢くも従順でもなかったし、一九九八年以降は、スマート・ピグはロウに苦しめられている。実際、ロウの蓄積によって、アリエスカ社が一番使いたいピグ検査技術は使えないのである——超音波法だ。超音波法を用いるスマート・ピグは、パイプの壁に音を当て、跳ね返ってくる音を捉えることによってデータを収集する。この超音波法は直接計測なので、間接的かつ推測でしかない漏洩磁束方式（ＭＦＬ）の計測よりも優れているのである。だが二〇〇一年以降、超音波式のピグでは十分なデータが集められなくなった。ロウが音を妨害するのだ。超音波法を使おうとするのは、妊娠中の女性がセーターを着たまま胎児超音波検査を受けようとするのと同じくらい無駄なことなのである。

その結果、パイプの内部をきれいな状態に保つことが、その完全性を保つのと同じくらい重要な優先事項になった——前者があって初めて後者が可能になるからである。パイプライン内部をきれいに保つため、アリエスカ社は週に一度、清掃用のピグを送り込む。バルディーズにあるアリエスカ社のメンテナンス工場にはそうしたピグが十数台あり、それらがひっきりなしに行ったり来たりしているのである——運搬道路を通って上に昇ってはパイプラインを通って降りてくるのだ。検査用の賢いピグは、清掃用ピグが忙しく働いている間、じっとおとなしく待っている。前回スマート・ピグを送り出す前には、アリエスカ社は一か月間にわたり、四日に一度の頻度で清掃用ピグを走らせた。バルディーズで清掃用ピグがパイプラインから出てくるとき、通常一〇～二〇バレル分のロウが押し出される。ピグは専用の移動車ですぐに洗浄に回される。危険物であるロウは大きな樽に集められて州外に搬出される。一度、さして昔の話ではないが、六週間清掃しなかった後で送り込まれた清掃用ピグが、四七バレル分のロウを押し出したこともある。

大量のロウの下では、総重量四五万トンのパイプラインのうち、毎年およそ四・五キロの鉄鋼が腐食のために失われる。古いフォード車一台が失うのと同じくらいだ。金属消失の大部分は、地中に埋められたパイプの外側で起きる。パイプの内側は、無論、油が行き届いているわけだ。ただし、ポンプステーション内部の、枝分かれしたパイプがバルブやタービンに囲まれているところは例外である。液体が流れない袋小路のようになっていて、原油が溜まってよどむ、デッドレグと呼ばれる部分には、微生物腐食が起こる危険性がある。

もしも腐食が一様に起こり、パイプラインがどこも均等に一定の速さで腐食するのならば、維持管理は今よりもずっと容易だろう。今から一〇〇〇年経っても、パイプの九九・九九九％は残っていて、弱いところもないだろう。だが錆というのはそういうふうにはできていないのだ。錆は、比較的限られた場所に集中して起こり、それがさらに錆を引き起こす。アリエスカ社は、パイプラインの完全性が深刻に脅かされるところしか対処しない。パイプの壁厚が三五％以上減少し、金属損失によってパイプが破裂する危険がある箇所に注目するのである。そしてその箇所の特定には、米国機械工学会（ASME）が開発した計算方法が用いられる。[*3] パイプライン用語ではこの考え方を「介入基準」と呼ぶ。アリエスカ社の介入基準は他のほとんどの企業よりも厳しい。また、安全域も設定されている。たとえば、実際にはほんの小さな傷でもその長さが一五センチあるものと仮定し、実際にはパイプラインは流量が減って最大限の圧力で運転していなくても、最大圧力で運転中と想定する。その傷があるのがどういう地域か――環境保護指定地域なのか、あるいは人口の多い地域なのか――によって、アリエスカ社は、深刻な脅威となる傷それぞれに、修理が必要な時期まで何年あるかを示すPYTD〔訳注：Potential Year to Digの頭字語〕という指標を割り当てる。腐食の危険性が最も深刻な場合、PYTDはゼロとなり、ただちに処置がとられる。危険性が一番低いものは、PYTDは八だったり一五だったり、二九という場合すらある。こういうふうにすると、アリエスカ社が年間十数か所の修理を行うとしても未処理案件が生じる。未処理案件を詳細に見ていくと、パイプの壁厚の半分にあたる深さの傷が報告されているものも少なくなく、心配になる。

だがネオギは、心配していないようだった。「ウィリアムズ、エンブリッジ、BPなどの、平均的なパイプラインを考えれば、TAPSはかなり良い状態ですよ」と、スマート・ピグを発進させた日に彼は言った。「TAPSは実によく考えて造ってあります。時の試練に耐えられるように設計されているんですよ」。アラスカのパイプラインを維持管理するということについて、彼は二つの喩えを使ってこう説明した。「自動車は一〇年しかもたない、と人は言います。でもそれは違う。一〇人の人間がその面倒を見れば――」。彼はそこで言葉を切り、もっと良い喩えに言い直した。パイプラインは美術館の絵のようなもので、キュレーターが湿度や照明を調整するので、何百年経っても名作は元の状態のままで保たれるのだ、と。「パイプラインが止まる理由はたった一つ、原油がなくなることだけですよ」

## 《一六七キロ地点》

### 追跡

見渡すかぎり、そこは白と青だけの世界だった。アラスカ州ノーススロープ郡は、カンザス州と同じくらいまっ平らで、木が生えていない点も同じだったが、カンザス州よりもずっと寒かった。万年筆のインクが凍るのに十分な寒さだ。風景の単調さを破るのは唯一、地表にいくつか突き出した、ピンゴと呼ばれる石筍《せきじゅん》質の氷の山だけだった。太陽は地平線の低いところにあって、サガバンアークトック川の凍った水面に反射し、はるか彼方のフランクリン・ブラフスの蜃気楼が見えた。ジグザグに走るパイプラインは、取るに足らないちっぽけなものに見える。パイプラインの横にはオレンジ色のスノーキャットが停まっていた――スキーリゾートでよく見かける雪上車だ。車の中には二人の男が霜で曇った窓の後ろに座り、ピグを待っていた。

ずっと前、ピグが進むスピードが今より速かった頃は、地上でも地中でも、パイプの中を通り過ぎる音が聞こえたものだった。パイプラインができた当初からアリエスカ社で働いている社員の一人は、それはまるで映画『トップ・ガン』に出てくるジェット戦闘機みたいだったと言った。自分の聴覚にそんなに自信がなければ、パイプの上に――少なくともパイプが地上に出ているところでは――ビスを立てて並べておくと、近づいてきたピグの磁場のせいでビスが倒れた。あるいは、スクリュードライバーをパイプラインの横のバルブに差し込んでおくと、持ち手がカタカタと振動するのが聞こえた。だが北極圏でそんなことは長くは続かなかった。今では作業員は、スマート・ピグの音を聞くのに受振器を使う。要は大きな、音が増幅される聴診器だと思えばいい。

そのためには、金属製のプローブを、パイプラインの一番大きな付属品に取り付ける。たとえばこの場合ならフランジの分割リングだ。風の音を遮断するために、プローブは油を吸収する布でくるんでガムテープで固定する。プローブには電池式の無線送信機をつなぎ、送信機は雪の中に置く。それから、寒い中に立ちん坊で待ったりはせず、二人はスノーキャットの車中に腰を落ち着け、ラジオのチャンネルをＦＭ一〇七・一に合わせて、パイプの中の振動に、血の通ったままの耳を傾けるのだ。重低音の音量を上げ、高音の音量を下げる。広大なノーススロープ郡に届く短波放送はなかったから、FM一〇七・一から聞こえてくるのは辺りの雑音だ。二人がパイプラインの近くで雪の玉を投げると、ラジオからは甲高い音が聞こえた。雪の中を歩き回れば、ドスンドスンと、まるでネイティブアメリカンが戦いに向かっているみたいな音がした。二人は、ピグが通過する予定の時間より三〇分早く準備を終えて、エンジンを切った小さな車の中で静かに座っていた。広大な北極圏で、彼らは存在しないラジオ局に耳を傾け、目で見ることのできないものを探していたのだ――そしてその目に見えないものは、そこにあってはいけない何かを追いかけていた。ピグが近づいてくると、パイプに沿って接合部に触れるリズミカルな音がした。ピグが通り過ぎるときは、間違いようのない、シューッという音を立てた。それは普通ラジオから流れてくるどんな歌とも違っていた。

スマート・ピグが通過すると、ピグの送信機からの信号を受信するオーブントースターくらいの大きさの装置のタイム・レコーダーもその時刻で止まった。これは人間が記録するよりも正確な方法で、今回はうまく機能したが、いかに送信機がアラスカ用のモデルといえども、必ず機能するとは限らなかった。どういうわけか、人間の耳よりも不安定なのだ。そして、二人の作業員はその仕組みがどうなっているのか正確に理解できないので、その機械を信用していなかった。いずれにしろ、ピグが通過すると、二人はアリエスカ社の管理コントロールセンターに電話して、自分たちの名前といる場所、そしてピグが通過した時間を報告した。

そこから南へそんなに遠くないところでは、若い技術者ベン・ワッソンが注意深くその電話に耳を傾けていた。ネオギの補佐をするワッソンは、ピグ発進後アンカレッジの自宅に帰ったネオギに代わり、ピグの検査の進行を現場で指揮していた。第三ポンプステーションのカフェテリアに陣取り、プラスチックのカップでコーヒーを飲んでいる彼は、携帯無線機二台と携帯電話二台、そして記録帳を持っていた。電話があるたびに、彼はメモをとった。そして、最初の作業員から三二キロ南にいる別の作業員が清掃用ピグの通過を報告した時刻を確認し、さらにもっと南にいる作業員が、二台のピグを邪魔しないように仕切弁を上げたと報告した時刻も確認した。こうしたメモをもとに、ワッソンは毎日追跡記録を更新して、それをアリエスカ社の、ネオギを含む八〇名の幹部社員にEメールで送り、その都度、「ピグ進行状況概要」と呼ばれるスプレッドシートを添付した。ピグがどこかで引っかかって動けなくなることを心配している人たちは、このスプレッドシートを見て安心した。それを見れば、数十キロごとに監視されているピグが、どこにも引っかかったり故障したりせず、予定通り進行していることがわかったからだ。

ワッソンはカーハートのパンツをはき、グレーの格子縞のフランネル製シャツ、黒いフリースジャケット、そして緑色の野球帽を被っていた。メイン州バー・ハーバーの出身で、木こり風のもじゃもじゃの顎ひげを七年前にそり落とし、今ではつるんとして風にさらされた頬はピンク色だ。フォーマイカ製のテーブルに座っている彼のところへ、グリズリーみたいな顎ひげを生やした、くたびれた船員のような風情の男がやってきた。三つの現場作業班を監督するデイブ・ブラウンである。薄茶色の野球帽を被り、青い半袖シャツの、上から二番目のボタンに眼鏡を引っかけている彼のほうが、ワッソンよりもメイン州出身っぽかった。彼は腰を下ろしてハンバーガーを食べ始めた。近くのテレビではNASCARの自動車レース中継が放送されていた。

ブラウンは、一九九五年以降アリエスカ社が行ったピグ検査のすべてに立ち会っており、最初の一〇回、一五〇〇か所ほどでピグの通過確認を行ったうち、確認し損なったのはたったの一度だった。彼のあだ名、「スーパー・デイブ」の由来である。後日彼は僕に、「俺の作業員がピグを見逃すことは絶対にない」と言った。何か問題が起きたときに対処するのが彼の仕事だ。たとえばその日の朝、一三〇キロ地点に仕切弁を上げに向かったスノーキャットが、サガバンアークトック川を渡る途中で川の氷が割れた。運転していた作業員は車が沈み始める前にギアをバックに入れ、ブラウンに電話した。ブラウンはワッソンに電話をし、ワッソンがヘリコプターを呼んだ。ワッソンには、いつでも自由に使えるヘリコプターが二台、フロントエンド・ローダーが一台、スノーモービルが二台、衛星電話が四台ある。数日前、無線システムが壊れたときはこれらが役に立った。だが、ワッソンもブラウンも、スノーキャットは予備がない。一台が使えなくなってしまったので、作業員は二九キロ地点と六四キロ地点の間では清掃用ピグを確認できなかった。もしもそこで清掃用ピグが詰まってしまっていたら、スマート・ピグがそれに突っ込んでしまう。実際には事なきを得たものの、ブラウンは不機嫌だった。ピグの確認をし損なうのは大嫌いなのだ。三日間、ほとんど休みなしに移動していたせいもあって、彼は疲れていた。そこで昼食の後、仮眠をとった。

ネオギの不在中は、事実上ワッソンがピグ検査の指導者となり、おのずとリーダーとなって、コーヒーをがぶ飲みしながら計画実施のためのさまざまな業務の指揮を執った。二〇一三年、今回のピグ検査は、彼が二〇一〇年にアリエスカ社で働き始めて以来最初のものだった。彼はスマート・ピグをＩＬＩピグと呼んだ。In-line inspecting pig の略だ。無線機からはさらに報告が届いた。スーパー・デイブの作業チームによる確認作業のおかげで、清掃用ピグが出発してからスマート・ピグが発進するまでの一二時間の間隔が、一〇時間半まで短縮されていることがわかった。ワッソンはそのことをネオギに伝えた。ネオギは、スマート・ピグが第三ポンプステーションを出る時間を三時間遅らせることにした。

　ワッソンは技術者ではあるが、機械工学の専門家でもなければ河川工学の専門家でもない。彼は土木技師であり、測量技師である。つまり、地図の専門家なのだ。そして、そういうものの考え方をする。彼の記録帳は、最初のページの日付が二〇一二年七月二日、この日から九か月前である。それから一〇五ページにわたって、ピグ検査のメモが、すべて鉛筆で書き込まれている。ワッソンは記録帳をトントンと叩いて、「これは故障しないからね。他に何がなくても、これがあれば大丈夫さ」と言った。いかにも測量技師の言いそうなことだ。ワッソンは今三七歳だが、測量の方法、精度、補正についてならば四〇歳になるまでしゃべり続けられそうだった。デジタルマッピングや地理情報システムについて長いおしゃべりをしていたときに、ワッソンは二〇一〇年にカリフォルニア州サンブルーノで起こったパイプラインの爆発事故を話題にした。彼によれば、このパイプラインを運営するパシフィック・ガス＆エレクトリック・カンパニーは、パイプに深い傷があることを知ってはいたが、傷のある場所の管壁はもっと厚いと思っていたのだという。「やつらの完全性管理が不完全なのさ」と彼は言った。

## ピグの誕生と発達

勘違いしている人が多いが、ピグ（pig）というのは頭字語ではない。Pipeline Inspection Gauge〔訳注：パイプライン検査機、の意〕の頭文字を並べたわけではないのだ。二〇世紀初頭に最初にこの名前を使ったのは、テキサス州の石油掘削作業員たちだ。パイプラインの清掃のため、有刺鉄線と藁《わら》を束にしたものを突っ込んだところ、反対側から出てきたゴワゴワした塊はドロドロの汚物に覆われていて、豚（pig）を連想させたらしい。それに、パイプを擦るキーキーという音も豚の鳴き声に似ていた。テキサス人がピグと呼び始める前には、ペンシルバニア州の作業員たちはそれを「ゴー・デビル」「モグラ」「ウサギ」「槍」などと呼んでいた。このことも、ピグがPipeline Inspection Gaugeの略だというのが、pigという言葉にあと付けした作り話であるという証拠だ。パイプラインに突っ込んだ物体が検査の機能を持つようになったのは二〇世紀半ばになってからのことだ。それまではもっぱら、パイプラインの内側を擦ってきれいにするためだけに使われていた。

清掃用ピグに使うものはほとんど何でも構わない。最初のうちは、キャンバス地の布を丸めたものや革を束ねたものがその役割を果たしていた。モンタナ州で、直径一〇センチの天然ガス用パイプラインが岩石崩落で埋まってしまう事故があった後、一九九四年、運営会社は、パイプラインが破壊されていないことを確認するためにゴム製のボールを管に送り込んだ。ウレタンフォームのマットレスをぶつ切りにしたものを使った倹約家の運営会社もある。あるジャム製造会社は、パンの塊でパイプラインを掃除した。プラスチックのコーヒーカップを使った塗料製造会社もある。特にこの用途のために作られた、ラバーカップが管に閉じ込められたみたいな道具は、一八九二年からある。

技術者の中には、一番最初にパイプに詰まったピグがすなわち最初のスマート・ピグだったと言う人もいるが、これはまるで幼稚園児にファイ・ベータ・カッパ〔訳注：全米優等学生友愛会会員〕の称号を与えるようなものだ。清掃の失敗と検査は同じことではない。パイプに詰まってしまった最初のピグは、そこに何か問題がある、ということを示しはしたものの、それがどういう問題なのかについては何も教えてくれなかったし、むしろ問題を悪化させた。逆に、複雑な機能を持たないピグのほうが、貴重な情報をもたらした。たとえば、柔らかいアルミニウム製の円板やギザギザのある金属薄板でできたものから、パイプが内側にへこんでいるところがあったことがわかる場合があった――ただしその位置の詳細はわからなかったが。この頃のピグを追跡するのは、たとえば鎖やピーピーと音を立てる装置を装着しても非常に困難で、詰まってしまったピグを見つけるのはほとんど不可能だった。

それから、キャリパー・ピグが開発された。最初のものは、ロブスターのような、サイズの異なる固定されたアームが二本あり、三本目のアームには節があった。その動きが記録されてグラフ化され、へこみやくぼみがどこにあるかがわかったのである。だが、ピグが進める距離には限界があった——なぜなら電源コードにつながっていたからだ。電池式のキャリパー・ピグが設計されたのは一九五五年になってからで、実際に使えるものができたのは一九五九年のことである。

その一方で、はるかに高性能のピグも考案されていた。一九五三年から一九五九年まで、この分野は、現在のピグのほぼすべての種類が発案されて一気に活況を呈した。石油採掘会社四社が、検出される漏洩磁束から管壁の厚さを推定することのできるピグ（ＭＦＬピグ）の特許を申請した。特に功績のあった発明家の名前を挙げるとしたら、それはガルフ・オイル社〔訳注：現在は買収されてシェブロン〕のピッツバーグの研究所に勤めていたハワード・エンディーンだろう。彼は一九五六年の夏のある日、ピグに関連した特許を四件申請している。音と圧力に基づいて液漏れを検知するピグを考案しただけでなく、エンディーンは、電位の傾きを利用した、「過度の腐食が起こりそうな地点を特定する」ピグも設計した。この短い期間中に特許が取得されなかったのは超音波を使って壁厚を測るピグだけで、この技術が確立したのは十数年後のことだ。とは言うものの、ペンシルバニア州の石油採掘工を祖父に持つエンディーンには先見の明があったのだ。彼はパイプの内側のことに取り憑かれていた。一九九六年に亡くなる前、彼は自分の遺灰を油井の中に注いでほしいと遺言を残した——油井の底で何が起こっているのかをついにその目で確かめるために。

彼が考案したスマート・ピグの原理は理論的には筋が通っていたが、実際には機能しなかった。最初にＭＦＬピグを作ったのはシェル社だったが、作って間もなく、失敗だったと宣言した。感度が低く、パイプの下側九〇度の部分しか腐食を検出できなかったのだ。続いて、チューボスコープという会社が開発したピグは、三六〇度網羅できたが検出できるのは大きな問題のみで、それがパイプの中の問題なのか外の問題なのかがわからず、しかも走行距離計がついていなかったので、検出された問題の場所を特定するのは難しかった。一九七二年にピペトロニクス社が開発したＭＦＬピグの性能もこれと大差なかった。

ピグの設計で非常に難しいのは、データをどこに保存するかということだ。ブリティッシュ・ガス社は一九七〇年代初頭、市場にあったＭＦＬピグを試したが、どれも性能不十分であると結論して独自のピグの開発を始めた。ブリティッシュ・ガス社の社員の一人はデータの保存について、「聖書を六秒で読むみたいなもの」だと言

錆を探知する近代的なパイプライン用ピグの生みの親と言われるハワード・エンディーンは、身も心も原油に捧げていた。1956年のある日、彼は4種類のスマート・ピグの特許を申請したが、そのうちの1種は、技術的に製造できるようになるまでに少なくとも15年を要した。（撮影：ガルフ・オイル社広報部ジェームズ・ストレイナー、写真提供：ハワード・エンディーン・ジュニア）

った。まだ磁気テープや紙のグラフがデータ保存に使われていたこの時代、数十億単位の計測値を記録することは不可能だったのである。その結果、初期のピグは、そのレコーダーによって、まるで仮釈放中の犯人みたいに、使用できる地理的範囲が限られていた。たとえばピペトロニクス社のピグが使えるのはたったの五〇キロ足らずで、それだけで、一二チャンネルの信号を受け取るレコーダーが吐き出す検査記録は長さ三〇四メートルに達した。

そこでピグの技術者たちは、別の形で情報を収集するピグを設計した。金属の厚さを計測するのではなく、漏れを見つけようとしたのである。漏洩検知ピグの性能は、パイプに開いた小さな穴から液体または気体が漏れる際に出す、人間の耳には聞こえない高周波音の検出が頼りである。現在、この技術は見事に機能するが、二十数年前は機能しなかった。ピグがパイプの中を移動する際に出す音が、そのパイプから中身が漏れ出す音に似すぎているのだ。[*4] そしてやはりデータの保存が課題だった。シェル社が作ったピグは、一度に四日間しか運転できなかった。それ以上だと、情報を印字するスペースが足りなくなってしまうのだ。当時としては高性能だったそのレコーダーは、二秒に一回、七桁のコードを記録した。最初の桁は圧力が高いか低いかを示す。二番目の文字は、漏れがあるか、正常か、あるいは音が検出できないということを示す。続く五桁の数字は、計測の時刻を、時間、分、秒の順に示す。重複を避けるために、変化が見られないかぎり最大九回までは最初の二桁だけを印字する。こうして、たとえば次のようなコードが並ぶ、細長いティッカーテープができるのである。

1L24392　1L　1L　1L　1T24515　1T

一九九〇年代になってもＴＡＰＳは、その規模の巨大さのため、検査は「気の遠くなるような難題」とされていた。データの保存と分析に関しては、コンピュータが追いついたのはつい最近のことなのだ。現在、ピグが収集するデータは、色分けされて水平に並び、まるでパイプを二つに割ったみたいに見える。そしてそれを解読するのは以前より容易になった。ＴＡＰＳの場合、データは何百、何千というコールのリストに変換され、それが一定条件で絞り込まれて、対応を必要とする異常値が、数ページ程度のショートリストになる。

初期のスマート・ピグのもう一つの問題は電池だった。電池で稼働できるのは二〇時間にすぎなかったのだ。電力節約のため、ピグが移動するにつれて回転する車輪の力で発電し、その電力で動くピグを作ろうとした者もいたが、車輪がスリップしないようにするためには歯車にするしか方法がなく、それでは管壁が傷つくので元も子もなかった。ピグの中心にタービンを配置し、そこを流れる液体を動力にしようとした者もいたが、何度やっても泥、ロウ、塵などがタービンを詰まらせてしまった。使用電力削減のため、天然ガスのパイプライン用にカメラを使ったピグを設計した会社もいくつかあった。うち一社は、NASAが月面着陸の際に使ったのと同じハッセルブラッドのカメラを使った。レンズはパイプの下部六〇度を捉えた。フィルムはコダックだった。シャッターはなかった――管の内部は宇宙より暗いのだ。一二メートル進むごとに一度ストロボが光り、写真が撮影された。フィルムを現像し、紙焼きにした後、三角法を使って腐食問題の程度が測定された。

パイプラインの内部を撮影するのは、月面の写真を撮るよりも難しかった。塵で何もかもがぼやけてしまう。こうしたカメラ搭載のピグの一台は、キャリパー・ピグの後ろに付いて、キャリパー・ピグがへこみを検知するたびに写真を撮った。驚くほど鮮明な写真が撮れたのは良かったが、キャリパー・ピグはへこみにぶつかると激しく揺れたため、後ろに従えたカメラも過剰に反応し、パイプラインの歴史研究家二人に言わせると、「へこんでいない反対側の管壁の見事なクローズアップ写真」を撮ったのだった。

跳ね返ってくる信号によって管壁の厚さを測る超音波方式のスマート・ピグの特許が取得されたのは一九七一年のことだ。この究極の計測技術の開発には、多くの企業が長い年月を費やした。初期の研究室での実験では、超音波式ピグの計測は非常に正確で、亀裂、異物混入、穴、二枚割れなどが検出された。問題は、どうすれば、汚れてでこぼこの本物のパイプラインの中を時速三二キロで進めるかだった。最初の難関は、送信機と送受波機を、「一定の、把握された位置関係」で管壁にしっかり押し付けることだった。二つ目は、時間を一〇〇万分の一秒まで計測できるデジタル回路を完成させることだった。それによって超音波ピグは、一九七七年の時点では(技術者に言わせれば)「成功したりしなかったり」だった他の種類のスマート・ピグと同じくらいの性能でしかなかった。アラスカのパイプラインの操業が始まったのはこういう時代だったのだ。だからアリエスカ社は、ピグの使用に関してはつらい経験もかなりしているのである。

## ピグのミステリー

ベーカー・ヒューズ社のピグ「ジェミニ」を選ぶにあたっては、ネオギはまず、ピグ検査で検出したい「問題のカテゴリー」を特定して選択基準にした。つまり、それが検出できる機能を持つものを選ぶ、ということだ。彼は、パイプの内側と外側の腐食状態を検査できるMFLピグが欲しかった――特に、パイプと、地上に露出しているパイプを巨大な支柱に止め付けている七万個のクランプの接触面の腐食状態だ。TAPSはかなりの距離が永久凍土地帯にあるので、パイプの約半数はH型をした支柱の上に設置されているのである。温かいパイプを地中に埋めれば永久凍土層が溶けて、管が沈下したり、曲がったり、割れたりし、原油が漏れることになるからだ。こうした地域でパイプラインの検査が前回行われたのは二〇〇一年で、その頃はアリエスカ社は超音波式ピグを使っていた。ネオギはまた、管のへこみや沈下も検出できるピグが欲しかった（二〇〇九年までアリエスカ社は、腐食に関するデータと屈曲・変形に関するデータを、二種類のピグを使った二回の検査から収集していた）。

六社の競合見積もりの中から、ネオギはベーカー・ヒューズ社のものを選んだが、そのピグをテストする――まではネオギ流の言い方をすればその性能が実証される――までは、契約は結べなかった。そのためにアリエスカ社は、さまざまな異常を人工的に持たせたパイプを五本と、クランプを二個、カナダのアルバータ州カルガリーに送った。ベーカー・ヒューズ社は社屋裏の砂利敷の駐車場でパイプを溶接した後、ピグにその中を走らせた。これは「プルテスト」と呼ばれ、ピグ検査の経験が豊富なベーカー・ヒューズ社の社員で、三五歳の生真面目なデヴィン・ギブスに言わせれば、ものすごく大変な作業だった。ピグは恐ろしく重く、抵抗が非常に大きいので、牽引するモーターの出力を最大限にしてもピグは動こうとしなかった。第一ポンプステーションを発進したときと同様、ピグはそのときも頑固だったのだ。それでも、ピグはパイプの欠陥をすべて検出し、ベーカー・ヒューズ社は契約（二〇〇万ドルのリース料）を手に入れ、アリエスカ社は満足だった。いや、満足以上だった――ネオギはこのピグを「まるで夢のような最高傑作」だと言った。

それでもピグにはさらに較正《こうせい》が必要だ。アリエスカ社は、あちこちのポンプステーションで、パイプの中に意図的な欠陥を一五〇か所仕込んである。収集したデータとともにバルディーズでピグがパイプから吐き出されると、分析官たちはそのデータをもとに、ピグの問題感知アルゴリズムを微調整するのである。

ネオギはこの夢のピグにご執心だったが、一つだけ、保証できない点があった。ピグがパイプラインのどこかに引っかかって身動きできなくならないという確証はなかったのだ。

世界中のパイプラインで、ピグが取り出し口に詰まったり、完全に上がりきらなかったバルブに引っかかったり、分岐点で止まってしまったり、障害物に邪魔されて動けなくなったり、頭が下向きに引っかかってしまったり、レジューサーで身動きできなくなったり、カーブがきつすぎて曲がりきれなかったり、あるいはTAPSの場合のように、ドレン管路に吸い込まれてしまったり、という事例が起きている。もしも一台のピグが前方のピグに追突すれば、そこに加わった圧力によって前方のピグのドライビングカップに加わる外向きの力が増加し、ピグはコルク栓のように停止してしまう。ドライビングカップがすり減ったり曲がったりして、パイプの中の液体がその外側を流れることになれば、ピグはその場所で、渦の中のカヤックのように立ち往生してしまう。

ピグがあまりにもしっかりと引っかかってしまった場合、取り除く唯一の手段はピグを焼却することだったりする。あるいは、パイプのカーブがきつくてピグがまったく身動きできなくなってしまった場合、ブリティッシュコロンビア州で起きた事故のように、電池が爆発してしまうことがある。カナダのキーストーン・パイプラインは、ピグが詰まってしまったせいで操業停止を余儀なくされた。海中パイプラインでピグが詰まれば、問題はことのほか大きい。その次に大変なのは、北極圏で冬の間にピグが詰まってしまった場合だ。

ピグとパイプラインの間ではよく、摩訶不思議な事が起こる。ピグが裏返しになって出てきたり、円筒状のピグが球状になって出てきたりするのだ。後ろ向きに出てくるものもある。直径九〇センチのウレタンフォーム製のピグが、別のピグの中から出てきたこともある。直径九〇センチ、長さ一・二メートルの鉄鋼製のピグ四台が、列車の追突事故のように次々とぶつかって、七五%短くなって出てきたこともある。一番多いのは、ピグが粉々になって出てきてほうきで掃き集められることだ。前半分だけが出てきたり、全然何も出てこないことさえある。あるスマート・ピグは九か月間詰まったままだったが、あるとき突然「目を覚まし」て残りの検査を終えた。コノコ・フィリップス社は一九七二年に、長さ五〇キロのパイプラインに直径一五センチのピグを送り出した。出てきたのは一九九六年だった。

だが、詰まって身動きできなくなるよりももっと困ったことも起きる。ガスを動力とするピグは、パイプラインを破裂させることも大いに可能なのだ。試験中、後ろから圧縮空気に押されて、ピグが時速二七三キロに達したこともある。そんなスピードで――それどころかそのほんの数分の一のスピードでも――動いているピグは、鋭いカーブを曲がることはできず、パイプの壁にまっしぐらにぶつかってしまう。その結果、直径五〇センチの輸送管に自分で穴を開けて出てきたピグもあるし、長い下り坂を降りきったところに出口を開けてしまったピグもある。一九九五年後半、バテル社がオハイオ州に持っている試験用環状輸送管の中に試験中のピグが詰まってしまったときは、そのピグの製造会社の職員が、名案を思いついたと思いながら、詰まったピグの後ろからもう一台のピグを送り込んだ。力づくで押し出そうとしたのである。だが思惑通りにはならなかった。押し出される代わりにピグは加熱し、発火して（輸送管の中は空だった）、試験用の環状輸送管は爆発し、ピグは二台とも破壊されてしまったのだ。非営利のリサーチ会社であるバテルは後日、このピグの製造会社を告訴した。

走行の最後に自分で自分の出口の穴を開けてしまったピグは一つや二つではない。ある直径一五センチのピグは、ピグ・レシーバーのトラップドアを突き破って、四五メートル先の金網塀に突っ込んだ。ものすごいスピードで降りてきた直径一メートルのピグが、一・四トンのドアを、二七五メートル先の車まで吹っ飛ばした例もある。直径一・二メートルのピグの一台は、鉄鋼製の格子戸を突き破ってその後ろの納屋を通り越し、積んであった材木の山に突っ込んだ。その現場を直に目撃した人は、まるで竜巻に襲われたみたいだったと言った。レシーバーから飛び出したウレタンフォーム製のピグが二七メートル先のレンガの壁にひびを入れたこともあるし、七〇〇メートル以上飛んでいったものもある。テキサス州では、その半分の距離を飛んだピグが壁を突き抜けて人家の寝室に飛び込んだ。その家の住人によれば、その寝室は「戦場みたい」だった。

このように、パイプラインの中を進むピグはまるで巨大な大砲の中の砲弾みたいなもので、レシーバーのパイプの中を覗き込んでいたために、ピグが体に突き刺さったりピグに首を刎《は》ねられたりして死亡した作業員も少なくない。ニューメキシコ州では作業員の一人が、直径三〇センチのパイプラインのレシーバー・トラップに引っかかった二三キロの清掃用ピグを外そうとして危うく生命を落としかけた。彼がトラップドアを開けた直後に、二五〇ＰＳＩ〔訳注：約一七気圧〕の圧力がかかったピグが、時速一四〇キロで彼を直撃したのである。彼は頭蓋骨と首を骨折、肘を脱臼し、手も潰れた。一〇〇メートル先で止まったピグを調べた調査員は後日、作業員の腕の骨の五センチほどの断片がピグの中にあるのを発見した。作業員は一命を取り留めた。

アリエスカ社の作業員たちがピグを積み込み、発進させたとき、非常にゆっくりと、かつ慎重に動いていたのにはこういう理由があったのだ。だが、ピグがパイプラインの中に入ったら、あとは幸運を祈るしかない。なぜならピグにはさまざまな事故が起こり得るからだ――そしてアリエスカ社は経験からそのことを学んでいた。

ＴＡＰＳでも、壊れたり逃がし弁に吸い込まれたりせずに済んだピグが、逆止弁に引っかかったり、ボールバルブに詰まったりしたことがある。一九七八年には、第一〇ポンプステーションでバルブにぶつかって潰れたピグがバルディーズでバラバラになって出てきた。その翌年には、二五四キロ地点のバルブにピグが引っかかり、除去されるまで一か月かかった。一九八四年のある金曜日、二四キロ地点で詰まってしまったピグは管理官たちを激昂させ、彼らは週末が終わるまで、それについて聞こうとも対処しようともしなかった。バルディーズには精錬所用の取り出し口があるため、まるでサメに襲われたかのように、ピグの二〇センチほどが削り取られて出てきたこともある。送信機部分が吸い取られてしまったこともある。二〇〇〇年には、七五二キロ地点のバルブを通過していた清掃用ピグが、バルブのシートリングを八四三キロ地点まで運び、後ろから続いていたスマート・ピグがそこからバルディーズに運んだ、ということもあった。二〇〇六年には第七ポンプステーションで清掃用ピグが分解してしまった。バラバラになったピグは、半分がそこの逃がし弁に吸い込まれ、残りの半分はパイプラインの中を進み続け、「幻のピグ」となった。一九八四年以降、アリエスカ社はパイプに挿入されるすべてのピグに送信機を取り付け、ピグが一つも引っかからないように、できる限りの努力をしている。

《二三二キロ地点》

## 小休止

ＴＡＰＳに沿って並ぶポンプステーションの中で一番ドラマチックなのが、ブルックス山脈の北側の谷に囲まれて建つ第四ステーションだ。標高九七五メートル、TAPSのポンプステーションの中で最も高いところにあり、他のどのステーションよりも、スキーのロッジのような感じがする。ステーションに続く道は凍って波状にでこぼこしており、吹き溜まった雪に覆われていた。北東に見える山々の山頂は、ちょっとグランド・ジョラス〔訳注：フランスのシャモニー近くに聳《そび》える巨峰〕にも似ていた。第四ポンプステーションが他のステーションと違うのはまた、一連の建物の集合体の中に含まれる二つの設備だった。ここにはピグのランチャーとレシーバーがあるのである。だから第四ステーションは、少なくともピグの目から見れば、パイプラインの中で唯一の、本当の意味での休憩所だった。プルドーベイとバルディーズの間で、ピグが小休止できるのはここだけなのだ。この小休止のおかげで、ネオギはピグが計画通りに機能しているかを確認できた。この日、三月一八日の朝、ピグは第四ポンプステーションに到着した。

ノーススロープ郡に戻ってきていたネオギと彼の作業チームは、細長い建物の中にいた。中は暗くて、ランチャーとレシーバーの間には作業スペースがほとんどない。ベーカー・ヒューズ社からは、厚地の青いジャケットを決して脱がないのではないかと思わせるデヴィン・ギブスがいた。彼は、メキシコでも、コロンビアでも、それにアルジェリアでもピグを走らせたことがあった。低い声で、「オーストラリアは行ってみたい国だね。行ったらリストから削除するよ」と言った。彼は韓国で、水田の地下に埋設された天然ガスのパイプラインのピグを追跡したときのことを話してくれた。コオロギの鳴き声がピグの音とそっくりで、「ピグがどこにいるのが、皆目わからなかったよ」。だが、ノーススロープ郡から第四ポンプステーションを通って残りのアラスカ州を縦断するこのピグの追跡は、何としても成功させるつもりだった。午前九時四五分にピグが到着したとき、ギブスはそれが最後のバルブを通過するまで追跡し、レシーバーの中にきちんと収まっていることを確認した。

第一ポンプステーションでピグを発進させたときと同様に、ピグを迎え入れるのもまた、タイベックの防護スーツと靴カバーを身に着けた十数人の男たちだった。彼らが慎重に歩き回る床は、プラスチックが二枚、さらに白い吸油パッドが重ねて敷かれていた。非常に汚れて到着するはずのピグに備えてである。作業員の中に、新人が一人いた——ベーカー・ヒューズ社のデータ分析官で、落ち着きのある、三三歳のマット・コグランである。彼は、ピグのセンサーがきちんと作動し、データを収集で

清掃用ピグが入ったパイプライン

きたことを確認するためにそこにいた。
　第四ポンプステーションの技術者たちは、二時間ほどかけてピグの後ろのバルブを閉め、レシービング・トラップの原油を抜き、パイプの端の蓋を開けた。それからゆっくりと、ウインチを使ってトレイを引き出した。トレイの上にはピグが横たわっていた。ギブスはそれを見て、大きな安堵の溜息をついた。油まみれではあったが、ロウはほとんど付着していないのを見て、彼は非常に驚き、またホッとしたのである。ピグがあまりにもきれいだったので、スチーム洗浄する予定を取りやめ、代わりにボロ布と、缶入りのブレーキクリーナーを使った清掃で十分だった。ネオギはピグの清潔さを大成功だと言い、彼の上司も同意した。上司は、自分が今まで見てきたピグ検査でピグがこれほどきれいだったことはなかったと言った。
　ピグの状態も良かった。カップもブラシもセンサーのヘッドも傷んだ様子はなく、付属物もすべて揃っていた。ギブスは、ピグの回転リングに二センチほどのへこみを見つけ、レシービング・トラップを昇ったときについた傷だろうと判断した。「心配ない」と彼は言った。「いい具合だ」。あまりにいい具合なので、そのままピグをパイプラインに戻しても大丈夫なくらいだ、と彼は言った。

ベーカー・ヒューズ社の社員とクレーンの作業員が協力してピグを持ち上げ、移動させて作業台の上に置いた。それから第四ポンプステーションの技術者はレシービング・トラップの蓋を閉じる作業にかかった。ネオギには、特に決まった責任分担がなかった。ものの数分のうちにピグの後部——要するにピグのお尻だ——にある小さい蓋が取り外され、コグランがUSBケーブルをそこに挿し込んだ。彼はそれを自分のラップトップにつなぐと、データを点検し始めた。まず、ピグのイベントファイルをチェックして、システム全体に大きな損傷がないことを確かめる。ファイルは小さかった——つまり、何も異常は起こらなかったのだ。それからデータをダウンロードするのに四時間かかった。

その時間の多くを、ネオギは、あちらをウロウロ、こちらをウロウロして過ごした。ワッソンはネオギに何かすることを与えて邪魔をさせないよう努めたが、これがなかなか難しかった。データをダウンロードし終わるとコグランは何処へ行くにも決して自分のラップトップを離さず、お腹がすくとカフェテリアにも持って行った。ネオギはコグランの後を麻薬中毒患者のようについて回り、コグランの肩越しに画面を覗き込んではデータに関する質問をしてコグランに嫌がられた。何でもいい、何でもいいから教えてくれ、とネオギは言った。ネオギはコグランに、一時間ごとに進行状況を連絡してくれと頼んだ。

ラップトップが演算を行っている音が聞こえるうちは、コグランは眠らなかった。彼は一晩中眠らず、翌朝の朝食後、ネオギに最初の朗報が届いた——第一ポンプステーションと第四ポンプステーションの間では、ピグは一〇〇%のデータを収集できたのである。それを分析するのには数か月かかるが、データは確かにあった。

ホッとしたネオギと彼のチームは少々休息した。ネオギは家族と過ごすためアンカレッジの自宅に戻った。ワッソンも帰宅して、釣りに出かけた。一方、ベーカー・ヒューズ社のチームは第四ポンプステーションに残ってピグの手入れに余念がなかった。ピグが検査を終えたここまでの区画はほんのウォーミングアップにすぎなかったのだ。一〇五五キロにおよぶ次の区画は、通常の検査の二五倍、ギブスがこれまで関わった最長の検査区画の二倍の距離である。そして、このパイプラインならではの水力学的な難題だらけだった。ネオギの言葉を借りれば、この検査はあらゆるスマート・ピグ検査の、いわば総本山だったのである。

## 完全性マネージャー

初めてネオギに会ったとき、僕は彼に、このピグ検査と同じくらい徹底的に準備して臨んだことは他にあるか、と尋ねた。即答が返ってきた——彼の水槽だ。僕は一か月彼の話を聞き続け、実際にその水槽を見て初めて、彼の言っていることの正確な意味を理解した。

ネオギはウガンダのルガジで魚と恋に落ちた。ビクトリア湖の北側の岸辺で初めて魚を捕まえると、バスタブで飼った。彼はまだ幼く、ウガンダにいたのは、土木技師だった父親の仕事のためだった。彼の家族はそれまでにも、カルカッタからバングラデシュへ、それからモンバサへ、そしてナイロビへと移り住んでおり、ネオギは新しい環境に順応することには慣れていた。

ルガジで、彼の母親は彼を、ウガンダで一番の学校に通わせると言って聞かなかった。それが女子校であることなどお構いなしだった。家族でドバイへ越すまでの三年間、彼はその学校に通い、真面目で思いやりのある子どもに育った。五年生になる頃には、スポーツを介して友達を作ることを覚え、スポーツが上達した。陸上競技やサッカーやバドミントンをするようになり、それは今日まで続いている。

家族がタンザニアとエチオピアに転居する頃には、ネオギはベンガル語とヒンディー語に加えて、ガンダ語、ウルドゥー語、それに英語が話せるようになっていた。さらに、スワヒリ語も覚えようとした。さまざまな形で教育を受けたが、唯一どこへ行っても変わらないのが科学と数学だった。

彼の親戚の一人が教鞭を執っていたアラスカ大学フェアバンクス校での一年目はトントン拍子だったが、それも成績が出るまでだった。CとDばかりだったのだ。テストの点数が良かったため、彼は宿題をしなかったのである。大学のカウンセラーは、アメリカでは宿題は単なる演習ではなく、必須要件なのだ、と彼に説明した。そして、成績平均点が低いという理由で彼の奨学金は取り消された。他の移動手段を手に入れる金がなかった彼は、仕方なく自転車を使った。六か月後、サドルが盗まれると、彼はサドルなしで自転車に乗り続けた。零下四〇℃でも、自転車に乗っていれば暖かかった。こうして彼は、フェアバンクスでの冬を四回、自転車で乗り切ったのである。

彼は食べ物を買う金にも事欠いた。友人に誘われて、シリコン半導体に関するある論文発表会に出席すると、会場に無料のピザがあった。論文発表会では必ず冒頭に食べ物が供されるということに気づいた彼は、論文発表会を探すようになった。大学の掲示板には、工学、生物学、生物化学、地球物理学などの論文発表会が告知されていた。彼はこうした発表会に出かけてはそこで食事をし、そして必ず論文発表に耳を傾けた。大学から大学院に進んだ四年間に、ネオギは論文発表会に一五〇回出席した――どんな教授よりも多い出席回数だ。聞いているのが彼一人のこともあった。そういうとき、彼はコーンチップとサルサ、そして人参を齧りながら、そこに座って学習した。

彼の関心はしばらくは航空学にあったが、やがてジェット推進に移り、医学は選択肢から除外された。化学と機械工学を複数専攻し、機械・環境工学で大学院に残った。彼は工学部を通じて燃料電池研究の仕事に就いた。同様に工学部を通じて、後に妻となる女性とも出会った。ネオギは大気汚染に関する授業を教えていたのだが、その講義室の端で微笑むボニーを見初めたのである。数か月後、彼はとあるパーティーで彼女を見かけた。彼女は彼に興味がないようだった。真夜中を過ぎて、彼は彼女に家まで送ってほしいと頼んだ。途中、お礼にアイスクリームをご馳走しようと言った。二人は、町で唯一、二四時間営業している店――世界最北端のデニーズである――に行き、朝の五時までそこにいた。二度目のデートは、ネオギが自宅でインド料理を作った。ボニーはネオギの、水が五リットルしか入らない小さな水槽にグッピーが泳いでいるのに気づいたが、特に気にもとめなかった。

八か月後に二人が結婚する頃には、ネオギの水槽は二〇〇リットル用に格上げされ、それから七〇〇リットルサイズになっていた。ハネムーンはラスベガスへ行き、ミラージュに泊まった。ボニーがこのホテルを選んだのは、ロビーに水量七万五〇〇〇リットルの水槽があったからだ。長さ一五メートル、奥行き二・五メートルの水槽には、魚が一〇〇〇匹泳いでいた。ネオギは大喜びだった。彼は、賭け事もせず、酒も飲まず、煙草も吸わず、毎晩一時間、アクエリアムの前に座って魚たちを眺めた――鯛、サメ、オーストラリアン・ハーレクイン・タスクフィッシュ、クイーンエンゼルフィッシュ。キラキラ光る水は彼を落ち着かせた。彼はフロントデスクに浄水システムを見せてほしいと二回頼んでみたが、けんもほろろに断られた。

エンジニアの、そして頭の回転の速い人のほとんどがそうであるように、ネオギはせわしなくしているのが、そして何から何までを掌握するのが好きな性分で、なかなかリラックスできなかった。そんな彼を、水だけがほっとさせた。雪ではダメなのだ——彼はスキーもまったくしなかった。狩猟も、釣りもまったく効果がない（ただし、糸の先に針をつけることはなかったが、必要なときにはタモは使った）。ミラージュで酒を飲まなかったのは、もともと彼が酒を飲まないからだ。彼は、自分が依存症になる可能性のあるものには一切手を出さなかった。コーヒーも、酒も、煙草も、スポーツカーもだ。スピード違反で罰金を食らったことはなかったが、一度だけ、僕とピグの話をしながら運転しているときにスピードを出しすぎて、パトカーにヘッドライトで注意されたことがあった。自分はバランスをとるのが下手なのだ、と彼は言った——たとえば写真もだが、どんな関心事についてものめり込み過ぎ、はまってしまうのだ。そんな彼が、唯一自分に許しているのが魚なのだった。魚のことになると、彼はどこまでも贅沢をした。

フェアバンクスに戻ると、ネオギは自分の水槽を九〇リットル用に、それから一〇二〇リットル用にアップグレードした。二二〇〇リットル用、そして四〇〇〇リットル用の水槽になるのも遠い日のことではなかった。魚を眺めるのはまるで瞑想のようで、冬季うつ病にも効き目があるのだと彼は言った。水を見ていると彼は我を忘れてしまう。僕がアラスカで自由になる時間があると聞くと、アラスカシーライフセンターがあるスワードに行くといい、と言った。アラスカ最大の、三万八〇〇〇リットルの水を湛えるアクエリアムが三槽あるという。彼はここのことに詳しかった。だが彼は単に魚や水が好きなだけではなかった——そのシステムを管理するのが好きなのだ。魚の飼育には、彼が持っているさまざまな技術が必要だった。技術的に、飼うのがこれほど難しいペットは他にないのである。

大学院在学中、テキサス州にある石油サービス会社、シュルンベルジェに招かれたことがあった。様子を見るために南へと向かったネオギは、ヒューストンにゾッとして北へと帰ってきた。転居ばかりの子ども時代を過ごした彼だったが、今はフェアバンクスを動きたくなかった。彼は大学で教鞭を執ることを考えた。スキー場で、二週間働いては二週間休みという仕事に就こうかとも考えた。そんな二〇〇〇年のある日、彼のアドバイザーがアリエスカ社との面接を設定してくれた。そして完全性管理グループの技術者として雇われたのである。彼はそれまで、腐食について考えたこともなかった。

その春、彼は月曜日に仕事を始めることになっていた。

ところがその直前の金曜日、彼の上司になる人物から電話があり、五時起きして車でバルディーズに行けと言われた。ピグが到着するからである。それは、TAPSに使われているパイプを製造した日本の会社、NKK〔訳注：現在のJFEエンジニアリング株式会社〕製の超音波ピグだった。バルディーズでは日本人スタッフが彼にお辞儀をし、「バスカーさん」と呼んだ。パイプから出てきたピグはロウに覆われ、十分なデータが収集されていなかった。こうして、ピグ検査の失敗とともに彼の仕事が始まった。

技術者として、技術コーディネーターとして、それから技術アドバイザーとして働いた最初の数年間——パイプラインを自分の「ベイビー」と呼び、妻や子どものことよりもパイプラインのことを心配する時間が長くなり、パイプラインに身も心も飲み込まれる以前のことだが——、ネオギはバドミントンの選手をするだけのスタミナを持っていた。六歳のときにバングラデシュでバドミントンを覚えて以来、ウガンダの代表チームでプレーしたこともあった彼は、週六日、時には一日二回練習し、マイアミ、ボストン、シカゴ、サンディエゴなどで試合に出た。妻にバドミントンを教え、ダブルスチームとして、二〇〇五年のあるトーナメントでは準決勝まで行った。ポーランド人のプロ選手、ピョートル・マズールと親交を持ち、自宅に泊めたりもした。マズールは彼の家に三年間滞在し、マズールとネオギは男子ダブルスのチームとして、一時はアメリカで三位にランキングしていた。

パイプラインで大きな事故があったとき、ネオギは大抵ラケットを握っていた。たとえば二〇〇一年一〇月四日、ダニエル・カールソン・ルイスが強力なライフル銃でパイプラインに穴を開けたときは、ネオギはアラスカ大学のジムでバドミントンの最中だった。上司から電話があり、ネオギは観客席まで走って行って携帯電話に出たのである。すぐさまラケットを置いて職場に向かった彼は、そこで徹夜した。その一年後、大地震があってパイプラインの完全性に危険が及んだときも、上司からの電話をネオギは大学のジムで受けた。

ハワイでバドミントンの試合に出ていたとき、ネオギはベンガルの血を引く起業家でオーディオ機器業界の大物、アマー・ボーズと知り合った。二人は互いに相手を尊敬し合う友人となった。ネオギは、裕福であるにもかかわらず贅沢を否定するボーズの姿勢に敬服し、ボーズのことを、彼の知る中で最も頭が良い人物だと言う。ネオギがボーズをピグ業界に引き入れようとする一方、ボーズはネオギに音の研究をさせようとした。二五万ドルの年俸を提示して研究部門の責任者になるよう誘ったのである——そうなれば彼はボーズ社の社長候補の一人になっていたはずだ。ネオギは数日考えた末にその申し出を断った。自分の辿り着くべきところへは自分の力で辿り着きたかったのだ。彼は自分で自分の道を切り開きたいのである。

僕は一度ネオギに、もし宝くじが当たったら何をしたいかと尋ねたことがある。彼は、仕事を辞めてひたすら勉強する、と言った。進化論。言語学。航空物理学。生物工学。海洋学。魚類学。

同僚の誰もが「超・頭脳明晰」とか「天才」と描写するネオギを雇おうとする人は、二〇〇六年にＢＰが五〇〇〇バレルの原油をプルドーベイに漏洩して以来、多数にのぼる。ＢＰは彼を完全性監理技術者として雇いたがった。コノコ・フィリップス社も彼を雇おうとした。規制機関からの誘いもあった。仕事のオファーは数か月ごとにあった——ヒューストンから、デンバーから、シカゴから、エジンバラから、そしてアラスカから。断ると、他にいい候補者はいないだろうかと訊かれることもよくあった。能力のあるピグ検査のプロはなかなかいないのだ。

バスカー・ネオギと妻のボニーには子どもが二人できた。息子の名はブリジ、二歳下の娘はブリアナという。ボニーが運転するバンのナンバープレートには「ＢＴＥＡＭ」と書いてある。子どもができてからネオギはバドミントン競技にそれほど真剣に関わるのをやめ、サッカーを始めた。フェアバンクスでサッカーのリーグを作って運営し、五回アラスカ州のチャンピオンになったチームでプレーした。チームの名は「ラスティ・バッファロー」という。

ネオギにとって二〇一一年は苦難の年だった。一月、彼の母親が乳ガンのために昏睡状態に陥り他界した。一方ネオギは、アリエスカ社の要請で、仕方なくアンカレッジに住むことになった。三月、彼は四〇〇〇リットル用の水槽を愛車のグランドチェロキーでアンカレッジに運んだ。彼は綿密にこの運送を計画し、移動にかかる八時間分の酸素はあると判断した。ところが半分ほど来たところで、車の差動装置が故障してしまった。水槽内はアンモニアが溜まり、酸素濃度が下がった。そのときのことを思い出しながら、「何から何まで考えたつもりだったんですけどね……」と彼は言った。アンモニアを吸収するフィルターパッドも酸素タンクも持ってきていなかったのだ。結局アンカレッジまで二〇時間かかった。

二十数匹いた魚は——その中には一〇年飼っているものもいた——、四匹しか生き残れなかった。悲しみというよりも、彼は痛みを感じた。準備不足だった自分を責めた。

この年を振り返ってネオギは、「人が成功するかどうかは、失敗に対してどういう反応をするかによる」のだと言った。彼は失敗を詳しく精査しようと努める。それが何かを学ぶ最良の方法だと思うからだ。スポーツでも、学校でも、友人や魚たちとの関係においても、そしてパイプラインの中のピグに関してさえ、その教訓は彼の中に染み込んでいる。

アンカレッジで家を買うにあたって、ネオギには、具体的かつ彼ならではの選択基準があった。今以上に大きい水槽を支えるだけの強度が床にあるか？　フィルター装置のためだけに使える部屋があるか？　防音壁を設置できるか？　アンカレッジ東部の丘の上に、彼はまさにぴったりの家を見つけた。上の階には白いカーペットが敷かれ、背の高い窓と、眺めの良い大きなベランダがある。地階は大きく二つに分かれている。その一方には、本、CD、ビデオなどを収納する部屋、ルームランナー、ベッド、そして大きなテレビがある。彼はそこで偉大なるリオネル・メッシのプレーを観るのが好きだ。そして残りの半分は、魚たち専用である。

ネオギの現在の水槽の容量は一万リットル近い。長さ五・五メートル、奥行き一・八メートル、深さは九〇センチあり、厚さ五センチのアクリル製だ。家に運び入れるにはクレーンが必要だった。アラスカシーライフセンターのアクエリアムを別にすれば、これはおそらくアラスカ州で一番大きな水槽である。その澄んだ水の中には、十数匹の熱帯魚——黄色や黒や青の、何千ドルもする熱帯魚——が泳ぎ回っている。四台のポンプが、一時間に七万五〇〇〇リットルの水を循環させる。これほど大量の水を処理するために、ネオギは自分でフィルターを作った。これらの装置は、彼が自分で水槽制御室に改装したクローゼットの中に収まっている。そこには専用の換気装置があるが、それでも暑くて湿度が高い。北緯六一度のアンカレッジ郊外のこのクローゼットの中は、まるでフロリダ州タラハシーみたいな環境なのだ。もう一つの小さいタンクには珊瑚《さんご》が入っていて、こちらも水の浄化に一役買っている。それでもドロドロした汚れは水槽とフィルターを結ぶ管を詰まらせるので、ネオギは月に一度この管をピグで清掃する。ボニーの父親がワイオミング州から送ってくれる、長さ五センチのウレタンフォーム製のピグを使うのである。

彼が僕に水槽を見せてくれている間に、ポンプの誤作動警報機が二度鳴った。インペラーの抵抗が上昇しており、取り出して酢に浸してから戻す必要があることを知らせたのである。だが彼はとっくにそれを知っていた――なぜなら彼の水槽は遠隔操作できるようになっているからだ。水槽の中のセンサーが、pH、酸素レベル、比重、オゾン量、溶存酸素量、全蒸発残留物、温度などを監視しているのだ。その他にも、消費電力、湿度、照明、それに漏れがないかどうかを計測するセンサーがある。ネオギは携帯電話からこの水槽を監視し、コントロールすることができるのだ。照明も調整できる。もしも停電があれば、予備電池が作動し、彼にEメールが届く。一日以上停電が続いても、予備の発電機が発動して一週間は水槽を機能させておける。魚を監視するセンサーが動く魚を感知しなかったり、水温が二時間以内に一・一℃以上変化すればその旨Eメールが届く。動作感知装置があるので、魚の世話をしている人が適切な量の餌を与えているかどうかもわかる。ビデオカメラが水槽をリアルタイムで映し出す。つまりネオギは、三重のフェイルセーフ機能を持つポンプステーションのミニチュア版を自宅に作ったのである。

## 《二五七キロ地点》
## アラスカ州政府との攻防

三月二六日に発進する前に、ピグは洗浄され、再調整が行われ、セラミック製のセンサーは別の、もっと壊れにくいものに付け替えられ、電池も交換されていた。ネオギは、ピグを動かすために必要な原油の量を技術者たちが把握していることを確認し、予定通り午前四時にピグを発進させた。その前を行く清掃用ピグに一二時間遅れて、アティガン・パスに正午に到達し、それからこの検査の一番の難関を昼間のうちに通過できるようにタイミングを図ったのである。

その難関というのは、アティガン・パス南端の傾斜地の「スラックライン」と呼ばれる区画で、原油によってスピードが落ちないピグが時速一五〇キロ近くに達する可能性がある。そんなスピードではセンサーはデータを収集することができないし、溶けたり割れたりしやすく、そうなればピグは盲目も同然だ。その状態が続けば、ネオギは第四ポンプステーションからバルディーズまでの区間全体に再度ピグを走らせなければならない。何百万ドルもの損失を生む失敗なのだ。それが以前にも起こったことである、という事実はネオギにとっては何の慰めにもならない。彼は、自分の監視下でピグ検査を失敗させたくはなかった。

アリエスカ社はそれまでも二〇年間にわたって、トンプソン・パスの麓、バルディーズのすぐ北にあるスラックラインに頭を悩ませてきた。やがて近くにあるハイデン・ビューという地域の住民が、地面の揺れについて苦情を言い始めた。夜、振動で目が覚めるというのである。その振動は、高速で流れてきた原油が、下に溜まった原油溜まりに落下するのが原因だった――いわばパイプの内側に滝ができていたのだ。技術者たちは、その振動がパイプの完全性を脅かし、わずかではあるが、それによって起こった金属疲労がパイプに亀裂を入れる可能性があると断定した。アリエスカ社は、この問題に対応するためバルディーズに背圧制御弁を設置し、この、原油の急流と原油溜まりがぶつかる「スラックライン・インターフェース」を五五〇メートル高い位置に移動させたが、トンプソン・パスの頂上までは動かさなかった。だからチュガッチ山地を越える八〇〇メートル近い区画ではまだ、まるでブレーキのないトラックのように原油が流れ落ちているのである。

ブルックス山脈にあるアティガン・パスは、トンプソン・パスの二倍近い標高がある。その一番低いところに起こる振動のため、アリエスカ社は二〇〇三年に、スリーブ――いわば金属製のギブスである――を取り付けた。背圧制御弁がないので、アティガン・パスを流れ下る原油の量は制限されず、アリエスカ社の技術者たちは、この部分を通過するピグを誘導するために、さまざまな手法を複雑に組み合わせた「タイトライニング」と呼ばれる技術に依存せざるを得ない。

ネオギが何か月も前に立てたプランは、アティガン・パスの北にある貯蔵タンクに原油を溜めておき、ピグが通過する直前にパイプの中にできる限りの量の原油を流す、というものだった。次に、アティガン・パスの南側のパイプに圧力がかかりすぎないよう、抵抗を軽減させる化学薬品を原油に流し込み、余分な原油を分岐させて他のタンクに流し、残りをパイプラインの下流に流す。こうやって流れを分割することで、この急所部分の動水勾配が変化する。つまりこうすれば、パイプラインの破裂を防ぐことができるのだ。それはなかなか厄介な手順で、水力工学技士が評価し精緻化させたものをアリエスカ社内のパイプライン・シミュレーターで仮想テストし、オペレーションエンジニアが危険性の面から詳細に検証した上で、アリエスカ社は事前に演習を行った。パイプラインの中の実際の圧力を限界値に近いところまで上げる必要があるので、アリエスカ社はアメリカ政府機関であるパイプライン・有害物質安全局（ＰＨＭＳＡ）にこの作業の許可を求めた。ＰＨＭＳＡは運輸省の支局の一つで、パイプラインの状態を健全に保ちたいのはアリエスカ社と同様だったが、そのために慎重さを犠牲にすることはなかった。ＰＨＭＳＡは作業を許可した。そして作業を監視したいと言った。

朝早く、ネオギはスマート・ピグを南に向けて発進させた。何百キロも南に離れたところでは、要塞のように堅牢で社名の表示がなく、窓もほとんどないコンクリートの建物の中で、アリエスカ社のオペレーターの一人がこの様子を警戒し、用心深く見守っていた。この建物にいるオペレーターたちは、非常事態に対して飛行機のパイロットのように反応する。つまりパニックを起こさないのだ。この建物ではまた、ＰＨＭＳＡの規制官らも同じ画面を見つめていた。スマート・ピグは「０３０」とラベルのついたピンク色の小さな楕円形で示されていた。ピグ番号三〇という意味だ。正午をちょっと回った頃、ピグはアティガン・パスの頂上に到達した。スクリーンの一つが明るく光った――漏れ検出システムがオフラインだという意味だ。通常なら一日五六万バレルの流量が、その二倍以上になった。パイプラインの水理縦断面図を映し出す大きなフラットスクリーンの上では、黄色いライン（実際の水圧）が青いライン（最高許容圧力）のすぐ近くまで跳ね上がった。

ブルックス山脈では、何か問題が生じたときのために、アティガン・パスのすぐ下の仕切弁のところに三人の作業員が配置されていた――つまり、万が一パイプラインが破裂したときのために、である。ネオギは第四ポンプステーションに残って、無線から聞こえてくる最新の報告に耳を傾けていた。

何の問題も起こらなかった。午後一時を少し過ぎた頃、ネオギは上司に電話して、「うまくいきましたよ。九〇〇ＰＳＩ〔訳注：約六一気圧〕までしか行きませんでした」と言った。上機嫌だった。圧力は計算通りだった。プルドーベイとバルディーズの間の最大の難関を、実に見事に通過したのだ。そのことを祝って、オペレーターと水力工学技士たちは、山盛りのプルドポーク〔訳注：バーベキューの代表的なメニューの一つで、豚の肉の塊を低温でゆっくり調理し、それをほぐしたもの〕を平らげた。

ＴＡＰＳが操業を始めて最初の一〇年間、スマート・ピグは腐食を見つけられるほどスマートではなかった。

最初の頃のピグは、管壁の五〇％が腐食で失われていなければ検知できなかったし、ピグを走らせた技術者に言わせると、「あまり性能が良くなく、何も見つけられなかった」。アリエスカ社の別の技術者の言い方をすれば、「腐食検知信号と実際の腐食現象との間に高いレベルの合致が見られなかった」のだ。だが一九八〇年代には、少なくとも二度、もう少しで漏れが起きそうなへこみをピグが発見して一目置かれた。この二か所は、直径一二〇センチあるはずのパイプが直径一〇六センチしかなかったのだ。パイプラインが四・五メートル沈下したディートリック川の下でパイプにできたへこみに対応するため、アリエスカ社はすぐに作業員を派遣した。その日は気温マイナス五五℃だった。だが作業員は沈下したパイプラインを調査し、漏れを二か所と腐食した箇所を見つけた。ピグが何かを見落としていることが彼らにはわかっていたのだ。

一九八七年の春、アリエスカ社は初めて、インターナショナル・パイプライン・エンジニアリングというカナダの会社が製造した高解像度漏洩磁束方式（ＭＦＬ）ピグを走らせた。異常が起きている可能性があるところが十数か所見つかった。アリエスカ社はそのすべてを掘り起こし、すべてに腐食が見つかった。その翌年にはインターナショナル・パイプライン・エンジニアリング社のピグをもう一度走らせた。一九八八年はＴＡＰＳの当たり年だった。一月のある日には一日の原油流量の記録が塗り替えられ、六月にはアリエスカ社が設立一〇周年を迎え、輸送原油量が累積五〇億バレルに達した。その年は清掃用ピグは一台も詰まらなかった。腐食箇所の修理もなかったし、緊急操業停止も必要なかった。だが、スマート・ピグによる検査が秋に行われると、それが一変した。

長さ二〇キロメートルにおよぶ記録紙を検証した分析官は、ピグが発見した異常箇所を二四一か所と判断した。現場を調査すると、そのうちの三分の二は確かに異常があり、直径二・五センチもある穴も見つかった。不安になったアリエスカ社は、インターナショナル・パイプライン・エンジニアリング社にデータをもう一度分析させた。二度目の分析結果はさらにひどかった。四〇〇を超える問題箇所があったのだ。その当時のピグ検査技士は、「腐食の問題は起こらないと思っていたが、ピグによってそうではないことがわかり、我々の世界が変わってしまった」と言った。

一九八九年は年始から厳しい年になった。まず一月、アリエスカ社はパイプを掘り起こして三〇か所をスリーブで補強した。三月にはエクソンバルディーズ号原油流出事故があった。汚染除去作業はさておき、アリエスカ社はこの事故とはほとんど無関係だった。関係があるとすれば、船での原油輸送と比較した際の、パイプラインによる輸送の利点が明らかになったということだろう。ところが結果的には、原油の輸送はより厳しく監視の目が注がれ、それまで以上に嫌悪される結果となったのである。六月にはアリエスカ社初の、高解像度超音波式ピグを走らせた。NKK社製で、管壁の厚みが一〇%減少しているのを計測することができた。重さ三トン、赤いドライビングカップのついたチタン製のピグは、インターナショナル・パイプライン・エンジニアリング社のピグの五倍の精度があり、ミリメートル単位の正確な計測が可能だった。収集したデータは飛行機に使われるのと同じ種類の「ブラックボックス」に保存された。五人の技術者を擁するNKK社の作業チームは、アリエスカ社の社員への贈りものを携えてやってきた。第一ポンプステーションに一か月泊まり込んで、あちらこちらの建物でラジオ体操をした。お揃いの緑色のヘルメットとユニフォームを着て、ズボンは長靴の上でたるませ、手振りで意思を疎通させた。ピグをパイプへの発進台に装着する前には神道の祝詞《のりと》を書いた紙を丸めてピグの中に入れ、ひれ伏して祈りを捧げた。アリエスカ社の社員も一緒に祈るべきだった。

NKK社のピグもまた、何百という異常を発見した。前回と合計すると一〇〇〇か所近い。それらを調査したアリエスカ社は、ピグが見つけた異常箇所の四分の三近くには実際に腐食があることを確認した。そのうちの三分の一近くは修復が必要だった。腐食の被害は、アティガン・パスを挟む二か所を中心にして起きていた。北側はアティガン川の下、そして南側はシャンダラー・シェルフの下である。八月までにアリエスカ社は、アティガン川の下のパイプを約一五キロにわたって交換することを検討していた。翌年の一月、大々的な交換工事をする前にまず、アリエスカ社はこの区域のパイプを掘り起こして八六個のスリーブを設置した。アリエスカ社が冬にこの作業を行ったという事実が、その被害が深刻なものであったことの証である。また、一九九〇年の夏に再びNKK社のピグを走らせたという事実もだ。アリエスカ社のスポークスパーソンはロイター通信社に、「水と土でできた永久凍土に埋設されたパイプに、何らかの形で腐食が起こるのは正常なこと」だと言った。錆びない、とはよく言ったものだ。アリエスカ社の技術管理部長、ボブ・ホウィットは、『Popular Mechanics（ポピュラー・メカニクス)』誌の記者を安心させるため、「この錆び方は、パイプを完全に破裂させるような錆び方ではありません。針の先ほどの穴が開いて漏れが起きるかもしれない、そういう錆び方です」と言った。その秋、アリエスカ社は、アティガン川上流の一五キロメートル分のパイプをすべて交換する作業に入った。

それまでにアリエスカ社は、一九八九年に起こった問題の最後の二つにも対応を済ませていた。一つは、アメリカ運輸省のパイプライン安全規制課がアリエスカ社に対し、毎年査察を行うと通告したことだ。運輸省パイプライン安全規制課の責任者であるジョージ・テンリーは、アリエスカ社の腐食に関する報告書を読んだ後で、「我々が驚いているのは腐食のひどさだ」と言った。「誰も、こんなに早くここまで腐食が進むとは思っていなかっただろう」。そして一九八九年一二月、アリエスカ社はアラスカ州に腐食部分の修繕費用を請求した。それが、アラスカ州の中央を縦断するこのパイプラインに関する金銭的な面での合意なのだ――アラスカ州には、原油税から、その原油の運輸に使われるパイプラインの運用と維持にかかる費用を差し引いたものが入るということになっているのである(ちなみにアリエスカ社は運送費を、一バレルあたり三ドルから、四ドル近い値段に引き上げたいと考えていた)。つまり、このパイプラインはとてつもなく巨大なドル箱なのだ。アラスカ州の財源を潤すという意味では、石油からあがる収入は、金、魚、材木からこれまで得られた収入を合計したものよりはるかに大きいのである。予示されたアリエスカ社の関税書類に九桁の赤字があるのを見たアラスカ州は、その運用コストと維持費の大きさに納得できなかった。ちょっと待て――パイプの交換? なぜこのパイプラインは三〇年もたないんだ? アラスカ州は、アリエスカ社の運営を「軽率」であるとして異議を唱えた。それはまったくもって思いもよらない、想像もできないような論争だった――まるでユダヤ人が、マナが少なすぎると言って神を非難したようなものである。アラスカ州はアリエスカ社を相手取って訴訟を起こした。

アラスカ州の司法長官、ダグラス・ベイリーは、不満をはっきりと口にした。彼は記者に向かって言った――「彼らは、最新技術の検査システムを手に入れて、そのせいで腐食を発見したと言う。だが我々はそんな話は信じない。腐食は昨日今日起こったわけじゃない。他にも使えるテクノロジーはあったはずだ」。ベイリーは、ワシントンDCでこの件を調べているときに、まさにそういうテクノロジーのことを耳にした。ナショナル・パブリック・ラジオが、全国防食技術者協会（ＮＡＣＥ）の、愛想が良くて辛抱強い広報部長、ケヴィン・ギャリティのインタビューを放送したのだ。ギャリティはまた、ＣＣテクノロジーズという小さな会社の共同経営者であり、腐食のことをよく理解していた。司法長官は彼に連絡を取り、ギャリティは翌日の飛行機でアラスカに向かった。同僚のカート・ローソンとニール・トンプソンも一緒だった。

それから数週間かけて、ギャリティ、ローソン、トンプソンの三人は、アティガン地域で起きた腐食被害が通常使用による損傷と言えるかどうかを検証した。最初三人が下した評価によれば、その答えはノーだった。興味深いのは、ギャリティの会社は普段、石油会社の依頼を受けて仕事をしていたということだ。事実、その当時のＣＣテクノロジーズは、米国ガス協会とパイプライン研究評議会の仕事が多かったが、これらはＴＡＰＳを所有するのと同じ複数の石油会社が資金提供していたのである。アラスカ州の依頼を引き受けるにあたり、三人は仕事に一線を引き、他の仕事は霧消した――そして彼らは石油業界にとっての脅威となったのである。

三人が最初の調査結果をシアトルで報告すると、連邦エネルギー規制委員会は本格的な法医学検査の実施を許可した。続く三年間、ギャリティ、ローソン、そしてトンプソンは、その他九人の助けを借りつつ、ＴＡＰＳの腐食状況を調査した。コーティングを検査し、使われているカソード防食システムをテストし、アノード防食システムを検証し、土壌、水、そして見つかった錆を分析した。アリエスカ社の社員の多くはこの状況を苦々しく思っており、このことが三人の仕事を非常にやりづらくした。管理の立場にいる者は現場を掘り返す許可を与えようとしなかったし、他の者たちは協力を拒んだ。アラスカ州はやむなく、証言録取を行わざるを得なかった。当時の状況を振り返って、ギャリティは「争いが絶えなかった」と言い、ローソンは「かなり気まずかった」と言った。しかもパイプラインを調査する三人は、アリエスカ社にすべて依存していた――食べ物も、寝床も、通信も、何もかもだ。控えめに言っても、彼らは弱い立場だったのである。

腐食技術者である彼らは、アティガン川地域の腐食の原因について次のような仮説を立てた。すなわち、パイプの下の（砂利状ではなく）とがった粉砕石灰岩がパイプに螺旋《らせん》状に巻かれたテープの出っ張った部分に突き刺さり、そのテープがたまたまポリエチレン製であったためにカソード防食システムからの電流が伝わらずにパイプが保護されず、水が鉄鋼に触れて、水と鉄鋼と酸素が接触したときに起きて然るべきことが起きた、というわけである。

アリエスカ社がパイプにテープを巻いた理由は、塗装が不完全だったこと、そして連邦政府がアリエスカ社に、即興での対応を許可したためだった。使われていた塗料は「スコッチコート202」というエポキシ樹脂で、一九六五年に発売されたものだった（缶の塗装に使われるのと同じイーポン樹脂から作られる）。一九七二年にはすでに、寒いところではこの塗料がひび割れるということがわかっていたし、一九七四年には「剝離問題」が明らかになっていた。剝がれてしまうのである。この塗料一三六〇トン分をすでに購入していたアリエスカ社は、製造会社である3Mを告訴し、二四〇〇万ドルの損害賠償で和解した。アリエスカ社は、すでに塗られていた塗料を剝がす気はなかったので、運輸省と内務省に、塗料の上から、ロイストン社のグリーンラインとレイケム社のアークティクラッドⅡという製品を巻いてもよいかとお伺いを立てた。運輸省と内務省はそれを許可した。

「奴ら、賢いやり方をしないで、応急措置で済ませたんだ」とローソンが言った。「それでうまくいくと思ったんだろうが、よく考えた末のこととは思えないね。コーティングに問題があるのを、他のものを巻いて解決しようっていう考え方自体、今じゃ唖然とするような話だね」

ローソンの記憶では、調査結果を一週間におよぶミニトライアル〔訳注：企業間の紛争で、当事者双方の決裁権限のある幹部各一名及び中立者一名で構成されるパネルに対し当事者双方が言い分を主張し、同パネルが客観的に勝敗を評価した上で和解交渉を行う手続き〕で報告した場所はウォーターゲート・ホテルだったが、もしかするとワシントンDCのどこかの会議室だったかもしれない。アリエスカ社は、海水がパイプの腐食の原因であるとし、日本からの船での輸送が始まった瞬間、つまりそれが塗装され、溶接接合され、埋設されるはるか以前から腐食が始まっていたのだと主張した。このパイプラインの設計は世界的に評価されており、アリエスカ社が業界屈指の高い水準を持っていること、最新式のピグ検査プログラムを使っていることも指摘した。たしかに建設の最後の方は大急ぎで行われたことはアリエスカ社も認めた。だが、一九七三年から一九七四年にかけてのオイルショックを思い出していただきたい――配給制度の導入、石油不足、ガソリンスタンドに八時間並ばなければならなかったことを、と彼らは指摘した。この国全体が、パイプラインを急いで完成させたがっていたのだ。

調停者が結論を出すには一〇分しかかからなかった。結論は、アラスカ州は告訴してよい、というものだった。さらに調停者は、パイプラインの監視環境を改善するために、アラスカ州と連邦政府の各監視機関を「共同パイプライン局」として統合する、と発表した。そしてアリエスカ社に、ＣＣテクノロジーズ社を技術的な専門家として二年間雇うように命じた。ギャリティたちは街に繰り出し、有名店「ダンシング・クラブ」で祝杯をあげ、酔っ払った。

アラスカに戻ると、ギャリティのチームのイメージが変化した。アリエスカ社は、ギャリティたちもまた、パイプラインをこの先三〇年操業させ続けたいのだということに気づいたのである。ギャリティたちはパイプラインのカソード防食システムを検証可能にすることに力を注ぎ、アリエスカ社はそのために何千万ドルも設備投資した。彼らは何度も確率モデリングを行い、多数の有限要素解析を行って、腐食が起こる場所を割り出した。そしてその予測を、ピグを使って収集したデータと比較すると、予測はピタリと的中していた。ローソンは、アリエスカ社はもうピグを走らせる必要はないと言ったが、それは言い過ぎである。「いろいろと波紋はあったが、技術そのものは正しく、この業界に貢献した」とローソンは言った。彼らの仕事は誠実なものだったのだ。

ＣＣテクノロジーズは荒波を乗り越えて成長し、ＤＮＶというノルウェーの巨大企業に買収された。ＴＡＰＳでの仕事を自分のキャリアの中でも最高のものの一つだと言うギャリティは、ＮＡＣＥの会長になった。「いつもみんなに言うんだよ、何が起こっているのか突き止めるのを手伝ってくれと俺たちに言ってくれれば手伝ったのに、言わなかったじゃないか、とね。最終的に、調査の結果が全部出たのを見ると、パイプラインは前より良くなっている」。一方、アリエスカ社とアラスカ州は共同契約を結び、ともに腐食を追い詰め、戦うことを宣言したものの、これはどちらにとっても痛手だった。政府会計局は州の取締機関の職務怠慢を責め、アリエスカ社に対しては、パイプラインにおける腐食の蔓延状況について不当な言質があったと非難した。その後、ワシントンＤＣの控訴裁判所が訴えを棄却し、アラスカ州にはアリエスカ社からの請求書が残された。アラスカ州は今でもこのことに納得していない。

## 《七二五キロ地点》

### 漏洩事故が与える影響

ブルックス山脈の南側では、パイプラインは地上に出たり地中に潜ったりしながら、人里離れた土地をくねくねと曲がりくねって進む。シャンダラー・シェルフの先のディートリック川の谷間まで行くと、パイプラインは砕けた黄色い石灰岩の帯の下を通り、ナットアーウィク・クリークとクヤックタバック・クリーク、そして、ネズパース・ピークのように聳えるスカクパック山を通過する。それから、ゴールド・クリーク、ナゲット・クリーク、プロスペクト・クリーク、ボナンザ・クリークを越える、金の産出地帯を通る。そのほとんどは未開の地で、シープ・クリーク、ウルフパップ・クリーク、カウ・クリーク、ムース・クリーク、ポーキュパイン・クリーク、ベア・クリーク、グレイリング・クリークなどが流れている。そこはまたどうやら、ビッグフット〔訳注：ロッキー山脈一帯で目撃される未確認動物、または同種の未確認動物の総称〕の縄張りらしい。だが、パイプラインにとってはビッグフットよりもワタリガラスのほうが危険である。ワタリガラスがパイプラインの断熱材をつつくと、そこから水が入り込む。アリエスカ社は何百万ドルもかけて断熱材の継ぎ目をバンドで覆ったが、技術者より利口なワタリガラスはいなくならなかった。

パイプラインは、町というよりも凍てついたトラックの休憩所に近い、コールドフットの近くを通る。凍った道路を越え、北極線をまたぎ、先の丸いガマみたいな燃え残りの木が一面に残る、山火事の焼け跡も通過する。西に見える山脈は樹木限界線の上に大きく広がり、コロラド州のサワッチ山脈に似ている。南にはポプラが見える。北には雪しか見えない。狭い谷間にはトウヒが、そして谷底の平地にはレッドウィローの森が広がっている。

ユーコン川の北で、パイプラインは広大な、何もない土地を横切る。ワイオミング州を通過するI－80によく似ている。ユーコン川の近くまで来ると、パイプラインは徐々に緑が深くなる森の間をくねくねと曲がって走る。背の高いアスペンの森はコロラド州の高地を思わせる。ユーコン川を渡るパイプラインは橋からぶら下がっている。それからフェアバンクスに向かう一六〇キロほどは、森に覆われたなだらかな丘を蛇行する。こうした数々の地域をピグが進む間ずっと、作業員たちは六日間にわたってピグを追跡した。ネオギは再びアンカレッジに戻っており、そこで作業員からの報告を受け取った。そして、ピグがフェアバンクスに近づくと、彼もフェアバンクスに飛んだ。

その日は異常なほど暖かく、ネオギは茶色のズボンと、ズボンに不似合いな光沢のある緑色のシャツを着て、ベルトもせずに現れた。ただし腕に着けた時計は大きくてピカピカだった。落ち着きのない、強引な様子だった。ピグはまだ通過していなかった。彼は飛行機が嫌いだった。ピグはまだ通過していなかった。

昼食時、彼はチームのメンバーをお気に入りのタイ料理店に連れて行った。そこで彼はワッソンに、エクソンモービル所有のペガサス・パイプライン漏洩のニュースを見たかと尋ねた。その三日前、スマート・ピグが五二三キロ地点にいたとき、ペガサス・パイプラインが、アーカンソー州メイフラワーで五〇〇〇バレルの原油漏洩事故を起こしたのである。その一一日前にはユタ州で、シェブロン社所有のパイプラインから六〇〇バレルの原油が漏洩していた。ネオギは他のパイプラインの事故を慎重に監視している。彼は二〇〇六年から、アメリカ機械学会のパイプライン規制委員会の委員をしているのだ。そういうわけで彼には、介入基準がアメリカよりずっと緩いオーストラリアやロシアやインドでのパイプライン事故についても情報が入ってくる。僕は彼に、この事故の影響について尋ねた。

「僕の仕事の最終的な目的は漏洩を防ぐことです」と彼は言った。「だから、それが起きたのがうちではないというのは朗報ですよ。事故によって、僕たちの仕事にはもっと注目も金も注がれるし、技術開発も進む。それがパイプの漏洩によってもたらされるのでなければいいのに、とは思いますが、でもそういうものなんですよ」。それから、この事故の根本原因解析をして、アリエスカ社が同じ事故を起こす可能性がないことを確かめるのは大変だ、と言った。

レストランで席に着くと、ネオギは自分のスマホで、ある映像を皆に見せた。それは、超疎水性塗料が、ペンギンが水を弾くように水を弾いている映像だった。彼は、アリエスカ社のピグにそれを試用して、ロウがこびりつくのを防ぎ、したがって洗浄がしやすくなるかどうか試験したいと言った。できれば、次にスマート・ピグを走らせる予定の二〇一六年までにはそれを済ませたかった。ネオギがフェアバンクスに来たのはチームの様子を見るためだったが、彼らをサポートするために、他にも彼が行いたいと思っているピグ関連の変更点についても言及した。たとえば、トンプソン・パスについては、タイトライニングが行えるよう、パイプの一部をもっと太いものに交換するか、新しいバルブをいくつか取り付けたい。やり方は正確にはまだ決めていないが、検討している方法が一つある。おそらく何百万ドルもかかるだろう。その頃には、アリエスカ社はパイプラインの監視にドローンを使っているかもしれない。それでも、漏洩はそれを発見するよりも防止するほうがいい。そして彼が何よりも楽しみにしていたのが、第九ポンプステーションにピグのランチャー・レシーバーが新設されることだった。三〇〇〇万ドルを要するこのプロジェクトは、二〇一五年に実施が予定されていた。それがあれば、ピグ検査は二区画ではなく三区画に分けて実施できる。作業員たちも楽になる。だから、「ピグ検査の総本山」を実施するのは今回が最後なのだ。

スマート・ピグがフェアバンクスに向けて走っている間、アリエスカ社の広報チームは準備万端だった。ピグ検査の最中には、原油漏れの噂が立つことがよくあるのだ――アリエスカ社のトラックが昼夜問わず行き交うせいである。大抵は、電話での対応と、『Fairbanks Daily News-Miner（フェアバンクス・デイリーニュース＝マイナー）』紙に一文載せることで誤解は解けた。今回は、人々はピグが通過したことに気づきもしなかった。

「世間はパイプラインの事故に厳しいんですよ」と、後日ネオギが言った。彼は、自動車事故で亡くなる人は一日一〇〇人以上いる――そのほとんどは全国的なニュースにはならない――が、パイプラインの事故で人が一人でも死ねばワシントンＤＣでの公聴会が待っていると言った。ペガサス・パイプラインの事故の二日前には、貨物列車がミネソタ州で一四両脱線し、原油四〇〇バレルが流出する事故があったが、記事の見出しはパイプライン事故よりずっと小さかった。「パイプライン運営ほど説明義務が厳しい分野は他にありませんよ。一度の漏洩事故で、軽く一〇億ドルの損失ですからね」とネオギは言った。実際にはその五倍の損失になる可能性もある。彼は言った。「僕がしくじれば、会社は一〇億ドルの問題を抱えることになるんですよ、企業イメージ、汚染除去費用、アラスカ州での信用、もろもろね。僕がちゃんと仕事をせず、ぼやっとしていれば、アラスカ州にも、パイプラインの所有者にも、この業界にも、将来的な掘削にも影響が出るんです」。ＴＡＰＳの完全性維持に関わるすべての者にとって、この最後の点は大きな懸案事項である。

## 原油量の減少という危機

TAPSを流れる原油の量が減少するにつれて、ピグ検査は現在よりはるかに難しくなる。一日の流量が四〇万バレルを下回れば、アティガン・パスでタイトライニングを行うことは不可能だ――なぜなら、第一ポンプステーションのタンクに溜めておける原油量には限界があり、それを超えれば緊急時のための余裕がなくなってしまうからだ。限界まで原油を溜めた時点で、パイプラインのアティガン・パス区画には五キロメートル以上のスラックライン区画ができる。一日の流量が三五万バレル以下になれば、清掃用ピグはスリップしてパイプラインの汚れを効果的に掻き取ることができなくなる。また清掃用ピグは、前方のロウを懸濁液中に混ざった状態にしておくためにオイルの一部を通過させる必要があるため、ピグを前進させるのに十分な圧力がかからない。それにアリエスカ社は、清掃用ピグを今以上の頻度――今回のスマート・ピグ検査の準備期間と同等の頻度――で走らせなければならなくなる。これはパイプラインの管理者にとっては懸念事項だ。

一方、二〇一五年までには、原油に混じっている微量の水が分離して、パイプラインの底を、原油とは別の層として流れるようになる。パイプラインが低くなっている十数か所では、その水が凍結する可能性がある。そうなれば、逆止弁が機能しなくなったりピグが止まってしまうかもしれない。一日の流量が四〇万バレルになる（二〇二〇年までにそうなると予測されている）と、バルディーズに到着するピグは、長さ五〇〇メートルあまりのドロドロの汚水を押してパイプから出てくることになるかもしれないのだ。アリエスカ社には、水を押し出すための別のピグが必要になるかもしれない――なぜなら水もまたパイプラインの腐食の原因になるからだ。さらに困ったことに、流量が減れば漏洩を検知するのはより難しくなる。だが、最悪の問題はまだ他にある。

二〇一一年一月八日午前八時一六分、第一ポンプステーションの職員が、増圧ポンプのある建物の地下室に原油溜まりを発見した。大した量ではなかったが、それはコンクリートで固められたパイプから漏れており、修理どころかその状況を検証することさえ困難だった。アリエスカ社はパイプラインの運転を停止させ、速やかに問題に対処すべく、二〇〇人を超える職員をプルドーベイに送り込んだ。一日過ぎ、二日過ぎ、三日経ってもパイプラインは停止したままだった。

アリエスカ社の社員の半数がこの問題に対応している間――多くの者がほとんど寝ずに作業していた――に、アラスカ州を縦断するパイプラインの中では原油が急速に冷えていった。外の気温は最高時でも非常に低かった。空港で足止めを食った旅行者のように、二台の清掃用ピグが、一台はフェアバンクスのそば、もう一台はトンプソン・パスで動けなくなっていた。四日目、修復にはまだまだ時間がかかりそうだったが、アリエスカ社はPHMSAに、一時的に運転を再開する許可を求めた。PHMSAはそれを許可した。アリエスカ社は、清掃用ピグより下流のパイプに氷ができ、ロウが溜まるのを阻止するため、パイプラインの運転を再開させた。氷とロウが溜まれば、次々と問題が起きて取り返しのつかない結果を招きかねないからだ。フェアバンクス付近にいたピグは、フェアバンクスの南一一二キロ地点、第八ポンプステーションのバルブとバルブの間でしっかり捕獲された。トンプソン・パス付近にあったピグは、バルディーズで捕獲されて引っ張り出された。パイプラインを一時的に再開させた三日後、つまりアリエスカ社が最初に運転を停止してから一週間後、技術者らは漏れているパイプを迂回させることに成功し、パイプラインを、今度は本当に再開させた。運転を再開させたオペレーターは、このときのことを鮮明に覚えている。彼女によればそれはTAPSの歴史上、長さ一三〇〇キロのアイスキャンディになってしまうという局面に最も近づいた一瞬だった。

これこそ、アリエスカ社にとっての最大の脅威であり、「最悪のシナリオ」なのである。流量が減少すれば清掃用ピグは使う頻度が上がるし、運営手順は複雑になるし、検査用のピグはよりスマートに、より頑健にならなければならないし、メンテナンス作業も増える。だがそんなことは、パイプラインが凍ってしまうことと比べればなんでもないのである。ノーススロープの原油はマイナス九・四℃でゲル化する。そうなれば粘度が高すぎてポンプでそれを動かすことができない。流砂のように揺変性を持つのである。もしも何らかの理由——たとえば停電——で原油がパイプラインの中に長く留まりすぎれば、そしてその季節が悪ければ、巨大なアイスキャンディができる危険が待っている。二〇一一年の一月、原油の温度はマイナス三・八℃まで下がった。重大な危機だった。アリエスカ社の元社長は議会に対し、二〇一五年に予測される流量では、冬季に九日間運転を停止すれば、このパイプラインは金輪際使えなくなると言った。ゲル化した原油を元に戻すすべはない。それに比べれば、パイプラインの破裂や漏洩さえも取るに足りないことだ。ゲル化すれば一巻の終わりなのである。

ボーフォート海とチュクチ海での掘削が、アラスカ州、アリエスカ社、そしてアラスカ州に住む人々にとって非常に重要なのは、こういう難しい問題があるからなのだ。これらの掘削基地はTAPSに結ばれ、そこから原油がパイプラインに送られることになっているのである。もちろん、住民は毎年配当を受け取るし、アラスカ州の懐には何十億ドルという油田使用料と税金が入り、アラスカ州の財政はほぼすべてがそれによって賄われる。だが、ここで問題になっているのは、長期的な意味でのアラスカ州の将来なのである。二〇年間にわたって続いている原油生産量の減少傾向を誰かが立て直し、パイプラインが巨大なアイスキャンディになってしまう心配がなくならなければ、パイプの完全性維持に関与する者は安眠できないのだ。

そうこうしている間に万が一TAPSが何らかの理由で漏洩事故を起こし、世間が許してくれなければ、海洋掘削が遅延し、パイプラインの終焉につながりかねない。ネオギが「将来的な掘削」に言及したとき、彼はこのことを示唆していたのだ。大きな漏洩事故はボーフォート海やチュクチ海の海洋掘削を二〇年遅らせることになりかねない。そしてそれはすなわちパイプラインの最期を意味するかもしれない。パイプラインの終わりはアラスカ州の終わりを意味し、それは他の四九州の経済にとっても有益なことではない。パイプラインの未来は危うい——そして、ネオギをはじめとする完全性監理技術者たちの肩には重大な責任がのしかかっているのである。

スマート・ピグが第一ポンプステーションから発進する前日、米国内務長官ケン・サラザールは、シェル社が二〇一二年にアラスカの北海岸沖で試みた油田探索は「失敗」だったと発言した。ピグが第四ポンプステーションで待機していたとき、シェル社は海底油井掘削機「クルック」の修理のため、太平洋を輸送する準備を行っていた。ピグが第四ポンプステーションを出発する前に、アラスカ州議会上院は石油業界に対する減税案——一〇年間で数十億ドルにのぼる金額である——を一一対九で可決した。将来的な石油生産をより魅力的なものにするためだ。議会は、ノーススロープ郡を無償で手放すのではなく、掘削するのにより「美味しい」場所にしたのである。もちろんそのすべては、TAPSが完全な状態で存在することが前提になっている。それがなければ誰も石油を手に入れることができないのだ。

以前のアリエスカ社は、自分たちが直面した問題について公言したがらなかった。だが今では、戦場で受けた傷を自慢するかのようにそれらを公表し、聞く耳を持つ者なら誰にでも話したがる。アリエスカ社は、同情と理解と支援を求めているのだ。アリエスカ社の最高責任者は僕に、前例がないほどの情報を見せてくれた。僕の訪問中、彼は『Fairbanks Daily』紙の記者と会って流量減少の問題について話し、新しい「超低流量研究」について言及した。アリエスカ社が行った低流量研究についてはすでにウェブサイトで公開されている。ワシントンDCのシンクタンクに対するプレゼンテーションの中で彼は、気の利いた喩えを使った。一日の流量が七〇万バレルを下回っている状態を、車のオイルがレベルゲージの下限ラインを下回っている状態に喩えたのだ。オイルが入っていない車を運転してはいけないことは誰だって知っている。そしてパイプラインの流量は、もう何年も、七〇万バレルを超えていないのだ。

アリエスカ社の社員は誰もが——政治的心情がリベラルか保守的かに関係なく——石油生産量の増加を望んでいる。アラスカにある連邦政府の監督機関も同じだ。彼らはパイプラインの敵ではないし、ましてや石油の敵でもなく、そういう偏見に対して頑迷な態度もとらない。彼らはむしろパイプライン推進派であり、パイプラインを気にかけ、運営会社が最低限の規制に準じている限りそれを応援しているのだ。誰もが、ロシアの石油会社がアメリカより先に北極圏で海洋掘削を開始するのではないかと心配し、政治家たちが、北極野生生物国家保護区での石油掘削を禁じていることに腹を立てている。保護区の海底には、パイプラインの流量を二十数年間にわたって三倍増させられるだけの石油が眠っているのだ。規制官のうちの少なくとも一人は、僕が年金を受け取る年齢になる頃までパイプラインがあるかどうかはわからない、と言った。アンカレッジの、社名表記のないコンクリートの建物で働くオペレーターの監督、トッド・チャーチは、この仕事を引き受けたときから流量減少という問題については予見していたが、少なくとも自分が定年退職するまでは石油採掘は続けられるだろうと考えていた。

石油の量を増やせないかぎり、アリエスカ社は最悪のシナリオに備えるしかない。二〇一一年一月に運転が停止したときは、第七ポンプステーションがパイプラインを温めて窮地を救った。アリエスカ社は今、膨大な費用をかけて、他にも四つのポンプステーションでパイプラインの暖房ができるようにしたいと考えている。また、地上にパイプが出ている区画は断熱材ももっと増やしたいし、コノコ・フィリップス社が新しく掘削を始めたアルパイン油田からも、できうる限りの原油調達を希望している。また最近では、原油と液化ガスを混合することも検討した——液化ガスならノーススロープの地下にはふんだんにあるのだ（一〇〇〇兆リットルという量である）。しかし、フェアバンクスにある石油開発研究所の所員がこれについて研究した結果、原油に液化ガスを混入させると原油の安定性が低下し、大量のアスファルテン沈殿・沈着を促進するということがわかった。管壁がロウで覆われるのも困るが、アスファルトとなればそれどころではない。論文には、アスファルトは「非常に望ましくない」と書かれ、理由は明確に説明されていなかったが、それはすでに明らかなはずだ。次にすべきはアスファルテン安定剤の研究である、と論文にはあった。

アリエスカ社の社員たちは、本当の問題は、「どこまで流量が減っても大丈夫か」という技術的なことではなく、「石油会社が、ノーススロープでの採掘は採算に合わないと判断するのはいつか」という経済的な判断であると言う。目の前の難題を金の力で無理やり解決しようとする代わりに、石油生産者がどこか他の場所に活路を求めるときがいずれはやってくるだろう。結局のところ彼らは、株主たちに対して経済的義務を負っているのだ。だがそうなる前のアラスカの、石油に支配された一大メロドラマで今日繰り広げられている金銭沙汰と言えば、アラスカ州がアリエスカ社を相手取った一番最近の訴訟である。アラスカ州は、アリエスカ社が「戦略的再構成」、つまり低流量に対応した設備の改造に一〇億ドル超使ったことに異議を唱えているのだ。いつものことだが、パイプラインのために一ドル使われれば、州の金庫に入る金が一ドル減る、というわけだ。アリエスカ社から見れば、こうした改造を行わなければパイプラインそのものが存続できない。二〇一一年に起こった一週間の運転停止ですでに、息の根が止まっていたはずだ。

## 《八八三キロ地点》
## ピグとロウ

フェアバンクスの南では、天候、積雪量、川の水量といった条件がうまく揃い、パイプラインまでの道もしっかり雪掻きされていて、ピグを追跡している作業員たちにはスノーキャットも必要なく、トラックで十分だった。ノースポールの町では、郊外に開発された居住区の地下をパイプラインが通っており、追跡は気楽そのものだった。小ぶりな牧場スタイルの家から道路を挟んで、雪の積もった道路に車を停めたベン・ワッソンは、受振器を設置した後、トラックのドアを開けたまま道路に出てブラブラしていた。ピンク色のフリースジャケットを着て毛糸の帽子を被った住民が、ゴールデンリトリーバーを連れて通りかかった。そのとき犬が糞をしていたら、ワッソンの無線機からその音が流れただろう。それから一週間、ワッソンの仕事は楽ちんで、ネオギとアリエスカ社の重役たちに送る報告は毎回同じだった――「追跡は昼夜続行中。管理コントロールセンターのサポートは引き続き良好です」。

八〇〇キロ地点付近では、パイプラインに近づける道路がなく、作業員は追跡を諦めた。その結果、約半日の間、誰もスマート・ピグがどこにいるかわからなかった。どこかに引っかかっていないことを誰もが祈った。それはエイプリルフールの翌日だった。ピグは無事だった。

ピグが八八三キロ地点に到達する頃には、前方を走るウレタン製のピグとスマート・ピグは九時間しか離れていなかった。バルディーズの技術者たちは、二台のピグの間隔にもっと余裕が欲しかった――なぜなら、二〇〇〇年一月の検査で、彼らのレシービング・トラップは二台のピグを同時には受け止められないということを、嫌というほど思い知らされたからである。二台目のピグは、まるで粘土でできてでもいるように、直径四五センチのパイプラインに無理やり押し込まれてしまった。彼らはまた、清掃用ピグがちょうどバルディーズに到着したときにスマート・ピグがトンプソン・パスを勢いよく流れ落ちてくるのも嫌だった。圧力波で安全弁が開き、清掃用ピグが吸い込まれてしまう恐れがあったからだ。そこで彼らは、二台のピグの間隔を一八時間あけることにした。それはスマート・ピグを第九ポンプステーションで半日待たせておくということだった。おかげでワッソンは予定が狂い、ネオギもそれを喜ばなかった。そんなに時間をあけたら、ロウが溜まる可能性は高くなる。そうならなければいいが、と彼は願った。

スマート・ピグが第九ポンプステーションで待機している間に、オンタリオ州で貨物列車の二〇両が脱線し、原油四〇〇バレルが流出した。サンフランシスコでは、キーストーンXLパイプラインに反対する人々が、「パイプライン！」「ぶっ壊せ！」と叫んでいた。アラスカでそんなことを言ったら、叩きのめされてクマの餌にされるのがおちだ。

二日後、スマート・ピグはイザベル・パスを登って越えた。アラスカ山脈縦断である。イザベル・パスはそんなに高くなく幅が広いので、アティガン・パスに比べればそれほどの難所ではない。四月五日、ピグは問題なくここを通過した。バルディーズまでの道程を四分の三こなしたことになる。同日、テキサス州ウエストコロンビアにあるシェルのパイプラインで七〇〇バレル分の漏洩事故があった。

一九九〇年代を通じて、アリエスカ社のピグとピグ検査技術は進化し続けた。NKK社の第二世代超音波ピグには五一二個のトランスデューサが搭載され、その一つひとつが毎秒六二五回の計測を行った。このピグを使ってアリエスカ社は、ほとんどすべての溝、へこみ、パイプラインの建造中にできたゆがみ――自己ダメージと呼ばれるもの――などを見つけ、修復した。一九九四年にはこのピグのおかげで、パイプラインの接合部三〇〇か所の腐食も発見した。アリエスカ社がこの調査結果を運輸省に報告すると、運輸省は、状況を把握するまで毎年ピグ検査をしろと言った。アメリカ連邦政府の官報『Federal Register』には、こんな失礼な文章がある――「腐食をすべて防げなかったのは設計のせいである」。アリエスカ社は政府の指示に従い、一九九六年、一九九七年、そして一九九八年にも超音波ピグを走らせた。

一九九六年、アリエスカ社はピグが収集したすべてのデータを巨大な一つのデータベースとして保管し始めた。そのおかげで腐食技術者たちは、腐食の発生状態を時系列に沿って比較し、腐食が進行性のものかどうかを判断できるようになった。また、各種のピグが収集するデータの特徴も比較できた。当時のアリエスカ社の完全性マネージャー、エルデン・ジョンソンは、ステファン・ラストという名の博士を含む数名の防食技術者とともに、NACEの一九九六年の年次総会で、アリエスカ社が一九九一年から一九九四年までに走らせた超音波ピグとMFLピグを比較した研究を発表した。統計的に言えば、明らかに超音波ピグのほうが優れていたものの、超音波ピグも完璧と言うにはほど遠かった。鋭くとがった傷や変形やシワを見落とすことがあったのだ。一九九八年、超音波ピグが一一二六キロ地点で問題を検出した。二〇〇〇年の春にアリエスカ社がそこを掘り返すと、パイプラインの建造時についた、削ったような溝が五本見つかった。さらに、そのうちの一本はパイプ壁面の鉄鋼の厚さの八〇%を削っていることがわかった。ピグは異常は見つけたものの、その深刻さを過小評価していたのである。共同パイプライン局は不快感を示し、腐食の制御は「重大な懸念事項」であり「重大な保守管理上の課題」である、と述べた。

一九九四年から一九九九年の間にアリエスカ社は、ピグが警告した一六五か所を掘り起こした。修繕を必要とした箇所はそのうちのほんの数か所だった。アティガン・パスでの大仕事に比べれば楽な修繕ばかりだった。検査が良い成績を残していることを理由に、アリエスカ社は運輸省に、ピグ検査の頻度を落としてもよいかと尋ねた――毎年ではなく、三年に一度にしたいと言ったのである。運輸省はこれを許可し、次回は二〇〇一年にピグ検査を実施するよう指示した。

その頃から、流量の減少がピグ検査に影響を与え始めた。ピグ検査が初めて失敗し、再度ピグを走らせなければならなかったのは、二〇〇一年の春、ネオギの勤務初日のことだ。ロウに覆われて出てきたピグは、十分なデータが収集できていなかった。二度目の走行が成功する可能性を最大限にするため、管理官たちは最も軽量で温度の高い原油をストックパイルし、その中でピグを走らせた。この二度目の検査が、ネオギが最初から最後まで見届けた初めてのピグ検査であり、アリエスカ社にとっては超音波ピグとの最後の情事となった。それ以降アリエスカ社は、超音波ピグを走らせるのに十分なほどロウを除去することができないのだ。

やむを得ずMFLピグを使うことにはしたものの、二〇〇四年三月、アリエスカ社は超音波ピグのときと同じ問題に苦しんだ。ロウのせいで検査に失敗したのだ。清掃用ピグを何台も走らせた後、アリエスカ社は二か月後にもう一度MFLピグを走らせ、今度は十分なデータを収集した。一九九八年と二〇〇一年の検査でまったく引っかからなかった重大な異常が三五か所見つかった。そのうちのいくつかは、管壁の四分の一から三分の一が失われていた。中でも四か所には金属損失を伴うへこみがあり、そのうちの一か所はただちに修繕を必要としていた。ところがアリエスカ社はこれをPHMSAに報告せず、一年間修繕をしなかったのである。PHMSAをなだめるかのようにアリエスカ社は、少なくとも二〇〇五年の秋までは、次のピグ検査には超音波ピグを使う予定であると規制官に請け合って彼らを安心させた。[*5]

その四か月後の二〇〇六年三月、またしても外界の出来事が彼らの計画を狂わせた。BPがノーススロープに所有する、油井とTAPSをつなぐパイプラインの一つに、激しい腐食のため直径六ミリの穴が開き、そこから五〇〇〇バレルの原油がツンドラの上に流出したのだ。かつてアラスカ州の住民は、BPというのはBig Provider（偉大な扶養者）の略だと冗談を言ったものだったが、今ではBPはBroken Pipeline（壊れたパイプライン）の略だとか、Bad People（悪人）、Bureaucratic Pandemonium（官僚的な悪の巣窟）の略だなどと言うようになった。アリエスカ社の社員の一人は、BPが運営しているのはパイプラインではなくてスプリンクラーだと言った。エクソンバルディーズ号原油流出事故のときと同じように、アリエスカ社はこの失態とは何の関係もなかったにもかかわらず、その影響を被った――防食への関心が高まったのである。世間の注目の中、アリエスカ社はすぐさまＴＡＰＳにスマート・ピグを走らせることを決めた。

アリエスカ社はその夏、創立三〇周年を祝ったばかりで、輸送した原油量は累積一五〇億バレルを超えていた。これは、このパイプラインから得られると予想された量を五〇％上回っていた。ピグ検査が近づくにつれ、技術部門以外では、アリエスカ社は自信でみなぎっていたに違いない。ピグ検査は八月に行われた。できる限り早くピグ検査をしろというプレッシャーがあったため、アリエスカ社はパイプラインの清掃計画を立てていなかった。それどころか、ＢＰの漏洩事故があった後、三月中はほとんど清掃をしていなかった。ＢＰの油田が運転停止されたため、パイプラインの流量は日量四五万バレルまで落ち込んでいた――二〇一三年の三月よりも少ない量だ。流量の低下で、ロウが溜まるのはあっという間だったに違いない。ピグ検査は失敗した。バルディーズで技術者たちがピグからロウを除去するのに一週間かかり、パイプの二〇％は測定されなかったことがわかった。

アリエスカ社は九月に再びピグを走らせた。今度は、低流量のパイプの中、ピグはアティガン・パスを高速で滑り降り、あまりにもスピードが出すぎたためにセンサーヘッドが溶接の接合部にぶつかって壊れてしまった。アティガン・パスを降りきるちょっと手前でピグはデータを収集しなくなった。二〇〇七年三月、アリエスカ社は造り直したピグで三度目の検査を行い、ネオギがそれまでのデータと組み合わせてなんとかそこそこの分析を行うのに足りるだけのデータを収集した。

その翌月、ＰＨＭＳＡは、二〇〇四年の検査データの分析が遅かったことに対して二六万ドルの罰金をアリエスカ社に科した。法律では、アリエスカ社は完全性の検査後、六か月以内にデータを分析してパイプラインにどんな危険があるかを特定しなければならなかったのだが、アリエスカ社はそれに一一か月かかったのだ。アリエスカ社は、ロウが原因の「技術的な難題」と電子機器の故障を理由に反論した。ＰＨＭＳＡは罰金を一七万三〇〇〇ドルに下げた。それでもそれは、アリエスカ社に科せられた民事罰則金としては一〇年間で最高の額だった。

二〇〇一年、二〇〇四年、そして二〇〇六～二〇〇七年の検査に失敗したピグ検査を指揮したのは、身体が大きくて信心深いデイブ・ハックニーという男だった。一九六二年にニューヨークからアラスカに移り住み、フェアバンクスで鉱山工学を勉強し、パイプラインの建造を手伝った。一九八三年、アリエスカ社の品質保証部に勤めていた彼は、スマート・ピグによる検査の監督を買って出た。他には誰もそれをやりたがらなかったし、ずっと仕事が保証されると思ったのだ。気難しいエンジニアの多くがそうであるように、彼もまた、ルーズベルト大統領みたいな口ひげを生やし、シャツのポケットにボールペンをたくさん突っ込んでいた。彼は、ネオギの知識の多くは自分が教えたのだと言う。今、アリエスカ社では彼の名を口にすることは禁じられているし、彼が最後に担当した数回の検査は悪名高い。みなハックニーのことは「前・ILI技術者」と呼ぶ。二〇〇八年、アリエスカ社が新しい社長を雇うと、ハックニーはピグ検査の部門から外されて、間もなく退社した。六二歳だった。「公式には『定年退職した』ということになってるんだ」と彼は僕に言った。彼はアリエスカ社を告訴し、法定の外で争いに決着をつけた。現在は、どちらも相手を批判することはできないし、この件の話をしてもいけないことになっている。ハックニーは、状況の難しさを責め、「もっと原油を掘らせてくれない政治家」を責めた。そして、ことTAPSに関しては、ピグ検査のやり直しは（たとえ何百万ドルもかかるとしても）失敗とは言えず、ゴルフのパーのようなものだし、その結果はやはり防食に役立つデータである、と言い張った。彼は「起きたことは起きたこと」だとしか言わなかった。そして今でも、パイプラインを守る仕事をしたことを誇りに思っている。

ネオギはハックニーのことを犠牲者だとは言わないが、彼に対してはいくらか同情している。「あんなにロウが溜まるなんて、誰も想像していなかったんですよ」と彼は言った。「僕らは一度だって、いい加減な仕事はしていないんです」。だが同時に彼は、この結末がそれほどおかしいとも思っていなかった。「ことは重大ですからね。パイプラインの完全性がしっかり守られているということを確認しなければならない。同じことを何度も何度も繰り返し、違う結果を期待することを狂気と言うんですよ。もし僕がこれを三回やって三回失敗したら、もっと良いやり方を知っている誰かを雇って当然だとアリエスカ社が考えてくれることを願いますよ。個人攻撃してるわけじゃないんです。これは重要な役目だし、アリエスカ社はそれをしっかりやらなきゃいけない。デイブも、エルデンも、僕自身も、代わりの人間はいます。でもピグ検査に代わるものはないんです」
「二〇〇六年にはいろいろなことを学びました」とネオギは続けた。アリエスカ社はより厳しい管理の必要性を学んだし、ネオギは急いではいけないということを学んだ。魚と同じだった。

## 《一二八七キロ地点》

### 到着前夜

スマート・ピグがバルディーズに到着する予定時刻の二四時間前、ネオギは妻のミニバンでアンカレッジからバルディーズに向かった。「ＢＴＥＡＭ」というナンバープレートが付いているあの車だ。車で行ったのは、飛行機が嫌いだからというだけではなく、アラスカ州中央南部ほぼ全域を襲った嵐で、バルディーズ行きの便が欠航になったからだった。だが彼がその場にいないわけにはいかない。だから彼は、五〇〇キロ近い道程を、何があろうとも車で行かねばならなかったのだ。グレン・ハイウェイの最初の一六〇キロほどは道路のコンディションがとても悪かった。右側にあるマタヌスカ氷河とチュガッチ山脈のドラマチックな山々は白く霞んでいた。ユリーカ・サミットまで三時間かかったが、そこからは道路の状況は好転した。それまでドライフルーツをつまんでいたネオギはここで昼食を摂ることにした。彼は赤いＴシャツに青いジャケット、緑の陸上競技用パンツにスニーカーというないでたちだった。首には金のチェーン、大きな腕時計をし、指輪を二つはめている。まるで、アラスカにいるのではなく、どこかで休暇を楽しんでいるみたいな格好だった。近くのテーブルに座っていたスノーモービル乗りの二人が彼をまじまじと見た。

ネオギはテーブルに着くと、二五セントで飲み放題のコーヒーを断り、ユリーカ・バーガーを注文した。スマホをチェックすると、新しいＥメールが二五通届いていた。うち一つには、最後の清掃用ピグがちょっと前にバルディーズに着いたと書いてあった。着いたことは着いたが、それはまだレシーバーの中だった。彼はチームの技術者に電話して、「清掃用ピグを出したら電話をくれ。どれくらいロウが付いているか教えてくれよ」と言った。急いでバーガーを食べ終わると、ネオギはガムを一箱買った。煙草の代わりだ。

ネオギはそこから一〇〇キロ先のグレナレンで右に折れてリチャードソン・ハイウェイに入り、パイプラインと平行に南へ向かった。運転しながら彼は今回のピグ検査の出来を評価し、起こった数々の問題について検証した。動かなくなったバルブ、ヘリコプター、追跡、流量のバラつき。一番大きな問題は、清掃用ピグとスマート・ピグの間が二一時間離れていることだ、と彼は言った。その間にロウが溜まる可能性があるのが嫌だったのだ。彼は左手の親指と人さし指で髪の毛ほどの隙間を作って見せ、「もしもロウが一ミリでも溜まったら……」。

そして言い直した。「原油の流量がもっと多ければよかったんですけどね。ロウの量を計るのはとても難しい。これだ、という科学的な方法はないんですよ」

それから彼は驚くようなことを言った。「工学の世界にも、半分は再現できるがあとの半分は魔法、というものがあるんです」

一一二六キロ地点を越えると再び雪になった。ネオギは、自分は緊張していない、と言い張った。万が一スマート・ピグが逆止弁にぶつかっても、被害を受けるのはドライビングカップであって、電子機器ではないと言うのだ。そして、支柱のクランプの下側には腐食はないはずだ、と言った。「わかりませんけどね。持てる限りの知識を使ってできるだけのことをするしかない。心配はしていませんよ、僕は自分のやるべきことはやりましたから。ちょっとした問題はあちこちで起こるかもしれない。僕のやり方はいつでも、とにかくとことん研究する、ということです。どこを改良できるか？　想定外のことが起こったら、観念して『ああ、こいつにはやられた』って言うしかないですよ」。一〇分後、ランゲル山地の山々が雲から頭を出しているのが東に何度か見えた後で、ネオギは僕に、寒冷前線は来ているか、と訊いた。寒いのは必ずしも悪いことではなかった――凍った地面のほうが、濡れた土壌に比べて、埋設されたパイプラインの熱を伝えにくいからだ。凍っているにしろいないにしろ、ピグ検査の開始時にはデルタPのことを考えていたネオギは、検査が終わりに近づく今、デルタTのことを考えていた。

バルディーズまであと一三〇キロ、リトル・トンシーナ川に向かう下り坂を走っているところで、ワッソンから電話があった。午後二時四七分だった。ネオギは道路脇に車を停め、警告灯を点けて電話に出た。その会話のネオギ側の半分はこんなふうだった。

「やあベン。ロウは五バレル？　ああ、でもそれは多いな……その前のピグのロウはどれくらいだった？　……ロウは硬い、それとも軟らかい？　うーん……そうか……写真はないのか？　オーケー、オーケー、オーケー」

電話を切ったネオギはバックミラーに目をやり、車を道路からもう少し離れたところまで動かして、それから上司に電話でこのことを報告した。電話を切ると彼は、「これは予想してなかったね」と言った。せいぜい二バレルくらいであることを願っていたのだ。それから彼は説明を加えた。「五バレルというのは悪い数字じゃない——四〇バレルだったら困るけど」。それから間もなく車はトンプソン・パスに差し掛かった——TAPSはここで、チュガッチ山脈の山腹の八〇〇メートル近い距離を、海に向かってまっしぐらに滑り降りる。近年走らせたピグはこの直線の下のほうのデータをまったく収集できておらず、ネオギは今回のピグが時速八〇キロを超えないことを願っていた。トンプソン・パスが近くなると、彼はベートーベンを口ずさみ始めた。僕がそれを聴いたのはこれが二度目で最後だった。

バルディーズでホテルにチェックインした後、ネオギはNCAAのバスケットボールの優勝戦を観て過ごした。それから街で唯一のタイ料理店で夕食を摂った。そこにはまた、街で唯一の、魚がいっぱいいる水槽があった。食べながら彼は、今夜はちゃんと眠れるし、緊張感の扱い方には、ずっと昔、競技バドミントンをしていた頃から慣れている、最後に胸がドキドキしたのは子どもが生まれたときだ、と言った。失敗すれば失うものが一番大きいのは自分であることはわかっているが、準備はちゃんとできている、とも言った。マラソンでゴールが見えたときのようなものだ、と彼は言った。とにかくゴールに辿り着けさえすればよかったのだ。ゴールするのは興奮するかと訊くと彼はそれを否定し、「興奮を求めていたらこの仕事はできないですよ」と言った。「戦争中の司令官のことを考えればいい——小さなことにいちいち大騒ぎしていられないでしょう。落ち着いて、冷静でいなきゃならない」。自分もそういうふうに、部屋に戻って妻と子どもに電話し、何か読んで、それから——あと一二時間でピグが到着しようという今夜も——ぐっすり眠るよ、と彼は言った。

その夜は三〇センチの降雪があり、翌朝もまだ雪が降っていた。バルディーズ・マリン・ターミナルは氷に閉ざされない港としては太平洋で最北のものだが、それが建っている四平方キロメートルの土地は、世界でも最も危険で雪の多いところだ。雪は道路の一時停止の標識を超えて降り積もる。吹き溜まった雪の壁はところによっては非常に険しく、曲がりくねって聳え立ち、まるでセラックだ。道路はまさにクレバスである。壁の高さが一四メートルに達した冬もある。そのとんでもない深さは、ノースロープの広大な幅の広さよりも驚異的だ。アリエスカ社の近代的なガラス張りの社屋の四階の窓が、屋根から滑り落ちた雪で割れたこともある。パイプラインを建造した男たちに敬意を表する有名な彫像と、そこにかかっている、「こんなことが可能だとは知らなかった」と書かれた銘板は、すっかり雪に埋もれてしまってえず、そこまで行くこともできなかった。その朝、ターミナルのいたるところで、除雪車が音を立てて動き回っていた。建物の正面では男たちが雪掻きをしていた。

社屋の中では、デヴィン・ギブスが大きな青い防寒着を着てカフェテリアに座り、一人で朝食を食べていた。その日は彼の三六回目の誕生日だった。あと一時間でピグが到着する。「ピグがきれいな状態で入ってくれば、それが一番の誕生日プレゼントだね」と彼は言った。三階では、このターミナルの監督で、痩せぎすで愛想の良いスコット・ヒックスが廊下を行ったり来たりしていた。スマホを手に、青いシャツの上にグレーのVネックセーターを着た彼は、「バラバラにならないで到着してくれることを願うよ」と言って、メタルフレームの眼鏡の奥でウインクをした。一〇分後、間もなくパイプからスマート・ピグを取り出すことになる主任技術者デイブ・べネスは、これは単なるいつも通りの作業にすぎない、と言った。デニムのオーバーオールを着たこの大男は、自信ありげな口ひげとヤギひげをアリエスカのロゴ入り野球帽に隠すようにしていた。「こいつを引っ張り出したら、次のピグに備えるのさ」。頭の中がいっぱいな様子のネオギは口数が少なかった。

ピグ・レシーバーは斜面をちょっと上ったところの、イースト・メータリング・ビルディングと呼ばれる地味な茶褐色の倉庫の中にあった。建物の北側の壁には高いシャッター扉があって、その横に人間サイズの錆びたドアがあった。扉の外側には、「危険：頭上注意」と書かれた標識がガムテープで貼ってあり、その下にはあと二つ、「解放禁止」「ヘルメット着用」と書かれたものが貼ってあった。東側の壁には、床から三メートルくらいのところに、吹き溜まりからちょこんと顔を出しているオレンジ色の里程標が見えた。八〇〇マイル〔訳注：一二八七キロ〕と書いてあった。その内側、建物の中にパイプラインの終着点があるのだ。

午前九時五分、シャッター扉が開いた。建物の中にはいくつかの見慣れた機器があった。大きな黄色い天井クレーンと、赤い小型のガントリークレーン。その下にパイプの終点がある。THE ENDという言葉がステンシル文字で描かれている以外、パイプラインの終点は終点らしく見えない――細い支線が四本、そのパイプの末端から突き出ているからだ。そこから、このターミナルにある巨大な一八個のタンクへと原油が運ばれ、原油は斜面を降りたところにある係留所で、タンクから三〇〇メートル級のタンカーに積み込まれる。だが、ここがパイプラインの終点であることは確かなのだ。パイプの末端に付いている扉の前には、油吸収用の白くて長い布が何層にも重ねられ、コンクリートの床にテープで止め付けてあった。白いカーペットみたいなその布の横には、中にビニール袋を被せた黒いドラム缶が並んでいた。ピグに付着したロウを入れるためだ。ドラム缶は八個あった。床の下には、コンクリートで塗り固められたパイプのどこかにひっかかったままの、二〇一二年に吸い込まれてしまったピグの半分が眠っていた。このピグにはその後、セオドアという名前がついた。

午前九時一〇分、ネオギ、ワッソン、ギブスの三人が東側のドアから建物に入った。その一〇分後、ベネス他三人の技術者が、お揃いの茶色いオーバーオール、ヘルメット、爪先にスチールキャップの入ったブーツに手袋といういでたちで、シャッター扉から入ってきた。一人はポケットにレンチを突っ込み、もう一人は胸に無線機が固定されていた。ピグは一・六キロ圏内まで迫っていた。

それは二〇一三年四月九日のことだ。第一ポンプステーションをスマート・ピグが発進してから二六日目である。その間にバルディーズでは、二時間半近く日が長くなっていた。

## 最果ての終着点

ピグが到着したのは午前九時四七分だった。

最後にみながそのピグを目にしたとき、ピグは長さが約五メートルあった。それが押しつぶされたり圧縮されたりしていないか、誰にもわからなかった。ピグのレシービング・トラップは約一二メートルあったが、先端の一・八メートル部分はデッドレグだった。ピグを回収するには、トラップの一〇メートルの範囲内でピグを停止させるというのが技術者たちの計画だった。その部分には原油が流れる。ピグがそこで停止すれば、その周りを流れる原油を使ってピグからロウを洗い流せる。その後原油の流れを別方向にそらせてバルブを閉め、トラップの原油を排出し、トラップを開けてピグを引っ張り出す。トラップドアと、パイプの上流を向いた逆側の巨大なボール弁の間のスペースは大きくない。

ピグがゆっくり到着するように（二〇〇万ドルする機械をトラップドアに激突させたくはなかったのだ）、技術者たちは、建物の反対側にあるもう一つの仕切弁をゆっくりと開けた。仕切弁が開き始めるにつれ、ピグの背後にあった原油にはタンクに続く四本の支線に流れ込む別のルートができてそちらに流れ、ピグを前進させる原油の量が少なくなった。パイプラインの最後の三〇メートルを進むピグを追跡するのは簡単だった。ピグが通過すると、パイプの上に立てて並べたビスが倒れて落ちるからだ。受振器はピグの動く音を捉え、受信器がピグの送信機からの信号を受け取った。それから、ピグがボール弁を通過して、パイプの中にはまったもう一本のパイプのようなピグ・レシーバーの中に入ると、ピグの位置を特定するのは難しくなった。落ちるビスで判断することはもうできなかった――ピグのマグネットとパイプの上のビスは、五センチの鉄鋼で隔てられてしまったからだ。送信機からの信号も途絶えた。受振器からも何の情報も得られなかった。技術者たちは、仕切弁をもう少しだけ開けて、四分の一まで開いて原油が別方向に流れ、ピグが停止したところで止めた。ピグが正確にどこで停止したかは誰にもわからなかった。

ギブスは送信機からの信号をチェックしたが、信号は何も入ってこなかった。彼は目が見えなくなったような気持ちだった。何千というピグ・トラップを見てきた彼だが、こんなに難しいのは見たことがなかった。使える道具と言えば昔ながらのガウスメーターだけだった。ピグのマグネットが作る磁場を検知すると、前後二つのマグネットの列の中間で極性が切り替わり、ピグの停止位置が一・八メートルまで絞られた。測量士魂の抜けないワッソンも、プラスチック製の、ボーイスカウト用コンパスを使って同じことを調べた。二人は同じ結論に達した――ピグは、デッドレグよりもボール弁に近いところに停止している。ギブスはピグが完全にボール弁を通過していることはほぼ間違いないと思ったが、それを絶対確実にするためには、あと九〇センチピグを進ませる必要があった。「仕切弁からしっぽがはみ出ていたら困るからね」と、後で彼は説明した。それまで彼は、ピグの上に弁を閉めてしまったことは一度もなかったし、今回もそうするわけにはいかなかったから、慌てて判断したくなかったのだ。

ネオギもその考え方に同意し、ピグをもう少し前進させる方法を考えた。トンプソン・パスで原油を溜めさせて、それからそれを一気に流させたのである。

今度は十数名がかりでピグの位置を計測した。結論は全員一致だった――ピグは数メートル前進して、しっかりとレシーバーに収まっている。ギブスは、持ってきた赤いマーカーで、ピグのマグネットの中心にあたるところに短い縦の線を引いた。そこからメジャーテープで計ると、ピグ全体が完全にボール弁より内側にあることが確認できた。午前一一時一〇分、技術者たちは仕切弁を完全開放した。ネオギはこれでピグの姿が見えるものと思ったが、実際にはもう少し待たねばならなかった。昼食の時間になったのだ。

正午に技術者たちはレシーバーの両端の弁を閉め、中のピグを隔離した。それから建物のシャッター扉を閉め、換気装置を作動させて、レシービング・トラップの中の原油排出を開始した。何やかやで建物内には少なくとも一四人の作業員がいた。通常の二倍以上の数だ。バルディーズで働いている作業員は、トラップの原油を排出し、トラップの扉を開けてロウを除去し、それからまた扉を閉めるまでが仕事だった。トラップに入ったピグを持ち上げて移動させるのはベーカー・ヒューズ社の社員とクレーン作業員が担当した。ネオギ以下、完全性管理部のチームは、赤ん坊が生まれるのを待つ父親のように、邪魔なだけだった。だがこれは彼らのプロジェクトなのであり、だから彼らはそこにいたのだ。

一二時二五分、技術者たちは黄色いタイベックの防護スーツとガスマスクを装着した。一二時三〇分、一人がウインチワイヤーをトラップのドアに固定した。一二時五三分、彼らはドアに近づいた。一分後、ヨーク（継鉄）の上のボルトが回り出し、そしてヨークが開き始めた。

パイプの先端は、○から（○）になり、それからだんだんと（○）になって、○を引っ張り出す余地ができた。

一二時五八分、トレイのドアが少し開いて止まった。二人の技術者が懐中電灯でトラップの中を覗き、それからドアをさらに開けた。トレイ全体を引き出すには四分しかかからなかったが、それはひどく長く感じられた。

ネオギが、そして誰もがまず気づいたのは、ピグがロウに覆われていないということだった。「今まで見た中で一番きれいなピグ」だったと後日彼は言った。取り除かれたロウは五カップ――五バレルではない――にすぎなかった。手前のドラム缶が空のまま片付けられた。技術者たちはひざまずいてボロ布でピグを拭いた。

一方ギブスはより綿密にピグを調べていた。一見したところピグに貨物列車と衝突した様子がないことに彼は安堵した。どこも壊れていないようだった。だがよく見ると、センサーヘッドが七つ壊れていることがわかった。よくあることだと彼は言ったが、やはりがっかりした。ピグのお尻には青いライトが点滅していた。朗報だ——ピグはまだデータを記録し続けていたのである。走行距離計の車輪が四つとも残っているのも朗報だった。ギブスの見たところ、なくなっているパーツはなかった。だが三〇分後、フローティングリング——センサーのアームが装着されている、アルミニウムの二つの部品からなる高価なパーツが、自転車の車輪のようにグニャリと曲がっているのが見つかった。そのためピグのセンサーの半分は、軸方向に並んでいなかった。ギブスは当惑し、「見たことのない損傷」だと言った。

ピグの清掃が終わると、技術者たちはピグにラチェットストラップを回して固定し、それを天井クレーンに装着した。そして午後一時三九分、ピグを引き上げてトレイの上に置いた。ベーカー・ヒューズ社の社員はすぐさまデータを取り出しにかかった。作業チームのリーダー、アレーホ・ポラスという名の陽気なコロンビア人がピグにケーブルを挿した。誰かが空のドラム缶に蓋をし、ポラスはその上に自分のラップトップを置いて一・八メートルのケーブルの逆の端をつなぎ、四〇〇ギガバイトのデータをダウンロードし始めた。そして待った。数日ぶりに太陽が顔を出したが、誰もそれに気づかなかった。ターミナルの作業員たちはトラップドアを閉めるのに忙しかったのだ。

ネオギと彼のチームはホテルに戻った。ほとんどは昼寝をしたが、夕食時にはまだ、疲れ果てているように見えた。ネオギは熱いシャワーを浴びてからやっと、①今朝は五時に目が覚めたし、②ヘトヘトである、と白状した。その夜、食事とビールのおかげで彼らは元気を取り戻したが、本当に彼らを生き返らせたのは誇りだった。ワッソンは、この検査の期間中、アリエスカ社の社員や契約業者に何の事故も事件も（スピード違反一件を除き）なかったこと、交通事故も、けがもなかったことが嬉しくてたまらなかった。アティガン・パスの南側で好天に恵まれたのもよかった、と彼は言った。ビールを飲みながら彼はなんとか夜中過ぎまで起きていた。一方、祝杯にすら手を付けなかったネオギは、この長く困難なピグ検査で自分のチームが一丸になったことを誇らしく思った。「チームスポーツみたいに、僕たち全員が一つのことに集中していたんですよ」と彼は後で言った。おかげで彼は感傷的になっていた。また、アリエスカ社とベーカー・ヒューズ社の協力も誇らしかったし、この業界が、一人のオペレーターが必要とするものを感じ取り、求める機材がオペレーターに与えられたということをありがたく思った。その夜遅く、煙草の煙が立ち込めるバーで、スーパー・デイブ・ブラウンは椅子にゆったりともたれかかり、黒い野球帽を脱いで頭を拭くともう一度被り直し、バドワイザーの瓶をつかむと、今回のピグ検査を最後に引退するという噂を否定した。「そりゃ、もう二度とやらないとは言ったよ」と彼は言った――「でももう一回やってもいいね」。

ポラスがデータのダウンロードを終えたのは午前二時だった。彼はそれを黒いハードドライブに保存して、バルディーズの街なかの、マット・コグランが泊まっているホテルの部屋に届けた。それからターミナルに戻って、別のハードドライブにバックアップファイルをダウンロードし始めた。椅子で眠ってしまったが、ときどき目を覚ましてダウンロードが進行していることを確認した。

翌朝早く、この一か月で六〇〇〇キロ運転しているデイブ・ブラウンは、車でアンカレッジに戻り、そこから自宅のあるソルドトナに戻って、二か月ばかりのんびりした。ポラスは午前一〇時にバックアップのダウンロードを終えた。彼はバックアップコピーを自分のバックパックに入れ、そのバックパックからは決して目を離さなかった。オリジナルデータはまだピグの中に残っていたが、ポラスは念には念を入れたのだ。

午後、晴れてきた頃、ベン・ワッソンが――彼はこの一か月間というもの、夜が明ける数時間前には起き、時間が許すときにちょこちょこと仮眠をとるだけだった――バルディーズを発ち、二週間のハワイ旅行に出かけた。

ベーカー・ヒューズ社のチームは木曜日の朝出発したが、デヴィン・ギブスはその前にターミナルに戻って、ピグ・レシーバーに彼がつけた赤いマークを名刺くらいの大きさのカナダ国旗に変貌させた。彼はこれまでもこうやって、オーストラリア以外すべての大陸でパイプラインに自分のマークをつけてきたのだ。ポラスは飛行場で、そのデータを収集するのがどれほど大変なことだったかなどついぞ知らないX線検査機のオペレーターに、そのハードドライブは「非常に慎重に扱うべき」ものだと言った。その後、名無しのスマート・ピグは梱包され、トラックに載せられてカルガリーに帰って行った。

マット・コグランは木曜の朝に最初の分析を終え、バスカー・ネオギに、ピグがパイプラインの九八％からデータを収集したことを報告し、近年のアリエスカ社のピグ検査の中ではまさにダントツの成績だと言った。「僕たちは何があっても逃げませんでしたからね。これまで最高の仕事ですよ」とネオギは言った。アリエスカ社の最高経営責任者からはおめでとうという言葉があった。ネオギはいくらかホッとしたものの、トンプソン・パスでスラックラインにぶつかったとき、ピグが数メートル跳ね返ったことがわかった。そして、おそらくこれがセンサーヘッドとフローティングリングが壊れた原因だろうと考えた。自ら認める完璧主義者であるネオギは、この問題を解決したかった——二〇一六年には完璧な検査をしたかったのだ。再検査の必要性はまったくないと宣言するにはまだ一か月かかったし、収集したデータの有効性を検証して、最終的に今回の検査がうまくいったと言えるのは一年先のことだったが、それでも彼は上司にEメールで、この検査が「成功」だったと伝えたのだった。「スポーツの良さはここなんですよ」と彼は言った。「開始時間と終了時間がはっきりしていて、どっちが勝ったかが明白でしょう。パイプラインの検査ではそうはいかないんです」

ネオギは木曜の午後までバルディーズを離れなかった。ハワイ旅行も予定になかった。それからの数週間を彼は、プログラマーを雇ったり、PHMSAの査察に備えたり、四か月後のベーカー・ヒューズ社の分析をチェックしにカルガリーに行ったりして過ごすのだ。エンブリッジやBPやエクソンモービル、それにサンブルーノなど、各社が各地で起こしている事故をTAPSでは起こさないために、アリエスカ社が続く数年間にパイプを掘り起こして約四〇〇〇万ドルにおよぶ補修作業を行わなくてはならないのはどこなのか。ベーカー・ヒューズ社の分析結果によってそれが決まるのである。そのパイプラインの完全性を管理するのが彼の仕事であり、その責任は、彼が南国で休暇を取ることを許さない。彼の水槽をピグで清掃する時間を見つけるのがせいぜいだろう。だがその前に、この最果ての街でただ一人、二日酔いでもなければコーヒーの飲み過ぎで目をギラギラさせてもおらず、煙草の臭いをプンプンさせてもいない、そして釣りにもスキーにも皆目興味のない男、ネオギは、バナナをかじり、周りで除雪車が雪を掻く音を聞きながらホテルの部屋にこもっていた。データが届くのを待っていたのだ。

＊1——アメリカ全土で見ると、パイプライン破裂の原因には、除雪車、荷船、ゼロヨンの車、暴走した馬、タグボート、コンクリートミキサー車、空軍の戦闘機なども挙げられる。溶接工、建設作業員、それに新しいパイプライン

を敷設中の作業員が破裂の原因になった例もある。

＊2――ただし、TAPSが一度も漏洩していないわけではない。一九七九年六月一〇日と一五日にパイプラインの沈下が原因で起こった二度の漏洩事故にちなみ、アリエスカ社の社員たちは六月の第二週を「漏洩ウィーク」と呼ぶ。アリエスカ社の完全性マネージャーは、毎年必ずこの週に休暇をとる。

＊3――ASMEが開発した、B31Gと呼ばれる破裂圧力計算式は、計算式というよりもチャートであり、特定の直径と厚さの管について、耐えられる傷の深さを明らかにしたもの。たとえばTAPSの場合、表面についた深さ〇・七六ミリの傷は、長さが六〇センチ以下ならば危険はない。深さが二・五ミリなら、長さが三〇センチ以内であれば危険には至らない。

＊4――そのためパイプラインの運営会社は、作業員を雇ってパイプラインに沿って歩かせ、ガス漏れの兆候がないか、付近の植生を調査したり、あるいは漏れを嗅ぎ分ける犬を使って、何か異常な臭いを嗅いだら吠えて知らせるようにした。

＊5――PHMSAの規制官は、現在はパイプラインの完全性検査に漏洩磁束方式ピグと超音波ピグの両方を使うことを好む。この二つを組み合わせれば死角がなくなるからだ。

# 第10章　暮らしの中の防錆用品

## 防錆剤専門店

「ラスト・ストア」の店主、ジョン・カルモナは、僕にこう言ったことがある。「世の中にはさ、『俺が持ってるこれ、なかなか調子良いから、ちゃんと手入れしよう』って考える人たちがいる。俺がこの店を開いたのもそういう考え方だね。俺は物を修理したいんだ」。彼がラスト・ストアを開店したのは二〇〇五年の一月である。三〇歳のときだった。最初の数か月は、ウィスコンシン州フィッチバーグの自宅が店だった。商品はガレージの棚二つに並べられ、彼は折りたたみ式の小さなテーブルで梱包作業をして、UPS〔訳注：米国最大の小口貨物輸送会社〕が家の前のポーチに荷物を取りに来た。その頃彼が売っていた商品は四種類のみ、ボーシールド・ラスト・フリー、ボーシールドT－9、エバポラスト（サイズは二種類）、それにサンドフレックス・ラスト・イレイサー（目の粗さ三種類）だ。商売はすぐに軌道に乗り、彼は街なかの事務所に移った。六か月のうちに、商品目録は二五種類になり（現在ホーム・デポ〔訳注：アメリカの大規模DIY用品店チェーン〕で売っている商品より多い）、もっとスペースが必要になった。ラスト・ストアはマディソンの建物に移り、数年後にはさらに大きな建物に移った。さらに数年、ビジネスは急成長を続けた。二〇一二年の春、カルモナはマディソンの外れにある工業団地の、九三〇平方メートルにおよぶ倉庫に引っ越した。彼は今その店で、工具、自動車、ボートなど、それぞれのニーズに合わせた二五〇種類以上の防錆《ぼうせい》製品を販売している。従業員は妻を入れて六人だ。彼はアメリカンフットボール絡みの製品も販売しているのだが、防錆製品の需要のほうがはるかに安定しているそうである。

「防錆製品の市場は、ある意味では小さくて狭い範囲のものとも言えるし、別の意味では範囲が広くてデカいとも言える。需要はものすごくいろいろなところにあるんだ」と彼は言う。彼の声は物柔らかだが、言いかけた文章を途中でやめる癖があり、頭に戻って初めから言い直すのだが、それがのんびりしている。言葉を途中で途切らせては、律儀にもう一度言い直すのだ。興奮体質ではないのだが、なんと言うか、ゆっくりとした過剰反応を示すのである。気が小さいようにも見えるし、何かに困惑しているようにも見える。おそらくは後者だ。「電話がかかってきたとき、相手がどんな問題を抱えているのかはまったくわからないんだよ——錆《さ》びているのは小さなものかもしれないし、建物の壁面全体かもしれない」。彼はよく、問題を診断するため、客の言葉を遮って質問する。錆《さび》を除去したいんですか、それとも予防したいんですか？　そのパーツには潤滑油が必要ですか？　屋外ですか、屋内ですか？　大きさは？　コーティングは薄いのがいいですか、厚いのがいいですか？　見た目は重要ですか？

「錆っていうのは……」と言って彼の言葉が途切れた。「具体的な解決法はあまりないんだよ」。だが彼は自分の商品のことを知っているし、客の役に立とうと努めているのだ。

長身で痩せぎす、ヤギひげを生やしたカルモナは、ウィスコンシン州立大学で経営管理を学んだ。大学を出ると、Gempler'sという会社でマーケティングの仕事をした。農業用の消耗品をカタログ販売する中西部の大きな会社だ。だがインターネットがブームになると、彼はオンラインでの商売に鞍替えしたのである。最初に彼が錆に興味を持ったのは、彼の二つの趣味が原因だった——車の修理と木工だ。自動車が錆びるということに関して言えば、ウィスコンシン州ならそれはあって当たり前だと思っていた（想像するに、彼はフォード車を修理していたのだろう）。そのうち、彼の目地棒とテーブルソーが錆び始めた。「俺の趣味が二つとも錆を相手にしなきゃならないなら、錆はその他の、俺が聞いたこともないところにもあるに違いないと思ったんだ」と彼は言った。両親——父親は空調設備の設計士、母親は主婦だった——はどちらも器用ではなかった。だからカルモナは自力でいろいろ調べたのである。

僕が初めてカルモナに電話したのは、二〇一一年のスーパーボウルの一週間前だった。錆関係の質問をいろいろ並べた僕のEメールを読んだか、と僕は尋ねた。読んだが、チーズヘッド〔訳注：チーズの形をした帽子〕を売るのに忙しくていろいろ手が回らないんだ、と彼は言った。生まれてこの方こんなに忙しかったことはないよ、とも言った。僕は一瞬、いったいチーズヘッドが錆と何の関係があるんだろう、と思った。ホーム・デポにだってチーズヘッドは売っていない。

カルモナの説明はこうだった。ラスト・ストアの他に、彼は「ウィスコンシン・グッズ」という名前の店も持っていて、ウィスコンシン州をテーマにした各種アイテムを売っており、チーズヘッドという帽子（オリジナルは一個一八ドル五〇セント、ソンブレロ型は二〇ドル）もその一つなのだ。「いわば生きがいでね」と彼は言った。一一種類のチーズヘッドの他、チーズヘッドTシャツ、チーズヘッドの本やバックミラーに下げる飾りなどが並んだウィスコンシン・グッズのウェブサイトを見れば、それは明らかだ。「爆発的に売れててさ」とカルモナは続けた。そして、全国的にチーズヘッドが不足しているおかげで困っており、全部の仕入元の倉庫に残っているありったけのチーズヘッドを掻き集めようとしているのだと説明した。グリーンベイ・パッカーズ〔訳注：ウィスコンシン州グリーンベイに本拠を置くアメリカンフットボールのチーム〕が出場するスーパーボウルまでに間に合わせなければならないのだ。彼の車にはチーズヘッドが一〇〇個しか積めない——「めっちゃくちゃかさばるんだよ」——ので、トレーラーを借りてミルウォーキーまで行ったりもした。ところが今、中西部を襲った記録的な吹雪による六〇センチの積雪と強風でアメリカの飛行機便の五分の一が欠航し、彼も身動きが取れなくなるおそれがあった。

ラスト・ストアのほうがずっと売上は大きいが、幸いなことに今はそちらは忙しくないのだ、冬だしね、と彼は言った。冬の間は、ラスト・ストアへの注文はおもに南東部の州からのものだ。残りの州の霜が溶けるまでカルモナは、チーズヘッドの他、砥石や毛糸の靴下やマドラー（カクテルの中のフルーツを潰すための、小さな木製の棒）、ビールハット（ビールの段ボール箱でできたソンブレロ）などを売るのに忙しい。暖かくなると、鉄製のフライパンが錆びてしまった年長のご婦人やアラスカ州ノーススロープ郡の石油掘削作業員に防錆用の化学薬品を売る。この中西部の変わり者の起業家は、実に興味深い人生を送っているのである。

## 一般家庭の錆

ホーム・デポではシンシア・カスティーヨが錆の専門家だ。ニューハンプシャー州で器用な父親の元に生まれた器用な彼女は、この二〇年、あちらこちらのホーム・

ウィスコンシン州マディソンにあるラスト・ストアの店主ジョン・カルモナは、製品調査に使うために、錆びたものを収集している。(撮影：コリーン・カルモナ、写真提供：ラスト・ストア)

デポで働いている。大学時代にサンディエゴ店の塗料売り場で働いたのを皮切りに、やがて部門の責任者になり、店長のアシスタントになり、店長になった。それから地区を統括し、サンフランシスコのベイ・エリアにいつくかの店舗を開店した。夫と知り合ったのも、ホーム・デポの建材部門に勤めていたときだ。現在は、正式にはストア・サポートセンターと呼ばれるアトランタの本部で、全国の店舗用に塗料を仕入れている。何万もあるSKU（最小管理単位）を管理するため、ホーム・デポには仕入れ担当の人間が一五〇名以上働いている。カスティーヨの担当はそのうち、ステイン、ペンキ、下塗り剤、防水剤、溶剤、洗浄剤、錆転換剤、それに錆取り剤など約四〇〇のSKUで、彼女はこれらの製品を二〇〇九年から管理しているのである。僕がアトランタで彼女に会ったのはクリスマスまで数日という雨の日で、彼女は朝五時半から起きていたが元気が良かった。

「カーペットにも、タイルにも、カーテンにも詳しいわよ」と彼女は僕に言った。「だって覚えるのよ、それが商売なんだもの、家の修繕と維持がね」。彼女はキッチンのこともよく知っている。そして、アメリカ人の錆に関する習慣についても。

カスティーヨが思うに、錆への対応の仕方はメイソン・ディクソン線〔訳注：ペンシルバニア州、デラウェア州と、メリーランド州、ウェストバージニア州との間の州境の一部を定める境界線で、アメリカの北部と南部とを隔てる境界と認識されている〕を境にして二つに分かれている。そこより北ではアメリカ人はとにかくやたら塗料を塗る。「始終塗料を塗ってるのよ、塗料で隠しているの」。メイソン・ディクソン線の南に暮らすアメリカ人は、錆を取り除いて、ついてしまった染みをきれいにするのに忙しい。「錆はどこにでもあるの」と彼女は言った。「どんな都市にも、町にも、どんな家にもね。気がつかないかもしれないけど、外壁の裏側には何かしらの錆があるわ」。人々が錆を容認する程度もさまざまだという。バイクの手入れをしている男たちは錆を嫌がるが、錆ついた納屋の持ち主はそれを嫌がる様子はないし、むしろ錆の風情を好んだりする。カスティーヨ自身は錆を見たくない——特に、庭のプールを囲むコンクリートには。

「錆を隠そうとして上からプライマーを塗る人も多いわ」と彼女が言った。「錆を除去しないかぎり、普通はまた錆びてしまうけど、みんな錆を掃除するのが嫌だし手間がかかるからプライマーを使うのよ。少しの間はそれでいいの。お客さんの中には、ちゃんとした手順で作業しない人がいるの。急いでいるから。だから私たちが説明しないといけないのよ、どういうリスクがあるかをね。スミスさん、錆を取り除かないで下塗り剤やペンキを塗っただけでは、また錆びますよ、って」。フィル・ラーリグ〔訳注：第7章参照〕と気が合いそうな口ぶりだった。

カスティーヨは、「うちの従業員はそのための訓練を受けているの。お客さんにそれを説明しないと、六か月後に、塗料で覆ったはずの錆の汚れが見事に戻ってきてしまってがっかりするから」と言った。

ホーム・デポが販売する錆関係の製品は三種類に分かれる。防錆剤、錆転換剤、そして錆取り剤だ。すべての製品が全店に揃っているわけではない。たとえば「コロシール」という製品は、フロリダ州や五大湖地域などの「臨海地帯」の店には置いてあるがカンザス州では販売していない。店内で錆関連製品を置いてある位置もいろいろだ。僕は、本部から道路を挟んだところにある一二一号店（ホーム・デポにはアメリカ国内に二〇〇〇近い店舗がある）で、カスティーヨに錆関連製品の売り場がどこにあるかを見せてもらうことにした。

どこの店舗でも、店に入る前にカスティーヨは必ず、販売員がみんな着けているオレンジ色のエプロンを着ける。赤いマニキュアをして指輪をいくつもはめ、派手な眼鏡をかけた彼女には、オレンジ色のエプロンはよく似合った。エプロンの前面には「こんにちは、シンシアです。お客様を何より大切にします」と白文字で書かれている。賑やかだ。店そのものも賑やかである。クリスマスが近いので、雪の結晶やらスヌーピーやらトナカイやらが天井からぶら下がっている。入り口付近では、ティンセル、リース、籠に盛られた松ぼっくりや木の実、くるみ割り、プラスチック製のサンタクロースや雪だるまなどが客を手招きしていた。カスティーヨは、グリル、ポインセチア、オレンジ色の二〇リットル用バケツ、一・二メートル四方のパレットに積まれたアトランタ・ファルコンズ〔訳注：ジョージア州アトランタに本拠を置くアメリカンフットボールのチーム〕のロゴの入った粘着テープ（一〇メートル巻、六・九七ドル）の横を通り過ぎた。ガタガタと、一台の台車がブザーを鳴らしながら走っていった。拡声機から電話の鳴る音が聞こえた。店内は混み合っていた——クリスマスが近いことに加え、塗装シーズン、つまり春がそこまでやってきているからだ。

カスティーヨはまっすぐに、四七番と番号がふられた塗料売り場に行って錆関連製品を探した。さまざまなスプレー缶や、缶入り、袋入り、瓶詰めの化学薬品の数々が並んだセクションの前で彼女は足を止めた。油汚れ、表面にこびりついた汚れ、落書き、ベトベトした汚れ、チューインガム、接着剤、泥、液だれ、樹液、染み、汚点、擦れ傷、「頑固な汚れ」、カビなどの厄介物に対処するための製品だ。だが、数ある製品のうち錆用のものは四品しかなく、しかもその全部が腰の高さから下の、壁紙剝がしが置いてあるような位置にあり、埃にまみれている。カスティーヨは二つ隣の売り場の、塗装用マスキングテープの棚と水漏れ防止用パテの棚の間にある接着剤の棚に僕を連れて行った。瞬間接着剤、木工用接着剤、合成接着剤、普通の万能ボンドなどの下に、錆落とし剤と錆中和剤がそれぞれ一種類ずつ、やはり手を伸ばしにくく見過ごしやすい高さの棚に並んでいた。僕がカスティーヨに、変わった場所にありますねと言うと、彼女は驚いた様子だった。

カスティーヨは、同僚の仕入れ担当者たちや重役たちに一目置かれる存在である。隔週で行われるミーティングではしょっちゅう新製品を見せびらかす。材木部門――二〇一二年に販売されているツーバイフォー材は、二〇〇二年のものと同じである――とはわけが違うのだ。だから、カスティーヨが仕入れたニッチ製品が売り場のどこに並ぶか、彼女自身もわからなくなることも多い。少なくとも、僕が店に行った日はそうだった。店にある他の錆関連製品を探そうとして、彼女は電気製品売り場の店員に――オレンジ色のエプロンが別のオレンジ色のエプロンに――助けを求めることにした。「錆取り剤はある？」と彼女は訊いた。

その店員は、一四番売り場（金物売り場）に僕たちを連れて行き、ツールベルトの棚と溶接用品の棚の間で立ち止まって、並んでいる潤滑スプレーを眺め、それから「ないみたいだね」と言った。ただし、さまざまな潤滑剤の中に、錆や腐食を防ぐ、あるいは錆に染み込んで除去する、とうたっている商品が七つあった。カスティーヨは、他にもどこかに隠れている商品があるような気がして三三番売り場（流し台、シャワー、風呂、トイレ売り場）に錆落としを探しに行った。多くの客がそうであるように、彼女も自分が探しているものを見つけることができなかった。再びオレンジ色のエプロンをつけた別の店員に助けを求めると、三七番売り場（キッチン用品売り場）に行けと言われた。そこには数種類の洗浄剤があったが、どれも錆用のものではなかった。

僕は、錆関連製品が、埃まみれで見捨てられたような棚ではなく、電池やダクトテープやテープメジャーが置いてある、売り場の中でも目立つ位置に置かれることはあるのか、と訊いてみた。カスティーヨは、そんな例は聞いたことがない、と答えた。

## 防錆詐欺

錆関連製品の中には、市場で人気商品になる前に、連邦取引委員会の指示で変更を加えられたものもあるし、棚（埃まみれかどうかにかかわらず）から完全に撤収されたものもある。エンジンオイル添加剤の二製品については、連邦取引委員会から製造会社に、この製品を使うとエンジンの腐食が減少する、という嘘の宣伝をするなと通達があった。最も有名なのは、ペンシルバニア州のデイヴィッド・マックレディが六〇〇ドルで販売した自動車用カソード防食システムだ。彼はこのシステムをラストバスターと名付けたが、ダストバスター〔訳注：小型コードレス掃除機の商品名〕の製造会社が彼を告訴したため、名称を、ラストイベーダー、エレクトロ・イメージ、そしてエコ・ガードと変えていった。これは、車のバッテリーに二つの陽極を接続するものだった。一九九〇年代になると防食技術者たちは、ラストイベーダーが車の腐食を防ぐ、あるいは大幅に減少させるというマックレディの主張を否定し始めた。マックレディは強硬な手段で抵抗した。オクラホマ大学で教鞭を執る防食技術者が公に彼の製品を否定したことに対し、彼は大学の学長宛に手紙を書き、学長が教授を黙らせたのだ。これと同じことが、ケース・ウェスタン・リザーブ大学でも繰り返された。

テキサス・インスツルメンツ社では、ロバート・バボイアンが調査を開始し、いくつかの実験を行った。自分の研究所で、自動車のドアに引っ掻き傷をつけ、うち半分にラストイベーダーを接続したのである。彼はそのドアを研究所の屋上とノースカロライナ州の海岸に置いた。後日ドアを調べると、このシステムを接続してもしなくても、ドアの錆び具合は同じだった。GMもフォード社も同じ実験を、デトロイトの性能試験場で、自動車を丸ごと使って行った。ラストイベーダーの効果はなかった。バボイアンはこの結果を公表した。

「効果はなかったよ」と、当時を思い出して彼は言った。「本当のところ、詐欺だったね。まったくの詐欺だ。ひどいもんだったよ」。ラストイベーダーの陽極は電圧があまりにも低く、車全体どころか、鉄鋼を保護できるのはほんの数センチ四方だった。「この製品が機能するためには、車のいたるところに、数センチおきに陽極を並べなきゃならん」――水中に住み、水中を運転するなら別だが、と彼は言った。マックレディはテキサス・インスツルメンツ社の社長に手紙を書き、バボイアンは何もわかっていないと主張した。だがテキサス・インスツルメンツ社はバボイアンの味方をした。

一九九五年、消費者からの苦情について検討し、バボイアンの話を聞いた後、連邦取引委員会が調査に乗り出した。この件を担当した連邦取引委員会の弁護士、マイケル・ミルグロムは、「マックレディたちは、製品のデモンストレーションを水槽の中でするんですよ」と説明した。「車で成功した例があるのか、と訊いたんですがね」。連邦取引委員会はマックレディを虚偽広告の容疑で訴えた。マックレディが容疑を否認すると、連邦取引委員会は起訴の準備に入った。彼らは科学的証拠を持っていたのだ。バボイアンは言う――「口先だけで言っていたんじゃないんだよ。具体的なデータがあったんだ」。連邦政府機関はマックレディに、彼の主張を裏付けるどんな証拠があるのかと訊いた。

マックレディはその質問に答えなかった。四月になると、民事罰則および罰金を恐れたマックレディが折れて和解に応じた。その夏、連邦取引委員会はマックレディに、ラストイベーダーが車の腐食を防ぐ、あるいは大幅に減少させるという宣伝をいかなる形でもしないこと、また、本当の、適正で信頼の置ける科学的証拠のない主張を止めるよう命じた。その上で連邦取引委員会は、消費者への損害補償として、マックレディに二〇万ドルの罰金を言い渡した。連邦取引委員会は、五日以内にその罰金を支払うこと、またもしもそれまでに家を売ることができなかった場合、罰金の二〇%を即刻支払い、残りを六か月以内に支払うよう命じた。

その後マックレディは一度アリゾナ州に引っ越してからペンシルバニア州に舞い戻り、測時器具、つまり腕時計を販売し始めた。彼と妻は、DavosaとWest Watchというブランド名で、下は一四二ドルから上はその一〇倍の値段で腕時計を売っているのである。彼のウェブサイトによると、それはスイス製の時計で、アメリカ西部をイメージに、中国で製造されている、とある。マックレディはd. freemontと名乗り、立派な口ひげを生やし、最近自費出版した回顧録では自分について、「大学というところの目的や気取った態度が嫌い」で「堅苦しい教義や視野の狭さに対しては反抗的な性格」と言っている。回顧録はラストイベーダーのことには触れていない。

ようやくマックレディと連絡が取れたとき、僕は、その理由を尋ねた。彼は、それが彼の人生において重要ではないからだと答えた。連邦取引委員会の苦情は陰謀で、市場にあった競合製品はむしろ腐食を進ませたのだし、影響力のある政治家たちが自分を排除したがったのだ、と彼は言った。「俺は誰にもコントロールされたくないんだよ」。それから、そのことはもう考えるのも嫌だと言い、二度と電話するなと僕に言った。話を聞きたければ金を払えと。

電話を切って二五分後、彼のほうから僕に電話をかけてきた。「これは俺の人生のつらい時期だったんだ」と彼は言った。「胸焼けみたいなものだし、思い出したくない。非常に不愉快だね。連邦取引委員会とラストイベーダーだけじゃない、もっと大きな話なんだ」。それから、僕の本について幸運を祈ると言い、忙しいから、と言って電話を切った。

だがラストイベーダーは死んだわけではない。インドネシアでは、ネオ・ラストイベーダーという名前で今も生きているのである。八年間の保証がついてくる。ユーチューブには、なんとも言えず見事な会社紹介のビデオがあって、その嘘つきぶりはもはや別次元である。ビデオの中でこの製品は「アメリカ発の技術」だと称賛されている。僕がバボイアンにネオ・ラストイベーダーのことを伝えると彼は、「最近の車は腐食しないから誤魔化せるのさ。それを接続した人は、『これはすごい！』ってね。でもこの製品を使わなくたって、結果は同じなんだよ」と言った。

## 商売の理由

ウィスコンシン州では、カルモナが今でもときどき、錆についてかかってくる電話の内容に驚かされていた。毎週のように、博物館のキュレーターやゴルフ場のメンテナンス責任者、インディアナポリス・コルツ〔訳注：インディアナ州インディアナポリスに本拠を置くアメリカンフットボールのチーム〕の試合が行われるルーカス・オイル・スタジアムの錆取りをしようとしている何某などから、妙なことを頼まれたり質問されたりするのである。道路から自宅ガレージまでの私道が鉄色の染みだらけの——「奥さんに責められて、なんとかしないと離婚されそうな」——男性からの電話に対応するときにはカルモナは冗談も言うが、それ以外は、なかなかに深刻な問題ばかりである。

「華やかな商売じゃないよ。ウチの客は、中間所得層かそれ以下が多い。億万長者は、普通は錆びついた物なんか持ってないからね。ウチの客はかなり現実的で、助けを求めてるんだ」。家の前の歩道から染みを取ったり、工具や車や家を修復するのに助けが必要なのだ。先日は、南北戦争で使われた水筒を復元しようとしている男性から電話があった。「文字通り、錆の塊みたいだったよ」とカルモナは言った。その修復の様子を紹介したビデオがユーチューブにあるが、本当にその通りだ。

オバマ大統領が就任して間もない二〇〇九年、銃の防食に関する電話が何本もあった。連邦捜査局が家にやってきて、銃器を徴収されるという噂が――少なくともある地域で――流れ、持っている銃を自宅の庭に埋めて、オバマの任期が終わるまでそのままにしておこうと考えた人が少なくなかったのだ。

そういう人たちはまず技術的なアドバイスが欲しかった。だからラスト・ストアに電話をしてきたのである。そういうとき、カルモナはそつのない対応をした。「ウチは政治的な助言はしないよ。でもこの場合は、庭に埋めるのはやめたほうがいい、と言うけどね」。それよりも金庫にしまっておくほうがいい、というのが彼の意見だった。そうは言いながらも彼は、銃身にはコーテックス社の防錆剤、CorrShield Extreme Outdoor の一一オンス入りエアゾール缶（二三ドル五一セント）を、潤滑油が塗られている部品には Lubricant & Rust Blocker（一〇ドル九九セント）を使い、銃をビニール袋に包んでから埋めるように、とアドバイスした（ちなみに大きな銃を持っている人、あるいは銃をたくさん持っている人には、コーテック社の製品は二〇リットル入りの容器でも売っている）。

「気に入っているピンクのシャツに錆の染みがついてしまったご婦人からEメールをもらったばかりだよ。他の製品を試してダメだったんで今度もうまくいくか疑っていたが、ウチの製品は保証付きだと言ったら渋々試してね。一週間後に、きれいに取れたとメールをくれたんだ。同じシャツをもう一枚買った後だったから、お気に入りのシャツが二枚になったってわけさ」。こういうことがあるとカルモナは嬉しくなる。彼はこう説明した――「ウチはロレックスを売ってるわけじゃない。ウチの製品がクリスマス・プレゼントのリストに載ることはないよ。四リットル入りの錆取り剤をもらっても興奮しないだろ」。だから彼は、人助けが重要だと思うのだ。アドバイスができるだけでも嬉しくなる。「誰の役にも立たないものが売れるより、正直でいたいんだ」。その一方で彼は、防錆製品を全国どこにでも、必要ならどんな手段を使ってでも送る。小規模な店舗に、五〇〇キログラム近い荷物を送ったこともある。受けた電話注文は何千にものぼる。「今じゃ、地図を見れば、たとえばテキサス州にもペンシルバニア州にも知ってる町があるよ」

　カルモナは錆が好きだ。錆びたものを蒐集《しゅうしゅう》し、買いもする。友人たちに、ガレージに眠っている錆びたものを持ってこいと言う。友人たちは言われた通り、錆びていなかったらどんなふうに見えるんだろうと思いながら、古いトラクターの部品を彼に譲る。カルモナは、錆への関心を高めようと、店のウェブサイトで「錆びたツール・コンテスト」を開いたりもした。そして錆びた品物を溜め込み、透明なプラスチックのケース二つに入れて倉庫の棚に置いてある。その中には、錆びたナットやボルトでいっぱいのコーヒー缶、滑車や古いノコギリ、それに彼が「本物の宝物」と呼ぶ、錆びたステンレス鋼などが含まれている。錆びたクロム鋼も探しているとろだ。「一九五〇年代の車にはみんなクロム鋼のパーツがあったもんだけどね。今じゃ錆びたクロム鋼はなかなか手に入らないよ。バイク乗りの友だちもいるが、俺がそいつのバイクで実験するのは嫌がるね」。彼は錆びたものを探しにガラクタ置き場に行くことは決してしない。それではあまりに容易で、ズルをしているも同然だ。その代わりに彼は、工具類――たとえばハンマーだとしよう――をガレージの前に一晩置いておき、ハンマーとコンクリートの地面から錆を取る練習をするのである。店の従業員も、ほとんどすべての販売製品について使い方を練習する。「何かから錆を取り除くたびに、一回一回、それだけ知識が増えるんだよ」と彼は言う。

　これはあくまでもNACE（全国防食技術者協会）の意見だが、彼らは赤錆（$Fe_2O_3$。またはヘマタイト）を取り除くにはアンモニア、塩酸、またはシュウ酸を薦める。黒錆（$Fe_3O_4$。またはマグネタイト）なら酢酸かクエン酸だ。だが、錆取りの方法は他にもいろいろある。「俺たちの商売を理解する人たちには二種類あるんだ」とカルモナは言う。「片方のグループは、錆を取るのは最高に素晴らしいアイデアだと言うし、もう片方の、錆とあまり縁がない人たちは、こんな馬鹿げたことは聞いたことがないと言う。ほら、都会のマンション暮らしをしていれば、錆で悩むことはないからね。だが田舎や農場で暮らしていたり、自動車の修理をしていたり、住んでるのが俺みたいにラストベルトだったり、海の近くだった場合……。というか、ウチにはアリゾナ州からの客はあまりいないよ」。彼は、アメリカで起こっている錆問題の大半は完全に予防が可能であると思っている。

　カルモナは、防錆性品の見本市「Corrosion 2012」にはブースを出さなかった。防食業界での彼の立ち位置は、大手企業のそれとは違うからだ。彼はいわば、防食業界のジョニー・アップルシード〔訳注：西部開拓時代の実在の人物で、開拓地一帯にリンゴの種をまいて歩いた〕なのであり、（インターネットを通して）防錆製品を売り歩くセールスマンなのだ。工具の修繕を職業とする人以外、彼の顧客はほとんどが一回きりの客である。広告もあまり打たない——必要があれば客のほうで彼を見つけるからだ。彼にはそのほうが都合がいい。製品のことに詳しい店員がいるハードウェア店などほとんどなく、製品のパッケージに書いてある説明書きを読めば事は済むと思っている店員ばかりで、何百種類もの防錆製品を置いている店などないこのご時世に、彼はこの市場でささやかながら安定した位置を確保している。「疑ってかかる客はたくさんいるし、それも当然だと思うよ」と彼は言う。「世の中にはガマの油売りが多いからね」

# 第11章 防食工学の未来

## 維持管理の重要性

ジョージア州アトランタのオグレソープ大学にある「国際タイムカプセル協会」は、未来について真剣である。彼らは、存在がわかっているすべてのタイムカプセルを詳細な登記簿に記録しており、タイムカプセルを趣味で作る人たちにも登記簿への記帳を推奨している。運命の手で歴史の闇に葬られてしまった、最も重要とされる九個のタイムカプセルを見つける手掛かりも探している。だが彼らの一番大事な仕事は、タイムカプセルを作る人たちに、中身の保存技術についての助言を与えることだ。彼らは、しっかりした頑丈なスチール製金庫の、湿度が低くて涼しい空間に保存物を入れるよう薦めている。詳しい話になると、彼らはAgeless Z100という製品を推奨する。これは酸素吸収剤で、保存力が最大限になる低酸素あるいは無酸素環境を作るのに使われる。札入れくらいの大きさの袋に入っていて、高価なものではない——なぜならそれはただ鉄くずが、「食べ物ではありません」と印刷された透過性の袋に入っているだけのものだからだ。これをタイムカプセルに入れておけば、鉄が確実に中の酸素と激しい反応を起こすので、同じ空間に閉じ込められた貴重な品々が酸素によるダメージを受けないで済む、というのがその考え方だ。こうして、意図してのことではないがAgeless Z100自体が歴史の遺物となる。なぜならば、五〇年、一〇〇年、五〇〇年、あるいは一〇〇〇年後に僕たちの子孫がタイムカプセルを開け、僕たちの文化、創造物、偉業を物語る記事や書類や記念の品々を目にするとき、そこにはまた、酸化鉄の入った小さな白い袋があるからだ。小さな袋入りの錆《さび》。彼らは僕たちについて他の何を学ぶよりもまず先に、酸素が僕たちの敵であったことを知るだろう。そして、錆が僕たちにとっての疫病神であったことを。

マサチューセッツ工科大学（ＭＩＴ）には、物品の長期保存について さらに真剣に考えている人たちがいる。コンセプチュアル・アーティストのトレヴァー・パグレンから、人類史上最も長い間存続するものを造る、というアイデアについて相談を受けたとき――それは、何らかの方法でタイムカプセルに収めた一〇〇枚の長期保存用写真を、地球同期衛星に取り付ける、というものだったが――、ＭＩＴナノ構造研究所の工学者たちは、シリコンの薄片に極小サイズの写真を刻みつけ、その薄片を、金めっきしたアルミニウムでできた一三センチ四方のディスクにはめ込むことにした。なぜ金が選ばれたかはもうおわかりのはずだ。

パグレンが「ザ・ラスト・ピクチャー」と名付けたこのアート作品には、自然の力を証言する数々の写真が含まれている――その中にはたとえば、テキサス州の平原の砂塵嵐、フロリダ湾の水上竜巻、日本を襲う台風、モンタナ州の氷河、マーベリック〔訳注：カリフォルニア州に起きる大波〕に乗るサーファーなどがある。その他、レオン・トロツキーの脳やヒーラ細胞、万里の長城、エッフェル塔、それに少なくとも二人、口ひげを生やした著名人の写真もある。このタイムカプセルは衛星「エコスター16」に搭載され、二〇一二年一一月に発射された。パグレンの計算では、このタイムカプセルは西暦四五億二〇一二年、太陽が崩壊するとされるときまで存在し続けるはずだ。

僕は、バージニア大学の教授で『腐食』誌の編集者でもあるジョン・スカリーに、防食業界の進歩の状況について尋ねた。彼はまず、こんな喩えから始めた。「知ってるかい？　一八五〇年代には、毎年五万人がボイラーの爆発のせいで死んだんだよ。その後、近代的な破壊力学が誕生したんだ」。防食もこれと同じ道を辿ったのだ、と彼は言った。「一〇〇年前は、腐食は神のなせる業だとされていた。今は自動車の塗装に一〇年の保証書が付いてくる。ＧＭは、この保証で大損をすることは決してない。なにしろ彼らは、ミシガン州で塗料が一〇年持つことを重々承知しているわけだからね。消費者は、安全寿命内の製品を使えるわけだ。エンジニアは、今じゃ正真正銘、怖いものなしの戦術を好きなだけ使える。昔は、防食の方法と言えば、これをしろ、これはするな、という事柄の羅列だった。経験則の一覧だよ。でも今は、科学的根拠に基づいている。他の分野に引けをとらないよ。腐食は神の仕業だったのが経験に基づいた理解に変貌した。医療分野のようにね」

だが、二〇一一年に全米科学アカデミーが発表し、スカリーも執筆に寄与した『Research Opportunities in Corrosion Science and Engineering（防食科学と工学における研究機会）』と題された報告書によれば、この分野はいまだに定義が不確かであり、十分な敬意が払われていない。個人的なコネで雇われた古株が、この分野の各組織に伝わる知識の多くを抱え込み、次の世代には遅々として伝わらない。NACE（全国防食技術者協会）が教えているような講座は、この業界の中核をなす技術者たちには届かない。だから腐食と戦っている技術者たちは、自分が何を知らないかがわかっていないのだ。彼らはいろいろあるこの分野の学術雑誌まで目が届かないし、もちろんNACEや電気化学会が開く技術研究シンポジウムにも出席しない。防食というのは非常に学際的な分野なので、技術者のほとんどは、研究の進化のほんの一端にさえついていくことができない。スカリーによれば、技術者の多くは遮眼帯をつけられた馬のようなものなのだ。そしてこの知識のギャップのおかげで、技術者たちは同じ過ちを何度も繰り返す。「私たちはまだ受け身なんだよ」と彼は言った。

技術者たちの間では、歳をとって健康に深刻な問題をきたした老人のジョークがある。この老人は括約筋に問題があり、痛みをとるために医師とエンジニアが協力して、上等な、そして高価な合金でできたインプラントを考案する。それがうまくいって、老人は寿命が一〇年延びる。彼の死後二〇〇年経って、研究者が彼の墓を掘り返すと、残っていたのは彼の肛門だけだった――。

これは、過度のスペックを持った設計についてのジョークである。この世の中には、一五万ドルもする、ステンレス鋼やプラチナクロム合金製の肛門など不要だ。無駄なのだ。

金めっきしたアルミニウムの宇宙用ディスクはさておき、誰か技術者に、「究極の物質」について訊いてみるといい。その人が正直なら、そんなものは存在しないと答えるだろう。僕たちは、何を作るときも、材質特性（強度、重量、延性）と人的な制約事項（費用、耐久性、建造や修復のしやすさ）を秤にかける。この二つの正しいバランスを見つけることが科学であり、アートなのだ。それが技術者の仕事なのである。技術者以外の成熟した人間がしなければならないのは、ありとあらゆるものに何から何までを期待するのをやめることだ。僕たちが、不完全なもの、非永続的なものを受け入れるならば、それを維持するのもつらくはなくなる。

それなのに僕たちは、橋やパイプラインのことよりも、自分の口ひげを潔癖なまでに手入れすることを好む。交換は高価すぎてできないのに、なぜか今あるものを維持管理するよりもそちらのほうに惹かれるのだ。バスカー・ネオギは、この問題はアメリカの文化に起因すると考えている。アメリカ人の「男らしさ」の定義が間違っている、というのだ。彼にとっての男らしさとは、戦闘力ではなく思考力のことである。

元防食業界の重鎮で、ダン・ダンマイアーに大学で防食を教えてはどうかと示唆したマイク・バーチは、この状況の原因はアメリカ人の軽率さにあると言う。「アメリカ社会はこれまでずっと軽率だったんだよ。金があればあるほど軽率だ」。あらゆるものは劣化するが、そのことによる被害は単に金銭的な損失だけではないと彼は言う。「私たちはこれ以上こんなことを続けるわけにはいかないんだ。子どもたちが飢えるのは非人道的だろう？　じゃあ橋が落ちて、バスに乗っていた子どもたちが死ぬのは非人道的じゃないのかい？　この二つは区別できないんだよ。維持管理は人道的な行為であり、同時に経済的でもあるんだ」。運動すれば肉体的にはより健康になれるが、歳をとるのは止めることができない、と彼は言う。「腐食の場合、時計を戻すことはできないが、止めることはできるんだよ」

僕たちの世界には今、かつてないほどに金属でできているものが多い。数字にすると、地球上の人間一人につき、過去最高の一八〇〇キログラムという鉄鋼がある計算になる。幾多の賢人たちが指摘してきたように、文明は、高みに登れば登るほど、凋落《ちょうらく》するときの差も大きい。人類の発展は、一種の狂気を示しているのではないのか？　アメリカの、維持保全に対するアプローチ、あるいはその不在は、僕たちの怠惰さ、いや、傲慢さを示しているのではないのだろうか？

## 学問としての防食

ロバート・バボイアンが一九五〇年代に防食に関する卒業論文を書いたとき、防食というのは、ロチェスター・インスティテュート・オブ・テクノロジー電気化学科課程のほんの一部にすぎなかった。技術系の学校はどこも同じ状況だった。機械技師に、防食について誰に訊けばいいかと尋ねれば、土木技師を指差すだろう。土木技師は化学技師に、化学技師は材料技術者に、材料技術者は電気技師に、そして電気技師は機械技師に訊けと言い、振り出しに戻る。この数十年、ずっとそんな状況だ。

ほとんどの技術者にとって、防食に未来はない。明るい未来が待っているのは、ナノ工学であり、遺伝子工学であり、材料工学であり、微生物工学なのだ。

コロラド大学で長いこと土木工学を教えているベルナール・アマデイにとって、これはあまりにも情けない状況だ。アマデイは全米技術アカデミーの会員であり、フーバー・メダルとハインツ・アウォードの両方を受賞、二〇一二年には国務長官ヒラリー・クリントンの「科学特使」に任命されている。レンガ職人を父に持ち、際立って実務主義的な彼は、アメリカの工学教育は完全な失敗であり、それは現代における工学がゆがんでいるからだ、と主張する。僕たちは存在しない問題を解決しようとし、存在する問題は無視している、と彼は言う。正しい設計を行わず、断片的にプロジェクトに金をばら撒いているだけだと言うのである。アマデイは、アメリカ人が持つ創意工夫の力を堅く信じてはいるものの、僕たち――人類、という意味だが――には根本的な欠陥があると言う。そして、工学教育の現状が問題を大きくしている。「たとえばコロラド大学ボールダー校では、生徒は『コンクリート1』『コンクリート2』『コンクリート3』という講義をとって社会に出ても、コンクリートの混ぜ方も知らないんだ！　さあね、知らないよ！　ってね！　ひどいもんだよ！　いわばヴァーチャル技術者だ、現実を見失っているよ」

彼はさらに続けた。「同僚はいまだに一九五〇年代みたいな教え方をする。従来の工学というのは力ずくの工学だ。あの川をダムで塞き止めよう。運河を掘れ。うまくいかないならもっと頑張ればいい……。土木技師は、大きなものを作ればいいと思っている。俺のタワーのほうがお前のタワーよりデカいぞ、ってね」。アメリカのインフラストラクチャーの状態に米国土木学会が落第点をつけたことを考えると、こういうやり方は「技術的な意味での不毛の地」であると彼は言う。その証拠として、彼は最近列車で移動したときのことを挙げた。一時間半の旅程でアセラ特急に乗ったのだが、それが一時間半遅延したのだ。彼はアムトラック社に苦情の手紙を書き、運賃を返金させた。

工学を学ぶ学生たちに再び現実を思い出してもらい、良心を持ってもらうため、アマデイは「国境なきエンジニア（Engineers Without Borders）」という組織を創設した。現在、一万二〇〇〇人の会員が、四五か国で四〇〇以上のプロジェクト――そのほとんどは、水、あるいは公衆衛生に関係するものだが――に携わっている。たとえば彼は、モンタナ州のクロウ族居留地で、そこで産出される粘土を使って軽量コンクリートブロックを作る会社を立ち上げた。アフガニスタンでは、紙のゴミから燃料を作る会社を始めた。イスラエルでは、ベドウィンの人々に、再生可能エネルギーを使ってチーズを作る方法を教えた。

アマデイは、工学を教える学校についても再考中だ。彼がこれまで見てきた中で一番優れた工学教育課程を持っているのは、自分が教えるコロラド大学でも、スタンフォード大学でも、マサチューセッツ工科大学でもなく、ルワンダのKIT、つまりキガリ・インスティテュート・オブ・サイエンス&テクノロジー〔訳注：現在はルワンダ国立大学〕である、と彼は言う。二〇〇四年に始まった教程だ。そこで学ぶ工学生は全員、まず、どこかの村に三か月滞在する。滞在を終えて大学の授業に出ると、その村が抱える問題を解決するために彼らには何ができるか、と訊かれる。続く三年間、夏になるとそれを繰り返す。そして、そのコミュニティの状況を改善するために何をしたかを示さなければ卒業資格はもらえない。

こういうアプローチにアマデイは感嘆する。「素晴らしい可能性があると思うね」と彼は言った。「今までとは違う選手たちが競い合う新しい競技には、これまでとは別のマインドセットが必要なんだ」。彼は、「工学そのものを設計し直す」ことに着手したくてウズウズしている。そのためにはまず、工学の学生がもっと広い分野の講義をとるよう主張することから始めるつもりだ。なぜなら、アメリカの工学教育はその基礎が狭すぎ、専門家ばかりを輩出することが問題だと思うからである。工学を教える大学の数は減らし、職業訓練校をもっと増やしたほうがいい、と彼は思っている。また、工学を学ぶ学生を増やして、現在アメリカの人口の〇・五％にすぎない技術者、特に女性技術者の数を増やす努力も支援したい。

ジョン・スカリー、ルス・マリーナ・カージェ（NASAの防食部長）、ポール・ヴィルマーニ（運輸省が二〇〇一年に行った、腐食による損害額の調査報告の執筆者）、そしてダン・ダンマイアーも、現在の状況に対して同様の意見である。前述した二〇一一年の全米科学アカデミーによる報告書には彼ら全員が協力しているが、その中で、防食教育はアメリカにとっての大きな懸念であるとしている。そこには、たとえば典型的な工学課程では、「学生が防食にまつわる問題について学ぶのは、材料工学入門クラスの講義わずか一回のみである」と書かれている。「時間の制約や他の項目を教える必要性から、防食に関する講義は提供されない場合が多い。また多くの大学では、材料の選択について学ぶべき材料工学（ＭＳＥ）専攻の学生ですら、防食という項目に触れることは少ない。ＭＳＥを教える大学のうち、カリキュラムの中に一度でも防食に関する講義を組み込んでいるものはごく少数であるためである」。この状況は、カリキュラムの盛り込みすぎ、資格を持つ教員の少なさ、そして認知度不足などが原因だと彼らは言う。そして、ＮＡＣＥが高校生向けに、夏休みの教育プログラムとして防食のコースを提供していることを賞賛し、アメリカで唯一、学部生向けの防食工学の講義を提供しているアクロン大学の「防食および信頼性工学（ＣＡＲＥ）」プログラムに言及している。

腐食という問題に対処するため、技術者たちは今、長い間ある決まった使われ方しかしてこなかった建材を、建築に使う可能性を見直そうとしている。たとえば押出構造用複合材料もその一つだ。通常、熱可塑《かそ》性製材と呼ばれるものである。二五年ほど前から、ピクニックテーブル、公園のベンチ、ベランダ、遊歩道など、主に建築物以外のところで使われている。ニューヨーク市は一九九五年にこの素材を使って一二〇メートルの桟橋を建造したが、一年後、雷が落ちて焼け落ちてしまった。だがこの新建材は、裂けたり、崩れたり、割れたり、曲がったり、腐ったりしないいし、加圧処理された木材のように、薬剤――クロム銅ヒ素系木材保存剤やペンタクロロフェノール――による処理を必要としないため、木材に勝るとされている。実際、虫がはびこったりもしないいし、叩いても木材のように膨れ上がったりしない。そして負荷テストの結果もオーク材に勝る。しかもこれは再生素材である。

一九九八年、ニュージャージー州の製鋼地帯の真ん中にあるアクシオン・インターナショナルという小さな会社が、ミズーリ州に架かる七・三メートルの橋で、この建材の力を世に知らしめた。もともとこの橋は、鉄鋼製のＩ型ビームに木製の甲板が渡されていたのだが、アクシオン社がこれを可塑性の板に交換したのである。新しい木製の板に交換する二倍の費用がかかった。だが、二〇〇六年になる頃には、このプラスチック製の板はものすごくお買い得であったように思われた。なぜならそれは維持管理の手間が不要な上、まったくどこも悪くなっていなかったからだ。ところが市場の反応は違った。橋を修理する以前の三年間、アクシオン社の株価は一五〇ドルから二〇〇〇ドル以上に跳ね上がったにもかかわらず、次の三年間で一三ドルを切るまでに下落したのである。

この事実に臆することなく、アクシオン社は今度は鉄道の枕木を作って木製品と競い合った。彼らは、連邦鉄道管理局がコロラド州プエブロに所有する輸送技術センターでその枕木をテストした。一九九九年以降、この枕木の上を、一度に三九トン、累積一五〇億トンが通過しているが、枕木はいまだに壊れも曲がりもしていない。すり減りもしないし、犬釘もしっかり固定されているし、軌間にも変化はない。こうしたエビデンスを引っさげて、アクシオン社は、ダラス、カンザスシティ、ジャクソンビル、そしてシカゴで二〇万本の枕木（線路の長さで言えばたったの一〇四キロメートル分）を売った。例の、神様みたいに振る舞う政府機関、運輸省のお計らいで、毎年冬になると雨のように塩が降り注ぐ地域である。プラスチック製の枕木は、木製の枕木の少なくとも四倍の寿命があるので、初期投資に二倍かかるとしても、毎年二〇〇〇万本の枕木を交換するこの業界でアクシオン社が収益を上げることは間違いないように思える。

ただし、この一〇年ほどで、ラトガース大学の材料工学研究室で研究を行っているアクシオン社の技術者が、以前のものの三倍の強度を持つ新しいポリマーを開発した。古い車のバンパーと高密度ポリエチレン、それに一一%のグラスファイバーを混ぜて作られたこの材質は、鉄鋼よりも強くて柔軟性があるが、密度は八分の一にすぎず、水に浮く。軽いおかげで輸送費が鉄鋼よりも安い。そして何よりも重要なのは、錆《さ》びない、ということだ。

つまらぬ木材ごときと競合するのはやめて、野心的なアクシオン社は鉄鋼に挑戦した。彼らはまず、二〇〇二年にニュージャージー州で、長さ一七メートル、三六トンを支えることができる美しい橋を造った。そのときすでに、ファン・ゴッホが描いた橋のように曲げられた薄板状のボードが橋の強度を支えてはいたが、アクシオン社が、この熱可塑性物質は通常のI型ビームと同じく成形して使用できるということを示して見せたのは二〇〇九年になってからである。だが今度はその示し方が劇的だった。ノースカロライナ州のフォート・ブラッグで、アクシオン社のプラスチック製のI型ビームを使った長さ一二メートルの橋が濁った小川に架けられ、米国陸軍工兵隊が、岩をいっぱいに積んだダンプカーでその橋を渡ったのである。次に七〇トンの戦車、M1エイブラムスが、橋を半分渡ったところで停車した。数百個のセンサーを橋に設置してのこうした試験の後、技術者たちは、この橋はゆうに一〇〇トンの重量を支えられる、と判断した。この試験の陰には、国防総省の「錆大使」ダン・

ダンマイアーがいた。翌年、バージニア州の設計技師は、二つの鉄道橋にアクシオン社のプラスチック製ビームを使った。世界初の試みだ。鉄道橋は長さが一二メートルと二四メートルあり、見た目も西部に多いトラス橋に引けをとらない。だがアクシオン社の最高傑作が生まれたのは二〇一一年のことだ。メイン州ヨークで、アメリカの国道で初めての、長さ五メートルのプラスチック製の橋が架けられたのである。さらにスコットランドでは、三〇メートルの橋がわずか四日間で建造された――これはアクシオン社の橋の中でも最高の見栄えで、ヨーロッパで初めてのプラスチック橋である。

ノースカロライナ州に架けられた橋の建造費用は五〇万ドルをわずかに切っており、業界風に言うと一平方フィートあたり六七五ドルで、かなり割安だ。アクシオン社によれば、熱可塑性樹脂を使った橋は、同等の橋を鉄鋼で造る場合の半額ででき、維持管理の手間をかけなくとも耐用年数は軽く二倍を超える。彼らの熱可塑性樹脂は、酸や塩に強く、摩耗せず、紫外線にも強い――紫外線で破壊されるのは一年で素材の〇・〇七六ミリにすぎず、これは、腐食によって鉄鋼の橋に起こる破壊よりもずっと少ないのだ。ダンマイアーは、これこそ未来の橋だと言う。耐用年数は少なくとも五〇年はあり、腐食しないので維持保全を必要としないのである。

皮肉なことだが、アクシオン社はこの素材を、ペンシルバニア州の、デラウェア川に面したポートランドで製造している。八〇年前、ゴールデンゲートブリッジに使われた鉄鋼が製造されたベスレヘムから、北東にわずか五〇キロのところだ。アクシオン社は、世界的に見ればインフラ改善の需要は数兆ドル規模であることを指摘し、自分たちには大きなビジネスチャンスがあると認識している。だから彼らは、彼らが特許を持つこの熱可塑性樹脂技術を「破壊的」と呼ぶ。ダンマイアーがこれを非常に気に入っている理由の一つだ。この素材はアメリカの鉄鋼業界を破壊し、橋梁《きょうりょう》検査官の仕事も破壊するかもしれない（付近の生体系の内分泌系を破壊するかどうかはまだわからない）。だが何よりも、熱可塑性樹脂は腐食との絶え間ない戦いに終止符を打つ。

プラスチックは自動車のエンジンには使えないが、外装には使えるし、もしかするとフレームにも使えるかもしれない。そうすれば自動車は今よりも軽く、効率も良くなる。人間同様に死を免れない船は今も、金属で造られる運命にある。パイプラインや缶も同じだ。それらを造る代替素材の開発は、まだまだ先のことではあるだろうが、想像できないことではない。彫像は、人間の創造物の中でも最も耐久性があるが同時に古風でもあり、そのほとんどがこの先もずっと、金属で造られるのが宿命であるように思える。アレクサンダー・カルダー〔訳注：アメリカの彫刻家・現代美術家。動く彫刻「モビール」の発明と制作で知られる〕の作品であろうがなかろうが、彫像は腐食し続ける。そして、掃除したり、ワックスを塗ったり、ブラストしたり、人工的に緑青をつけたり……と、赤ん坊や老人のように、常に何かしら面倒を見る必要があるだろう。

## 錆と国家

現時点での腐食への対応策として、二〇一一年の全米科学アカデミー報告書の著者らはいくつかの提案をしている。彼らの見るところ、腐食対策に関わっている数々の政府機関のうち、包括的かつ潤沢な予算のある計画を持っているのは国防総省とNASAだけである。国防総省のプログラムは「他の大規模な政府機関が目指すべきモデルとなり得る可能性がある」と報告書には書かれている。さらに報告書は、各政府機関は、「防食に関する四大課題」に取り組む対策のロードマップを示すべきである、としている。四大課題とは、①防錆《ぼうせい》性のある素材およびコーティング技術の開発、②腐食の予想、③実験室試験によって腐食をモデル化すること、④腐食の進行予測（言い換えれば、腐食が起こっている物体について、どの時点で修繕、点検、あるいは交換が必要か）を明らかにすること、である。報告書はこれを「国家としての防食戦略」と呼んだ。そして、科学技術政策室の支援を含む「総合的な国家努力」が、これらのロードマップに対応すべきであるとしている。また、腐食の研究と軽減のために現在費やされている連邦政府歳出を文書化し、「複数機関が協同で行う、リスクが高くリターンの大きい研究に資金提供する」よう要請し、連邦政府の各省庁や政府機関が、州政府、職能団体、業界団体、規制団体と協力し合うよう呼びかけている。ヒトゲノムプロジェクトのような、防食に関する民間共同事業体を創設し、金属と、さまざまな環境での金属の錆び方に関する膨大な熱化学データを保管することも提唱されている。報告書は、アメリカ国立標準技術研究所がこれに類似した試みに成功していることに言及し、これまで、腐食に関する研究成果の現場適用は遅々として進まない傾向があったので、このような試みは防食分野に大改革をもたらすことになるだろうと指摘している。報告書の著者らは、米国国防科学委員会のタスクフォースによる「一オンス

〔訳注：約二八グラム〕分の錆を防ぐことは、一ポンド〔訳注：約四五〇グラム〕分の錆を処理することに等しい」という結論に賛同し、「調査委員会としては、政府全体が、また社会、業界の全体が腐食問題の深刻さを認識し、しっかりとした定義と協力態勢、安定した資金に支えられた防食対策を講じることが、将来的に国家に大きな報いをもたらすものと確信する」と書いている。

国家の資産を保存することの必要性について、誰も本当には理解していない、と報告書は言う。「腐食は社会のあらゆる面、中でも連邦政府が投資している分野、つまり教育、インフラストラクチャー、健康、公衆安全、エネルギー、環境、国家安全保障などに影響を与える」

数年間、錆のことを考えてきた僕の意見を言うなら、まず運輸省は、可能ならば、塗料が役に立っていない多くの橋に、亜鉛めっきを採用すべきだ。

食品医薬品局は、食べ物や飲み物の缶に塗られた防錆樹脂に含まれている内分泌攪乱物質について、一兆分の一単位で分析することを主張すべきだし、同時にすべての缶に、妊娠中の女性は缶詰の食べ物や飲み物を摂らないように、という注意書きを載せるべきである。

議会は、パイプライン検査の最低基準をもっと厳しくすべきだし、パイプライン・有害物質安全局が持つ法執行権限力をもっと強くすべきだ。新しいパイプラインの建造に反対するのは馬鹿げている。なぜなら、石油は今後ますます貴重になっていくばかりで、どういう手段であれ、地中から掘り出されて腹をすかせた消費者——僕もその一人だが——へと送られる可能性はこれまで以上に高くなっていくのだから。そしてパイプラインは、最も安全な石油運搬手段なのだ。けれども、パイプラインの状態を知りたがることは馬鹿げたことではない。

ウォーレン・マグナスン上院議員が「ビッグ・ボーイズに嘘はつかせない」と言ったのは、そういう意味だったのだ。嘘をつかせないために僕たちは、もっと頻繁にパイプラインの中を検査して漏れや金属損失の有無を調べ、金属損失の介入基準をより厳しくし、情報を公開し、規則違反により厳しい罰則を科すことを要求すべきだ。罰金は、パイプラインが生み出す収益に比例したものでなければならない——さもなければ大企業にとってははした金にすぎない。石油の海洋掘削は今以上に厳しい規制で管理すべきだ。結局のところ、それは僕たちから借りた土地で採掘される僕たちの石油であり、さらに僕たちの土地を長距離にわたって走るパイプの中を流れるのである。この業界の企業は最低限、僕たちが決めたルールを守らなければならない。アリエスカ社が、プルドーベイからバルディーズまで三年に一度スマート・ピグを走らせ、トランス・アラスカ・パイプライン・システム（TAPS）が腐食による石油漏れを起こすのを防げるのならば、それ以外のパイプライン運営会社も一つ残らず、それと同じことができて然るべきなのだ。

大統領は、国防総省のダン・ダンマイアーの局にもっと予算を充てるべきだ。それによって僕たちが得られる見返りを考えればいい。また、全米科学アカデミーが提唱した、ダンマイアーの局の民間版組織を作る、という計画を支援すべきである。大統領の口から、錆、という言葉が出るべきなのだ。

環境保護に関連する話もそうだが、錆と向き合うことで僕たちは、僕たちみんなのものをもっと尊重し、もっとこの世界の未来を大切にすべきだと思う。またそこから、必要なのは物事を勘で決めることではなくて、工学的な分析の結果であることを学ぶべきだ。ピカピカの新品だけを大事にするのは、甘やかされた赤ん坊のすることだ。実務的で効果的なことを大事に思うのが成熟した大人というものなのである。子どもは、勇敢で強くて機転が利くバズ・ライトイヤー〔訳注：映画『トイ・ストーリー』に登場する宇宙飛行士のおもちゃ〕に憧れるが、僕たち大人は、ロバート・バボイアンやバスカー・ネオギやエド・ラペールに憧れるべきなのだ。僕たちにはエンジニアのヒーローが必要だ。そうすればついに僕たちは、老いさらばえて死ぬよりずっと前に、何らかの結果を目にすることができるかもしれない――精神的なものから現実的なものまで、環境保護にまつわる先行きの暗い話とは違って。

# エピローグ

エド・ドラモンドとステファン・ラザフォードの企みが発覚し、アメリカ史上最も高価で、大々的に報道され、あまりにも象徴的な錆《さび》との戦いに火がつくこととなった一九八〇年五月のその日、二人はこの、歴史上名高いアメリカへの入り口を眼下に眺めながら、寝袋一個とダウンジャケット一枚を分け合いながら朝を待った。寒さに震えながら、彼らはエマーソンやディキンソン、フロスト、アンジェロウなどを声に出して読み、気を紛らそうとしていた。夜が明ける前に、一人の警官が四メートルの梯子を女神像に立てかけて一番上まで登り、指を唇に当てて口笛を吹いた。「おい！　寒いだろ?」。ドラモンドとラザフォードは怪訝《けげん》な顔をした——他の警官たちは、夜の間ほぼずっと二人をからかっていたのだ。だがこの警官には誠意が感じられた。名前をウィリーというその警官は、ウールの毛布と熱いコーヒーを二人に差し入れした。ドラモンドは警官のところまで懸垂下降して差し出されたものを受け取ったが、その後二度と警官の姿を見ることはなかった。彼はこの警官を、人間のふりをした天使と呼んだ。

翌日の裁判所。ドラモンドとラザフォードを「政府の所有物に悪意的損害を与えた」廉《かど》で起訴した裁判官が、「保釈金は誰が払いますか?」と尋ねたちょうどそのとき、法廷の扉が開き、アメリカで最も嫌われ者の弁護士、ビル・クンストラーが入ってきた。「私が払いましょう」と、低いかすれ声でクンストラーが言った。完璧な登場だった。そして、芝居がかった身振りで自宅の譲渡証書を掲げてみせた。裁判官は頭を抱え、「やれやれ、君か」と言った。裁判官はわざと、クンストラーの通常管轄地域から遠いところで裁判を起こしていたのである。後日クンストラーはドラモンドに、「物事はこうやって変えるんだ、仕事はこうやってやるんだよ」と言った。

この出来事が注目を集めたために、カリフォルニア州当局はジェロニモ・プラットをサン・クエンティンからサンルイスオビスポの刑務所に移し、看守たちは彼をひどい目に遭わせた。ドラモンドは数回彼に面会に行き、彼が衰弱していくのを目にした。プラットは太り、シニカルになっていった。彼の意識を未来に向けようとしてドラモンドは、出所したらエル・キャピタン〔訳注：ヨセミテ国立公園にある花崗岩の一枚岩〕に連れて行くと約束した。

ベイエリアに戻ったドラモンドとラザフォードは、命じられた社会奉仕活動を実行するため、数名の子どもたちをオークランドからシエラネバダ山脈の「ラバーズ・リープ」と呼ばれる花崗岩の断崖に連れて行った。彼らはそこで週末を過ごし、子どもたちにロッククライミングを教えた。一九八二年一二月八日、ジョン・レノンが殺された日から二年後に、ドラモンドはエンバルカデロ・センター〔訳注：サンフランシスコにある高級ショッピングセンター〕の棟の一つに登り、「Imagine No Arms（武器のない世界を想像してごらん）」と書かれた横断幕を掲げた。サンフランシスコ当局が幕をそのままにしておくことを約束すると彼は地上に降りた。その後当局は横断幕を撤去した。その一年後、彼は再び同じ建物に登り、今度は「Yes on 12」と書かれた巨大なバッジ形の垂れ幕を下げた。これは、成立すれば核兵器の開発を凍結することになる「条例案一二」を支持するためのものだった。ドラモンドがビルによじ登っている間、ビルの管理者は彼がぶら下がっているロープを切ると言って脅した。警官に逮捕されているドラモンドに、報道陣の一人が「エド、次はどこで見世物になるんだい？」と大声で訊いた。ドラモンドは、政治目的でビルに登るのはこれが最後だ、とそのときに気づいたのだった。

だがドラモンドはその後も仕事としてビルに登り続けた。彼はサンフランシスコで長年、とび職をしていたのだ。結婚式はグレース大聖堂の屋根の上で挙げた。自由の女神像の大掛かりな修復計画のことを聞いたとき、彼は職人として雇ってもらうことも考えた。「俺たちなら一〇〇万ドルでやったよ」と彼は言った。

一九九七年、最初に収監されてから二七年後、プラットのキャロライン・オルセン殺しの容疑が晴れ、不法監禁の弁償金として四五〇万ドルが支払われた。ドラモンドは正しかった――プラットは「はめられた」のだ。生涯の半分近い年月を刑務所で過ごした彼には、花崗岩の一枚岩の上で時間を無駄にする気はなかった。ロサンゼルスでは、彼が釈放されたとき、あまりにも多くの人々が集まって大騒ぎになったため、ドラモンドはほんの一瞬、プラットに「忘れるなよ、クライミングに行くんだからな」と言うのがやっとだった。群衆に担ぎ上げられたプラットは、「ああそうだ、クライミングだな」とだけ答え、そして行ってしまった。ドラモンドはプラットに何度か手紙を出したが、彼からの返事はなかった。

プラットは二〇一一年の夏に他界した。僕はドラモンドにそのことを伝えるというつらい役目を果たした。

あの寒い夜以降、化粧直しの済んだ自由の女神をドラモンドは訪れていない。彼はサンフランシスコに住んでいる。ラザフォードは今もバークレーにいる。三四年間理科（腐食を含む）の教師をした後、最近定年退職したばかりだ。今でも、あのとき使った吸着カップを持っている。自由の女神像の一件後、二人は何度か会っている。

管理人であるデビッド・モフィットが女神像に登るドラモンドとラザフォードを発見してから一か月経たないうちに、クロアチア民族主義者が像の台座の内側でダイナマイト二本を爆発させた。モフィットはこの事件にも対処し、長い修復期間中、リバティー島から離れなかった。それから、（爆撃とも要人とも縁遠い）バージニア州ジェームズタウンの近くにあるコロニアル国立歴史公園の管理人として二年間、それからワシントンＤＣの国立公園局で観光客サービス担当のアシスタントディレクターとして四年間、穏やかに過ごした。定年退職するとバージニア州ウィリアムズバーグに転居し、造園会社を始めた。従業員は彼一人だった。登山家に邪魔されたことは一度もなかった。そして二〇〇三年、二度目の引退を迎えた。先日僕にくれた手紙には、「これだけ時間が経ち、ジェロニモ・プラットが無実だったこともわかってみると、あのときの抗議行動は――たしかに違法なことではあったが――称賛に値すると言ってもいいと思うよ」と書いてあった。七四歳になった彼は膝を悪くしたが、今でも膝をついて雑草を抜くのが好きである。立ち上がるときに助けが要るだけなのだ。

防食コンサルタントのロバート・バボイアンは、自由の女神像をチェックするために何度も戻っている。一九八六年一〇月、ＮＡＣＥ（全国防食技術者協会）が国定腐食修復地を記念する銘板を献納したときにもそこにいた彼が、その一年後に再び訪れると、銘板が腐食していた。緑色に変色していたのである。米国金属学会と米国土木学会も一九八六年にそれぞれの歴史を記念する銘板を設置していたが、その二つは腐食していなかった。二つの学会は、ＮＡＣＥの銘板が腐食しているというのを聞いて大笑いした。バボイアンがこの問題を解決した――ニューヨークの彫刻アーティストに依頼して、内装用の塗料を剝がし、より耐久性の高い外装用塗料を塗らせたのだ。その後は銘板は無事である。米国金属学会の銘板のようにピカピカではなく、鈍くて落ち着いた茶色ではあるが、腐食はしていない。

腐食していないのは自由の女神も同様だ。修復後の最初の一〇年間は、バボイアンは一年に一度女神像を検査した。毎回、どこかの政府高官のように、彼はまっすぐに松明に登り、冠の周りをウロウロし、それから階段を伝って女神の爪先まで降りる。地上からは望遠鏡で女神像を見上げた。一九九〇年代半ばになると、彼の検査は二年に一度になった。検査には二日かかる。現在は松明は公開されていないので、彼は松明に登れるのが大得意だ。七九歳になるがまだまだ元気である。一二八歳になる女神像も負けていない。「修復から二五年経つが、状態は良い、非常に良いよ」とバボイアンは言った。「ステンレス鋼がよく持っている。内側に雨漏りもしなくなったしね」。長年のうちに、重曹が原因でできた染みのほとんどは薄くなったが、まだ大きな染みがいくつか、首と右のこめかみに残っている。女神像が抱える石版の文字には鳥の糞が溜まるが、雨が降れば流れてしまう。

バボイアンは、「近い将来、金箔は貼り直さないといかんね」と言って僕をびっくりさせた。松明の金箔が薄くなっており、バボイアンによれば、二〇一六年までには修復が必要だと言うのだ。バボイアンは、ロードアイランド州議会議事堂の丸屋根の上にある彫像と同様に、ニッケルで電気めっきをしてから金を貼りたかったのだが、修復委員会が反対したのである。松明が四度目に修復されるときには、誰かが自分のアドバイスを聞き入れてくれることを彼は願っている。

バボイアンは正式にはずいぶん前に引退しているのだが、彼は今でも、ロードアイランド州にある彼の自宅で、RB防食サービスという名前でコンサルタントをしている。引き受けるのは、フィリピンの鉄製のバシリカ式教会、日本の青銅製の仏像、USSモニター〔訳注：アメリカ合衆国海軍初の装甲艦〕、エノラ・ゲイ〔訳注：広島に原爆を投下した爆撃機〕、合衆国議会の議事堂などを保存する、気に入ったプロジェクトだけだ。彼は多くの子どもたちに防食技術者になれと言う。「仕事には困らないよ。絶対にだ。それに給料もいい」。彼は、防食の仕事のおかげで自分はいい思いをしたと言う。彼は船を二艘所有しており、しょっちゅうケープコッド沖に釣りに出かけるし、フロリダ州マルコ・アイランドにもよく行く。何よりも大胆なことに、応援する野球チームはボストン・レッドソックスである。

バーサ・クルップが所有する、ステンレス鋼製、一五四フィートのスクーナー船は、第一次世界大戦の開戦時にイギリスで拿捕された三年後、オークションにかけられた。落札したノルウェー人はゲルマニア号を弟に贈り、弟は名前をエクセン号と改名して、ニューヨークまで航海した。一九二一年、彼の管財人はエクセン号を、元海軍次官補ゴードン・ウッドベリーに売却した。ウッドベリーは船をハドソンの船にちなんでハーフムーン号と改名し、豪華に改装を施したが、翌年、バージニア州ケープチャールズ沖を南太平洋に向けて航海中だったウッドベリーは激しい嵐に遭い、危うく沈没するところだった。彼の操舵手は甲板から海に落ちて帰らなかった。ウッドベリーはスタンダード・オイルのタンカーに曳航《えいこう》されてやっとのことで帰還し、すぐさま船を売った。次の所有者は鉛製のキールを切断し、船体をスクラップとして売却した。それを買った者は船を再びゲルマニア号と改名し、フロリダに曳航して、マイアミ川に浮かぶ水上レストラン兼ダンスホールとして使ったが、一九二六年のハリケーンで損傷し、船は沈んでしまった。引き揚げられると今度はアーネスト・スマイリーがこれを購入して、またしてもハーフムーン号と名付けた。スマイリーはフロリダ沖何キロも離れた岩礁にハーフムーン号の錨《いかり》を下ろし、妻と息子とともに船で寝起きして、禁酒法時代のキャバレーとして使った。一九三〇年の激しい嵐でスマイリーが船を放棄すると、ハーフムーン号はもやいが解けて、キー・ビスケーンから一・六キロもないところで座礁した。スマイリー一家は救出されたがハーフムーン号は助からず、何十年もの間砂に埋もれ、忘れ去られた。近年になってダイバーたちがこの船の身元を推測し、ハロルディーン号ではないかと考えるようになった。

フロリダ大学ローゼンスティール海洋大気科学校で修士号を取り、精力的にスキューバダイビングを教えたりガイドをしたりしているマイク・ビーチは、この船の身元がハーフムーン号であるとわかって間もなく、この船についての論文を書き始めた。それから一五年、少なくとも一〇〇回は通ったこの船に、彼はある日僕を連れて行ってくれた。椰子の木がずらりと並ぶ砂浜の公園から、僕たちはシーカヤックで沖に漕ぎ出した。朝のうちは晴れて風もなく、潮の流れもゆっくりだったが、半分ほど来たところで風が強くなり、僕たちのカヤックはスピードが落ちた。うねりも大きくなり、それまでは透明だった水も濁ってきた。防波島の向こうにはマイアミが見えた。単調なパドリングを続けながらビーチが、シュモクザメとメジロザメが付近に出ているらしいと言った。「サメが見られたらラッキーだね。サメを見かけたら俺は潜るよ」と彼は言って、左足の傷痕を僕に見せ、自分はかつてはハンサムだったんだが、と言った。一九九六年にサメに襲われて、顔と足に四〇〇針の傷を負ったのだ。「雷は二度は落ちないからね」と彼は言った。

二〇分後、僕たちは難破船の目印のブイにカヤックを結んだ。僕はあまり乗り気ではなかったが、フィンとゴーグルとシュノーケルを着けてビーチの後に続いた――少なくとも続こうとした。まずは、海面から三メートル強のところにある船尾からだ。彼は、暗くて碧い水中へと潜っていき、船尾の先端を指差して、それから骨だけになった船体の下に潜っていった。僕は体が浮き上がらないようフィンで水をかいた。船はステンレス製には見えなかった。緑色がかり、フジツボだらけだった。もっとも、ステンレス鋼は塩水は苦手なのだ。僕は水面に上がってビーチを待った――すごい肺活量だ。潮の流れが僕たちを船首のほうに押し流した。彼は再び潜り、僕も続いた。海面に上がり、アカエイや毒のある珊瑚《さんご》のことを彼が言及するのを聞くと、僕はハーフムーン号の船体の一番下を見に行く気が失せてしまった。海面から五メートル下には、船の肋材の構造や、長い縦通材や、幅の広い船梁《ふなばり》が見えた。僕は一五分ばかりの間、その姿を惚れ惚れと眺め、この船がここに辿り着くまでの、そしてまだ終わっていない長い旅路のことを思った。

教授であり、トライアスリートであり、沿岸警備隊長の資格を持ち、海事歴史学の博士号を持つビーチは、同時にまた酒にも強い、ということがその夜わかった。ラフロイグのボトルを半分ほど空けたところで彼は、その日はかなりサメが出やすい状況だったと言った。すべては錆のためさ、と僕はふざけて言った。

七か月後、英国ステンレス鋼協会はハリー・ブレアリーのステンレス鋼発見一〇〇周年を祝った。シェフィールドでは、その執拗さで金属というものの概念を変えたこの反逆児の姿が、建物の壁面に四階分の大きさで描かれ、業界の大物や国会議員がスピーチをした。博物館ではブレアリー展が開かれた。豪華な晩餐会では、彼の甥の娘にあたるアン・ブレアリーが短いスピーチをして大喝采を受けた。翌日、シェフィールド大学の先進製造研究センターでは、彼のひ孫、ウォーレン・ブレアリーが、新設された「ブレアリー特別室」を記念する銘板の除幕を行った。

バルディーズにピグが到着した四一日後、アリエスカ

世界で最初に製造されたステンレス鋼——ステンレス鋼という名がつく以前のことだが——の一部は、ゲルマニア号の船体の建造に使用された。写真は、後にハーフムーン号と改名された船が、1921年にニューヨークの沖合に新品同様の姿で係留されているところ。1世紀を経た現在、数々の物語を秘めたこのドイツ製のスクーナー船は、フロリダ州マイアミ沖に錆だらけの姿で眠っている。（撮影者不明。写真提供：マージョリー・ストーンマン・ダグラス・ビスケーン・ネイチャー・センター）

社はトランス・アラスカ・パイプライン・システム（TAPS）に六〇万バレルの原油を流したが、それ以降の流量は一度もそれに到達していない。二〇一三年の夏、一日の流量がしばしば五〇万バレルを切り、四〇万バレル以下ということも珍しくなくなった頃、バスカー・ネオギは最初のデータの一部を受け取った。ベーカー・ヒューズ社による予備的な分析によれば、TAPSにはすぐにも対処が必要な問題箇所はなかった。パイプラインを調べると、ピグ検査の正確さが確認された。

九月初め、バルディーズに現れた直径二五センチの鉄鋼の円板に、多くの者が当惑した。アリエスカ社は、それが、一九七〇年代にパイプラインの完全性を（水圧を使って）証明して見せるために使われた、六二〇キロ地点のバルブの一部であることを突き止めた。二〇一二年にアリエスカ社はこの古いバルブを密閉していたが、まさにそれは間一髪のタイミングだったようである。おかげで、ねじ切りされたO型のリングが機能しなくなり、鉄鋼の円板が原油に押し流されて南下を始めても、原油は漏れなかった。ピグのデータを検証したネオギは社の上層部に、パイプラインにあと一五〇か所あるそうしたバルブはどれも問題ないことを請け合った。

九月の後半、ネオギはアリエスカ社の「リスク管理・法令遵守」担当専務理事に昇進した。この昇進によって彼は、社長の下に九名いる上級管理職の一人となった。彼の部下は約一〇〇名おり、彼はそれまで以上に出張が増えた。二〇一五年にはスマート・ピグを走らせる計画があるにもかかわらず、二〇一四年初頭の時点でアリエスカ社はまだ、ネオギの後任となるパイプラインの完全性マネージャーを雇っていない。

ネオギの魚たちは元気だ。

ベン・ワッソンも、アリエスカ社の規制関連業務部に職を得た。自分がアリエスカ社を定年退職するまではプルドーベイの原油はなくならないと言っていた、操作調整センター主任のトッド・チャーチは、それが本当かどうかがわかる前に、別の会社に転職した。

ベーカー・ヒューズ社のデヴィン・ギブスはパイプライン検査に大忙しで、僕が彼のオフィスに電話して彼と話がしたいと言うと、受付係は笑って「頑張ってくださいね」と言った。アレーホ・ポラスも同様に忙しく、オンタリオからコロンビアまでパイプラインを検査して歩いている。

アラスカ州のPHMSAで上級取締官を務め、自分たちの役割を「信頼しつつ、確認する」ことであると考えていたビル・フランダースとデニス・ハイナは、一か月と間隔を空けずに二人とも引退した。

ネオギが二〇一三年のスマート・ピグ検査の準備を始めた後、アラスカ州が原油について真剣であるのと同様に飲料水について真剣なカリフォルニア州では、モルタル塗装された給水本管で改良型のMFLピグを使い始めた。最初にそれをしたのはサンフランシスコ市で、サンホアキン・バレーを横切って三本が平行に走る直径一・三メートルのパイプライン二〇キロ分のうちの一本にピグを走らせた。このパイプラインが造られたのは一九三〇年代と古く、ヘッチ・ヘッチー・バレーから何百万人もの人々のもとへ水を運んでいる。サンフランシスコの公益事業委員会は、エムテックという会社（現在はピュア・テクノロジー社に買収されている）を雇ってピグを開発させ、エムテック社はこの目的に合わせた、テント用ポールでできた巨大な組み立て式のおもちゃみたいに見える格納式MFLピグを考案した。給水本管の内側にはモルタルが塗られているのだが、すさまじく強力な磁石と改良を加えられたアルゴリズムのおかげで、このピグは、厚さ最大二・五センチまでのモルタルに覆われた鉄鋼の異常を検出できるのである。

サン・ホアキンのパイプラインにはピグ・ランチャーもピグ・レシーバーもないので、ピグ検査の実施は困難を極める。パイプラインにピグを走らせるためには、まず、中の水を排出して空にしてからパイプを開ける。そしてマンホールから、九〇〇キロ分のパーツをパイプの中に下ろし、それから組み立ててピグにするのである。大きなゴムタイヤが付いた特別仕様の電動全地形万能車（ATV）もパイプに下ろされて、それがピグを引っ張って走る。そのスピードは速くはない。ATVがバタフライバルブに行き当たり、ピグもATVもそこを通過できなければ、両方ともその場で解体し、バルブを通過してから反対側で再び組み立てられる。これには二日かかる。そういうわけで、一か月間にわたってパイプラインを遮断しても、実際のピグ検査は一週間分のみで、データが収集できるパイプは八キロ分でしかない。それでもサンフランシスコ市は意味があると考えている。ピグのおかげで、一〇〇〇か所以上の異常が見つかったのだ。そのほとんどの場合、失われたパイプの壁厚は三〇％以下だったが、四〇％が失われているところも一〇か所、一か所については九〇％が失われていた。このピグ検査の有益性を認めたサンフランシスコ市は、ピグを購入して倉庫に保管し、三本のパイプラインすべての検査が終わるまで使い続ける計画だ。

珍しいことだが、同じカリフォルニア州の市の連帯感を示すかのように、二〇一一年後半、サンフランシスコ市はこのピグを、一九五八年に建造された直径一・八メートルの給水本管の検査のためにサンディエゴ市に貸し出した。五〇年間にこの給水本管の検査が行われたのは数えるほどで、それも目視検査のみだった。パイプの外側の腐食状態は謎だったのだ。このパイプの急勾配区間にATVとピグがウインチで下ろされた。予想通り、その実行は悪夢のような困難を伴い、一週間で検査できたのはわずか八キロにすぎなかった――それに比べると、アラスカのピグはまるでワープ航法で進んでいるような気がするほどだ。だがこのピグ検査で、深刻な問題点が見つかり、サンディエゴ郡水道局は検査の結果にはしごく感心し、満足だった。二〇一四年には別の区間の検査のためにこのピグを使う予定である。

ピュア・テクノロジー社の西部地域マネージャー、マイロン・シェンキリクによれば、カリフォルニア州の水道局が給水本管のピグ検査を始めてから、アメリカ各地の水道局十数か所から連絡があったそうだ。この会社はこの市場を独占しているらしい――ピグ検査業界の大手は、給水本管のピグ検査に伴う実行作業の難しさを嫌がるのだ。それに、水道検査から上がる利益は、石油や天然ガスと比べれば大したものではない。そうして市場を独占しているピュア・テクノロジー社は、下水道の検査も請け負う。下水道の良いところは、通常ピグ・ランチャーとレシーバーが備わっている点だ。だが、「こういう技術が存在することすら知らない機関がほとんどですよ」とシェンキリクは言った。

二〇一一年の春以降、ボール社が製造したアルミニウム缶は一〇〇〇億個を超える。あれ以来僕はボール社からカン・スクールに招待されたことはないが、カン・スクールは依然として人気があるし、エド・ラペールは今も防食研究室の見学ツアーを行っている。ラペールは相変わらず忙しく、二〇一三年には八〇〇種類の飲料をテストした。「みんな、次なるロックスター〔訳注：エナジードリンクの商品名〕を探しているんだよ」と彼は言った。実験的な飲料のうち、少なくとも二種類は、彼が言うところの「独特の腐食シナリオ」を持っていたそうだが、その詳細は機密事項であると言って教えてくれなかった。

アリーシャ・イブ・スックは一年間、ベスレヘム製鋼所を離れてアパラチアン州立大学で写真を教えた。町の外れに家を買ってスタジオから引っ越し、ハーネミューレ社の特選アーティストにも選ばれた（この本〔訳注：

原著『RUST』〕のカバーにも彼女の写真を使った）。もっと外に出て撮影をしたいのは相変わらずだ。

ホーム・デポで防錆《ぼうせい》製品の仕入れを担当していたシンシア・カスティーヨは、僕が会った一か月後に塗料売り場から内装用品担当に異動になった。後任の防錆製品仕入れ担当者は、電気製品部門出身だ。

このところ、ラスト・ストアのジョン・カルモナは久々に、より大きな建物に移転していない。ただし、従業員が二人増え、今ではＳＫＵ（最小管理単位）は三〇〇〇近い。売上は非常に好調で、デスクに山積みになっている製品サンプルをテストしている暇がない。チーズヘッドの緊急事態はその後起こっていない。

アメリカ溶融亜鉛めっき協会の推進課題に取り組むフィル・ラーリグは、攻撃と同時に、守勢の立場にも置かれている。その理由は、二〇一三年の四月以来、新サンフランシスコ・オークランド・ベイブリッジの東側半分で、亜鉛めっきされた一〇〇本近いハンガーケーブルがあまりにも早く品質検査に落第したことと関連している。それによって多くの傍観者たちが結論を急ぎ、それ以外の数千本のハンガーケーブルについて心配するだけでなく、根本的な亜鉛めっきの価値が疑問視されることになったのである。そうした中傷に腹を立て、彼はその問題を製造誤差のせいにした。どうやら、ハンガーケーブルを製造した会社が記録の一部を紛失し、誤ってケーブルに加熱処理を二度行ったせいで製品の強度が弱まったらしかった。悪いのは亜鉛めっきをした業者ではない――亜鉛めっきというプロセス自体が有益であることに変わりはない、と彼は主張した。

ラーリグにとっての攻撃というのは、塗料業界に加え、ステンレス鋼生産業界に戦いを挑むことである。ニューヨーク州の例では、これはつまり市当局に、亜鉛めっきを施した部品がタッパン・ジー・ブリッジの建設に適していると納得させる、ということだった。「ステンレス鋼はクリプトナイト〔訳注：スーパーマンの生まれ故郷であるクリプトン星が爆発して砕け散った残骸の鉱石で、スーパーマンの力を吸い取ってしまう効力がある〕じゃないぜ」と彼は、まるで僕がステンレス鋼を数百トン買おうと考えてでもいるかのように言った。そして、「やつらがステンレス鋼を検討していたってことは、橋の維持費を気にしていたってことだ。それは願ってもないことだ」。実際、政府機関は、これまで以上にライフサイクルコストについて真剣に考え始めたのではないかとラーリグは思う。

その証拠に、亜鉛めっきした部品の需要は過去一〇年間に六〇％増加して、年間四〇〇万トンに達している。ラーリグの運輸省嫌いが若干弱まったのもさらなる証拠だ。亜鉛めっきの需要で非常に大きいのは太陽光発電業界のもので、多数のソーラーパネルのフレームが製造されるためだ。それよりは少ないが、デンバーに新しくできたライトレール〔訳注：デンバー市内中心部とリトルトン市郊外までの二二キロを結ぶ電車〕も大きな顧客だ。ライトレールの駅はベージュのペンキが塗ってあるが、塗ってあるのはペンキだけではない。二重塗装になっているのだ。「ペンキの下には亜鉛めっきがしてあるんだよ」とラーリグが言った。

ＮＡＣＥは新会長のもと、散り散りになっていた国定腐食修復地委員会を再び組織し始めた。ＮＡＣＥは、修復された国会議事堂の円屋根や戦艦を記念地に指定することを検討中だ。僕が知るかぎり、銘板の素材を何にするかは未定である。

防食という課題をダニエル・アカカ議員に提示し、連邦法にも組み込むこととなったマレン・リードは、ワシントンＤＣの戦略・国際問題研究所の上級アドバイザーとして働いている。「別に私は、防食の英雄でもなんでもないのよ。自分の務めを果たしただけだわ」と彼女は言い、功績は議会にあると言う。「国会はかなりめちゃくちゃなところだけれど、たまにはそこそこの仕事もするのよ」。ＮＡＣＥの広報担当官で、リードが防食に関心を持つきっかけを作ったクリフ・ジョンソンは、現在はパイプライン研究評議会の会長で、ピグ検査の査察をしている。リードは彼のことを、ロビー活動もしないのに欲しいものを手に入れた最高にラッキーな人だと言った。仮に上院軍事委員会の新人有力メンバーが、たとえばワイオミング州の出身だったとしたら、国防総省の防食対策局が設置されることはなかっただろうからだ。だが防食というアイデアは良かったし、条件も整っていた。議会で法が作られる過程としては、かなりすっきりしていた。

彼らの骨折りの結果、この一〇年腐食を相手にすることとなったダン・ダンマイアーには、リードも感心している。「変わった人だから、それがこの局で仕事の成果を出すのを邪魔するんじゃないかと心配だったの」とリードは言った。「でも彼には、ついこっちまでつられてしまうような情熱があるし、とことん楽天的なのよ」。ダンマイアーの首席補佐官であるラリー・リーは、「これほど地味なプロジェクトを我々が成功させた、ということに、多くの人が驚くよ」と言った後、「俺たちは怪物を作っちまったんだ！」と付け加えた。

二〇一三年三月、オーランド・サイエンス・センターでの錆についての展示が始まったとき、ダンマイアーは、連邦政府の歳出削減措置のために公式な出席ができなかった。本当ならテープカットの際にスピーチをするつもりだったのだが、彼は代わりに自費でオーランドに飛び、目立たないようにしていたのである。「何があったって行くさ」と彼は言った。「どんなことがあっても」。彼はそこで、サウジアラビアの非常に重要な国営石油会社であるサウジアラムコが、この展示のサウジアラビアでの開催を支援したがっていること、またNACEがヒューストンでの展示を後援したがっていることを知った。クリスマスの三週間前に彼の局はこの展示で、ナショナル・トレーニング&シュミレーション・アソシエーションから表彰された。ダンマイアーは、（スター・トレック絡みの冗談をついついつい織り交ぜながら）この展示は「インフラ保存主義者のネクストジェネレーションを鼓舞している」のだと言った。ダンマイアーをさらに喜ばせたのが、ピッツバーグのカーネギー・サイエンス・センターがこの展示に興味を示したことだった。

二〇一三年の政府閉鎖も彼の努力に水を差しはしなかった。一週間の休みができた彼は、その時間を、仕事と「非常に密接に関係した」趣味に費やした。「仕事が俺の人生なんだよ」と彼は言い訳した。「引退はしたくない。ゴルフなんかまっぴらだ。浜にも山にも興味はない。仕事がしたいんだよ」。彼はビデオ「レヴァー６」の脚本の承認をとり、その一部をすでにパナマで撮影し、それ以外の部分はネバダ州で撮影する予定だ。防食をテーマにしたビデオゲームと、防衛調達大学用のインタラクティブなトレーニング・モジュールも考えている。アクロン大学の防食技術課程の進展も注視している。一二名の一期生には、卒業の一年前にカリフォルニア州とテキサス州から仕事のオファーがあった。ダンマイアーは、二〇一五年春の彼らの卒業式には出席するつもりだ。健康のために何かしているか、と尋ねると、彼は笑い飛ばした。「レヴァー７」を撮るつもりはあるかと訊くと――レヴァーははっきりと6まででおしまいだと言ったわけだが――「あるかもわからんよ」と言った。

二〇一三年四月の終わりに近い頃、ダンマイアーとチームの数人はドイツのオーバーアマガウにあるNATO（北大西洋条約機構）スクールで開かれた三日間の防食ワークショップに参加した。初日、アメリカ、イギリス、フランス、ドイツの防食担当政府高官による自己紹介と短いプレゼンテーションがあった後、ドイツ防衛省の防食プログラムの責任者であるユルゲン・チャルネッキがスピーチをした。著名な核物理学博士であるチャルネッキは、「防食技術」と題した長くて複雑なプレゼンテーションの中で、ドイツ憲法の改正、ドイツ連邦軍の組織改造、防衛科学技術爆薬燃料研究所で行われている研究などについて述べ、プレゼンテーションの最後に、やるべきことのリストとして五つの項目を挙げた。その最終項目は派手な赤文字で書かれていた。ここに出席の各国はアメリカを手本として、「ダンマイアー・プロセス」を踏襲すべきだ、と彼は言った。

聴衆から笑いが起こった――温かなクスクス笑いだ。ダンマイアーは唖然とした。彼は、信じられないという表情で、例の、頭を低くした妙な仕草でスクリーンを見つめ、それからやれやれと言うように頭を横に振ると、チャルネッキに「何のつもりだよ?」と言った。誇らしくはあったが、こんな言い回しはワシントンDCでは受け入れられないと思ったのだ。誰かが自分の名前をポジティブなことを呼ぶのに使うというのは想像も及ばないことだったし、礼儀に反する気がした。「キャリア官僚の名前を呼び名に使うもんじゃないよ」。さらに、「俺の名前なんかつけてほしくない。俺はプログラム自体に生き残ってもらいたいんだ」と彼は言った。

彼は自分をナルシストではないと言い張るものの、ダンマイアー・プロセスという名前は気に入ってしまった。自分が名付けたわけでもないし。「マーシャル・プランみたいなもんだろ。マーシャルはそれをトルーマン・プランと呼ぶべきだと言い、トルーマンは、いや、それはマーシャル・プランだ、と言ったんだ」。今では職場で、彼はよくダンマイアー・プロセスという名前を口にする。プログラムで何か難題が持ち上がると、「参ったね!ダンマイアー・プロセスを採用しないと!」と言うのだ。アメリカの同盟国もどうやら、同じように感じているらしい。

ダンマイアー・プロセスを定義してほしい、と彼に頼んだことがある。彼によればそれは、想像力とアンリ・ファヨールの経営過程が混ざったものであると言い、それを作った立役者は自分のチーム(彼はそれを自分の仲間、と呼ぶ)であると主張した。ユルゲン・チャルネッキはダンマイアー・プロセスという言葉を、「防食を算法と同様に扱い、標準的教育課程に組み込むこと」という意味で使い、それはラリー・リーが長年取り組んできたことだった。ラリー・リーにとってダンマイアー・プロセスとは、それを牛耳る男は馬にまたがって突飛なアイデアをばら撒きながら遠ざかり、その後ろを歩兵たちが、彼を応援しながらついていく、ということだ。副局長のリッチ・ヘイズは、ダンマイアー・プロセスは科学というよりも芸術に近く、広い視野を持った、自由で融通の利く考え方が必要だと思っている。

僕はダンマイアーに、「スター・トレックはダンマイアー・プロセスの一部ですか？」と訊いた。「もちろん一部だよ、もちろんさ」と彼は答えた。「オリジナルシリーズでマッコイが言っただろ？『この宇宙で唯一変わらないのは官僚主義だ』ってさ。その通りじゃないか？『慈悲深い専制君主だろうが、物事を実施するには官僚が必要だ』とも言ったよ」。それから彼はもっと詳しくその定義を説明した。自分は、軍隊での経験、ビジネスの経験、ハインツに勤めたときの経験、それにスター・トレックによって形成されたレンズを通して課題を見るのだ、と彼は言った。「ジェームズ・タイベリアス・カークは言っただろ、『リスクをとるのは俺たちの仕事だ』とか『正しいことをしなければいけない』とか『船長の椅子に座り続けたければ……』」。彼はそこで言葉を途切らせ、それから言い直した。「カークならどうするだろうな？」

「俺は六〇歳で、俺の名前がついたものもあるが、俺はまだ息をしてる。俺にとっちゃそこがすごいんだ」。そう言って彼は笑った。彼は以前僕に、功績を認められたいとか賞が欲しいと思ったことはなく、いつの日か、解雇されるか引退するかしたときに、鏡の中の自分に向かって「失敗した」ではなく「俺はできるだけのことはやった」と言えるような、そんな貢献を地球上に残したいだけなのだ、と言ったことがある。自分の名前がついたのが国防総省から与えられる賞でないのはどうでもいいことだし、ペンタゴンで人気者でないことなど気にかけてもいない、とも言った。潤沢な予算がもらえる確証がなくたって構わない。「一番面白いのはそこさ。そりゃ、誰かが死んだ後になって、彫像や建物や賞にそいつの名前がつくことはあるが、そいつはもう死んじまってる。死んじまってるんだぜ！　だが俺は生きてる。生きてるんだ！」

# 訳者あとがき

築地書館の本は専門的なものが多い。私自身これまでも何冊か、かなり専門的な本を訳させていただいているし、既刊本のタイトル一覧を見ればそれは明らかだ。

専門的、ではあるが専門書というわけでもない。「オタク的」と言ってもいいかもしれない。そもそも、オタクと専門家の違いとは何なのだろう？　何かある一つのことについて、一般人の平均的な知識や理解を大きく上回る深い理解と豊富な知識を持っている人のことを専門家と呼ぶのだとすれば、オタクも立派な専門家である。違うのは、専門家が持っている知識は世の中の役に立つ（とされる）ことであるのに対し、「オタク」という言葉は、その知識の対象が、「知っていても知らなくても世の中の大半の人にとってはどうでもいいし、別に何の役にも立たない」ことを「不必要なまでに」詳しく知っている人、というニュアンスを含んでいるという点ではないだろうか。だから大学の教授はオタクではなくて専門家なのだ（ただしここでオタクとは何かについて論じるつもりはないし、私がここで「オタク」と呼ぶのはあくまでも私個人の勝手な認識である、と断っておく）。

どうしてこんなことを書いているかというと、本書を訳している間ずっと私の頭の中にこの「オタク」という言葉が浮かんで離れなかったからなのだ。「オタク」と訳されることの多い英単語にはgeek（ギーク）とnerd（ナード）というのがあって、この二つも微妙に違うし、またどちらも「オタク」とも若干違う気がする。やはりこの本には「オタクな」という言葉が一番ぴったりくる。

この本に書かれている内容が「どうでもいいこと」だと言っているのではない。この本がひときわ「オタク」な様相を呈しているのは、本書に登場する人物たちの「のめり込み」体質が顕著だからだ。たとえばペンタゴンで防食政策の要職に就いているダン・ダンマイアーは、仕事を離れればスター・トレック・オタクなおじさんだし、世界最長の原油パイプラインであるトランス・アラスカ・パイプライン・システム（ＴＡＰＳ）の完全性マネージャー、バスカー・ネオギは、自宅に巨大な水槽を持ち、ハイテク技術を駆使して魚たちを管理している観賞魚飼育オタクである。アルミニウム缶製造者が集まる講習会で交わされる会話や交換される名刺の肩書きといい、防錆《ぼうせい》製品の通信販売店を営むジョン・カルモナが兼業で売っている商品の品揃えといい、見事なのめり込みぶりだ。そして著者は明らかに、こいつらオタクだなー、という目線でそれを面白がっている。だが、揶揄しているというよりも、そのことをあっぱれと思っている節がある。

　著者のジョナサン・ウォルドマンは大学で科学ジャーナリズムを学び、アメリカ各地でさまざまな仕事をしながら新聞、雑誌、ウェブ、その他の媒体に記事を書いていたが、コロラド大学の環境ジャーナリズムセンターで奨学金を得て学んだことがきっかけとなって本書が生まれた、とプロフィールにはある。つまり著者自身は化学の専門家でも工学の専門家でもない。だが、彼のウェブサイトを見ると、彼がひげとヤギに並々ならぬ関心を寄せていることがわかり、オタク気質が垣間見える（特に彼のひげへの執着は本書でも随所に見て取れる）。だから本書を、一人のオタクが愛すべきオタク仲間たちに捧げるラブソングととれないこともない。オタクの気持ちがわかるジャーナリスト、というちょうどよい距離感があるのだ。

　さて、本書に登場するそうしたオタクたちの共通の関心事が「錆《さび》」である。ファインアート・フォトグラファー、アリーシャ・イブ・スックは錆という被写体の美を取り憑かれたように追い求めるが、私にも、錆《さ》びた構造物の写真を撮るのが大好きなグラフィックアーティストの知り合いがいる。彼に言わせると、錆びた構造物というのは、もちろん自然のものではないし、かと言って人工物でもなく、その中間にある。人間が造った反自然的なものと、それを無に帰そうとする力——それはつまり酸化という自然現象なのだが——の両方がなければ存在しないものであって、そこに独特の美しさがあるのだという。だが錆を見て美しいと思う人は少数派だ。錆というのは普通、汚いものであり、そこにあってはいけないものだ。

美しいか美しくないかはさておき、錆を見たことがない人、何かが錆びたのを見て「イヤだな」と思ったことがない人はいないだろう。物が錆びる、という、ごく普通に日常生活の中で見かける現象が、実はどれほどの威力をもって私たちの生活を脅かすことがあるか、いや、実際に脅かしているか、そしてそれに対抗するために昔も今も人間がどれほど知恵を絞り、その「自然の脅威」に対抗しようとしているのかを、さまざまな立場の人間を通して教えてくれるのが本書である。原書のタイトル『RUST: The Longest War（錆：史上最長の戦い）』が示す通り、人間が「非」自然な人工建造物を造り続ける限り、それを「無」に帰そうとする酸化という自然の力との戦いが止むことは決してない。

だけど、「錆」とは「金属原子が環境中の酸素や水分などと酸化還元反応を起こすことで生成される腐食物」のことだなんてわかっている人はどれくらいいるのだろう。高校で一番苦手な科目が化学で、高校卒業以降、化学のかの字にも縁がなかった私が本書を訳すことになったのは、私同様、「酸化現象」とか「カソード防食」とか言われても何のことかピンと来ない人が読んでもわかる本にしたいという出版社の意向があったからだ。

そもそも、人があるノンフィクションの本を選ぶとき、そこにはいったいどんな理由があるだろう。学んでいることのテキストブックや、何か具体的にやりたいことがあってそのやり方を学ぶための実用書。興味のある人の伝記や事件の記録。普段から関心を持っている分野の最新情報。いろいろあるだろうが、「錆」というタイトルがついたこの本を手に取ろうと思う理由とは？　誰もが見たことがあり――というか迷惑に思ったことのある、錆という「イヤなもの」についての本なんか読んだって面白いのだろうか？

それが面白いのである。この本は、化学的な知識が豊富な人が読めばもちろんだろうが、化学なんてまったく興味のない私が読んでも面白かった。そんなことを自分が知ることになろうとは、期待もしていなかったし予想もしていなかった驚愕の事実が、これでもかこれでもかと展開する。錆、というあまりにも身近な、一見些細な事象の裏にある広大かつ深遠な世界。読み終わって、私の生活に何か変化があったか？　と言えば別にない。でも、私が目にする世界にはたしかに一つ、新しいファセットが加わった。これはもしかすると、あらゆる読書体験の中でも最も贅沢なことかもしれない。

そしてその読書体験が退屈でなく、愉快なものであるのは、やはりそこに、登場人物の「オタク」ぶりを意識している著者の、「こいつらオタクだ」というジャーナリスト的「メタ」な視線があるからなのだ。だから、化学なんて、工学なんてわからない、というそこのあなたも安心して、子どものような好奇心でこの本を読んでほしい。思わず人に披露したくなる、びっくりするような知識が詰まっていることはお約束する。

二〇一六年六月　三木直子　記

【著者紹介】
ジョナサン・ウォルドマン（Jonathan Waldman）
アメリカ、ワシントンD.C.で育つ。ダートマス大学とボストン大学のナイト・センター・フォー・サイエンス・ジャーナリズムで書くことを学び、また近年は、コロラド大学でテッド・スクリップス奨学金を得て環境ジャーナリズムを学んだ。
環境・科学ジャーナリストとして、ワシントン・ポスト紙や『アウトサイド』『マックスウィーニーズ』といった雑誌に寄稿しているほか、フォークリフト運転、樹木医、サマーキャンプの監督、ステッカー販売、コックなどの仕事を経験。本書は処女作で、ウォールストリート・ジャーナルのベストブック・オブ・ザ・イヤーを受賞、またロサンゼルス・タイムズの最優秀図書賞最終候補作にも選定され、アメリカで大絶賛を受けた。ウェブサイトは jonnywaldman.com 。

【訳者紹介】

三木直子（みき・なおこ）

東京生まれ。国際基督教大学教養学部語学科卒業。

外資系広告代理店のテレビコマーシャル・プロデューサーを経て、1997年に独立。海外のアーティストと日本の企業を結ぶコーディネーターとして活躍するかたわら、テレビ番組の企画、クリエイターのためのワークショップやスピリチュアル・ワークショップなどを手掛ける。

訳書に『［魂からの癒し］チャクラ・ヒーリング』（ナチュラル・スピリット）、『マリファナはなぜ非合法なのか？』『コケの自然誌』『ミクロの森』『斧・熊・ロッキー山脈』『犬と人の生物学』『ネコ学入門』『柑橘類と文明』『豆農家の大革命』（以上、築地書館）、『アクティブ・ホープ』（春秋社）、『ココナッツオイル健康法』（WAVE出版）、他多数。

# 錆と人間　ビール缶から戦艦まで

2016年 9 月6日　初版発行
2016年11月7日　2刷発行



著者　ジョナサン・ウォルドマン
訳者　三木直子



発行者　土井二郎
発行所　築地書館株式会社
〒104-0045 東京都中央区築地 7-4-4-201
TEL.03-3542-3731　FAX.03-3541-5799
http://www.tsukiji-shokan.co.jp/
振替 00110-5-19057
印刷製本　中央精版印刷株式会社
装丁　吉野 愛




ISBN978-4-8067-1521-4

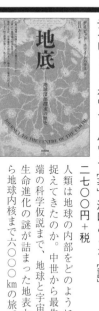

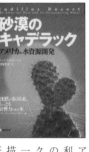

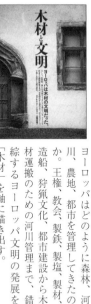

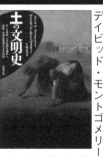